燃 料 及 燃 烧

（第 2 版）

韩昭沧　主编

北　京
冶　金　工　业　出　版　社
2022

图书在版编目(CIP)数据

燃料及燃烧/韩昭沧主编.—2版.—北京：冶金工业出版社，2007.1(2022.1重印)

ISBN 978-7-5024-1490-0

Ⅰ.燃… Ⅱ.韩… Ⅲ.①燃料—高校学校—教材 ②燃烧理论—高校学校—教材 Ⅳ.TK16

中国版本图书馆CIP数据核字(2006)第156454号

燃料及燃烧（第2版）

出版发行 冶金工业出版社　　**电　话** (010)64027926

地　址 北京市东城区嵩祝院北巷39号　　**邮　编** 100009

网　址 www.mip1953.com　　**电子信箱** service@mip1953.com

责任编辑 宋 良 高 娜 美术编辑 彭子赫 责任印制 李玉山

三河市双峰印刷装订有限公司印刷

1984年6月第1版，1994年10月第2版，2022年1月第16次印刷

787mm×1092mm 1/16；17.75印张；428千字；274页

定价40.00元

投稿电话 (010)64027932 投稿信箱 tougao@cnmip.com.cn

营销中心电话 (010)64044283

冶金工业出版社天猫旗舰店 yjgycbs.tmall.com

（本书如有印装质量问题，本社营销中心负责退换）

第2版前言

根据“八五”冶金部高等学校教材规划要求，本书于1991年开始着手进行修订工作。本次修订主要对某些章节的个别内容进行修改和补充：

1）调换第七章与第八章和第十一章与第十二章的次序；

2）计量单位全部改用法定计量单位；

3）在第三篇（燃烧基本原理）中，对碳的燃烧反应机理、紊流火焰前沿的传播、旋流火焰长度及紊流火焰结构等作了适当的补充，并增加了多相燃烧火焰等内容；

4）在第四篇（燃烧方法与装置）中，增加了油掺水乳化燃烧技术和链式炉排等内容；

5）书后附有各章习题和思考题。

参加本次修订工作的有东北大学郭伯伟、高泰荫，北京科技大学薄宗昭等，由韩昭沧任主编。

编　者

1993.3

前　言

本书是根据一九七八年冶金部所属高等院校热工及热能利用专业“燃料及燃烧”课程的教学大纲编写的。本书分四篇十六章。第一篇各章介绍各类燃料的物理化学性能及成分。第二篇讲述燃料燃烧的计算方法。第三篇分析燃烧的基本原理。第四篇着重叙述实现燃烧的方法和所用的燃烧装置及一些技术问题。

本书的绪论、第一篇、第三篇中的第七章及第四篇中的第十三章、第十五章、第十六章由北京钢铁学院韩昭沧、薄宗昭同志编写；第二篇、第三篇（不包括第七章）及第四篇的第十四章由东北工学院郭伯伟同志编写。全书由韩昭沧担任主编。

本书可作为“工业热工及热能利用专业”的教学用书，也可供有关工程技术人员参考。

由于编者水平有限，本书难免有不妥之处，敬希校内外同志提出宝贵意见。

编写本书时引用了国内外许多论文资料，在此，对文献的作者谨致谢意。

目　　录

绪　论

燃料燃烧学是工业热工及热能利用专业的一门专业基础课，是工业炉热工工作者必须掌握的基本知识。

燃烧现象广泛存在于人类社会之中。从日常生活到工业交通及空间技术等方面，都要涉及如何以燃料作为能量来源和合理组织燃烧过程的问题。

燃料的燃烧从其最终结果来看，是物质间的一种能量转换过程。它是通过燃料和氧化剂在一定条件下所进行的具有放热和发光特点的剧烈氧化反应，将燃料的内能转化为热能。在历史上，人们曾把燃料的燃烧看作是一种化学现象。但是，燃烧化学反应需具有一定的反应条件，例如反应物质的浓度和温度，这便与气体运动、分子扩散、热量传递等物理因素有关。因此，现代燃烧学认为，从整个燃烧过程来看，燃料的燃烧是物理化学现象的综合过程，这些物理化学现象之间互相联系和制约，并以其综合关系决定着燃料燃烧的最终结果。特别是在工业炉的燃烧条件下，由于燃烧空间中燃料与空气的混合过程以及反应物质的浓度与温度的分布都和流体介质的速度分布密切相关，因此，燃烧空间的气体动力场的结构及其热力条件往往是影响整个燃烧过程的主要的、甚至是决定性的因素。基于这一情况，所以在工业炉燃烧技术的研究和发展中，常把侧重点放在燃烧的物理过程方面，例如研究有关气流混合及回流区形成规律等问题，并在此基础上掌握控制火焰长度、提高火焰稳定性和强化燃烧过程的手段。

燃烧学便是研究燃烧过程基本规律及其应用技术的科学。这是一门年青的学科。虽然早在几十万年以前，人类已掌握了用火的技术，但是直到18世纪（1773年）法国科学家La Voisier发现了氧气之后，才正确揭示了燃烧的化学本质。20世纪以来开始形成燃烧学的完整体系，并不断发展。燃烧学的内容概括来说包括两部分，即燃烧理论和燃烧技术。

燃烧理论着重研究燃烧过程所包括的各个基本现象，例如燃烧反应机理，预混可燃气体的着火和熄灭，火焰的传播机理、火焰的结构、单一油滴和碳粒的燃烧等。它主要是运用化学、传热传质学及流体力学的有关理论，由简及繁地说明各种燃烧基本现象的物理化学本质。在有些文献和著作中把燃烧学的这一部分叫做燃烧化学和燃烧物理学，并根据研究的重点逐渐形成了一些新的分支，如火焰光谱学、燃烧空气动力学、化学反应流体力学、流体化学热力学、计算燃烧学等。在工业炉领域中有关各类燃料的燃烧速度、燃烧稳定性、火焰的流场和结构、火焰辐射、燃烧声响、燃烧污染物生成机理、以及燃烧过程数学模型的建立等都是燃烧理论要研究的重要课题。

燃烧技术主要是把燃烧理论中所阐明的物理概念和基本规律与实际工程中的燃烧问题联系起来，对现有的燃烧方法进行分析和改进，对新的燃烧方法进行探讨和实验，以不断提高燃料利用率和燃烧设备的技术水平。

在不同的领域里，对燃烧技术有着不同的要求，对各种工业炉来说，燃料的燃烧主要是为取得热能，并以火焰为媒介将热能传给被加热的物体。随着生产技术的发展，以及工艺过程的要求，各种大型、快速、连续和自动化工业炉相继出现。这些现代化的大型工业炉不仅要求配备大功率的燃烧装置以满足炉子热负荷的需要，而且还往往根据生产工艺的特点对燃烧技术提出一些特殊的要求。尤其是在降低能源消耗，节约燃料资源这一重大课题方面，根据生产工艺的特点，合理组织工业炉中的燃烧过程更是一项重要的措施。因此，当前工业炉燃烧技术研究的主要问题有：针对不同燃料的燃烧特性提出合理的燃烧方法；根据生产工艺的具体要求研究并设计特殊性能的新型燃烧装置；研究高效率节能型燃烧装置；研究低噪音、低污染的燃烧技术以及为实现工业炉的计算机控制提供燃烧过程的数学模型。

燃烧学的研究方法包括数学分析和模型实验研究两方面。但是，尽管大型电子计算机的出现为通过理论预示解决实际问题开展了广泛的前景，但是，在世界范围内，对于生产中提出的燃烧技术问题主要还只能是通过实验来研究解决。目前燃烧理论的作用主要为各种燃烧过程的基本现象建立和提供一般性的物理概念，从物理本质上对各种影响因素做出定性的分析，从而对实验研究和数据处理指出合理的方向。因此，运用正确的物理概念，通过实验取得定量关系和结论，仍然是当前解决燃烧技术问题的主要手段。

合理组织炉内的燃烧过程，从来就是提高燃料利用效率和改进炉子工作的一项重要措施。随着我国科学技术的发展，特别是在广泛开展节约能源活动的推动下，我国科技工作者在发展燃烧新技术和研制各种新型燃烧装置方面做了大量工作，并取得了可喜成果。燃烧技术对提高工业炉的热效率和改进工业炉热工作所起的重要作用也日益引起各工业部门的重视。因此，通过本课程的学习，掌握有关燃料燃烧的基本原理和基本知识，不仅是进一步学习本专业各门专业课的基础，而且也是今后从事工业炉技术工作，不断发展和提高工业炉科学技术水平所不可缺少的一环。

在内容安排上，本教科书包括四部分，即

第一篇　燃料概论。本篇着重介绍各种工业燃料的使用性能

第二篇　燃烧反应计算。根据燃烧反应前后的物质平衡和热平衡介绍工业炉燃烧计算方法

第三篇　燃烧基本原理。本篇主要介绍与工业炉燃烧过程有关的各种基本概念和基本理论

第四篇　燃烧技术。本篇分别介绍气体、液体和固体燃料的燃烧方法和燃烧装置以及煤的气化技术方面的基本知识。

第一篇　燃料概论

自然界中可供工业生产使用的燃料资源主要是煤、石油和天然气。不同的生产部门，对所用燃料的性质往往提出不同的要求。此外，随着科学技术的发展，煤、石油和天然气已不只是工业生产的热能来源，而且还是化学工业的宝贵原料。因此，为了合理地利用燃料资源和满足不同生产部门对燃料性质的要求，必须把各种天然燃料再做进一步的加工。例如冶金工业是燃料的巨大消费者，并且对所用燃料也有着一些特殊的要求。为了有效地使用燃料和掌握生产工艺对燃料的技术要求，本篇将分别介绍各种燃料的特点和使用性能。

第一章　固体燃料

天然固体燃料可分为两大类，即木质燃料和矿物质燃料，前者在工业生产中很少使用，故不予介绍。

矿物质固体燃料主要是煤，它不仅是现代工业热能的主要来源，随着科学技术的发展，煤将越来越多地用于化学工业，进行综合利用。

在冶金生产中，煤主要用于炼焦和气化，但在某些中小型企业中，煤也直接被用作工业炉窑的燃料。煤是锅炉的主要燃料。

第一节　煤的种类及其化学组成

一、煤的种类

根据生物学、地质学和化学方面的判断，煤是由古代植物变来的，中间经过了极其复杂的变化过程。根据母体物质炭化程度的不同，可将煤分为四大类，即泥煤、褐煤、烟煤和无烟煤。

1. 泥煤

泥煤是最年青的煤，也就是由植物刚刚变来的煤。在结构上，它尚保留着植物遗体的痕迹，质地疏松，吸水性强，含天然水分高达40%以上，需进行露天干燥，风干后的堆积密度为300～450kg/m^3。在化学成分上，与其他煤种相比，泥煤含氧量最多，高达28%～38%，含碳较少。在使用性能上，泥煤的挥发分高，可燃性好，反应性强，含硫量低，机械性能很差，灰分熔点很低。在工业上，泥煤的主要用途是用来烧锅炉和做气化原料，也可制成焦炭供小高炉使用。由于以上特点，泥煤的工业价值不大，更不适于远途运输，只可作为地方性燃料在产区附近使用。

2. 褐煤

褐煤是泥煤经过进一步变化后所生成的，由于能将热碱水染成褐色而得名。它已完成了植物遗体的炭化过程，在性质上与泥煤有很大的不同。与泥煤相比，它的密度较大，含碳量较高，氢和氧的含量较小，挥发分产率较低，堆积密度750～800kg/m^3。褐煤的使用性能是黏结性弱，极易氧化和自燃，吸水性较强。新开采出来的褐煤机械强度较大，但在空气中极易风化和破碎，因而也不适于远地运输和长期储存，只能作为地方性燃料使用。

3. 烟煤

烟煤是一种炭化程度较高的煤。与褐煤相比，它的挥发分较少，密度较大，吸水性较小，含碳量增加，氢和氧的含量减少。烟煤是冶金工业和动力工业不可缺少的燃料，也是近代化学工业的重要原料。烟煤的最大特点是具有黏结性，这是其他固体燃料所没有的，因此它是炼焦的主要原料。应当指出的是，不是所有的烟煤都具有同样的黏结性，也不是所有具有黏结性的煤都适于炼焦。为了适应炼焦和造气的工艺要求来合理地使用烟煤，有关部门又根据黏结性的强弱及挥发分产率的大小等物理化学性质，进一步将烟煤分为长焰煤、气煤、肥煤、结焦煤、瘦煤等不同的品种。其中，长焰煤和气煤的挥发分含量高，因而容易燃烧和适于制造煤气。结焦煤具有良好的结焦性，适于生产优质冶金焦炭，但因在自然界储量不多，为了节约使用起见，通常在不影响焦炭质量的情况下与其他煤种混合使用。

4. 无烟煤

无烟煤是矿物化程度最高的煤，也是年龄最老的煤。它的特点是密度大，含碳量高，挥发分极少，组织致密而坚硬，吸水性小，适于长途运输和长期储存。无烟煤的主要缺点是受热时容易爆裂成碎片，可燃性较差，不易着火。但由于其发热量大（约为 29260kJ/kg），灰分少，含硫量低，而且分布较广，因此受到重视。据有关部门研究，将无烟煤进行热处理后，可以提高抗爆性，称为耐热无烟煤，可以用于气化，或在小高炉和化铁炉中代替焦炭使用。

二、煤的化学组成

各种煤都是由某些结构极其复杂的有机化合物组成的，有关这些化合物的分子结构至今还不十分清楚。根据元素分析值，煤的主要可燃元素是碳，其次是氢，并含有少量的氧、氮、硫，它们与碳和氢一起构成可燃化合物，称为煤的可燃质。除此之外，在煤中还或多或少地含有一些不可燃的矿物质灰分（*A*）和水分（*W*），称为煤的惰性质。一般情况下，主要是根据煤中 C、H、O、N、S 诸元素的分析值及水分和灰分的百分含量来了解该种煤的化学组成。现将各组分的主要特性说明如下。

碳（C）　碳是煤的主要可燃元素，它在燃烧时放出大量的热。煤的炭化程度越高，含碳量就越大。各种煤的可燃质中含碳量大致如表 1－1 所示。

表 1－1　煤中可燃质的含碳量

煤的种类	C/%	煤的种类	C/%
泥煤	~70	黏结煤	83 ~ 85
褐煤	70 ~ 78	强黏结煤	85 ~ 90
非黏结性煤	78 ~ 80	无烟煤	90 以上
弱黏结性煤	80 ~ 83		

氢（H）　氢也是煤的主要可燃元素，它的发热量约为碳的三倍半，但它的含量比碳小得多。图 1－1 给出了煤的含氢量与炭化程度的关系。由图中可看出，当煤的炭化程度加深时，由于含氧量下降，氢的含量是逐渐增加的，并且在含碳量为 85% 时达到最大值。以后在接近无烟煤时，氢的含量又随着炭化程度的提高而不断减少。

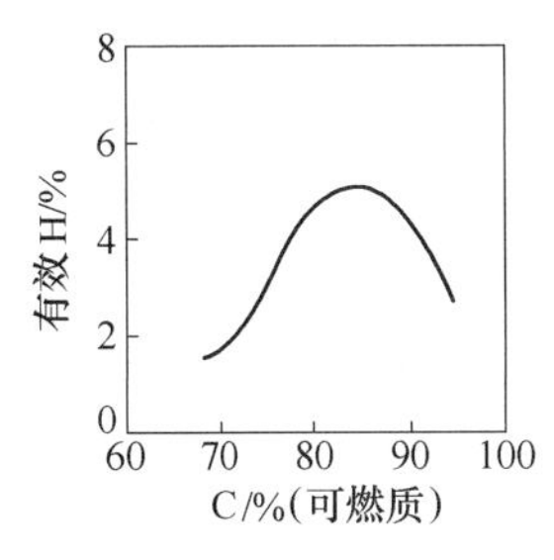

图 1－1　煤的含氢量与炭化程度的关系

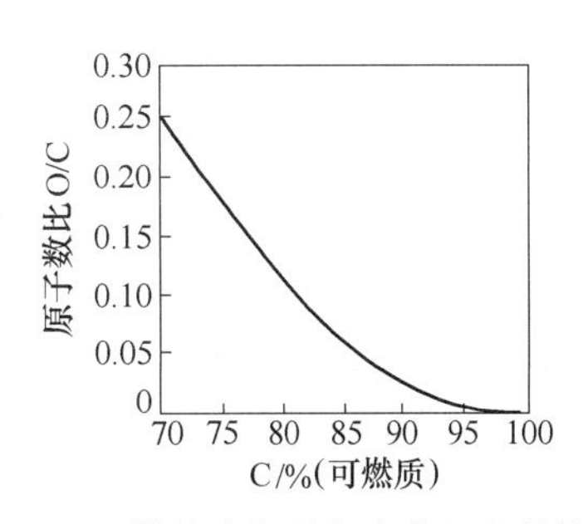

图 1－2　煤的含氧量与炭化程度的关系

应当指出，氢在煤中有两种存在形式。一种是和碳、硫结合在一起的氢，叫做可燃氢，它可以进行燃烧反应和放出热量，所以也叫有效氢。另一种是和氧结合在一起，叫做化合氢，它已不能进行燃烧反应。在计算煤的发热量和理论空气需要量时，氢的含量应以有效氢为准。

氧（O） 氧是煤中的一种有害物质，因为它和碳、氢等可燃元素构成氧化物而使它们失去了进行燃烧的可能性。煤中的含氧量与煤的炭化程度有关，如图1－2所示。

氮（N） 氮在一般情况下不参加燃烧反应，是燃料中的惰性元素。但在高温条件下，氮和氧形成NO_x，这是一种对大气有严重污染作用的有害气体。煤中含氮量为0.5%～2%，对煤的干馏工业来说，是一种重要的氮素资源，例如，每100kg煤可利用其中氮素回收7～8kg硫酸铵。

硫（S） 硫在煤中有三种存在形态：

a）有机硫（$S_{机}$）来自母体植物，与煤成化合状态，均匀分布；

b）黄铁矿硫（$S_{矿}$）与铁结合在一起，形成FeS_2；

c）硫酸盐硫（$S_{盐}$）以各种硫酸盐的形式（主要是$CaSO_4 \cdot 2H_2O$和$FeSO_4$）存在于煤的矿物杂质中。

有机硫和黄铁矿硫都能参与燃烧反应，因而总称为可燃硫或挥发硫。而硫酸盐硫则不能进行燃烧反应。

硫在燃料中是一种极为有害的物质。这是因为，硫燃烧后生成的SO_2和SO_3能危害人体健康和造成大气污染，在加热炉中能造成金属的氧化和脱碳，在锅炉中能引起锅炉换热面的腐蚀，而且，焦炭中的硫还能影响生铁和钢的质量。因此，作为冶金燃料，对其含硫量必须严格控制。例如炼焦用煤在入炉以前必须进行洗选，以除掉黄铁矿硫和硫酸盐硫，根据有关资料介绍，焦炉洗精煤的含硫量应控制在0.6%以下为好。

灰分（*A*） 所谓灰分，指的是煤中所含的矿物杂质（主要是碳酸盐、黏土矿物质及微量稀土元素等）在燃烧过程中经过高温分解和氧化作用后生成一些固体残留物，大致成分是：SiO_2 40%～60%；Al_2O_3 15%～35%；Fe_2O_3 5%～25%；CaO 1%～15%；MgO 0.5%～8%；Na_2O+K_2O 1%～4%。

煤中的灰分是一种有害成分，这不仅是因为它直接关系到冶金焦炭的灰分含量从而影响高炉冶炼的技术经济指标，而且，对一些烧煤的工业炉来说，灰分含量高的煤，不仅降低了煤的发热量，而且还容易造成不完全燃烧并给设备维护和操作带来困难。

对炼焦用煤来说，一般规定入炉前的灰分不应超过10%。

对各种烧煤的工业炉来说，除了应当注意灰分的含量以外，更要注意灰分的熔点。熔点太低时，灰分容易结渣，有碍于空气流通和气流的均匀分布，使燃烧过程遭到破坏。

由于灰分是多种化合物构成的，因此它没有固定的熔点，只能以灰分试样软化到一定程度时的温度作为灰分的熔点。一般是将试样做成三角锥形，并以试样软化到半球形时的温度作为熔点。

灰分的熔点与灰分的组成及炉内的气氛有关，其熔点在1000～1500℃之间。一般来说，含硅酸盐（SiO_2）和氧化铝（Al_2O_3）等酸性成分多的灰分，熔点较高，含氧化铁（Fe_2O_3）、氧化钙（CaO）、氧化镁（MgO）、以及氧化钾（Na_2O+K_2O）等碱性成分多的灰分，熔点较低。如以酸性成分与碱性成分之比作为灰分的酸度，即

$$酸度=\frac{SiO_2\% + Al_2O_3\%}{Fe_2O_3\% + CaO\% + MgO\%} \qquad (1-1)$$

则酸度接近1时灰分熔点低，酸度大于5时，灰分熔点高达1350℃以上。

此外，灰分在还原性气氛中的熔点比在氧化性的气氛中高，二者相差40～170℃。

水分（W）　水分也是燃料中的有害组分，它不仅降低了燃料的可燃质，而且在燃烧时还要消耗热量使其蒸发和将蒸发的水蒸气加热。

固体燃料中的水分包括两部分：

1）外部水分（也叫做湿分或机械附着水），指的是不被燃料吸收而是机械地附着在燃料表面上的水分，它的含量与大气湿度和外界条件有关，当把燃料磨碎并在大气中自然干燥到风干状态后即可除掉。

2）内部水分，指的是达到风干状态后燃料中所残留的水分，它包括被燃料吸收并均匀分布在可燃质中的化学吸附水和存在于矿物杂质中的矿物结晶水。由此可见，内部水分只有在高温分解时才能除掉。通常在做分析计算和评价燃料时所说的水分就是指的这部分水分。

三、成分表示方法及其换算

固体燃料的成分通常是用各组分的质量百分数来表示。

前面已经谈到，各种煤都是由C、H、O、N、S、灰分（A）、水分（W）七种组分所组成，包括全部组分在内的成分，习惯上把它叫做应用基。上述各种组分在应用基中的质量百分数叫做燃料的“应用成分”，即

$$C^{用}\% + H^{用}\% + O^{用}\% + N^{用}\% + S^{用}\% + A^{用}\% + W^{用}\% = 100\% \qquad (1-2)$$

煤的含水量（全水分）很容易受到季节、运输和存放条件的影响而发生变化，所以燃料的应用成分经常受到水分的波动而不能反映出燃料的固有本质。为了便于比较，常以不含水分的干燥基中的各组分的百分含量来表示燃料的化学组成，称为“干燥成分”，即

$$C^{干}\% + H^{干}\% + O^{干}\% + N^{干}\% + S^{干}\% + A^{干}\% = 100\% \qquad (1-3)$$

煤中的灰分也常常受到运输和存放条件的影响而有所波动，为了更确切地说明煤的化学组成特点，可以只用C、H、O、N、S五种元素在可燃基中的百分含量来表示燃料的成分，叫做可燃成分，即

$$C^{燃}\% + H^{燃}\% + O^{燃}\% + N^{燃}\% + S^{燃}\% = 100\% \qquad (1-4)$$

上述各种成分的表示方法之间可以进行换算，换算系数见表1－2。

表1－2　成分换算系数

已知成分	要换算成分		
	可燃成分	干燥成分	应用成分
可燃成分	1	$\frac{100-A^{干}}{100}$	$\frac{100-(A^{用}+W^{用})}{100}$
干燥成分	$\frac{100}{100-A^{干}}$	1	$\frac{100-W^{用}}{100}$
应用成分	$\frac{100}{100-(A^{用}+W^{用})}$	$\frac{100}{100-W^{用}}$	1

［例题 1］　试将下列煤的成分换算成应用成分：

$C^{燃}$	$H^{燃}$	$O^{燃}$	$N^{燃}$	$S^{燃}$	$A^{干}$	$W^{用}$
72%	5%	20%	2%	1%	12.5%	20%

解　首先应求出灰分的供用成分，即

$$A^{用}\% = A^{干}\%\frac{100-W^{用}}{100} = 12.5\%\frac{100-20}{100} = 12.5\% \times 0.8 = 10\%$$

然后，根据 $A^{用}\%$ 和 $W^{用}\%$ 进行其他成分的换算

$$C^{用}\% = C^{燃}\%\frac{100-(A^{用}+W^{用})}{100} = 72\%\frac{100-(10+20)}{100} = 72\% \times 0.7 = 50.4\%$$

$$H^{用}\% = 5\% \times 0.7 = 3.5\%$$

同理，

$$O^{用}\% = 20\% \times 0.7 = 14.0\%$$

$$N^{用}\% = 2\% \times 0.7 = 1.4\%$$

$$S^{用}\% = 1\% \times 0.7 = 0.7\%$$

第二节　煤的使用性能和分类

为了合理地利用煤资源和正确制定煤利用的工艺技术方案和操作制度，除了煤的化学组成外，还必须了解它的使用性能。

一、煤的工业分析值

煤的工业分析内容是测定水分、灰分、挥发分和固定碳的百分含量。

把煤在隔离空气的情况下加热时（即一般所说的干馏），随着温度的升高，煤将发生以下的变化：

温度/℃	变　化
100～150	水分蒸发
150～200	放出所吸收的 CO_2
200～250	化合物明显分解
300	开始放出含焦油很多的气体（各种轻碳氢化合物）
350～400	可燃质激烈分解，放出 CH_4，H_2，C_2H_4，以及其他焦油蒸气
450	放出大量焦油气
500	焦油气逐渐减少
1000～1100	完全停止一切气体逸出，形成固体焦炭

在上述干馏过程中，除外部水分外，逸出的全部气体称为挥发分（V），它主要是由煤的矿物结晶水、挥发性成分、热分解产物等构成，包括 CO_2，CO，H_2，CH_4，C_mH_n，N_2 以及一部分热解水和矿物结晶水。

挥发分逸出后所剩下的固体残留物叫做焦块。其中的碳素称为煤的固定碳即

$$固定碳\% = 100\% - (W\% + A\% + V\%)$$

根据国家标准，煤的工业分析是将一定质量的煤加热到 110℃，使其水分蒸发，以测出水分的含量，再在隔绝空气的条件下加热到 850℃，并测出挥发分的含量，然后通以空气使固定碳全部燃烧，以测出灰分和固定碳的含量。

挥发分和固定碳的含量与炭化程度有关。如图 1－3 所示，随着炭化程度的提高，挥发分逐渐减小，固定碳不断增多。

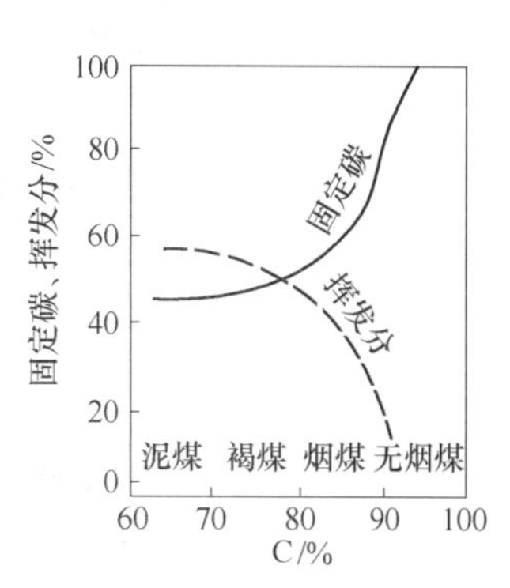

图 1－3　固定碳以及挥发分与炭化程度关系

挥发分多的煤，干馏时可以得到较多的煤气和焦油，燃烧时火焰较长。固定碳多的煤，干馏时焦炭的收得率高。因此，煤的工业分析值是确定煤的用途和制定工艺制度时不可缺少的原始依据。

二、煤的发热量

发热量是评价燃料质量的一个重要指标，也是计算燃烧温度和燃料消耗量时不可缺少的依据。

工程计算中规定，1kg 煤完全燃烧后所放出的燃烧热叫做它的发热量，单位 kJ/kg。

燃料的发热量有两种表示方法，即

高发热量 $Q_{高}$　指的是燃料完全燃烧后燃烧产物冷却到使其中的水蒸气凝结成 0℃ 的水时所放出的热量；

低发热量 $Q_{低}$　指的是燃料完全燃烧后燃烧产物中的水蒸气冷却到 20℃ 时放出的热量。

煤的发热量可以用氧弹式量热计直接测定，也可以用下列方法计算。

1. 根据工业分析值计算发热量

我国煤炭科学院曾提出以下公式

褐煤　$Q_{低}=4.187(10F+6500-10W-5A-\Delta Q)$　(kJ/kg)　(1－5)

烟煤　$Q_{低}=4.187(50F-9A+K-\Delta Q)$　(kJ/kg)　(1－6)

无烟煤　$Q_{低}=4.187[100F+3(V-W)-K'-\Delta Q]$　(kJ/kg)　(1－7)

式中，F、W、A、V 为煤的固定炭、水分、灰分、挥发分含量。K 为常数，其值为

$V\%$	≤20		>20～30		>30～40		>40	
粘结序数	<4	>5	<4	>5	<4	>5	<4	>5
K	4300	4600	4600	5100	4800	5200	5050	5500

K' 为常数，当 $V\%<3.5$ 时为 1300；当 $V\%>3.5$ 时为 1000。

ΔQ 为高发热量与低发热量的差值，

$$V\%>18 \text{ 时}，\Delta Q=2.97(100-W-A)+6W$$

$$V\%\leqslant 18 \text{ 时}，\Delta Q=2.16(100-W-A)+6W$$

2. 根据元素分析值计算发热量

1）杜隆公式

$$Q_{高}=4.187\left[81C+342.5\left(H-\frac{O}{8}\right)+22.5S\right]\quad (kJ/kg)\qquad (1-8)$$

2）门捷列夫公式

$$Q_{高} = 4.187[81C + 300H - 26(O - S)] \quad (kJ/kg) \tag{1-9}$$

$$Q_{低} = 4.187[81C + 246H - 26(O - S) - 6W] \quad (kJ/kg) \tag{1-10}$$

3）高低发热量的换算公式

$$Q_{低} = Q_{高} - 25.12(9H + W) \quad (kJ/kg) \tag{1-11}$$

煤的发热量与炭化程度也有一定关系（见图1－4），随着炭化程度的提高，发热量不断增大，当含碳量为87%左右时，发热量达到最大值，以后则开始下降。因此煤的发热量也常被用作煤分类的依据。

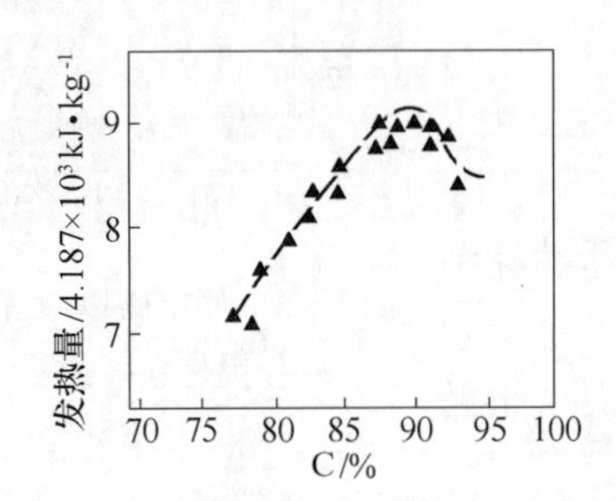

图1－4　炭化程度与发热量的关系

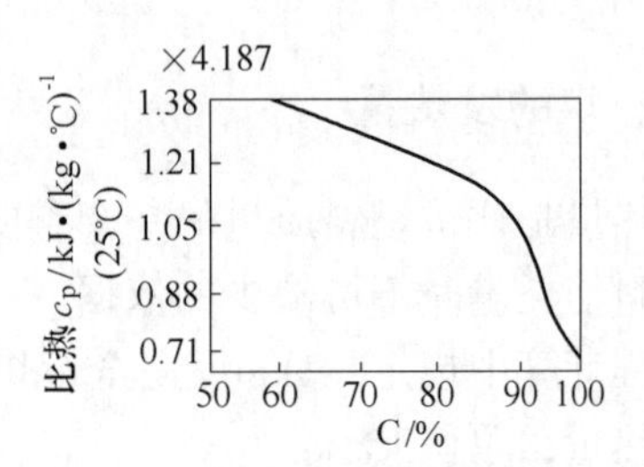

图1－5　碳化程度与比热关系

三、比热、导热系数

煤在室温条件下的比热约为0.84～1.67kJ/(kg·℃)，并随炭化程度的提高而变小（图1－5）。一般来说泥煤比热为1.38，褐煤为1.21，烟煤为1.00～1.09，石墨为6.52。实验发现常温条件下，煤的比热与水分和灰分含量呈线性关系，并可用下式计算，

$$C_p = 4.187(0.24C^{燃}\% + W\% + 0.165A\%)/100 \quad [kJ/(kg \cdot ℃)] \tag{1-12}$$

式中　C_p——恒压比热；

$C^{燃}\%$——煤中碳的可燃成分；

$W\%$——煤中水分含量；

$A\%$——煤中灰分含量。

煤的导热系数一般为0.232～0.348W/(m·℃)，并随炭化程度和温度的升高而增大，一般炼焦煤在干馏温度范围内的导热系数可用下式计算

$$\lambda = 0.121 + 0.543t/10^3 + 0.543t^2/10^6 \quad W(m \cdot ℃) \tag{1-13}$$

四、黏结性、结焦性

所谓煤的黏结性指的是粉碎后的煤在隔绝空气的情况下加热到一定温度时，煤的颗粒相互黏结形成焦块的性质。

煤的结焦性是指煤在工业炼焦条件下，一种煤或几种煤混合后的黏结性，也就是煤能炼出冶金焦的性质。

因此，煤的黏结性和结焦性是两个不同的概念，但两者在本质上又有相同之处，一般来说，黏结性好的煤结焦性就比较强。

了解煤的黏结性和结焦性是很重要的，可以使我们知道某种煤是否适于炼焦。煤的黏结性和结焦性对于煤的气化和燃烧性能也有很大的影响，例如具有强黏结性的煤在气化和

燃烧时，由于煤的黏结，容易结成大块，严重影响气流的均匀分布。

煤的黏结性的测定方法以坩埚法最为普遍，它是在实验室条件下用坩埚法测定挥发分产率之后，对所形成的焦块进行观察，根据焦块的外形分为七个等级，称为黏结序数，以此来评定黏结性的强弱。各黏结序数的代表特征是：

1——焦炭残留物均为粉状；

2——焦炭残留物黏着，以手轻压即成粉状；

3——焦炭残留物黏结，以手轻压即碎成小块；

4——不熔化黏结，用手指用力压裂成小块；

5——不膨胀熔化黏结，成浅平饼状，表面有银白色金属光泽；

6——膨胀熔化黏结，表面有银白色金属光泽，且高度超过15mm；

7——强膨胀熔化黏结，表面有银白色金属光泽，且高度大于15mm。

五、煤的耐热性

煤的耐热性是指煤在加热时是否易于破碎而言。耐热性的强弱能直接影响到煤的燃烧和气化效果。耐热性差的煤（主要是无烟煤和褐煤），气化和燃烧时容易破碎成碎片，妨碍气体在炉内的正常流通，并容易发生烧穿现象，使气化过程变坏。

无烟煤耐热性低的原因主要是由于其结构致密，加热时因内外温差而引起膨胀不均，造成了煤的破裂。但经过热处理后，可以改善其耐热性，至于褐煤的耐热性差，主要是由于内部水分大量蒸发所致。

六、反应性和可燃性

煤的反应性是指煤的反应能力，也就是燃料中的碳与二氧化碳及水蒸气进行还原反应的速度。反应性的好坏是用反应产物中CO的生成量和氧化层的最高温度来表示。CO的生成量越多，氧化层的温度越低，则反应性就越好。

煤的可燃性指的是燃料中的碳与氧发生氧化反应的速度，即燃烧速度。

煤的炭化程度越高，则反应性和可燃性就越差。

综合以上可以看出，不同品种和不同产区的煤，其物理化学和工艺性能往往差别很大。为了合理地利用煤的资源，必须根据煤的特性加以分类研究。

煤的分类方法很多，都是根据某一方面的特征作为基础。对于动力等工业，通常只把煤按化学性质分为无烟煤、烟煤、褐煤等类型。对于其他工业部门，例如，炼焦工业和化学合成工业，有时需要根据某些特殊要求将煤分得更细一些。

进行煤的分类是一项巨大的工作，目前国际间还没有一个统一的标准，各国、各个产地的煤都有其独特的性质，而且各国对煤的分析实验方法也不完全相同，所以都有各自分类的方法，但基本上都按挥发分的多少、黏结性的强弱、发热量的高低等作为基础。我国煤的分类方案可见附表1（煤炭科学研究院提出）。

第二章　液体燃料

液体燃料有天然液体燃料和人造液体燃料两大类。前者指石油及其加工产品，后者主要指从煤中提炼出的各种燃料油。

第一节　石油的加工及其产品

石油是一种天然的液体燃料，也叫原油。它是一种黑褐色的粘稠液体，由各种不同族和不同分子量的碳氢化合物混合组成，它们主要是一些烷烃（C_nH_{2n+2}）、环烷烃（C_nH_{2n}）、芳香烃（C_nH_{2n-6}）和烯烃（C_nH_{2n}）。此外，还含有少量的硫化物、氧化物、氮化物、水分和矿物杂质。

根据产地不同，原油的物理化学性质也往往有所不同。一般将轻馏分多的原油叫轻质原油。轻馏分少的叫重质原油。根据所含碳氢化合物的种类，可将原油分为以下几种。

（1）石蜡基原油　含石蜡族（烷烃 C_nH_{2n+2}）碳氢化合物较多。高沸点馏分中含有大量石蜡。我国大庆原油和中东阿拉伯原油即属此类。从这种原油中可以得到黏度指数较高的润滑油和燃烧性能良好的煤油，缺点是所产汽油的辛烷数较低，加工时需有专门的脱蜡系统。

石蜡族的碳氢化合物是一种链状结构的饱和性碳氢化合物，当碳的原子数 $n>4$ 时，又有所谓正烷烃（直链结构）和异烷烃（侧链结构）之分，并互相构成各种同素异性体。当 $n=1\sim4$ 时，在常温下呈气体状态，是天然气的主要成分。当 $n=5\sim15$ 时，常温下呈液体状态，是煤油的主要成分。

（2）烯基原油　含烯烃（C_nH_{2n}）较多，从中可以得到少量辛烷数高的汽油和大量优质沥青。它的优点是含蜡少，所以便于炼制柴油和润滑油，缺点是汽油产量小，润滑油黏度指数低，煤油容易冒烟。

烯烃和烷烃一样，也是原油的主要成分，但因它是不饱和烃，所以化学稳定性和热稳定性都比烷烃差，在高温和催化剂作用下，很容易转化成芳香族碳氢化合物。

（3）中间基原油　烷烃和烯烃的含量大体相等．也叫混合基原油，从中可以得到大量直馏汽油和优质煤油，缺点是汽油的辛烷数不高，含蜡较多。

（4）芳香基原油　含芳香烃较多，在自然界中储存量很少，从中可以得到辛烷数很高的汽油和溶解力很强的溶剂，缺点是它产生的煤油容易冒烟。我国台湾原油即属此类。

芳香烃是一种环状结构的不饱和碳氢化合物，其基本形式是 C_nH_{2n-6}，由于是不饱和烃，因此化学活性较强，容易置换成其他产品。

目前常用的原油加工方法主要是分馏法和裂解法。

一、分馏法

直接分馏法是把原油加热，利用各种分馏产物沸点不同而把它们分别提取出来。根据分馏塔工作压力的不同，又可分为常压分馏和减压分馏两种。

1. 常压分馏法　由于塔内工作压力接近大气压力，故名常压分馏。经过常压分馏可以得到石油气、汽油、挥发油、煤油、柴油等沸点在350℃以下的石油产品（表2－1）。

表2－1

名　称	沸点/℃	密度/kg·L^{-1}
汽油：航空汽油	40～150	0.71～0.74
汽车汽油	50～200	0.73～0.76
轻挥发油	100～240	0.77～0.79
煤油	200～320	0.80～0.83
粗柴油	230～360	0.84～0.88

2. 减压分馏法　塔内压力一般只有4000～10000Pa甚至低到1333Pa以下，故又称真空分馏，用来处理沸点高于350℃以上的重质馏分，以提高轻质产品的收得率。例如提炼沸点为350～500℃的粗柴油和轻质润滑油等。

二、裂解法

用直接分馏法只能分馏出分子量较小的轻质油品。为了提高原油中轻质油品的产量，特别是汽油的产量，可将直接分馏塔剩下的残渣或某些分子量较大的重质油品进一步在高温高压条件下进行分解，这种工艺叫做裂解法。根据工艺特点的不同，又分为热裂解和催化裂解等多种形式，一般反应温度多在400～600℃，压力为1～1.5mPa甚至4～7mPa。

第二节　液体燃料在冶金工业中的应用

在冶金炉和其他工业炉上使用的液体燃料主要是重油，下面重点介绍重油的种类及其有关特性。

一、重油的来源和种类

重油从广义来说，是原油加工后各种残渣油的总称。根据原油加工方法的不同，又可把重油分为直馏重油和裂化重油两大类。

（1）直馏重油　即原油经直接分馏后所剩下的渣油，例如常压渣油和减压渣油。其中常压渣油可以作为炉用燃料使用，减压渣油因含沥青质较多，黏度太大，常需配一部分柴油进行稀释后方可使用。

（2）裂化重油　即原油经过裂解处理后所剩下的渣油，它除了含有更多的不饱和烃以外，还含有大量的游离碳素，因此，很不容易燃烧，不能直接作为燃料油使用，还必须加进一部分轻质油品进行调质，以提高其燃烧性能。

市场上按一定牌号供应的商品重油，就是用上述各种渣油加进一部分轻油配制而成的。我国的商品重油共分四种牌号，即20、60、100和200号重油。每种牌号的命名是按照该种重油在50℃时的恩式黏度来确定的。例如20号重油在50℃时的恩氏黏度为20。

我国商品重油的分类标准可见表2－2。

表 2-2　我国商品重油分类

规　格	牌　号			
	20	60	100	200
运动黏度 ν/$m^2 \cdot s^{-1}$				
80℃时≯	0.35×10^{-4}	0.80×10^{-4}	1.09×10^{-4}	
100℃时≯				$(0.39 \sim 0.69) \times 10^{-4}$
闪点（开口）/℃≮	80	100	120	130
凝固点/℃≯	15	20	25	36
灰分/%≯	0.3	0.3	0.3	0.3
水分/%≯	1.0	1.5	2.0	3.0
硫分*/%≯	1.0	1.5	2.0	3.0
机械杂质/%≯	1.5	2.0	2.5	2.5

*冶金炉和热处理炉用的重油含硫量不得大于1.0%。

二、重油的化学组成和使用性能

重油既然是原油加工后剩下的残渣油，因此它的化学组成与所用的原油有很大关系。一般来说，重油也是由多种碳氢化合物混合而成的。和原油一样，这些碳氢化合物主要是一些烷烃、环烷烃、烯烃和芳香烃。与原油相比重油含有更多的氧化物、氮化物、硫化物、水分和机械杂质。

重油所含各种碳氢化合物的分析方法比较困难，所以一般很少提供这方面的资料。对于将重油作为燃料使用的各工业部门来说，了解重油化学组成的目的主要是进行燃烧计算，因此只需掌握重油的元素成分。和固体燃料一样，重油的元素成分也是用C、H、O、N、S、灰分（A）和水分（W）的质量百分比来表示的。

各地重油的元素成分基本相近。表2-3表示重油可燃质的元素成分。

表 2-3　重油的元素成分（可燃基）

C	H	O+N	S
85%~88%	10%~13%	0.5%~1.0%	0.2%~1.0%

从上述数字可以看出，重油的主要可燃元素是C和H，它们约占重油可燃成分的95%以上。一般来说，重油的黏度越大，含C量越高，含H量则越低。

重油中O和N的含量很少，影响不大。

重油中硫的含量虽然不多，但危害甚大，作为冶金燃料．必须严格控制。我国除个别地区外，大部分地区的石油含硫量都在1%以下。

重油中的水分是在运输和储存过程中混进去的。重油含水多时，不仅降低了重油的发热量和燃烧温度，而且还容易由于水分的汽化影响供油设备的正常进行，甚至影响火焰的稳定。因此，水分太多时应设法除掉，目前一般都是在储油罐中用自然沉淀的办法使油水分离加以排除。不过近来为了改善高黏度残渣油的雾化性能和降低烟气中的 NO_x 的含量，实践证明，向重油中掺入适当的水分（约10%左右），经乳化后，可以取得有益的效果，值得重视。

重油的灰分含量极少，一般不超过0.3%。机械杂质的含量则和运输及贮存条件有关，为了保证供油设备和燃烧装置的正常进行，应当进行必要的过滤。

必须指出，各地重油的元素成分基本相近，但其物理性能和燃烧特性却往往差别很大。因此为了安全有效地使用重油，必须掌握有关的使用性能，主要有以下几项。

1. 闪点、燃点、着火点

当重油被加热时，在油的表面上将出现油蒸气。油温越高油蒸气越多，因此油表面附近空气中的油蒸气的浓度也就越大。当空气中的蒸气浓度大到遇到点火小火焰能使其发生闪火现象时，这时的油温就叫做油的闪点。

闪火只是瞬间的现象，它不会继续燃烧。如果油温超过闪点，使油的蒸发速度加快，以致闪火后能继续燃烧而不熄灭，这时的油温叫做油的燃点。

如果继续提高油温，则油表面的蒸气会自己燃烧起来，这种现象叫自燃，这时的油温叫做油的着火点。

闪点、燃点、着火点是使用重油或其他液体燃料时必须掌握的性能指标，因为它关系到用油的安全技术和重油的燃烧条件。例如，储油罐中油的加热温度应严格控制在闪点以下，以防发生火灾，燃烧室（或炉膛）中的温度不应低于油的着火点，否则重油不易着火，更不利于重油的完全燃烧。

油的闪点与油的种类有关。油的比重越小，闪点就越低。液体燃料的闪点是按照国家规定的统一标准用专门仪器测定出来的，并有“开口”闪点（油表面暴露在大气中）和“闭口”闪点（油表面封闭在容器内）之分，通常用开口闪点。重油的开口闪点为80~130℃。我国目前所用的减压渣油的闪点一般都在250℃左右。

燃点与闪点相差不多。重油的燃点一般比闪点高10℃左右。

重油的着火点为500~600℃。

2. 黏度

黏度是表示流体质点之间的摩擦力大小的一个物理指标。黏度的大小对重油的输送和雾化都有很大的影响，所以对重油的黏度应当有一定的要求并保持其稳定。

重油的黏度与原油性质及其加工方法有关，所以不同来源和不同牌号的重油所具有的黏度也不一样。

此外，重油的黏度随着温度的升高而显著降低。

我国石油多是石蜡基石油，含蜡多，黏度大，所以我国重油的黏度也比较大，凝固点一般都在30℃以上，因此在常温下大多数重油都处于凝固状态。为了便于输送和燃烧，必须把重油加热，以便降低黏度，提高其流动性和雾化性。

重油的黏度通常用运动黏度 ν 来表示，ν 的单位是 m^2/s，或 cm^2/s。

并定义：1斯托克斯（St）$=1cm^2/s=1\times10^{-4}m^2/s$；

1/100St称为“厘斯”用符号cSt表示，$1cSt=1mm^2/s$。

我国也常使用恩氏黏度表示重油黏度的大小，它是用恩格拉黏度计测出来的，其定义为

$$E_t=\frac{t℃200mL\text{油流出时间}}{20℃200mL\text{水流出时间}}$$

E_t 代表了 t℃油的黏度

运动黏度 ν 和恩式黏度 E 的关系为

$$\nu = \left(0.073E - \frac{0.063}{E}\right) \times 10^{-4} \quad m^2/s$$

附表 2 中给出了几种常用黏度表示方法之间对应数值。

根据生产实践经验，油泵前的重油黏度不宜超过 2.19 ~ 2.92St。喷嘴前的重油黏度则应当根据喷嘴类型控制在下列范围内：

喷嘴类型	喷嘴前的重油黏度，运动黏度（$10^{-4} m^2/s$）	
	常用值	最大允许值
机械喷嘴	0.16 ~ 0.24	0.502
高压蒸汽喷嘴	0.32 ~ 0.43	0.593
低压空气喷嘴	0.19 ~ 0.32	0.576

为了得到需要的黏度，必须把重油加热，其加热温度应通过实验来确定。

图 2 - 1 是四种标准牌号的重油黏度与温度的关系。从图中可以看出，在对数坐标上，重油黏度和温度是呈线性关系。

必须指出，目前各厂所用的燃料油不一定是标准牌号的重油，因此黏度与温度的关系不一定与图 2 - 1 相符，应当通过实验测出相应的黏度变化曲线。

此外，提高油温降低黏度虽然有利于重油的输送和雾化，但加热温度也不能太高，否则会由于水分的蒸发和油的气化而产生大量泡沫，造成油罐溢油事故，并引起油压和火焰的波动，严重时会影响油泵的正常运转（气阻），甚至由于重油焦化而造成输油管道的堵塞。

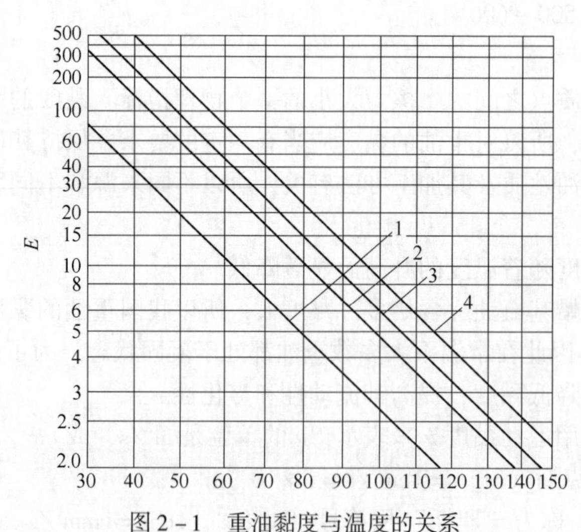

图 2 - 1　重油黏度与温度的关系

1—20#重油；2—60#重油；3—100#重油；4—200#重油

3. 密度

在生产中，常常要根据重油的体积算出它的质量，或者进行相反的换算，这就需要知道重油的密度ρ，其工程单位是kg/m^3或t/m^3。

在常温条件下（20℃），各种重油密度的大致范围是$\rho_{20}=0.92\sim0.98t/m^3$。

随着温度的上升，重油的密度略有减小，可利用下列公式进行计算

$$\rho_t=\frac{\rho_{20}}{1+\beta(t-20)}$$

式中　ρ_t——t℃时的密度；

ρ_{20}——20℃时的密度；

β——体积膨胀系数$\beta=0.0025-0.002\rho_{20}$。

4. 比热和导热系数

在计算重油加热器时，需要知道重油的比热和导热系数。

重油的比热c和重油的种类有关，并随着温度的升高而略有增加。重油的比热的计算方法很多，都是一些根据实验数据而得出的经验公式，其中比较适用的是

$$c_t=4.187(0.416+0.0006t)\quad kJ/(kg\cdot℃)$$

式中　t——重油温度，℃；

c_t——t℃时的比热。

在20～100℃范围内，重油的平均比热可近似取1.30～1.70kJ/(kg·℃)。对黏度较大的重油可取上限。

重油的导热系数λ也和重油的种类及其温度有关。在一般工程计算中，可取重油的导热系数$\lambda=0.128\sim0.163W/(m\cdot℃)$。

5. 发热量

由于重油的主要成分是碳氢化合物而杂质很少，所以重油的发热量很大，其低发热量$Q_{低}=39900\sim42000kJ/kg$。

和固体燃料一样，重油发热量的数值也可以根据元素成分用门捷列夫公式计算，或者用氧弹式量热计直接测定。

6. 含硫量

重油中的硫是一种有害杂质，其影响和煤中的硫是相同的，这里不再重复。根据国家标准规定，供工业炉窑用的重油含硫量不应大于1%。

7. 残炭

所谓残炭，是把重油在隔离空气的条件下加热时，蒸发出油蒸气后所剩下的一些固体碳素。

对于在工业炉上所使用的液体燃料来说，残炭的存在能提高火焰的黑度，有利于强化火焰的辐射传热能力。但另一方面，残炭产率高的燃料，在燃烧过程中，容易析出大量固体碳粒，它较难以燃烧，此外，当用温度为300～400℃的过热蒸汽或以预热空气做雾化剂时，特别是对某些经常停火的间歇生产的炉子，容易因残炭的析出而造成喷嘴输油导管及喷嘴出口的结焦，影响喷嘴的正常工作。

我国的重油残炭产率比较高，一般在10%左右，所以应当特别注意燃烧设备的维护和管理。

8. 掺混性

因为重油的性质与原油及其加工方法有关，所以不同来源的重油其化学稳定性也往往

不同，也就是说，把不同来源的重油掺混使用时，有时会出现沥青、含蜡物质等固体沉淀物或胶状半凝固体，这样就会造成输送管路的堵塞和停产等严重生产事故。

实践证明，单独用直馏重油配成的燃料油，其化学性质比较稳定，掺混性好，也就是说可以把不同牌号的重油混合使用。

对于裂化重油，在混合使用前必须先做掺混性实验，国外的做法是，按照预定比例配成的油料在 315℃的温度下加热 20h，观察有无固体凝块附着在管壁上。

此外，当改变重油品种，以及用重油管路输送焦油（或者相反）时，为了慎重起见，应当先将输油管路及其全部设备用蒸汽吹洗干净。

第三章　气体燃料

冶金炉及工业炉窑所用的气体燃料主要是高炉煤气、焦炉煤气、发生炉煤气和天然气等。

在各种燃料中，气体燃料的燃烧过程最容易控制，也最容易实现自动调节。此外，气体燃料可以进行高温预热，因此可以用低热值燃料来获得较高的燃烧温度并有利于节约燃料，降低燃耗。

由于以上特点，气体燃料在冶金企业的燃料平衡中一直占有重要地位。对于某些工艺要求比较严格的加热炉和热处理炉（尤其是低温热处理炉），为了便于控制炉温和炉气的化学成分，以保证产品的表面质量，除了电能之外，气体燃料是最理想的燃料了。

在这一章中，主要从燃料的使用角度，介绍几种常用煤气的有关特性。

第一节　单一气体的物理化学性质

任何一种气体燃料都是由一些单一气体混合而成。其中，可燃性的气体成分有 CO、H_2、CH_4 和其他气态碳氢化合物以及 H_2S。不可燃的气体成分有 CO_2、N_2 和少量的 O_2。除此之外，在气体燃料中还含有水蒸气、焦油蒸气及粉尘等固体微粒。为了更深入地了解各种工业煤气的有关特性，现将组成工业煤气的主要单一气体的物理化学性质说明如下。

一、单一气体的主要性质

（1）甲烷（CH_4）　无色气体，微有葱臭，分子量 16.04，密度 0.715kg/m^3，难溶于水，0℃时 1 个体积水内可溶解 0.557 体积 CH_4，20℃时可溶 0.030 体积，临界温度 −82.5℃，$Q_{低}=35740$kJ/m^3，与空气混合后可引起强烈爆炸，爆炸浓度范围为 2.5% ~15%，着火温度为 530 ~750℃，火焰呈微弱亮火，当空气中甲烷浓度高达 25% ~30% 时才有毒性。

（2）乙烷（C_2H_6）　无色无臭气体，分子量 30.07，密度 1.341kg/m^3，难溶于水，20℃时 1 体积的水可溶 0.0472 体积 C_2H_6，临界温度 −34.5℃，$Q_{低}=63670$kJ/m^3，空气中的爆炸范围为 2.5% ~15%，着火温度 510 ~630℃，火焰有微光。

（3）氢气（H_2）　无色无臭气体，分子量 2.016，密度 0.0899kg/m^3，难溶于水，20℃时 1 体积水中可溶 0.0215 体积 H_2，临界温度 −239.9℃，$Q_{低}=1079$kJ/m^3，空气中的爆炸范围 4.0% ~80%，着火温度为 510 ~590℃，空气助燃时火焰传播速度 267cm/s，较其他气体均高。

（4）一氧化碳（CO）　无色无臭气体，分子量 28.00，密度 1.250kg/m^3，0℃时 1 体积水中可溶 0.035 体积 CO，临界温度 −197℃，$Q_{低}=12630$kJ/m^3，在空气中的爆炸范围为 12.5% ~80%，着火温度 610 ~658℃，在气体混合物中含有少量的水即可降低其着火温度，火焰呈蓝色，CO 性极毒，空气中含有 0.06% 即有害于人体，含 0.20% 时可使人失去知觉，含 0.4% 时迅速死亡。空气中可允许的 CO 浓度为 0.02g/m^3。

（5）乙烯（C_2H_4）　具有窒息性的乙醚气味的无色气体，有麻醉作用，分子量

28.50，密度1.260kg/m^3，难溶于水，0℃时的1体积水中可溶0.266个体积C_2H_4，临界温度+9.5℃，$Q_{低}$=58770kJ/m^3，易爆，爆炸范围2.75%～35%，着火温度540～547℃，火焰发光，空气中乙烯浓度达到0.1%时对人体有害。

（6）硫化氢（H_2S）　无色气体，具有浓厚的腐蛋气味，分子量为34.07，密度1.52kg/m^3，易溶于水，0℃时1体积水中可溶解4.7体积的H_2S，$Q_{低}$=23074kJ/m^3，爆炸范围为4.3%～45.5%，着火温度364℃，火焰呈蓝色，性极毒，室内大气中最大允许浓度为0.01g/m^3，当浓度为0.04%时有害于人体，0.10%可致死亡。

（7）二氧化碳（CO_2）　略有气味的无色气体，分子量44.00，密度1.977kg/m^3，易溶于水，0℃1体积水中可溶1.713体积的CO_2，临界温度+31.35℃，空气中CO_2浓度达25mg/L时，对人体即为危险，浓度为162mg/L时，即可致命。

（8）氧（O_2）　无色无臭气体，分子量32.00，密度为1.429kg/m^3，0℃时1体积水中可溶解0.0489体积O_2，临界温度－118.8℃。

二、煤气的腐蚀性和毒性

具有腐蚀性的煤气成分主要有：氨气（NH_3），硫化氢（H_2S），二氧化碳（CO_2），氰氢酸（HCN）及氧气（O_2）。这些气体只有在有水存在时才具有腐蚀性。NH_3在水中呈碱性，H_2S，CO_2及HCN在水中呈酸性，O_2在水中则具有氧化性腐蚀。因此，为减少煤气对管道的腐蚀性，应除去煤气中的水分。

具有毒性的煤气成分有硫化氢（H_2S），氰氢酸（HCN），二氧化硫（SO_2），一氧化碳（CO），氨气（NH_3），苯（C_6H_6），其毒性极限如表3－1所示。

表3－1　气体的毒性极限

气体和蒸气名称	短时间内可致死亡的极限体积百分数	30～60min有危险的体积百分数	60min内无严重危险的极限体积百分数	长时间可允许的最高浓度体积百分数
硫化氢	0.1～0.2	0.05～0.07	0.02～0.03	0.01～0.015
氰氢酸	0.3	0.012～0.015	0.0005～0.006	0.0002～0.0034
二氧化硫	0.2	0.04～0.05	0.005～0.02	0.001
一氧化碳	0.5～1.0	0.2～0.3	0.05～0.10	0.04
氨气	0.5～1.0	0.25～0.45	0.03～0.05	0.01
苯	1.9	无实验数据	0.31～0.47	0.15～0.31
汽油	2.4	1.1～2.2	0.43～0.71	无实验数据

可燃气体的主要热工特性可见附表3。

第二节　煤气成分的表示方法及发热量计算

由于煤气的来源和种类不同，所以它们的化学组成和发热量也不相同。

气体燃料的化学组成是用所含各种单一气体的体积百分数来表示，并有所谓“湿成分”和“干成分”两种表示方法。

所谓气体燃料的湿成分，指的是包括水蒸气在内的成分，即：

$CO^{湿}\% + H_2^{湿}\% + CH_4^{湿}\% + \cdots\cdots + CO_2^{湿}\% + N_2^{湿}\% + O_2^{湿}\% + H_2O^{湿}\% = 100\%$

气体燃料的干成分则不包括水蒸气，即：

$CO^{干}\% + H_2^{干}\% + CH_4^{干}\% + \cdots\cdots + CO_2^{干}\% + N_2^{干}\% + O_2^{干}\% = 100\%$

气体燃料中所含的水分在常温下都等于该温度下的饱和水蒸气量。当温度变化时，气体中的饱和水蒸气量也随之变化，因而气体燃料的湿成分也将发生变化。为了排除这一影响，所以在一般技术资料中都用气体燃料的干成分来表示其化学组成的情况。

在进行燃烧计算时，则必须用气体燃料的湿成分作为计算的依据，因此应首先根据该温度下的饱和水蒸气含量将干成分换算成湿成分。

气体燃料干湿成分的换算关系是

$$X^{湿}\% = X^{干}\% \frac{100 - H_2O^{湿}}{100}$$

式中，$H_2O^{湿}$ 为 $100m^3$ 湿气体中所含水蒸气的体积。

在上述干湿成分换算时，需要知道水蒸气的湿成分（$H_2O^{湿}\%$）。从饱和水蒸气表中可以查到 $1m^3$ 干气体所吸收的水蒸气的重量 $g_{H_2O}^{干} g/m^3$ 气体（附表5）。根据下式可将其换算成水蒸气的湿成分（$H_2O^{湿}\%$）。

$$H_2O^{湿} = \frac{0.00124 g_{H_2O}^{干}}{1 + 0.00124 g_{H_2O}^{干}}$$

气体燃料的发热量可由实验测定（容克式量热计），也可根据其化学成分用下式计算

$$Q_{高} = 4.187(3046 \times CO\% + 3050 \times H_2\% + 9530 \times CH_4\% + 15250 \times C_2H_4\% + \cdots\cdots + 6000 \times H_2S\%) \quad (kJ/m^3)$$

$$Q_{低} = 4.187(3046 \times CO\% + 2580 \times H_2\% + 8550CH_4\% + 14100 \times C_2H_4\% + \cdots\cdots + 5520 \times H_2S\%) \quad (kJ/m^3)$$

第三节 高炉煤气

高炉煤气是高炉炼铁过程中所得到的一种副产品，其主要可燃成分是 CO。高炉煤气的化学组成情况及其热工特性与高炉燃料的种类、所炼生铁的品种以及高炉冶炼工艺特点等因素有关（附表4）。

高炉煤气因含有大量的 N_2 和 CO_2（占 63% ~ 70%），所以它的发热量不大，只有 $3762 \sim 4180 kJ/m^3$。当冶炼特殊生铁时，高炉煤气的发热量比冶炼普通炼钢生铁时高 $418 \sim 630 kJ/m^3$。

高炉煤气的理论燃烧温度为 1400 ~ 1500℃，在许多情况下，必须把空气和煤气预热来提高它的燃烧温度，才能满足用户的要求。

高炉煤气从高炉出来时含有大量的粉尘，为 $60 \sim 80 g/m^3$ 或更多，必须经过除尘处理，将煤气的含尘量降到下列标准，才能符合使用要求：

蒸汽锅炉	$0.5 g/m^3$
平炉，热风炉，加热炉	$20 \sim 50 mg/m^3$
焦炉	$10 mg/m^3$

高炉是冶金生产中燃料的巨大消费者。高炉的燃料的热量约有 60% 转移到高炉煤气

中，据统计，高炉每消耗1t焦炭可产生3800~4000m^3高炉煤气。由此可见，充分有效地将高炉煤气加以利用，对降低吨钢能耗有重大意义。在冶金生产中，高炉煤气主要用于焦炉，在冶金联合企业中，与焦炉煤气混合后也可用于平炉。

由于高炉煤气中含有大量CO，在使用中应特别注意防止煤气中毒事故。根据有关资料介绍，大气中一氧化碳的浓度如超过16ppm即有中毒危险。

第四节 焦炉煤气

焦炉煤气是炼焦生产的副产品。1t煤在炼焦过程中可以得到730~780kg焦炭和300~350m^3的焦炉煤气，以及25~45kg焦油。

由焦炉出来的煤气因含有焦油蒸气，所以称荒焦炉煤气。1m^3荒焦炉煤气通常含有300~500g水和100~125g焦油，以及其他可作为化工原料的气态化合物。为了回收焦油和各种化工原料气，必须将荒焦炉煤气进行加工处理，使其中的焦油蒸气和水蒸气冷凝下来，并将有关的化工原料收回，然后才送入煤气管网作为燃料使用。

焦炉煤气的可燃成分主要是H_2、CH_4、CO。

焦炉煤气中的惰性气体含量很少，N_2和CO_2共8%~16%，因此焦炉煤气的发热量很高，为15890~17140kJ/m^3，是冶金联合企业重要的燃料来源之一，一般多与高炉煤气或发生炉煤气配成发热量为8360kJ/m^3左右的混合煤气用于平炉和加热炉。

焦炉煤气成分（%）

H_2	CH_4	C_mH_n	CO	CO_2	N_2	O_2
55~60	24~28	2~4	6~8	2~4	4~7	0.4~0.8

第五节 发生炉煤气

所谓发生炉煤气就是将固体燃料在煤气发生炉中进行气化而得到的人造气体燃料。

固体燃料的气化是一个热化学过程，即在一定温度条件下，借助于某种气化剂的化学作用将固体燃料的可燃质转化为可燃气体的过程。

煤的气化原理将在第十六章中专题讨论。

在工业上根据所用气化剂的不同，可将发生炉煤气分为三种，即：空气发生炉煤气，气化剂为空气；水煤气，气化剂为水蒸气；混合发生炉煤气，气化剂为空气和水蒸气。

发生炉煤气的主要特点如下表所示。

名　称	气化剂	发热量/kJ·m^{-3}	用　途
空气发生炉煤气	空气	3780~4620	化工原料，工业炉燃料
混合发生炉煤气	空气加水蒸气	5040~6720	工业炉燃料
水煤气	水蒸气	10080~11340	化工原料，切割，焊接

在工业炉中最常用的是混合发生炉煤气。冶金厂和机械制造厂所用的发生炉煤气一般都是混合发生炉煤气，简称发生炉煤气。空气发生炉煤气用空气做气化剂，反应温度很高，容易使灰渣熔化，阻塞气流流通，影响气化过程的正常进行。这种煤气的发热值太

低，不能满足高温工业炉的要求，因此没有获得广泛应用。水煤气的发热量较高，但其制造工艺和设备比较复杂，作为工业炉的燃料也没有得到推广。为了避免上述两种发生炉煤气的缺点，最常用的办法是在空气中加入适量的水蒸气，这时，由于水蒸气在高温条件下发生分解，以及和碳进行还原反应，既可以避免反应区的温度过高，又增加了煤气中的可燃成分（H_2），因此在工业上得到了广泛的应用。

混合发生炉煤气的成分和发热量与所用煤的品种及气化工艺有关，见下表。

煤的种类	煤气干成分/%						$Q_{低}$ /kJ·m^{-3}
	CO_2	O_2	CO	H_2	CH_4	N_2	
抚顺烟煤	4.0	0.2	26.6	12.8	3.3	53.1	6060
焦作无烟煤	3.6	0.5	28.4	14.0	0.7	52.8	5390

第六节　天然气

我国是发现和利用天然气最早的国家。天然气是一种优质气体燃料，它的产地或在石油产区，或为单纯的天然气田。和石油产在一起的天然气中含有石油蒸气，称为伴生天然气或油性天然气。纯粹气田产的天然气，因不含有石油蒸气，所以称为干天然气。

天然气的主要成分为甲烷，其次为乙烷等饱和碳氢化合物。伴生天然气因含有石油蒸气，故除甲烷外，还含有较多的重碳氢化合物。上述各种碳氢化合物在天然气中的含量在90%以上，因此，天然气的发热量很高，一般为33440～41800kJ/m^3 或更高。

除了碳氢化合物以外，天然气中还有少量的CO_2，N_2，H_2S，CO等，大致成分如下表所示。

天然气的一般构成

$CO_2+SO_2=0.5\%\sim1.5\%$	$C_nH_m=3.5\%\sim7.3\%$
$O_2=0.2\%\sim0.3\%$	$N_2=1.5\%\sim5.0\%$
$CO=0.1\%\sim0.3\%$	$H_2S=0\sim0.9\%$
$H_2=0.4\%\sim0.8\%$	$Q_{低}=34000\sim63000$kJ/m^3
$CH_4=85\%\sim95\%$	密度≈0.6kg/m^3

由气井流出的天然气含有大量矿物杂质和水分，必须经过分离净化后才能由集气站分别送到使用单位。

天然气是一种高热值燃料。但由于天然气中CH_4含量大，燃烧速度较慢，以及煤气密度小等原因，因此在燃烧时组织火焰和燃烧技术上必须采用相应的措施，以保证充分发挥天然气的作用。

为了提高天然气火焰的黑度，可以向天然气喷射重油或焦油等液体燃料；也可以设法使天然气中的碳氢化合物发生分解，靠分解出来的游离碳来提高火焰的黑度，叫做火焰的自动增碳，具体方法有：（1）将天然气预热，使CH_4等碳氢化合物发生分解；（2）部分燃烧法，即向天然气中通入少量空气，使部分天然气进行燃烧，利用这一部分燃烧热来使其余天然气发生热分解。

天然气除了作为工业燃料外，也是化学工业的宝贵原料，经过调质后也可作为城市煤气。在冶金生产中，天然气可用于高炉、平炉、电炉、加热炉等。

天然气除可沿管道进行长距离输送外，在不宜铺设管道的地方，或作为生活煤气和动力煤气使用时，还可以进行加压处理使之在常温下变为液体贮于高压筒中，称为液化天然气，其主要性能为下表所示。

沸点（常压）	-161.4℃
凝固点（常压）	-185.5℃
密度（15℃）	1.36
蒸发潜热（kJ/L）	199.9
比热 C_V，（15℃）	1.69
临界压力（MPa）	4.627
着火温度（℃）	600

第七节　重油裂化气

随着石油工业的发展，用重油造气也得到了发展。

重油造气的方法很多，例如热解法和催化裂解法等，它们本质上都是使高分子液体碳氢化合物（原油，重油），在800～900℃温度条件下通过水蒸气的作用发生分解，以便得到分子量较小的气态碳氢化合物和氢气、一氧化碳等可燃气体。

在热分解过程中，碳氢化合物主要发生以下反应：

（1）C—C链结合链发生断裂，形成分子量较小的碳氢化合物，例如：

$$C_nH_{2n+2} \longrightarrow C_mH_{2m+2} + C_{m'}H_{2m'} \quad (m+m'=n)$$

（2）C—H结合链发生分解放出氢气，例如

$$C_nH_{2n+2} \longrightarrow C_nH_{2n} + H_2$$

（3）转化反应（异性化）

（4）结合反应（环化，热聚合）

（5）上述反应产物还可能与水蒸气发生作用，生成氢气和一氧化碳叫做蒸汽重整，例如

$$C_nH_{2n+2} + m'H_2O \longrightarrow C_mH_{2m+2} + m'CO + 2m'H_2 \quad (m+m'=n)$$

通过上述热解反应所得到的煤气，一般来说，含重碳氢化合物较多，含氢较少，其成分如下表所示。

CO_2	C_3H_6	C_2H_4	O_2	CO	H_2	C_2H_6	CH_4	N_2	$Q_{低}$
4.3	8.0	22.6	1.2	5.9	17.8	1.8	32.7	5.7	39685

为了改善热解煤气的质量，可以利用催化剂来促使反应5）的进行，即加速水蒸气的重整作用，以便抑制游离碳的析出，提高氢气含量，得到高质量的油煤气，这就是所谓的

催化裂解法，我国目前所使用的就是这种方法，用镍基催化剂来促进蒸汽重整反应。

重油催化裂解造气的装置类型很多，图 3－1 是我国目前应用比较广泛的 TG 型重油裂解装置的简单示意图。整个造气过程主要可分为加热期和制气期两个阶段，按周期循环进行，每循环一次的周期时间为 6～8min。

加热期（图 3－1a） 热分解反应为吸热反应，为了保证反应所需要的温度条件（800～900℃），必须由外界补充热量。因此在过程开始时，应向燃烧室中送入燃料油和空气，使油燃烧并加热反应器。与此同时，还要从蒸汽蓄热室顶部喷油燃烧，将蒸汽蓄热器的格子砖加热，以保证蒸汽所需要的高温条件。此外，在加热期中，还应从空气蓄热器顶部送入一部分空气，它的作用是将沉积在格子砖上的积炭烧掉。燃烧后的废气经过余热锅炉从烟囱排走。

造气期（图 3－1b） 从蒸汽蓄热器顶部喷入重油，从底部通入过热蒸汽，二者混合后进入反应器中，在催化剂的作用下进行裂解和蒸汽重整反应，即

（1）$C_nH_{n+2} \longrightarrow C_mH_{2m+2} + C_{m'}H_{2m'}$

$(m + m' = n)$

（2）$C_mH_{2m+2} + C_{m'}H_{2m'} + m'H_2O \longrightarrow C_mH_{2m+2} + m'CO + 2m'H_2$

（3）$C_mH_{2m+2} + C_{m'}H_{2m'} + nH_2O \longrightarrow nCO + 2nH_2$

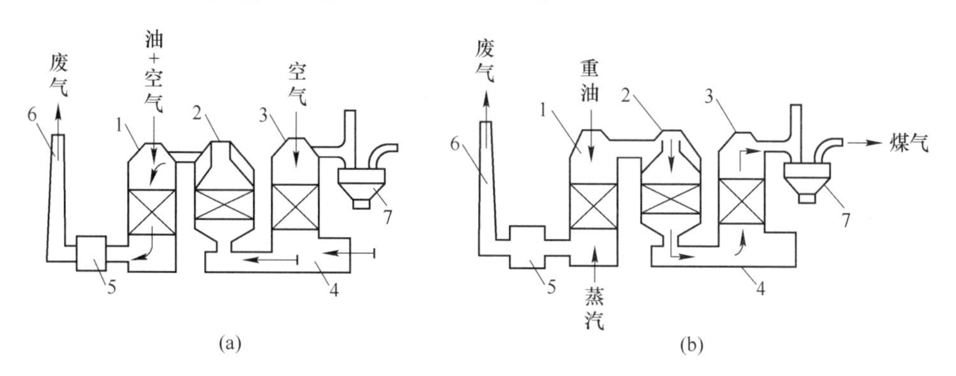

图 3－1 TG 型重油催化裂解装置示意图

1—蒸汽蓄热器；2—反应器；3—空气蓄热器；4—燃烧室；5—余热锅炉；6—烟囱；7—洗气箱

重油裂化气的性质和产率与操作温度、压力、反应时间、蒸汽比以及原料油和催化剂的性质等因素有关。

根据资料，当周期时间为 8min，重油与蒸汽的比例为 1∶1.2，催化床温度为 850～900℃时，重油裂化气的成分和热值如下表所示。

重油裂化气的成分和热值

成分	H_2	CH_4	C_nH_m	CO_2	O_2	N_2	CO	$Q_{低}$/kJ·m^{-3}
%	36	27.4	16.7	6.9	1.5	3.5	8	25808

原油裂化气的成分和热值

成分	H_2	CH_4	C_nH_m	CO_2	O_2	N_2	CO	$Q_{低}$/kJ·m^{-3}
%	60.1	3.4	2.3	11.9	0.2	1.9	20.2	13110

第八节　转炉气

纯氧顶吹转炉炼钢法是目前钢铁工业中广泛采用的一种炼钢方法，它具有产量高、质量好、品种多、投资省及原料适应性强等特点。

转炉炼钢过程中产生大量转炉气，每吨钢约产气 $70m^3$，其主要成分是 CO，含量在 45% ~65%，发热量为 $6270 \sim 7530kJ/m^3$。

转炉气含有高达 60% 的 CO，是一种非常理想的化工原料气和燃料气，因此对转炉气的综合利用是十分重要的问题，它不仅有极大的经济价值，而且，通过将转炉气回收和利用，还可以减少环境的污染，防止公害。

60 年代以前，几乎所有的转炉气都是用所谓完全燃烧法来处理，即在炉口处吸入大量的空气将转炉气烧掉，为了防止爆炸，空气系数高达 2 以上，甚至达到 5。

1960 年，法国 CAFL 公司和法国钢铁研究院一起创造了一种"未燃法"废气回收系统（即 OG 法），目的是控制炉口处的空气吸入量以防止炉气燃烧，这样可以将转炉气的物理热和化学热充分利用下来。未燃法的主要特点是：

（1）可以将转炉气中的 CO 保留下来，作为燃料或化工原料使用；

（2）与传统法相比，所要处理和净化的烟气量减少 2/3 ~3/4，所要冷却的热焓总和也相应减少；

（3）由于所要处理和冷却的烟气量减少，因此与通常的除尘系统相比，OG 法的金属收得率约高 1% 左右。

转炉气的处理设备主要是由冷却净化系统和回收系统所组成。

冷却净化系统主要有两种型式，即锅炉法和未燃法。前者主要是将转炉气作为烧锅炉的燃料，锅炉出口处的温度约 300℃，其热效率比较高，但由于需要安装锅炉，设备和操作费用都较高，已很少采用。未燃法是直接在转炉炉口安装一活动烟罩，在隔离空气的情况下来回收转炉气，这是目前国内外比较常用的方法。

转炉气的利用包括以下几个方面：

（1）化学能的利用　目前氧气顶吹转炉回收的煤气一般含有 CO 45% ~65%；$H_2 < 2\%$；CO_2 15% ~25%；O_2 0.4% ~0.8%；N_2 24% ~38%。发热量为 $6270 \sim 7530kJ/m^3$，可作为混铁炉、热风炉、钢包烘烤、铁合金烘烤以及耐火材料车间和回转窑的燃料。此外，这种转炉气还可以作为化工原料气使用。例如在 180℃ 和 1.8MPa 压力下与浓度为 200 ~250g/L 的氢氧化钠反应生成甲酸钠：

$$CO + NaOH \longrightarrow HCOONa$$

甲酸钠不仅是染化原料，而且也是生产草酸和甲酸的基本原料。

用转炉气制造合成氨和其他化工原料的试验正在进行之中。

（2）余热的利用　转炉的烟气温度高达 1600℃ 左右，因此余热利用的潜力很大，目前主要是采用汽化冷却烟道加以回收，所产生蒸汽可供食堂、洗澡、取暖等生活设施使用。

（3）烟尘的利用　从炉口出来的转炉气中夹带有大量固体尘粒，每吨钢的炉气约含干烟尘 16kg，化学成分为，FeO 67.16%，Fe_2O_3 16.2%，MnO 0.74%，MgO 0.39%，SiO_2 3.64%，CaO 7.04%；P_2O_5 1.5%，C 3.33%，烟尘粒度为，100 ~20μm16.0%，10μm72.3%，10 ~8μm4.9%，8 ~5μm5.0%，其余为 5μm 以下。烟尘密度为 $4.41t/m^3$。

转炉气烟尘中有近60%的铁经回收烘干后可作为精矿粉使用，例如与矿粉，石灰粉，一起用于制造烧结矿。

使用转炉气应注意以下安全问题：

（1）回收的煤气必须经常进行分析，进入煤气柜前必须使含氧量降到2%以下，以防引起爆炸。

（2）回收煤气时必须保持炉口微正压操作，氧枪采用氮封，防止煤气外溢和空气吸入。应使烧嘴前煤气压力保持2000Pa，煤气喷出速度应大于15m/s。

（3）在煤气加压机和用户之间应设置水封或回火防止器，以防发生回火爆炸事故。

（4）各主要管道都应安装防爆阀，并严防漏气，以免发生CO中毒事故。露天管道漏损量每小时不得大于2%，厂内管道漏损量每小时不得大于1%。

（5）采用一炉一机制，避免风机并联。

第二篇　燃烧反应计算

燃烧反应计算是按照燃料中的可燃物分子与氧化剂分子进行化学反应的反应式，根据物质平衡和热量平衡的原理，确定燃烧反应的各参数。这些参数主要是：单位数量燃料燃烧所需要的氧化剂（空气或氧气）的数量，燃烧产物的数量，燃烧产物的成分，燃烧温度和燃烧完全程度。这些参数在热工研究，炉子设计和生产操作中都应当掌握。

燃烧反应的实际进程和反应结果，是与体系的实际热力学条件及动力学条件有关的。在燃烧反应计算中，要对这些条件加以规定或给予假设。以下便是计算条件的几点说明。

燃烧反应计算需知道燃料成分，并且是应用成分（对固、液体燃料）或湿成分（对气体燃料）；如果原始数据不是这样的成分，则首先要进行必要的成分换算。

燃烧反应的氧化剂，在工业炉中多数是用空气，少数情况下也有用氧气或富氧空气。空气的主要成分是氧气和氮气，还有少量的氩、氖、氪、氦等稀有气体及二氧化碳气体。大气中还含有水蒸气。但燃烧反应计算中将假定空气的组成仅为氧气、氮气和水蒸气。此时假定干空气的成分按质量为：氧占23.2%，氮占76.8%；按体积，氧占21%，氮占79%，空气中水蒸气的含量通常可以按某温度（大气温度）下的饱和水蒸气含量计算。

燃烧反应生成物的成分和数量与反应条件有关。如果可燃物分子可以与按化学反应配平关系所决定的足够量的氧分子相接触而开始化学反应，那么其结果将是

$$C + O_2 \longrightarrow CO_2$$

$$H_2 + \frac{1}{2}O_2 \longrightarrow H_2O$$

$$S + O_2 \longrightarrow SO_2$$

即燃料中的碳燃烧生成 CO_2，氢生成 H_2O，硫生成 SO_2。但是，实际上燃料在燃烧室中并不一定都能完成上述反应。例如，当空气量供应不足时，将会有一些可燃物分子不能被充分氧化而生成 H_2、CO 等等。当燃料与氧化剂混合不均匀或在燃烧室中来不及充分混合时，将会有一些可燃物分子未能与氧接触而不发生反应。此外，在高温下某些碳氢化合物和燃烧生成物中的 CO_2 及 H_2O 等气体将会发生分解而生成 H_2、CO 等可燃气体。这样一来，如果燃料和氧化剂是在有限空间的燃烧室（或炉膛）内进行反应，那么燃烧过程终了的产物将包括两部分：一部分是经化学反应的产物（包括充分燃烧的、不充分燃烧的、热分解的）；另一部分是未经化学反应的物质（包括未来得及混合的燃料和空气，过剩的空气或过剩的燃料）。燃烧反应计算属于燃烧静力学计算，即不涉及气流混合或扩散速度等动力学问题，而仅就化学反应的平衡状态进行计算。因此，在以下的燃烧计算中，将假定燃料和氧化剂均匀混合，达到分子接触，而燃料数量和氧化剂数量的关系允许不是反应配平的当量关系，即允许燃料过剩和氧化剂过剩。上述两部分产物在计算中都有所估计，并将笼统地把上述两部分产物一起称为“燃烧产物”，虽然第二部分产物并未经过燃烧反应。

根据燃烧产物的组成，可以把燃烧分为完全燃烧和不完全燃烧两大类。所谓完全燃

烧，指燃料中的碳、氢、硫均与氧充分反应而生成 CO_2，H_2O 和 SO_2，此时燃烧产物的组成将为 CO_2，H_2O，SO_2，N_2 及少许的 O_2。所谓不完全燃烧，则指还有其他反应或燃料过剩，致使燃烧产物的组成除有上述气体外，尚有 CO，H_2，CH_4 等可燃气体和固体可燃物（如炭黑）。大多数工业炉都要求完全燃烧，以提高燃料的利用效率。通常的炉子设计计算都是按完全燃烧计算的。但是，实际生产的炉子常有不完全燃烧的情况。少数炉子要求炉膛内为还原性气氛，则将有意识地组织不完全燃烧。

在以下的计算中，还规定气体的体积均为标准状况下的体积，并且一切气体每公斤分子的体积在标准状况下都是 22.4m^3，各气体的密度都等于公斤分子量除以 22.4m^3。即本篇中所有计算单位的“m^3”均指标准状况下的 m^3。

第四章　空气需要量和燃烧产物生成量

燃料燃烧所需要的空气（或氧气）数量和燃烧产物的生成量，以及与此有关的燃烧产物成分和密度，都是根据燃烧反应的物质平衡计算的，这些参数有实际用处。例如，为了正确地设计炉子的燃烧装置和鼓风系统，必须知道为保证一定热负荷（燃料消耗量）所应供给的空气量。燃烧产物（或废气）的生成量、成分和密度，是设计排烟系统所必须已知的参数。这些参数与炉内的热交换过程、压力水平也有关系。所以，在进行炉子热工计算时或进行热工试验、热工分析中，常要求先进行空气需要量和燃烧产物生成量、成分、密度的计算。

第一节　空气需要量的计算

如前面第一章所述，固、液体和气体燃料的成分习惯上有不同的方法表示，因此它们的燃烧计算表达式有所不同，分述如下。

一、固体燃料和液体燃料的理论空气需要量

已知燃料成分（质量百分数）为

$$\mathrm{C\%+H\%+O\%+N\%+S\%}+A\%+W\%=100\%$$

按化学反应完全燃烧方程式，其中碳燃烧时为

$$\mathrm{C+O_2 = CO_2}$$

数量关系为

$$12+32=44 \quad (\mathrm{kg}) \tag{4-1}$$

或每公斤碳需氧量

$$1+\frac{8}{3}=\frac{11}{3} \quad (\mathrm{kg/kg})$$

氢燃烧时

$$\mathrm{H_2+\frac{1}{2}O_2 = H_2O} \tag{4-1a}$$

$$2+16=18 \quad (\mathrm{kg})$$

每公斤氧需氧量

$$1+8=9 \quad (\mathrm{kg/kg})$$

硫燃烧时

$$\mathrm{S+O_2 = SO_2} \tag{4-1b}$$

$$32+32=64 \quad (\mathrm{kg})$$

每公斤硫需氧量

$$1+1=2 \quad (\mathrm{kg/kg})$$

由此可知，每公斤燃料完全燃烧时所需要的氧气量（质量）为

$$G_{0,\mathrm{O_2}}=\left(\frac{8}{3}\mathrm{C}+8\mathrm{H}+\mathrm{S}-\mathrm{O}\right)\cdot\frac{1}{100} \quad (\mathrm{kg/kg}) \tag{4-2}$$

按标准状况下氧的密度为 32/22.4 = 1.429（$\mathrm{kg/m^3}$）故换算为体积需要量为

$$L_{0,\mathrm{O_2}}=\frac{1}{1.429}\left(\frac{8}{3}\mathrm{C}+8\mathrm{H}+\mathrm{S}-\mathrm{O}\right)\cdot\frac{1}{100} \quad (\mathrm{m^3/kg}) \tag{4-3}$$

上述氧气需要量是按照化学反应式的配平系数计算的，而不估计任何其他因素的影

响，称“理论氧气需要量”（G_{0,O_2}或L_{0,O_2}）。

如果是在空气中燃烧，将式（4－2）和式（4－3）除以空气中氧的含量，便得到每1公斤燃料完全燃烧时需要的空气量，并称为“理论空气需要量”（$\boldsymbol{G}_0$或$\boldsymbol{L}_0$）。计算式为：

即
$$\boldsymbol{G}_0=\frac{1}{0.232}\left(\frac{8}{3}C+8H+S-O\right)\cdot\frac{1}{100}\quad(kg/kg)\qquad(4-4)$$

或
$$G_0=(11.49C+34.48H+4.31S-4.31O)\times10^{-2}\quad(kg/kg)\qquad(4-4a)$$

或
$$L_0=\frac{1}{1.429\times0.21}\left(\frac{8}{3}C+8H+S-O\right)\cdot\frac{1}{100}\quad(m^3/kg)\qquad(4-5)$$

即
$$L_0=(8.89C+26.67H+3.33S-3.33O)\times10^{-2}\quad(m^3/kg)\qquad(4-5a)$$

二、气体燃料的理论空气需要量

已知燃料成分（体积百分数）为

$$CO\%+H_2\%+CH_4\%+C_nH_m\%+H_2S\%+CO_2\%+O_2\%+N_2\%+H_2O\%=100\%$$

其中各可燃成分的化学反应式为

$$\left.\begin{aligned}&CO+\frac{1}{2}O_2=\!=\!=CO_2\\&H_2+\frac{1}{2}O_2=\!=\!=H_2O\\&C_nH_m+\left(n+\frac{m}{4}\right)O_2=\!=\!=nCO_2+\frac{m}{2}H_2O\\&H_2S+\frac{3}{2}O_2=\!=\!=H_2O+SO_2\end{aligned}\right\}\qquad(4-6)$$

因各气体的公斤分子体积均相等（22.4m^3），故知1m^3CO燃烧需要1/2m^3的氧，1m^3的H_2燃烧需氧1/2m^3；余类推。

故1m^3煤气完全燃烧的理论氧量为

$$L_{0,O_2}=\left[\frac{1}{2}CO+\frac{1}{2}H_2+\Sigma\left(n+\frac{m}{4}\right)C_nH_m+\frac{3}{2}H_2S-O_2\right]\times10^{-2}\quad(m^3/m^3)\qquad(4-7)$$

将式（4－7）乘以$\frac{1}{0.21}$（=4.76），则得到1m^3煤气燃烧的理论空气需要量L_0为：

$$L_0=4.76\left[\frac{1}{2}CO+\frac{1}{2}H_2+\Sigma\left(n+\frac{m}{4}\right)C_nH_m+\frac{3}{2}H_2S-O_2\right]\times10^{-2}\quad(m^3/m^3)\qquad(4-8)$$

三、实际空气需要量

上述空气（氧气）需要量均为理论值，实际上，不论在设计或操作中，炉内实际消耗的空气量与上述计算值有区别。例如，在实际条件下保证炉内燃料完全燃烧，便常常供给炉内比理论值多一些的空气；而有时为了得到炉内的还原性气氛，便供给少一些空气。因此，要求确定“实际空气消耗量”（L_n）。

实际空气消耗量 L_n 表示为

$$L_n = nL_0 \tag{4-9}$$

式中，n 值称为“空气消耗系数”，即

$$n = \frac{L_n}{L_0} \tag{4-9a}$$

当 $n>1$ 时，被称为“空气过剩系数”。

n 值是在设计炉子或燃烧装置时根据经验预先选取的，或是根据实测确定的。这样一来，预先确定 n 值，用前述计算公式计算 L_0 值，便可以按式（4-9）计算实际空气消耗量 L_n 值。

此外，上面的计算未计入空气中的水分。实际上，即使在常温下空气中也是含有水蒸气的。当空气含有较多水分，或要求精确计算时，应把空气中的水分估计在内。空气中的水分含量 g 通常表示为 $1m^3$ 干气体中的水分含量（g/m^3），它在通常的气温下与空气的温度有关，相当于某温度下的饱和水蒸气含量，可由附表 5 中查到。

将空气中的水分含量 g 换算为体积含量，即为

$$g \times \frac{22.4}{18} \times \frac{1}{1000} = 0.00124g \quad (m^3/m^3)$$

则估计到水分的湿空气消耗量为

$$L_n = nL_0 + 0.00124g \cdot nL_0$$

即

$$L_n = (1 + 0.00124g) \cdot nL_0 \tag{4-10}$$

在实际计算中是否要计入空气中的水分，应根据计算的精确度的要求而定。

由上述计算可以看出，L_0 值决定于燃料的成分，燃料中可燃物含量越高，则 L_0 值也就越大。而 L_n 值和 n 值有关，而 n 值是与燃烧条件有关的。根据燃烧设备和操作选取的 n 值越大，L_n 值也就越大。

第二节　燃烧产物的生成量、成分和密度（完全燃烧的计算）

燃烧产物的生成量及成分是根据燃烧反应的物质平衡进行计算的。完全燃烧时，单位质量（或体积）燃料燃烧后生成的燃烧产物包括 CO_2，SO_2，H_2O，N_2，O_2，其中 O_2 是当 $n>1$ 时才会有的。燃烧产物的生成量，当 $n \neq 1$ 时称“实际燃烧产物生成量”（V_n），当 $n=1$ 时称“理论燃烧产物生成量”（V_0）。

实际燃烧产物生成量 V_n 为

$$V_n = V_{CO_2} + V_{SO_2} + V_{H_2O} + V_{N_2} + V_{O_2} \quad (m^3/kg) \text{ 或 } (m^3/m^3) \tag{4-11}$$

式中，V_{CO_2}，V_{SO_2}，V_{H_2O}，V_{N_2}，V_{O_2} 表示燃烧产物中所包含的 CO_2，SO_2，H_2O，N_2，O_2 的数量，m^3/kg 或 m^3/m^3。为计算 V_n，可求出 V_{CO}，V_{SO_2}……即可。

V_0 和 V_n 之差别在于 $n=1$ 时比 $n>1$ 时的燃烧产物生成量少一部分过剩空气量，故可写出

$$V_n - V_0 = L_n - L_0$$

即

$$V_0 = V_n - (n-1)L_0 \tag{4-12}$$

或

$$V_n = V_0 + (n-1)L_0 \tag{4-12a}$$

式（4-11）中各项的计算方法如下。

对于固体或液体燃料，由式（4-1）各式，并估计到燃料成分的N及W值和空气带入的N_2及过剩O_2，并计入空气中的水分。即得到

$$\left.\begin{aligned}
V_{CO_2} &= \frac{11}{3}\cdot C\cdot\frac{1}{100}\cdot\frac{22.4}{44}=\frac{C}{12}\cdot\frac{22.4}{100} \quad (m^3/kg)\\
V_{SO_2} &= \frac{S}{32}\cdot\frac{22.4}{100} \quad (m^3/kg)\\
V_{H_2O} &= \left(\frac{H}{2}+\frac{W}{18}\right)\cdot\frac{22.4}{100}+0.00124gL_n \quad (m^3/kg)\\
V_{N_2} &= \frac{N}{28}\cdot\frac{22.4}{100}+\frac{79}{100}L_n \quad (m^3/kg)\\
V_{O_2} &= \frac{21}{100}(L_n-L_0) \quad (m^2/kg)
\end{aligned}\right\} \tag{4-13}$$

将式（4-13）代入式（4-11），即可得到V_n。也可整理一下表示为

$$V_n=\left(\frac{C}{12}+\frac{S}{32}+\frac{H}{2}+\frac{W}{18}+\frac{N}{28}\right)\frac{22.4}{100}+\left(n-\frac{21}{100}\right)L_0+0.00124gL_n \quad (m^3/kg) \tag{4-14}$$

如$n=1$时，即得到（不计算空气中的水分）

$$V_0=\left(\frac{C}{12}+\frac{S}{32}+\frac{H}{2}+\frac{W}{18}+\frac{N}{28}\right)\frac{22.4}{100}+\frac{79}{100}L_0 \tag{4-15}$$

对于气体燃料，同理可得：

$$\left.\begin{aligned}
V_{CO_2} &= (CO+\sum nC_nH_m+CO_2)\cdot\frac{1}{100} \quad (m^3/m^3)\\
V_{SO_2} &= H_2S\cdot\frac{1}{100} \quad (m^3/m^3)\\
V_{H_2O} &= \left(H_2+\sum\frac{m}{2}C_nH_m+H_2S+H_2O\right)\cdot\frac{1}{100}+0.00124gL_n \quad (m^3/m^3)\\
V_{N_2} &= N_2\cdot\frac{1}{100}+\frac{79}{100}L_n \quad (m^3/m^3)\\
V_{O_2} &= \frac{21}{100}(L_n-L_0) \quad (m^3/m^3)
\end{aligned}\right\} \tag{4-16}$$

将式（4-16）代入式（4-11），即可计算气体燃料燃烧产物生成量V_n。也可经整理后得到

$$V_n=\left[CO+H_2+\sum\left(n+\frac{m}{2}\right)C_nH_m+2H_2S+CO_2+N_2+H_2O\right]\cdot\frac{1}{100}+\left(n-\frac{21}{100}\right)L_0+0.00124gL_n \tag{4-17}$$

$$V_0=\left[CO+H_2+\sum\left(n+\frac{m}{2}\right)C_nH_m+2H_2S+CO_2+N_2+H_2O\right]\cdot\frac{1}{100}+0.79L_0 \tag{4-18}$$

燃烧产物的成分表示为各组成所占的体积百分数，为与燃料成分相区别，燃烧产物的成分的分子式号上加“′”，即

$$CO_2'\% + SO_2'\% + H_2O'\% + N_2'\% + O_2'\% = 100\%$$

按式（4-13）或式（4-16）求出各组成的生成量，并按式（4-11）求出V_n，便可得到燃烧产物成分，即

$$\left.\begin{aligned}CO_2' &= \frac{V_{CO_2}}{V_n}\cdot 100\\ SO_2' &= \frac{V_{SO_2}}{V_n}\cdot 100\\ H_2O' &= \frac{V_{H_2O}}{V_n}\cdot 100\\ N_2' &= \frac{V_{N_2}}{V_n}\cdot 100\\ O_2' &= \frac{V_{O_2}}{V_n}\cdot 100\end{aligned}\right\} \tag{4-19}$$

$$\sum = 100$$

由上述计算公式可以看出，燃料完全燃烧的理论燃烧产物生成量 V_0，只与燃料成分有关。燃料中的可燃成分含量越高，发热量越高，则 V_0 也就越大。实际燃烧产物生成量 V_n 则尚与空气过剩系数 n 值有关，n 值越大，V_n 也就越大。燃烧产物的成分除与燃料的成分有关外，也还与 n 值有关，例如 n 值越大，$O_2'\%$ 也越大，气氛的氧化性增强。

燃烧产物的密度（ρ）有两种计算方法；或是用参加反应的物质（燃料与氧化剂）的总质量除以燃烧产物的体积；或是以燃烧产物的质量除以燃烧产物的体积。这是因为反应前后的物质质量应当是相等的。

按参加反应物质的质量，对于固体和液体燃料：

$$\rho = \left(1 - \frac{A}{100}\right) + 1.293L_n/V_n \quad (kg/m^3) \tag{4-20}$$

对于气体燃料：

$$\rho = \{[28CO + 2H_2 + \sum(12n+m)C_nH_m + 34H_2S + 44CO_2 + 32O_2 + 28N_2 + 18H_2O] \times \frac{1}{100\times 22.4} + 1.293L_n\}/V_n \quad (kg/m^3) \tag{4-21}$$

按燃烧产物质量计算

$$\rho = 44CO_2' + 64SO_2' + 18H_2O' + 28N_2' + 32O_2'/(100\times 22.4) \quad (kg/m^3) \tag{4-22}$$

第三节　不完全燃烧的燃烧产物

前已指出，燃料在炉内（或燃烧室内）实际上有时并没有完全燃烧。这方面有两种情况。一种情况是以完全燃烧为目的，但是，由于设备或操作条件的限制，而未能达到完全燃烧。例如，空气供给量不足；空气与燃料在炉内的混合不充分；燃油时雾化不好；燃煤时灰渣中含有碳等等情况，都会使燃烧产物中含有可燃气体和烟粒（碳粒），这就造成燃料的浪费。另一种情况则是有意地组织不完全燃烧，以得到炉内的还原性气氛。例如，金属的敞焰无氧化加热、热处理用的某些保护气氛的产生等，都是靠采用不完全燃烧技术来实现的。这时就要求严格控制不完全燃烧的燃烧产物的成分。此外，在高温下 CO_2 和 H_2O 等气体分解也会产生 CO、H_2 等可燃气体，但在中温或低温炉内其量很小而可忽略不计。由于造成不完全燃烧的原因是各种各样的，所以不完全燃烧的计算要在不同的具体情况下提出问题，然后求解。然而，不是每一种具体情况下提出问题都可以按静力学计算方法分析求解的，有的要靠实验测定。

下面讲两个不完全燃烧问题的计算原理。

一、不完全燃烧时燃烧产物生成量的变化

设在空气中燃烧，燃烧产物中的可燃物仅有 CO，H_2 和 CH_4。这些可燃物的燃烧反应式如下（为讨论问题方便起见，把空气中的 O_2 和 N_2 均写入反应式，并不计算空气中的水分）：

$$\left.\begin{aligned}CO+0.5O_2+1.88N_2 &= CO_2+1.88N_2\\ H_2+0.5O_2+1.88N_2 &= H_2O+1.88N_2\\ CH_4+2O_2+7.52N_2 &= CO_2+2H_2O+7.52N_2\end{aligned}\right\}\qquad(4-23)$$

该反应式的左边相当于不完全燃烧产物中可燃物组成部分；右边相当于该部分的完全燃烧产物。由该反应式可以看出不完全燃烧产物与完全燃烧产物相比的变化。讨论如下。

当 $n\geqslant 1$ 时

由反应式（4－23）可知，当燃烧产物中有 CO 和 O_2 时（并剩余相应量的 N_2），和完全燃烧时相比，产物的生成量是增加了。反应式左边的体积是 $1+0.5+1.88$，而右边是 $1+1.88$，即燃烧产物中若有 $1m^3$ 的 CO，则使燃烧产物体积增加 $0.5m^3$。

同理，燃烧产物中每含 $1m^3H_2$，也会使体积增加 $0.5m^3$。含 CH_4 则不引起燃烧产物体积的变化。

如果以 $(V_n)_{不}$ 表示实际的不完全燃烧产物的生成量，$(V_n)_{完}$ 表示如果完全燃烧时的产物生成量，则

$$\begin{aligned}(V_n)_{完} &= (V_n)_{不}-0.5V_{CO}-0.5V_{H_2}\\ &= (V_n)_{不}-0.5CO'\cdot(V_n)_{不}\cdot\frac{1}{100}-0.5H_2'\cdot(V_n)_{不}\cdot\frac{1}{100}\\ &= (V_n)_{不}(100-0.5CO'-0.5H_2')\cdot\frac{1}{100}\end{aligned}$$

故：

$$\frac{(V_n)_{不}}{(V_n)_{完}}=\frac{100}{100-(0.5CO'+0.5H_2')}\qquad(4-24)$$

如果只是讨论干燃烧产物生成量（不包括水分在内的燃烧产物生成量）的变化，则由反应式（4－23）可以看出

$$(V_n,^{干})_{完}=(V_n{}^{干})_{不}-(0.5V_{CO}+1.5V_{H_2}+2V_{CH_4})$$

$$\frac{(V_n,^{干})_{不}}{(V_n,^{干})_{完}}=\frac{100}{100-(0.5CO'+1.5H_2'+2CH_4')}\qquad(4-24a)$$

由此可知，在有过剩空气存在的情况下，如果由于混合不充分而发生不完全燃烧的情况，燃烧产物的体积将比完全燃烧时增加。不完全燃烧的程度越严重，燃烧产物的体积增加的就越多。

当 $n<1$ 时

这相当于空气供应不足（燃料过剩），存在两种情况。一种情况是燃料与空气的混合

是充分均匀的，那么燃烧产物中可能有 CO，H_2 及 CH_4 等可燃物，但不会有 O_2。

由反应式（4－23）看出，为使不完全燃烧产物中的 $1m^3CO$ 完全燃烧，应再加进 $0.5m^3$ 的 O_2 和相应的 $1.88m^3$ 的 N_2，而生成 $1m^3$ 的 CO_2 和 $1.88m^3$ 的 N_2。燃烧产物的生成量由不完全燃烧的 $1m^3$ 变为（如果）完全燃烧的 $1+1.88m^3$，反过来讲，即不完全燃烧时，当燃烧产物中有 $1m^3$ 的 CO 时便使产物的体积比完全燃烧时减少了 $1.88m^3$。

同理，$1m^3H_2$ 也使产物体积减少 $1.88m^3$；$1m^3CH_4$ 使产物体积减少 $9.52m^3$。

故知

$$(V_n)_{完} = (V_n)_{不} + (1.88V_{CO} + 1.88V_{H_2} + 9.52V_{CH_4})$$
$$= (V_n)_{不}(100 + 1.88CO' + 1.88H_2' + 9.52CH_4') \cdot \frac{1}{100}$$

即得

$$\frac{(V_n)_{不}}{(V_n)_{完}} = \frac{100}{100 + 1.88CO' + 1.88H_2' + 9.52CH_4'} \tag{4-25}$$

对于干燃烧产物生成量来说，同理可得到

$$\frac{(V_n,^{干})_{不}}{(V_n,^{干})_{完}} = \frac{100}{100 + 1.88CO' + 0.88H_2' + 7.52CH_4'} \tag{4-25a}$$

由此可以看出，当空气供给不足（$n<1$）而又充分均匀混合（燃烧产物中 $O_2'=0$）的情况下，将会使产物生成量比完全燃烧时有所减少；不完全燃烧程度越严重，生成量将越减少。

$n<1$ 时也会有另一种情况，即混合并不充分而使产物中仍存在 O_2，即 $O_2'\neq 0$。那么这时为使不完全燃烧产物中的可燃物燃烧，便可少加一部分空气，其量为：

$$\frac{1}{0.21}V_{O_2} = 4.76V_{O_2}$$

据此便可对式（4－25）加以修正。即当 $n<1$，且 $O_2'\neq 0$ 时

$$\frac{(V_n)_{不}}{(V_n)_{完}} = \frac{100}{100 + 1.88CO' + 1.88H_2' + 9.52CH_4' - 4.76O_2'} \tag{4-26}$$

$$\frac{(V_n,^{干})_{不}}{(V_n^{干})_{完}} = \frac{100}{100 + 1.88CO' + 0.88H_2' + 7.52CH_4' - 4.76O_2'} \tag{4-26a}$$

按式（4－26）分析，产物生成量的变化要看（$1.88CO' + 1.88H_2' + 9.52CH_4'$）与（$4.76O_2'$）两项之差，若差为“＋”，则 $(V_n)_{不} < (V_n)_{完}$；如差为“－”，则 $(V_n)_{不} > (V_n)_{完}$。一般情况下，$n<1$ 时，O_2'是比较小的，多使这两项为“＋”，所以将会使燃烧产物生成量有所减少。

在公式（4－24）～式（4－26）中，$(V_n)_{完}$ 与 $(V_n,^{干})_{完}$ 是可以按第二节中所述进行计算的。如已知不完全燃烧产物的成分（注意，讨论 $V_n^{湿}$ 时，应用产物的湿成分；讨论 $V_n^{干}$ 时，应用产物的干成分），便可根据这些公式估计不完全燃烧产物的生成量。

二、不完全燃烧产物成分和生成量的计算

和完全燃烧计算原理一样，不完全燃烧计算也是按反应前后的物质平衡计算的。因此只能对由于氧化剂供应不足（$n<1$）而造成的不完全燃烧进行计算，并认为混合是充分均匀的。

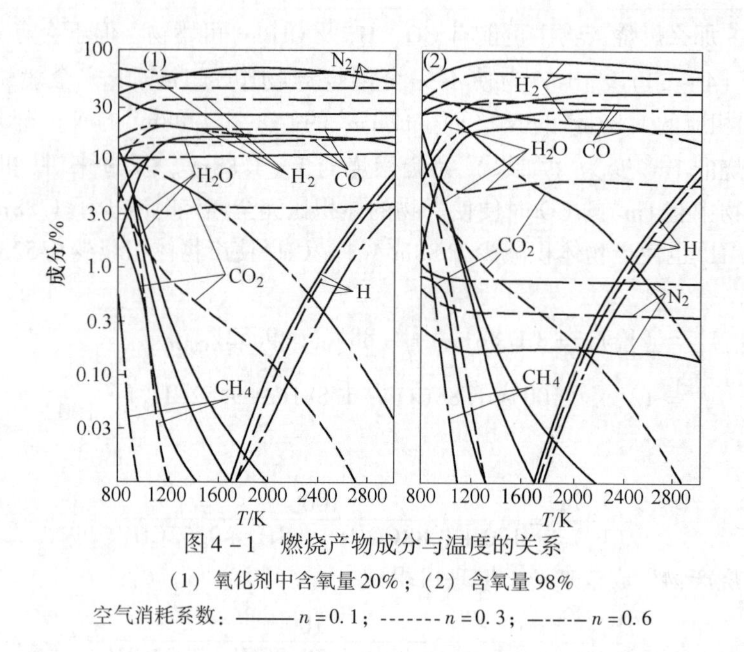

图 4 -1 燃烧产物成分与温度的关系

（1）氧化剂中含氧量20%；（2）含氧量98%

空气消耗系数：——— $n=0.1$；------- $n=0.3$；—·—·— $n=0.6$

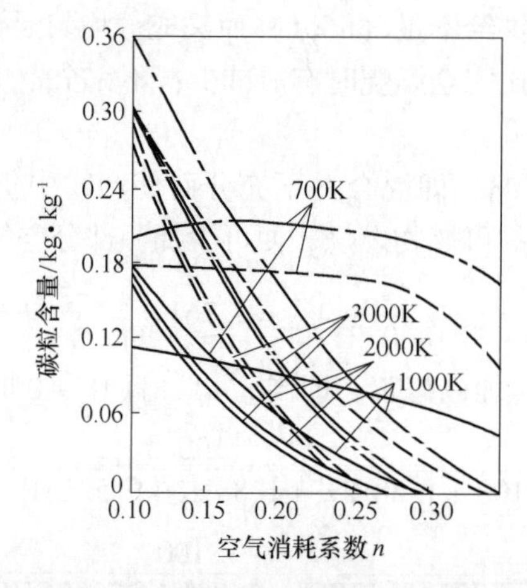

图 4 -2 燃烧产物中固体碳粒含量与空气消耗系数关系

氧化剂中含氧量：——— 20%；------- 60%；—·—·— 98%

在这样的条件下，燃烧产物的组成除了 CO_2，SO_2，H_2O，N_2 外，尚有可燃物。可燃物包括可燃气体及固体碳粒（烟粒），它的具体组成与燃料成分、温度和氧气消耗系数有关。例如图 4 -1 和图 4 -2 是 CH_4（燃料）在不同的富氧空气中燃烧的计算结果。由图 4 -1可知，不完全燃烧产物中的可燃气体包括 CO，H_2，CH_4，H 等，其中 H 只有在高温下含量才较多，而 CH_4 只是在低温下才较多。由图 4 -2 可以看出，按照静力学计算结果，产物中固体碳粒的含量只是在低温和氧气消耗系数很小的情况下才较多。对于一般用还原性气氛的工业炉，如无氧化加热炉或热处理炉，其温度大多在 1000 ~ 1600K 之间，而氧气（空气）消耗系数多在 0.3 以上。因此为了简化计算，碳粒含量可忽略，故燃烧产物生成量为

$$(V_n)_{不} = V_{CO_2} + V_{CO} + V_{H_2O} + V_{H_2} + V_{CH_4} + V_{N_2} \tag{4-27}$$

成分组成为

$$CO_2'\% + CO'\% + H_2O'\% + H_2'\% + CH_4'\% + N_2'\% = 100\% \qquad (4-28)$$

此处

$$CO_2' = \frac{V_{CO_2}}{(V_n)_{不}} \cdot 100 \qquad CO = \frac{V_{CO}}{(V_n)_{不}} \cdot 100$$

其余类推。

因此，为计算 $(V_n)_{不}$ 或成分，需求出 V_{CO_2}，V_{CO}，V_{H_2O}……等六个未知数。

已知燃料成分，空气消耗系数和燃烧反应的平衡温度，可列出以下六个方程式，以求上述六个未知量（未计空气中的水分）。

1. 碳平衡方程

$$\sum C_{燃料} = V_{CO_2} + V_{CO} + V_{CH_4} \qquad (4-29)$$

对于固、液体燃料，可写为

$$C \cdot \frac{1}{100} - V_{CO_2} \cdot \frac{44}{22.4} \cdot \frac{12}{44} + V_{CO} \cdot \frac{28}{22.4} \cdot \frac{12}{28} + V_{CH_4} \cdot \frac{16}{22.4} \cdot \frac{12}{16}$$

即

$$C \cdot \frac{22.4}{12} \cdot \frac{1}{100} = V_{CO_2} + V_{CO} + V_{CH_4} \qquad (4-29a)$$

对于气体燃料，可写为

$$(CO + CO_2 + \sum NC_nH_m) \cdot \frac{1}{100} = V_{CO_2} + V_{CO} + V_{CH_4} \qquad (4-29b)$$

2. 氢平衡方程

$$\sum H_{燃料} = V_{H_2} + V_{H_2O} + 2V_{CH_4} \qquad (4-30)$$

对于固、液体燃料

$$\left(H + W \cdot \frac{2}{18}\right) \cdot \frac{22.4}{2} \cdot \frac{1}{100} = V_{H_2} + V_{H_2O} + 2V_{CH_4} \qquad (4-30a)$$

对于气体燃料：

$$\left(H_2 + \sum \frac{m}{2} C_nH_m + H_2O\right) \cdot \frac{1}{100} = V_{H_2} + V_{H_2O} + 2V_{CH_4} \qquad (4-30b)$$

3. 氧平衡方程

$$\sum O_{燃料+空气} = V_{CO_2} + \frac{1}{2}V_{CO} + \frac{1}{2}V_{H_2O} \qquad (4-31)$$

对于固、液体燃料

$$\left[\left(O + W \cdot \frac{16}{18}\right) \cdot \frac{1}{100} + nG_{0,O_2}\right] \cdot \frac{22.4}{32} = V_{CO_2} + \frac{1}{2}V_{CO} + \frac{1}{2}V_{H_2O} \qquad (4-31a)$$

对于气体燃料：

$$\left(\frac{1}{2}CO + CO_2 + O_2 + \frac{1}{2}H_2O\right) \cdot \frac{1}{100} + nL_{0,O_2} = V_{CO_2} + \frac{1}{2}V_{CO} + \frac{1}{2}V_{H_2O} \qquad (4-31b)$$

4. 氮平衡方程

$$\sum N_{燃料+空气} = V_{N_2} \qquad (4-32)$$

对于固、液体燃料

$$\left(N \cdot \frac{1}{100} + 3.31nG_{0,O_2}\right) \cdot \frac{22.4}{28} = V_{N_2} \tag{4-32a}$$

对于气体燃料

$$N_2 \cdot \frac{1}{100} + 3.76nL_{0,O_2} = V_{N_2} \tag{4-32b}$$

5. 水煤气反应的平衡常数

$$CO + H_2O \rightleftharpoons CO_2 + H_2$$

$$K_1 = \frac{p_{CO_2} \cdot p_{H_2}}{p_{CO} \cdot p_{H_2O}} \tag{4-33}$$

6. 甲烷分解反应的平衡常数

$$CH_4 \rightleftharpoons 2H_2 + C$$

$$K_2 = \frac{p_{H_2}^2}{p_{CH_4}} \tag{4-34}$$

式（4-33）和式（4-34）中的平衡常数仅是温度的函数，如已知燃烧产物的实际平衡温度，可由附表6中查到。

在运算式（4-33）和式（4-34）时，如果燃烧室（或炉膛）内的气体平衡压力接近1大气压（大多数工业炉如此），那么式中各组成的分压将在数值上与各组成的成分相等。即

$$p_{CO_2} = CO_2'\%$$

$$p_{CO} = CO'\%$$

$$\cdots\cdots$$

估计到按式（4-27）和式（4-28）之间的关系，则式（4-33）和式（4-34）之分压 p_{CO_2}，p_{CO} 等，可以换算为 V_{CO_2}，V_{CO} 等。

这样一来，联立求解式（4-29）~式（4-34），便可求出 V_{CO_2}，V_{CO}，V_{H_2}，V_{CH_4}，V_{N_2}，V_{H_2O} 六个组成的生成量，以及燃烧产物生成量和燃烧产物成分。

当估计到燃烧产物中的甲烷含量甚微而可忽略不计时，即 $V_{CH_4}=0$，则可略去方程式（4-34），然后联立求解其他五个方程式即可。

显然，上述运算是比较复杂的，因而有必要借助电子计算机。

第五章　燃烧温度

工业炉多在高温下工作，炉内温度的高低是保证炉子工作的重要条件，而决定炉内温度的最基本因素是燃料燃烧时燃烧产物达到的温度，即所谓燃烧温度。在实际条件下的燃烧温度与燃料种类、燃料成分、燃烧条件和传热条件等各方面的因素有关，并且归纳起来，将决定于燃烧过程中热量收入和热量支出的平衡关系。所以从分析燃烧过程的热量平衡，可以找出估计燃烧温度的方法和提高燃烧温度的措施。

燃烧过程中热平衡项目如下（各项均按 kg 或每 m^3 燃料计算）。

属于热量的收入有：

（1）燃料的化学热，即燃料发热量 $Q_{低}$。

（2）空气带入的物理热 $Q_{空} = L_n \cdot c_{空} \cdot t_{空}$。

（3）燃料带入的物理热 $Q_{燃} = c_{燃} \cdot t_{燃}$。

属于热量的支出有：

（1）燃烧产物含有的物理热

$$Q_{产} = V_n \cdot c_{产} \cdot t_{产}$$

式中　$c_{产}$——燃烧产物的平均比热；

　　$t_{产}$——燃烧产物的温度，即实际燃烧温度。

（2）由燃烧产物传给周围物体的热量 $Q_{传}$。

（3）由于燃烧条件而造成的不完全燃烧热损失 $Q_{不}$。

（4）燃烧产物中某些气体在高温下热分解反应消耗的热量 $Q_{分}$。

根据热量平衡原理，当热量收入与支出相等时，燃烧产物达到一个相对稳定的燃烧温度。

列热平衡方程式

$$Q_{低} + Q_{空} + Q_{燃} = V_n \cdot c_{产} \cdot t_{产} + Q_{传} + Q_{不} + Q_{分}$$

由此得到燃烧产物的温度为

$$t_{产} = \frac{Q_{低} + Q_{空} + Q_{燃} - Q_{传} - Q_{不} - Q_{分}}{V_n \cdot c_{产}} \tag{5-1}$$

$t_{产}$ 便是在实际条件下的燃烧产物的温度，也称为实际燃烧温度。由式（5－1）可以看出影响实际燃烧温度的因素很多，而且随炉子的工艺过程，热工过程和炉子结构的不同而变化。实际燃烧温度是不能简单计算出来的。

若假设燃料是在绝热系统中燃烧（$Q_{传}=0$），并且完全燃烧（$Q_{不}=0$），则按式（5－1）计算出的燃烧温度称为“理论燃烧温度”，即

$$t_{理} = \frac{Q_{低} + Q_{空} + Q_{燃} - Q_{分}}{V_n \cdot c_{产}} \tag{5-2}$$

理论燃烧温度是燃料燃烧过程的一个重要指标，它表明某种成分的燃料在某一燃烧条件下所能达到的最高温度。理论燃烧温度是分析炉子的热工作和热工计算的一个重要依据，对燃料和燃烧条件的选择、温度制度和炉温水平的估计及热交换计算方面，都有实际

意义。

式（5-2）中，$Q_{分}$ 只有在高温下才有估计的必要。如果忽略 $Q_{分}$ 不计，便得到不估计热分解的理论燃烧温度，也有称“量热计温度”。

如果把燃烧条件规定为空气和燃料均不预热（$Q_{空}=Q_{燃}=0$）；空气的消耗系数 $n=1.0$，则燃烧温度便只和燃料性质有关。这时所计算的燃烧温度称“燃料理论发热温度”或“发热温度”。即

$$t_{热}=\frac{Q_{低}}{V_0\cdot c_{产}}$$

燃料的理论发热温度是从燃烧温度的角度评价燃料性质的一个指标。

燃料理论发热温度和理论燃烧温度是可以根据燃料性质和燃烧条件计算的。

第一节　燃料理论发热温度的计算

燃料理论发热温度的定义式为

$$t_{热}=\frac{Q_{低}}{V_0\cdot c_{产}} \tag{5-3}$$

式中，$V_0\cdot c_{产}$ 可以展开写成

$$V_0\cdot c_{产}=V_{CO_2}\cdot c_{CO_2}+V_{H_2O}\cdot c_{H_2O}+V_{N_2}\cdot c_{N_2} \tag{5-4}$$

或将 $c_{产}$ 展开写成

$$c_{产}=(CO_2'\cdot c_{CO_2}+H_2O'\cdot c_{H_2O}+N_2'\cdot c_{N_2})\cdot\frac{1}{100} \tag{5-4a}$$

式中　c_{CO_2}，c_{H_2O}，c_{N_2}——各气体在 $t_{热}$ 时的恒压平均比热 kJ/(m³·℃)。

在运用式（5-3）计算时，$Q_{低}$、V_0（或 V_{CO_2}、V_{H_2O}、V_{N_2}）都可以按燃料成分计算，但各气体的平均比热与温度有关。故式（5-3）中的 $t_{热}$ 和 $c_{产}$ 都是未知数。

为了求解式（5-3），可以采用以下几种方法。

一、联立求解方程组

各气体的平均比热与温度的关系可近似地表示为下列函数形式，即

$$c=A_1+A_2t+A_3t^2 \tag{5-5}$$

则式（5-4）可写成

$$V_0c_{产}=\sum V_ic_i=\sum V_i\ (A_{1i}+A_{2i}t+A_{3i}t^2)$$

或

$$V_0c_{产}=\sum V_iA_{1i}+\sum V_iA_{2i}t+\sum V_iA_{3i}t^2$$

为求 $t_{热}$ 即令 $t=t_{热}$ 代入式（5-3）

$$t_{热}=\frac{Q_{低}}{\sum V_iA_{1i}+\sum V_iA_{2i}t_{热}+\sum V_iA_{3i}t_{热}^2}$$

整理后便得到近似方程

$$\sum V_iA_{3i}t_{热}^3+\sum V_iA_{2i}t_{热}^2+\sum V_iA_{1i}t_{热}-Q_{低}=0 \tag{5-6}$$

解该方程便可得到 $t_{热}$。式中

$$\sum V_iA_{1i}=V_{CO_2}A_{1CO_2}+V_{H_2O}A_{1H_2O}+V_{N_2}A_{1N_2}$$

$$\sum V_i A_{2i} = V_{CO_2} A_{2CO_2} + V_{H_2O} A_{2H_2O} + V_{N_2} A_{2N_2}$$

$$\sum V_i A_{3i} = V_{CO_2} A_{3CO_2} + V_{H_2O} A_{3H_2O} + V_{N_2} A_{3N_2}$$

各气体的 A_1、A_2、A_3 值可参考表 5－1。

表 5－1　式（5－5）中的系数值

气体名称	A_1	$A_2 \times 10^5$	$A_3 \times 10^8$
CO_2	1.6584	77.041	21.215
H_2O	1.4725	29.899	3.010
N_2	1.2657	15.073	2.135
O_2	1.3327	13.151	1.114
CO	1.2950	11.221	—
H_2	1.2933	2.039	1.738

二、内插值近似法

由式（5－5）可以看出，平均比热与温度的关系在较小的温度变化区间内可以近似地认为是线性关系。将式（5－3）改写成

$$c \cdot t = \frac{Q_{低}}{V_0}$$

或

$$i = \frac{Q_{低}}{V_0}$$

式中，$i = c \cdot t$，为在某温度下燃烧产物的热焓量，它与温度的关系和比热一样，在较小的温度变化范围内，近似地为线性关系。

已知 $Q_{低}$ 和 V_0，可求出一个 i 值，然后根据 i 值求温度。步骤如下：

（1）先假设一个温度 t'，在该温度下可由附表 7 查出各气体的平均比热，计算该温度下的燃烧产物的热焓量 i'，此时，若 $i' = i$，则认为

$$t' = t_{热}$$

但通常，$i' \neq i$，例如 $i' < i$，则修正假设的温度，即

（2）再假设一个温度 t''，在此温度下计算出 i''，此时，会使 $i'' > i$。

（3）参考图 5－1，由于 $i' < i < i''$，所以判断 $t' < t_{热} < t''$。

$\because \triangle ABC \cong \triangle ADE$

$\therefore \dfrac{BC}{DE} = \dfrac{AC}{AE}$

即：

$$\frac{i'' - i'}{i - i'} = \frac{t'' - t'}{t_{热} - t'}$$

$$t_{热} = \frac{(t'' - t') \cdot (i - i')}{(i'' - i')} + t' \qquad (5-7)$$

三、比热近似法

上面讲到各气体的平均比热受温度的影响，但是，燃烧产物的平均比热受温度的影响却不十分显著，特别是当用空气做助燃剂的时候。图5－2表示几种单一气体和C及H在空气中燃烧时燃烧产物的平均比热与温度的关系。由图可以看出，CO_2 和 H_2O 的比热随温度升高而明显增加，而 N_2 则不明显。C和H的燃烧产物的比热随温度的升高而增加，但也不很明显。各种燃料的燃烧产物的比热介于C和H的燃烧产物比热之间，它们的差别也不是很大。根据这一道理，表5－2中把各种燃料分为两组，列出了在较宽的温度范围内燃烧产物的近似比热值。这样一来，可以大致估计一个温度，由表5－2直接查到产物的比热 $c_{产}$（求 $t_{热}$ 时，用表中的 c_1）代入式（5－3），便可计算出 $t_{热}$。显然，这一方法是十分简便的。该法只适用于燃料在空气中的燃烧计算。

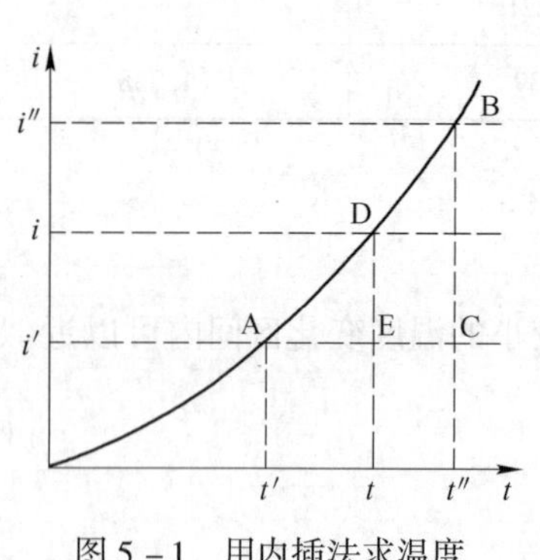

图5－1 用内插法求温度

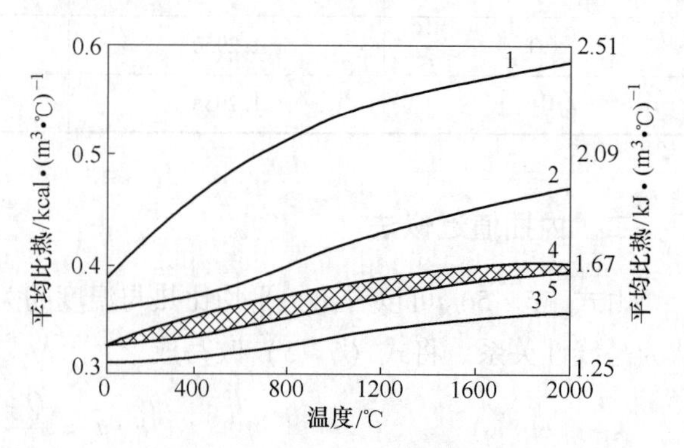

图5－2 平均比热与温度的关系

1—CO_2；2—H_2O；3—N_2；

4—$CO_2+3.76N_2$；5—$H_2O+1.88N_2$

表5－2 燃烧产物和空气的平均比热

温度/℃	燃烧产物的比热 c_1/kJ·(m³·℃)$^{-1}$		空气的比热 c_2/kJ·(m³·℃)$^{-1}$
	天然煤气、焦炉煤气、液体燃料、烟煤、无烟煤	发生炉煤气、高炉煤气泥煤、褐煤	
0～200	1.38	1.42	1.30
200～400	1.42	1.47	1.30
400～700	1.47	1.51	1.34
700～1000	1.51	1.55	1.38
1000～1200	1.55	1.59	1.42
1200～1500	1.59	1.63	1.47
1500～1800	1.63	1.67	1.47
1800～2100	1.67	1.72	1.51

第二节 理论燃烧温度的计算

理论燃烧温度的表达式为式（5－2），即

$$t_{理} = \frac{Q_{低} + Q_{空} + Q_{燃} - Q_{分}}{V_n \cdot c_{产}}$$

式中，$Q_{低}$、$Q_{空}$、$Q_{燃}$各项都容易计算（方法见前）。这里的问题在于如何计算因高温下热分解而损失的热量和高温热分解而引起的燃烧产物生成量和成分的变化。

在高温下燃烧产物的气体的分解程度与体系的温度及压力有关。例如含碳氢化合物的燃料，其燃烧产物的分解程度如表5－3所示。

表5－3　碳氢化合物燃料燃烧产物的热分解程度

压力/$\times 10^5$Pa	无分解	弱分解	强分解
	温度范围/℃		
0.1～5	<1300	1300～2100	>2100
5～25	<1500	1500～2300	>2300
25～100	<1700	1700～2500	>2500

由表可知，温度越高，分解则强烈（这是因为热分解是吸热反应）；压力越高，分解则较弱（这是因为热分解大多引起体积增加）。在一般工业炉的压力水平下，可以认为热分解只与温度有关，且只有在较高温度下（高于1800℃）才在工程计算上予以估计。

在有热分解的情况下，燃烧产物中不仅有CO_2，H_2O，N_2，O_2，而且有H_2，OH，CO，H，O，N，NO等，各组成的含量取决于燃料和氧化剂的成分，体系的压力和温度。在一般工业炉的压力及温度水平下，为简化计算，热分解仅取下列反应

$$CO_2 \rightleftharpoons CO + \frac{1}{2}O_2$$

$$H_2O \rightleftharpoons H_2 + \frac{1}{2}O_2$$

即燃烧产物中的CO_2及H_2O分解为CO，H和O_2，这将吸收一部分热量，并引起产物的体积和成分的变化。比热也随之而变化。

分解吸热量$Q_{分}$为上述两个反应吸热量之和，即

$$Q_{分CO_2} = 12600 \cdot V_{CO}$$

$$Q_{分H_2O} = 10800 \cdot V_{H_2}$$

则

$$Q_{分} = 12600 \cdot V_{CO} + 10800 \cdot V_{H_2}$$

由于热分解的结果，燃烧产物的组成和生成量都将发生变化。因为分解程度与温度有关，所以估计到热分解时，燃烧产物的组成和生成量都是温度的函数。前面已指出，燃烧产物的平均比热也是温度的函数。这样一来，为了计算理论燃烧温度，除了需知平均比热与温度的关系外，还应列出产物成分与温度的关系。显然，这样计算将是十分繁杂的，必须借助于电子计算机。对于一般的工业炉热工计算可采用近似方法，即按以下近似处理来进行计算。

一、忽略热分解所引起$V_n \cdot c_{产}$的变化

由燃烧反应可知，不论是CO_2的热分解还是H_2O的热分解，都将引起燃烧产物生成量的增加。但是另一方面，分解后的双原子气体的平均比热比原来三原子气体的平均比热将要减小，根据计算分析可知，在一般的工业炉热工的温度和压力条件下，热分解引起V_n

的增加和 $c_{产}$ 的减小，而 $V_n c_{产}$ 的乘积却变化不大。

二、分解热 $Q_{分}$ 可按分解度的近似值计算

CO_2 的分解度（f_{CO_2}）和 H_2O 的分解度（f_{H_2O}）分别定义为

$$f_{CO_2}=\frac{(V_{CO_2})_{分}}{(V_{CO_2})_{未}}$$

$$f_{H_2O}=\frac{(V_{H_2O})_{分}}{(V_{H_2O})_{未}}$$

式中　$(V_{CO_2})_{未}$，$(V_{H_2O})_{未}$——不估计热分解时 CO_2 和 H_2O 的含量，可由完全燃烧计算求得；

$(V_{CO_2})_{分}$，$(V_{H_2O})_{分}$——在高温下被分解的 CO_2 和 H_2O 的数量。

$$(V_{CO_2})_{分}=V_{CO}$$

$$(V_{H_2O})_{分}=V_{H_2}$$

故分解热

$$\begin{aligned}Q_{分}&=12600V_{CO}+10800V_{H_2}\\&=12600f_{CO_2}\cdot(V_{CO_2})_{未}+10800f_{H_2O}\cdot(V_{H_2O})_{未}\end{aligned}\tag{5-8}$$

分解度 f 与温度及气体分压有关。温度越高，f 越大；气体分压越高，f 越小。在相同的分压及温度下，f_{CO_2} 比 f_{H_2O} 大得多。已知温度和 CO_2、H_2O 的分压（近似地按完全燃烧产物成分计算），分解度的数值由附表 8 和附表 9 中查到。

三、燃烧产物的比热按近似比热计算

燃烧产物中的过剩空气比热也按空气的近似比热计算。

此时，可将（$V_n c_{产}$）分解两部分

$$V_0 c_{产}+(L_n-L_0)\cdot c_{空}$$

式中，$c_{产}$ 仅指理论燃烧产物的比热；$c_{空}$ 为空气的比热。它们的数值见附表 7。

四、前两项中确定比热和分解度时所依据的温度，可以按经验估计

这样一来，采用近似计算法时，理论燃烧温度的计算式可表示为

$$t_{理}=\frac{Q_{低}+Q_{空}+Q_{燃}-Q_{分}}{V_0 c_{产}+(L_n-L_0)c_{空}}\tag{5-9}$$

已知燃料成分，空气过剩系数、空气和燃料的预热温度，则按完全燃烧计算不难确定 $Q_{低}$、$Q_{空}$、$Q_{燃}$、L_0、V_0 及不估计热分解的燃烧产物成分。然后根据经验估计一个理论燃烧温度，在此假定温度下，利用表 5－2 查得 $c_{产}$ 和 $c_{空}$；由附表 8 和附表 9 查得分解度，按式（5－8）求出 $Q_{分}$。将这些数值代入式（5－9），便可计算出 $t_{理}$。

在这一方法中，如同前面计算 $t_{热}$ 时的内插法那样，要先假设一个温度作为确定比热和分解度的依据。如果最终计算结果 $t_{理}$ 与假设的温度相差较大，则应重新假设，反复计算。显然，在计算 $t_{理}$ 时由于平均比热和分解度均受温度影响，这种反复运算是很麻烦的。因此，当缺乏经验时，特别是当高温预热、富氧燃烧和热分解的影响较大时，可以参考图

5－3，先忽略 $Q_{分}$，计算出一个 $t'_{理}$，然后根据 $t'_{理}$ 由图中查到 $t_{理}$ 的概略值，作为确定分解度和比热的依据温度，并依此计算 $t_{理}$ 的最终结果。

图 5－3 是对各种燃料的计算结果，可以认为，一般工业燃料的 $t_{理}$ 均在图中曲线附近所表示的范围之中。经研究者证明，温度越高，则估计热分解与不估计热分解的理论燃烧温度相差越大。当温度低于 1800℃ 时，二者基本相等。所以，对于理论燃烧温度低于 1800℃ 的热工计算，便可以忽略热分解不计。此时，按式（5－9）计算理论燃烧温度（$Q_{分}=0$）就更简便了。

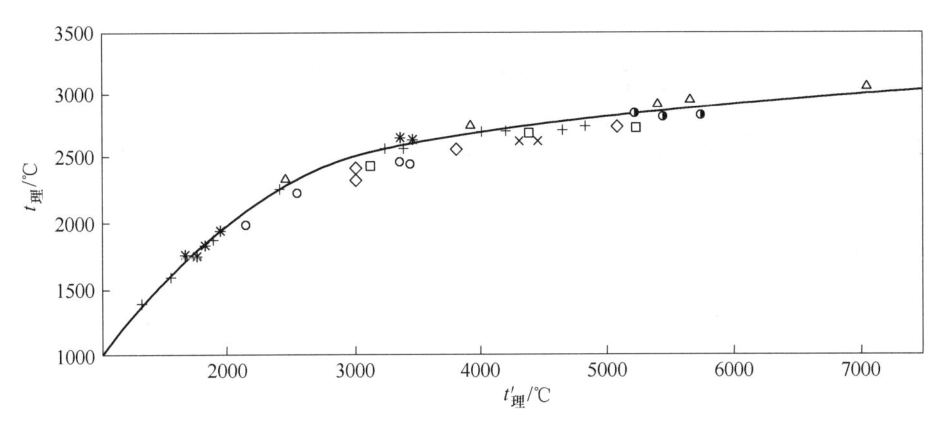

图 5－3　热分解对燃烧产物温度的影响

（图中各标点符号表示不同的可燃物）

另一种计算近似理论燃烧温度的方法是利用 $i-t$ 图，如图 5－4 所示。图中 $i_{总}$ 为燃烧产物的总热含量，可按下式求出：

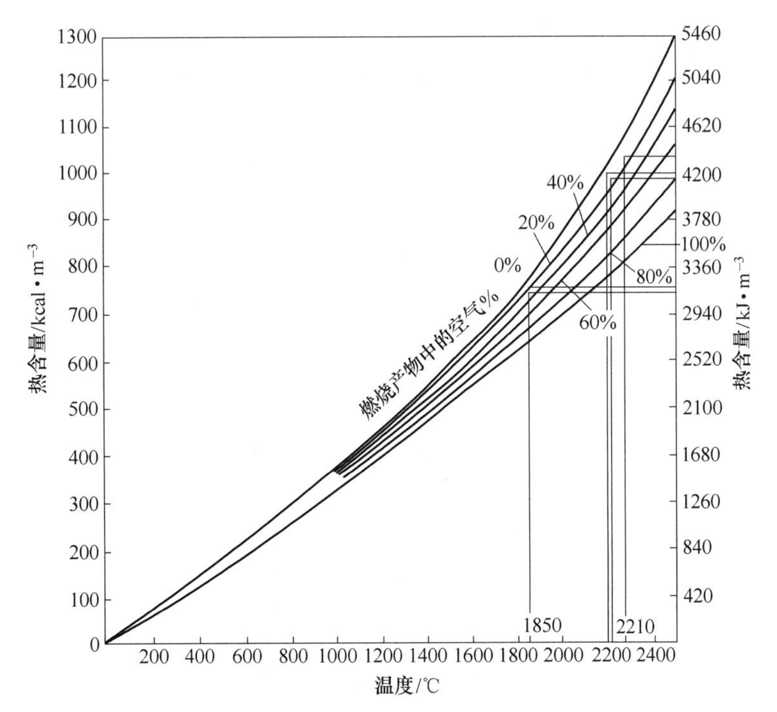

图 5－4　按已知的 $i_{总}$ 来决定 $t_{理}$ 的“It”图

$$i_{总} = \frac{Q_{低}}{V_n} + \frac{Q_{空}}{V_n} + \frac{Q_{燃}}{V_n}$$

该图估计到空气过剩系数对燃烧产物比热的影响，划出了一组曲线，每条曲线表示不同的燃烧产物中空气量 V_L，该值按下式计算：

$$V_L = \frac{L_n - L_0}{V_n} \cdot 100\%$$

这样已知 $i_{总}$ 及 V_L，便可由图中查出理论燃烧温度。这一方法十分简便，但只能用来粗略地近似估算理论燃烧温度。

第三节　影响理论燃烧温度的因素

影响理论燃烧温度的因素包含于式（5－2）中。下面仅就实际中感兴趣的几个因素作一简要讨论。

一、燃料种类和发热量

一般通俗地认为，发热量较高的燃料与发热量较低的燃料相比，其理论燃烧温度也较高。例如焦炉煤气的发热量约为高炉煤气发热量的 4 倍，其燃料发热温度也高出 500℃左右。

但是这种认识是有局限性的。例如，天然气的发热量是焦炉煤气的 2 倍，但二者的燃料发热温度基本相同（均为 2100℃左右）。这是因为理论燃烧温度（或燃料发热温度）并不是单一地与燃料发热量有关，而还与燃烧产物有关。本质地讲，燃烧温度主要取决于单位体积燃烧产物的热含量。当 $Q_{低}$ 增加时，一般情况下 V_0 也是增加的，而 $t_{理}$ 的增加幅度则主要看 $Q_{低}/V_0$ 比值的增加幅度。

图 5－5 表明高炉－焦炉混合煤气的发热量对理论燃烧温度的影响。由图中看出，随着煤气发热量的提高，理论燃烧温度也随着提高。但是，在发热量较高的范围内，随着发热量的增加，V_0 也明显增加，以致使 $Q_{低}/V_0$ 的增加越来越不显著。

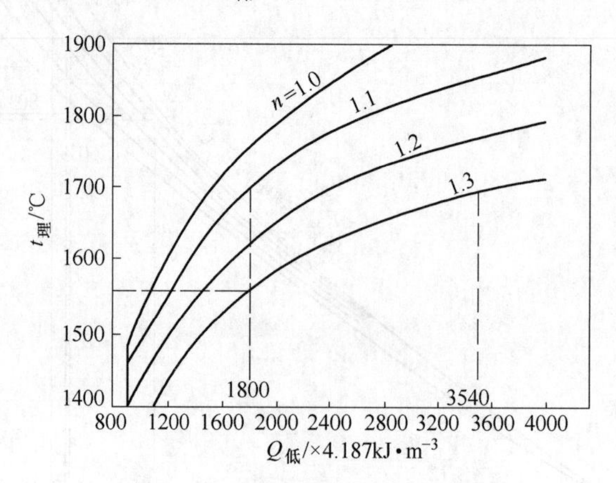

图 5－5　煤气发热量和空气过剩系数对理论燃烧温度的影响

上述规律由表 5－4 的数据看的更为明显。表中 R 表示 $1m^3$ 燃烧产物的热含量，P 为 $1m^3$ 干理论燃烧产物的热含量。由表中看出，由甲烷到戊烷，发热量由 35831 提高到 146119kJ/m³，即增加约 4 倍，但发热温度由 2043℃提高到 2119℃即仅提高大约 4%。由此可以更明显地得到结论，各种燃料的理论燃烧温度与其说与 $Q_{低}$ 有关不如说与 P 值和 R 值有关。

表 5－4　烷烃的发热温度

气体名称	低发热量/kJ·m⁻³	发热温度/℃	$R=\frac{Q_{低}}{V_0}$	$P=\frac{Q_{低}}{V^{干}}$
甲烷	35831	2043	3391	4208
乙烷	63769	2097	3517	4208
丙烷	91272	2110	3538	4187
丁烷	118675	2118	3559	4178
戊烷	146119	2119	3559	4166

二、空气消耗系数

空气消耗系数影响燃烧产物的生成量和成分，从而影响理论燃烧温度。如果像第一节对理论燃烧温度所规定的条件——完全燃烧那样，那么空气消耗系数应该是 $n \geqslant 1.0$。在这种条件下，可以说 n 值越大，$t_{理}$ 就越低。图 5－6 的几条曲线可以说明这点。

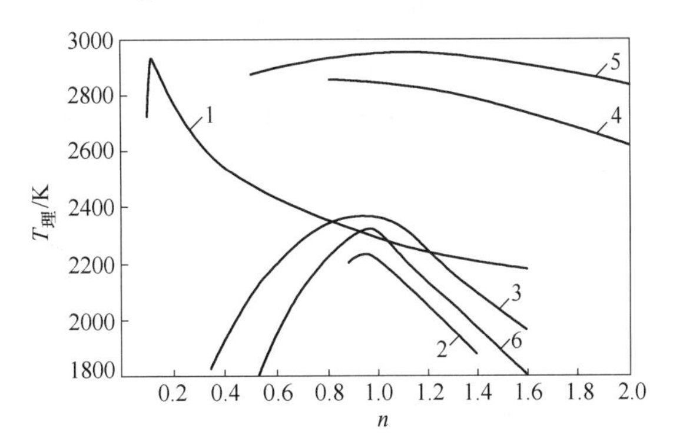

图 5－6　氧气消耗系数对理论燃烧温度的影响

1—H_2＋空气，(O_2＝21%)；2—$CH_4+O_2+N_2$，(O_2＝21%)；
3—CO＋空气，(O_2＝21%)；4—$CO+O_2+N_2$，(O_2＝60%)；
5—$CO+O_2+N_2$ (O_2＝98.5%)；6—汽油＋空气

所以，对于一般工业炉而言，为了得到高的燃烧温度，空气消耗系数稍大于 1.0，以保证完全燃烧。但空气消耗系数也不宜过大。换言之，为提高燃烧温度，应该在保证完全燃烧的前提下，尽可能减小空气过剩系数。

三、空气（或煤气）的预热温度

空气（或煤气）的预热温度越高，理论燃烧温度也越高，这是显而易见的。图 5－7

表示各种燃料的理论燃烧温度与空气预热温度的关系。由图可以看出，仅把燃烧用的空气预热，即可显著提高理论燃烧温度，而且对发热量高的燃料比对发热量低的燃料，效果更为显著。例如对发生炉煤气和高炉煤气，空气预热温度提高 200℃，可提高理论燃烧温度约 100℃；而对于重油、天然气等燃料，预热温度提高 200℃，则可提高理论燃烧温度约 150℃。此外，对于发热量高的煤气，预热空气比预热煤气（达到同样温度）的效果更大。这是因为，发热量越高，L_0 则越大，空气带入的物理热便更多。

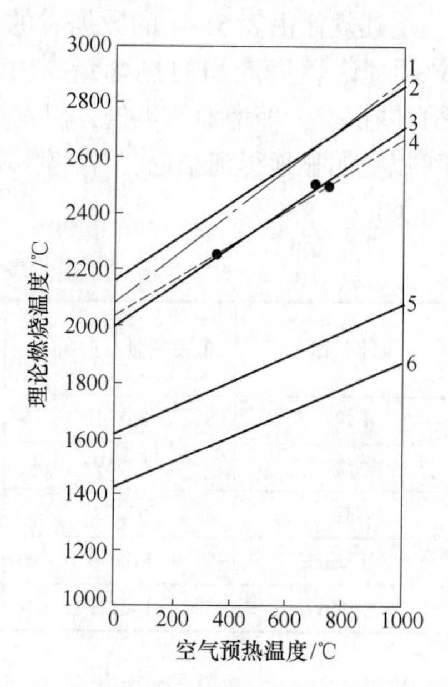

图 5－7　空气预热温度对理论燃烧温度（不估计热分解 $n=1.0$）的影响

1—重油；2—烟煤（$Q_{低}=10^4\times2.89kJ/kg$）；3—天然气；4—焦炉煤气；5—冷净发生炉煤气（$10^3\times4.76kJ/m^3$）；6—高炉煤气

一般情况下，空气（或煤气）是利用炉子废气的热量，采用换热装置来预热的。因而从经济观点来看，用预热的办法比用提高发热量等其他办法提高理论燃烧温度更为合理。

四、空气的富氧程度

燃料在氧气或富氧空气中燃烧时，理论燃烧温度比在空气中燃烧时要高。这主要是因为，燃烧产物生成量有了变化。如图 5－8 所示，燃烧产物生成量随空气的富氧程度的增加而减小。图中 $\nu_{0,\omega}$ 表示空气中含氧量为 ω% 时的理论燃烧产物生成量，$\nu_{0,100}$ 表示在纯氧中燃烧时的理论燃烧产物生成量。各种燃料的 $\nu_{0,\omega}/\nu_{0,100}$ 值随 ω

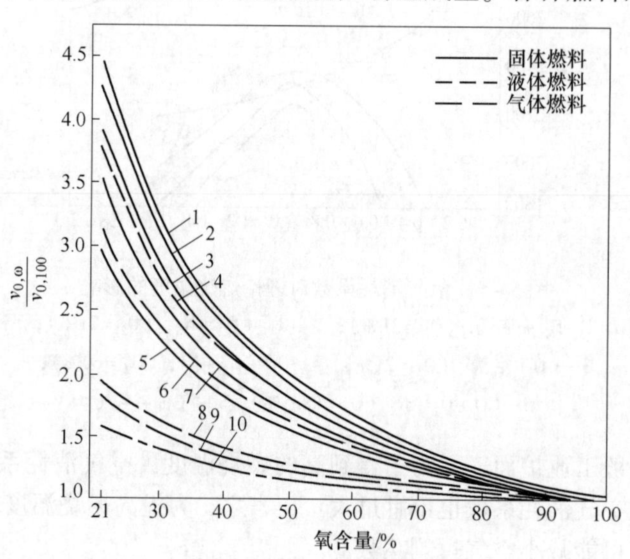

图 5－8　富气程度对燃烧产物生成量的影响

1—焦炭；2—无烟煤；3—肥煤；4—重油；5—褐煤；6—焦炉煤气；7—木柴；8—发生炉煤气（用烟煤）；9—发生炉煤气（用焦炭）；10—高炉煤气

的增加而减小，但在 $\omega\%$ 为大约小于40%时，减小程度显著；在 $\omega\%$ 大于40%之后减小程度较弱。发热量比较高的燃料 $\nu_{0,\omega}$ 受 ω 的影响较大；发热量较低的燃料则影响较小。

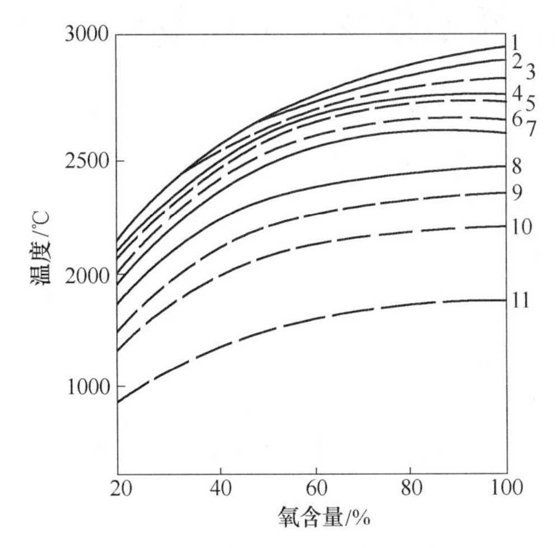

图5-9　理论燃烧温度与氧化剂含氧量的关系

1—焦炭，2—无烟煤；3—苯；4—肥煤；5—重油；6—焦炉煤气；7—褐煤；
8—木柴；9—烟煤发生炉煤气；10—焦炭发生炉煤气；11—高炉煤气

与此相应，理论燃烧温度（未估计热分解）与富氧程度 ω 的关系见图5-9。由图可以看出，各种燃料的理论燃烧温度受 ω 的影响程度不同，发热量高的燃料比发热量低的燃料受的影响较大一些，而且在 $\omega\%$ 小于40%之前，ω 对理论燃烧温度的影响比较显著。所以，这一生产实践表明当采用富氧空气来提高理论燃烧温度时，富氧空气 $\omega\%$ 在30%以下可有明显效果，而再提高富氧程度，效果便越来越不明显。

第六章　空气消耗系数及不完全燃烧热损失的检测计算

前面两章是根据燃烧反应的平衡关系来计算反应物和生成物的数量关系。为了判断燃烧室（或炉膛）中所实际达到的这种数量关系，以便控制燃烧过程，还必须对正在进行的实际燃烧过程进行检测控制。燃烧过程检测控制的主要内容是燃烧质量的检测，包括空气消耗系数和燃烧完全程度的检测。燃烧完全程度可以用燃烧完全系数和不完全燃烧热损失等指标来表示。不论是人工操作或自动控制，都应当根据对燃烧质量的检测组织燃烧过程，使燃料利用率达到最佳水平。

空气消耗系数及燃烧完全程度的实用检测方法，是对燃烧产物（烟气）的成分进行气体分析，然后按燃料性质和烟气成分反算各项指标。这一章介绍空气消耗系数和不完全燃烧热损失的检测计算原理和方法。

第一节　燃烧产物气体成分的测定和验证

燃烧产物气体成分的分析是检验燃烧过程的基本手段之一。在进行燃烧过程的检测计算之前，必须先获得准确的燃烧产物成分的实测数据。

测定气体成分的方法是先用一取样装置由燃烧室（或烟道系统中）中规定的位置（称取样点）抽取气体试样，然后用气体分析仪器进行成分的分析。燃烧室或烟道内各点气体成分是不均匀的。因此取样点选择必须适当，力求该处成分具有代表性，或者设置合理分布的多个取样点而求各点成分的平均值。取样过程中不允许混入其他气体，也不允许在取样装置中各种气体之间进行化学反应。气体分析器的种类很多，如奥氏气体分析器，气体色层分析仪，光谱分析仪，等等。总之，要有正确的方法和精密的仪器，才能得到准确的气体成分数据。

有关气体分析的知识将在热工测量仪表的课程中专门讲授，这里不再细述。

问题在于，如何判断气体分析的结果是否准确。

利用燃烧计算的基本原理，可以建立起燃烧产物各组成之间的关系式。这些关系式可以用来验证气体成分分析的准确性。同时，这些关系式还进一步反映出燃料和燃烧产物的特性。下面推导这些关系式。

设 V_{RO_2} 表示完全燃烧时燃烧产物中 RO_2 的数量（符号 RO_2 表示 CO_2 和 SO_2 之和），$V_0^{干}$ 表示干理论燃烧产物生成量，则燃烧产物中 RO_2 的最大理论含量（干成分%）为：

$$RO'_{2,大} = \frac{V_{RO_2}}{V_0^{干}} \cdot 100 \tag{6-1}$$

式中，$V_0^{干} = V_{RO_2} + V_{N_2}$。

根据式（4-13）或式（4-16），可将 V_{RO_2} 和 V_{N_2} 展开为燃料成分的关系式（注意 $n = 1.0$），然后代入式（6-1），整理后可得：

$$RO'_{2,大} = \frac{21}{1+\beta} \tag{6-2}$$

式中 β——燃料特性系数，决定于燃料成分。在空气中燃烧时，对于固体和液体燃料

$$\beta = 2.37(H - 0.125O + 0.038N) \cdot \frac{1}{C + 0.375S} \tag{6-3}$$

对于气体燃料

$$\beta = \frac{0.79\left[0.5H_2 + 0.5CO + \sum(n + \frac{m}{4})C_nH_m + 1.5H_2S - O_2\right] + 0.21N_2}{CO + \sum nC_nH_m + H_2S + CO_2} - 0.79 \tag{6-4}$$

式（6－2）表示燃料特性系数 β 与燃烧产物中 RO_2 中的最大值 $RO'_{2,大}$ 之间的关系（在空气中燃烧）。对于一定成分的燃料，β 值与 $RO'_{2,大}$ 都是一定的。表 6－1 是按一些燃料的典型成分计算列出的 β 值与 $RO'_{2,大}$ 值。

按式（6－3）或式（6－4）计算 β 值后，可按式（6－2）计算 $RO'_{2,大}$ 值。另一方面，还可建立起 $RO'_{2,大}$ 与实际燃烧产物成分之间的关系。

当完全燃烧时，可以写出（不计空气中水分）：

$$V_n^{干} = V_0^{干} + (L_n - L_0) \tag{6-5}$$

如果是不完全燃烧，则因为燃烧产物生成量将发生变化，应对 $V_n^{干}$ 加以修正。根据前面式（4－24a），对于干燃烧产物来说，完全燃烧与不完全燃烧生成量之间的关系为：

$$(V_n^{干})_{完} = (V_n^{干})_{不} \cdot (100 - 0.5CO' - 1.5H_2' - 2CH_4') \cdot \frac{1}{100}$$

因此，对于不完全燃烧来说，如实际燃烧产物生成量仍以 $V_n{}^{干}$ 表示，则式（6－5）应改写为：

$$V_n^{干}(100 - 0.5CO' - 1.5H_2' - 2CH_4') \cdot \frac{1}{100} = V_0{}^{干} + (L_n - L_0)$$

即

$$V_0^{干} = V_n^{干}(100 - 0.5CO' - 1.5H_2' - 2CH_4') \cdot \frac{1}{100} - (L_n - L_0) \tag{6-6}$$

该式中的（$L_n - L_0$）为过剩空气量。燃烧产物所含的氧气（空气）量，系包括两部分，一部分是因 $n > 1$ 而过剩的，另一部分是因不完全燃烧未能参加反应而“节省”下来的。

即

$$O_2' = O'_{2过} + (0.5CO' + 0.5H_2' + 2CH_4')$$

因此，

$$(L_n - L_0) = \frac{100}{21}O'_{2过} \cdot V_n^{干} \cdot \frac{1}{100} = \frac{100}{21}(O_2' - 0.5CO' - 0.5H_2' - 2CH_4') \cdot \frac{1}{100} \cdot V_n^{干} \tag{6-7}$$

代入式（6－6），整理后可得

$$V_0^{干} = V_n^{干}(100 - 4.76O_2' + 0.88H_2' + 1.88CO' + 7.52CH_4') \cdot \frac{1}{100} \tag{6-8}$$

如 $n < 1$；利用式（4－25a）可得同样结果，即式（6－8）在 $n < 1$ 时亦成立。

表 6-1　几种燃料及其燃烧产物的特性值（在空气中燃烧）

燃料	$RO'_{2大}/\%$	β	$P/kJ \cdot m^{-3}$
C	21	0	3831
H_2	0	—	5736
CO	34.7	-0.395	4375
CH_4	11.7	0.79	4187
天然煤气（富气）	12.2	0.72	4190
天然煤气（贫气）	11.8	0.78	4190
焦炉煤气	11.0	0.90	4630
烟煤发生炉煤气	19.0	0.10	3250
无烟煤发生炉煤气	20	0.05	3100
高炉煤气	25	-0.16	2510
重油	16	0.31	4080
烟煤	18~19	0.167~0.105	3810~3940
无烟煤	20.2	0.04	3830

另一方面，

$$V_{RO_2} = V_n^{干} \cdot (RO'_2 + CO' + CH'_4) \cdot \frac{1}{100} \tag{6-9}$$

将式（6-8）和式（6-9）代入式（6-1），即得：

$$RO'_{2,大} = \frac{(RO'_2 + CO' + CH'_4) \cdot 100}{100 - 4.76O'_2 + 1.88CO' + 0.88H'_2 + 7.52CH'_4} \tag{6-10}$$

如果 $n<1$，$O'_2=0$，则得

$$RO'_{2,大} = \frac{(RO'_2 + CO' + CH'_4) \cdot 100}{100 + 1.88CO' + 0.88H'_2 + 7.52CH'_4} \tag{6-11}$$

如果 $n>1$，完全燃烧，则得

$$RO'_{2,大} = \frac{RO'_2}{100 - 4.76O'_2} \cdot 100 \tag{6-12}$$

式（6-10），式（6-11）和式（6-12）便是理论上 RO'_2 的最大值与实际燃烧产物成分之间的关系。如果 $RO'_{2,大}$ 可由燃料成分计算出来［按式（6-2)］，那么实际燃烧产物成分之间的关系应当满足这几个方程式；另一方面，如果燃烧产物成分分析的数据是可靠的，那么 $RO'_{2,大}$ 也可用这几个方程式计算。

式（6-10）~式（6-12）还可用来对燃烧过程的质量进行判断。由这几个式子可知，实际产物气体分析的 $CO'_2\%$ 应小于 $CO'_{2,大}\%$，并且越是完全燃烧，或越是较小的空气过剩系数，则实际的 $CO'_2\%$ 越是接近 $CO'_{2大}\%$ 的数值。或者说 $CO'_2\%$ 越是接近于 $CO'_{2,大}\%$，便反映燃烧过程组织得越好。因此，可以在炉子操作规程中规定烟气分析的 $CO'_2\%$ 的最低值，作为燃烧操作的标准。

将式（6-10）代入式（6-2），整理后可得燃烧产物成分之间的关系式为：

$$(1+\beta)\,RO'_2 + (0.605+\beta)CO' + O'_2 - 0.185H'_2 - (0.58-\beta)CH'_4 = 21 \tag{6-13}$$

该式可称“气体分析方程”。

如果 H_2'及 CH_4'甚小可忽略不计，
则得

$$(1+\beta)RO_2' + (0.605+\beta)CO + O_2' = 21 \tag{6-14}$$

如果是完全燃烧，则得

$$(1+\beta)RO_2' + O_2' = 21 \tag{6-15}$$

式（6－13）～式（6－15）便可用来验证燃烧产物（废气）气体分析的准确性。根据燃料成分确定β值（或参考表6－1）后，实际分析的气体成分应满足式（6－13），否则即说明分析值有误差，应检查分析方法及仪器。

如已核实气体分析的结果是准确的，那么上式便可用来求某一未知成分。例如，当 $H_2'=0$，$CH_4'=0$ 时，如果简单的气体分析器只能分析 CO_2'及 O_2'，那么可以根据式（6－14）求 CO'，即

$$CO' = \frac{21 - O_2' - (1+\beta)CO_2'}{0.605+\beta} \tag{6-16}$$

实际上，对于一些含挥发物很少的固体燃料（如焦炭、无烟煤）和含 H_2 及烃量很少的气体燃料，或已知 H_2'及 CH_4'极小的情况，便可只测 CO_2'和 O_2'而用式（6－16）求 CO'。

总之，燃烧产物各成分之间存在着一定的联系，根据这种联系可以讨论燃烧过程的质量，并且可以验证气体分析的准确性。

第二节　空气消耗系数的检测计算

由前面的有关计算和讨论可以看到，空气消耗系数 n 值对燃烧过程有很大影响，是燃烧过程的一个重要指标。

在设计炉子时，n 值是根据经验选取的。例如，对于要求燃料完全燃烧的炉子，n 值可以参考表6－2选取。对于要求不完全燃烧的炉子，n 值则根据工艺要求而定。

对于正在生产的炉子，炉内实际的 n 值由于炉子吸气和漏气的影响，不便用式（4－9a）计算，而是按烟气成分计算。

按烟气成分计算空气消耗系数的方法很多。下面介绍的是比较成熟的两种计算方法。

一、按氧平衡原理计算 n 值

已知

$$n = \frac{L_n}{L_0} = \frac{L_{n,O_2}}{L_{0,O_2}} \tag{6-17}$$

$$L_{n,O_2} = L_{0,O_2} + L_{\Delta,O_2} \tag{6-18}$$

式中，L_{Δ,O_2}表示与理论需氧量相差的氧量，即

$$L_{\Delta,O_2} = O_2' \cdot V_n \cdot \frac{1}{100} \tag{6-19}$$

L_{0,O_2}为理论需氧量。当燃料完全燃烧时，该氧量全部消耗在生成燃烧产物中的 RO_2 及 H_2O 上，即

$$L_{0,O_2} = aV_{RO_2} + bV_{H_2O} \tag{6-20}$$

式中，a 和 b 各为在燃烧产物中生成 $1m^3 RO_2$ 和 $1m^3 H_2O$ 气体所消耗的氧量，它是可以根据燃料成分计算的。

表 6－2　空气消耗系数 n 值表

燃料种类	燃烧方法	n
固体燃料	人工加煤	1.2～1.4
	机械加煤	1.2～1.3
	粉状燃烧	1.05～1.25
液体燃料	低压烧嘴	1.10～1.15
	高压烧嘴	1.20～1.25
气体燃料	无焰燃烧	1.03～1.05
	有焰燃烧	1.05～1.20

将式（6－18）～式（6－20）代入式（6－17），可得：

$$n = \frac{O_2' + aRO_2' + bH_2O'}{aRO_2' + bH_2O'}$$

或表示为下式

$$n = \frac{O_2' + KRO_2'}{KRO_2'} \tag{6-21}$$

式中，$K = \frac{aRO_2' + bH_2O'}{RO_2'}$，表示理论需氧量与燃烧产物中 RO_2' 之量的比值，即

$$K = \frac{L_{0,O_2}}{V_{RO_2}} \tag{6-22}$$

K 值可根据燃料成分求得。计算表明，对于成分波动不大的同一燃料，K 值可近似取为常数。

各种燃料的 K 值见表 6－3。

表 6－3　式（6－21）和式（6－22）中的 K 值

燃　料	K	燃　料	K
甲烷	2.0	碳	1.0
一氧化碳	0.5	焦炭	1.05
焦炉煤气	2.28	无烟煤	1.05～1.10
高炉煤气	0.41	贫煤	1.12～1.13
天然煤气	2.0	气煤	1.14～1.16
烟煤发生炉煤气	0.75	长焰煤	1.14～1.15
无烟煤发生炉煤气	0.64	褐煤	1.05～1.06
重油	1.35	泥煤	1.09

这样，根据计算或由表 6－3 确定燃料的 K 值，便可容易地按式（6－21）计算出 n 值。

当燃料不完全燃烧时，燃烧产物中还有 CO，H_2，CH_4 等可燃气体存在，这时式（6－21）应加以如下修正：公式中的氧量应减去这些可燃气体如果燃烧时将消耗掉的氧；RO_2' 量应包括这些可燃气体如果燃烧时将生成的 RO_2。则不完全燃烧时的计算式为：

$$n=\frac{O_2'-(0.5CO'+0.5H_2'+2CH_4')+K(RO_2'+CO'+CH_4')}{K(RO_2'+CO'+CH_4')} \tag{6-23}$$

上述计算方法比较简便，而且对于在空气中燃烧，在富氧空气或纯氧中燃烧均适用。

二、按氮平衡原理计算 n 值

将空气消耗系数表示为：

$$n=\frac{L_n}{L_0}=\frac{1}{1-\dfrac{L_{过}}{L_n}} \tag{6-24}$$

式中，$L_{过}=L_n-L_0$，表示过剩空气量，然后求出式中 L_n 和 $L_{过}$ 与烟气成分的关系。

根据氮平衡可知

$$\frac{79}{100}L_n+N_{燃}\cdot\frac{1}{100}=N_2'V_n^{干}\cdot\frac{1}{100}$$

则

$$L_n=\frac{N_2'\cdot V_n^{干}-N_{燃}}{79} \tag{6-25}$$

将式（6－25）代入式（6－24）；式（6－24）中的 $L_{过}$ 用式（6－7）计算；然后式中的 $V_n^{干}$ 用式（6－9）代入；整理后即得：

$$n=\frac{1}{1-\dfrac{79}{21}\cdot\dfrac{(O_2'-0.5CO'-0.5H_2'-2CH_4')}{N_2'-\dfrac{N_{燃}\cdot(RO_2'+CO'+CH_4')}{V_{RO_2}\cdot100}}} \tag{6-26}$$

该式便可用来计算在空气中燃烧时的空气消耗系数。式中除包含烟气成分外，还包含 $N_{燃}$ 和 V_{RO_2}，它们可根据燃料成分确定，即

对于气体燃料

$$N_{燃}=N_2$$

$$V_{RO_2}=(CO+CO_2+\sum nC_nH_m+H_2S)\cdot\frac{1}{100}$$

对于固体燃料

$$N_{燃}=N\cdot\frac{22.4}{28}$$

$$V_{RO_2}=\left(\frac{C}{12}+\frac{S}{32}\right)\cdot\frac{22.4}{100}$$

式（6－26）在某些特定条件下可以简化。对于含氮量很少的燃料（固体燃料，液体燃料，天然煤气，焦炉煤气等），$N_{燃}$ 可忽略不计，令 $N_{燃}=0$，则式（6－26）改为：

$$n=\frac{1}{1-\dfrac{79}{21}\cdot\dfrac{(O_2'-0.5CO'-0.5H_2'-2CH_4')}{N_2'}} \tag{6-27}$$

若是完全燃烧，则

$$n=\frac{1}{1-\frac{79}{21}\cdot\frac{O_2'}{N_2'}} \tag{6-28}$$

对于含 H_2 量很小的燃料，如焦炭，无烟煤等，计算可知，$N_2'\approx 79$，则式（6－28）可简化为：

$$n=\frac{21}{21-O_2'} \tag{6-29}$$

式（6－27）～式（6－29）中仅包含烟气成分，便于应用。但要注意它们各自的应用条件，不然造成大的计算误差。

第三节　不完全燃烧热损失的检测计算

当燃烧室（或炉膛）中有不完全燃烧时，烟气中含有可燃成分，因而损失一部分化学热称不完全燃烧热损失。不完全燃烧热损失的数值反映燃烧过程的质量水平，也是炉子热平衡的一项内容，影响炉子的燃料利用效率。

不完全燃烧热损失（$q_{化}$）表示为单位（质量或体积）燃料燃烧时，燃烧产物中因存在可燃物而含有的化学热占燃料发热量的百分数，即

$$q_{化}=\frac{V_n\cdot Q_{产}}{Q_{低}}\cdot 100\% \tag{6-30}$$

式中，$Q_{产}$ 为燃烧产物的化学热，可按燃烧产物的成分求得。设燃烧产物中的可燃成分为 CO，H_2 及 CH_4，则

$$Q_{产}=126CO'+108H_2'+358CH_4' \tag{6-31}$$

由于式（6－31）中的烟气成分实测到的多为干成分，故代入式（6－30）时应将 V_n 改为 $V_{n,干}$

$$q_{化}=\frac{V_{n,干}}{Q_{低}}(126CO'+108H_2'+358CH_4')\cdot 100\% \tag{6-32}$$

上式包含有燃烧产物生成量。实际炉子工作时烟气量的测定是比较困难的，故按式（6－32）进行测定计算也比较困难。为消去烟气量，可将式（6－32）改写为：

$$q_{化}=\frac{h}{P}(126CO'+108H_2'+358CH_4')\cdot 100\% \tag{6-33}$$

式中，$h=\frac{V_n^{干}}{V_0^{干}}$，$P=\frac{Q_{低}}{V_0^{干}}$。

该“h”值又称为“烟气冲淡系数”，它和空气消耗系数一样，但不是从反应物，而是从反应产物方面说明过剩空气量多少的一个相对量。h 值越大，说明 n 值也越大；完全燃烧时，$n=1$ 时，$h=1$。

h 值可根据烟气成分求得。由碳平衡原理，知

$$V_0^{干}\cdot RO_{2,大}'=V_n^{干}\cdot(RO_2'+CO'+CH_4')$$

故

$$h=\frac{V_n^{干}}{V_0^{干}}=\frac{RO_{2,大}'}{RO_2'+CO'+CH_4'} \tag{6-34}$$

将式（6－34）代入式（6－33），可得

$$q_{化} = \frac{RO'_{2,大}}{P} \cdot \frac{(126CO' + 108H'_2 + 358CH'_4)}{RO'_2 + CO + CH'_4} \cdot 100\% \quad (6-35)$$

式（6－35）中的 $RO'_{2,大}$ 和 P 值，只取决于燃料成分，而与燃烧条件无关。当燃料种类一定时，$RO'_{2,大}$ 和 P 值相对稳定，故也看做为燃料特性值。各种常用燃料的 $RO'_{2,大}$ 和 P 值见表6－1，当然也可根据现用燃料的平均成分计算，作为具体计算 $q_{化}$ 的依据。更广泛的燃料（包括混合燃料）的这些特性值可参考有关资料。

总之，按照式（6－35）对化学不完全燃烧热损失进行检测计算时，只需实测烟气成分，并由资料中查得所用燃料的 $RO'_{2,大}$ 和 P 值，测定和计算是很简便的。

以上便是燃烧计算的基本原理和方法。这里所选取的内容都是属于基础性的，是初学者应深入理解和掌握的。在燃烧计算方面，还有许多近似方法或经验公式，有许多计算图表，这里都未介绍。这不仅是受篇幅的限制，而且是考虑到只要懂得了本篇所介绍的基本原理及方法，便可以领会以至发展其他的计算方法。

为了说明本篇各项计算的具体方法，下面举出一些计算例题。

［例1］ 某厂使用高炉煤气和焦炉煤气的混合煤气，煤气温度为28℃，由化验室分析的煤气成分为：

	CO_2	C_2H_4	O_2	H_2	CH_4	CO	N_2
焦炉煤气	3.1	2.9	0.4	57.9	25.4	9.0	1.3
高炉煤气	13.9	—	0.3	3.0	0.6	26.2	56.0

求两种煤气的发热量和当焦炉煤气与高炉煤气按3∶7混合时，混合煤气的成分和发热量。

解：

（1）查附表5得 $1m^3$ 干煤气吸收的水分重量

$$g = 31.1$$

把干成分换算成湿成分

$$CO_2^{湿} = \frac{3.1 \times 100}{100 + 0.124 \times 31.1}\% = \frac{310}{103.99}\% = 2.99\%$$

同理，其余如下表：

焦炉煤气	高炉煤气
$CO_2^{湿} = \frac{310}{103.9}\% = 2.99\%$	$\frac{1390}{103.9}\% = 13.38\%$
$C_2H_4^{湿} = \frac{290}{103.9}\% = 2.79\%$	
$O_2^{湿} = \frac{40}{103.9}\% = 0.39\%$	$\frac{30}{103.9}\% = 0.29\%$

续表

焦炉煤气	高炉煤气
$H_2^{湿}=\frac{5790}{103.9}\%=55.75\%$	$\frac{300}{103.9}\%=2.89\%$
$CH_4^{湿}=\frac{2540}{103.9}\%=24.45\%$	$\frac{60}{103.9}\%=0.58\%$
$CO_{湿}=\frac{900}{103.9}\%=8.66\%$	$\frac{2620}{103.9\%}=25.22\%$
$N_2^{湿}=\frac{130}{103.9}\%=1.25\%$	$\frac{5600}{103.9}\%=53.92\%$
$W=\frac{38.6}{103.9}\%=3.72\%$	$\frac{386}{103.9}\%=7.32\%$
$\Sigma=100\%$	$\Sigma=100\%$

（2）计算发热量和成分。

焦炉煤气

$Q_{低}=126.4\times8.66+108\times55.75+358\times24.45+591\times2.79=17518 \quad (kJ/m^3)$

高炉煤气

$Q_{低}=126.4\times25.22+108\times2.89+358\times0.59=3711 \quad (kJ/m^3)$

按焦高比为3:7混合时，混合煤气成分为：

$$CO_2^{湿}=(0.3\times2.99+0.7\times13.38)\%=10.26\%$$
$$C_2H_4^{湿}=0.3\times2.79=0.84\%$$
$$O_2^{湿}=(0.3\times0.39+0.7\times0.29)\%=0.32\%$$
$$H_2^{湿}=(0.3\times55.75+0.7\times2.89)\%=18.75\%$$
$$CH_4^{湿}=(0.3\times24.45+0.7\times0.587)\%=7.74\%$$
$$CO^{湿}=(0.3\times8.66+0.7\times25.22)\%=20.25\%$$
$$N_2^{湿}=(0.3\times3.66+0.7\times54.0)\%=38.12\%$$
$$H_2O=3.72\%$$

混合煤气的发热量为：

$Q_{低}=0.3\times17518+0.7\times3711=7853 \quad (kJ/m^3)$

[例2]　某厂采用焦炉煤气和高炉煤气的混合煤气，煤气成分同［例1］。该炉子的热负荷为6980kW。试计算：

（1）每小时供应给炉子多少立方米煤气；

（2）为保证完全燃烧，若要求空气消耗系数为$n=1.05$，每小时应供应多少立方米空气？

（3）废气量有多少？

（计算时忽略炉子的吸气和漏气并忽略空气中的水分）。

解：由前述例题，已知该煤气的成分和发热量，则

（1）每小时应供给炉子的煤气量为：

$$B=\frac{6980\times3600}{7853}=3200\quad(\mathrm{m^3/h})$$

(2) 该煤气燃烧的理论空气需要量，按式（4-8）为：

$$L_0=\left(\frac{20.25}{2}+\frac{18.75}{2}+2\times7.74+3\times0.84-0.30\right)\frac{4.76}{100}$$

$$=1.77\quad(\mathrm{m^3/m^3})$$

$n=1.05$ 时的实际空气消耗量：

$$L_n=nL_0=1.05\times1.77=1.86\quad(\mathrm{m^3/m^3})$$

则每小时供给炉子的空气量为：

$$L=1.86\times3200=5952\quad(\mathrm{m^3/h})$$

(3) 该煤气的理论废气生成量，按式（4-18）为：

$$V_0=(20.25+18.75+3\times7.74+4\times0.84+10.26+38.12+3.72)\times$$

$$\frac{1}{100}+\frac{79}{100}\times1.77=2.57\quad(\mathrm{m^3/m^3})$$

$n=1.05$ 时 $V_n=2.66$（$\mathrm{m^3/m^3}$）则实际废气生成量为：

$$V=2.66\times3200=8512\quad(\mathrm{m^3/h})$$

［例3］　已知某烟煤的成分为：$C^{燃}=85.32\%$；$H^{燃}=4.56\%$；$O^{燃}=4.07\%$；$N^{燃}=1.80\%$；$S^{燃}=4.25\%$；$A^{干}=7.78\%$；$W^{用}=3.0\%$。

求：燃料发热量；理论空气需要量；燃烧产物生成量；成分；密度和燃料发热温度（空气中水分可忽略不计）。

解：首先将题给的燃料成分换算成供用成分：

$$A^{用}=7.78\times\frac{100-3}{100}=7.78\times0.97=7.55\%$$

$$C^{用}=85.32\times\frac{100-3-7.55}{100}=85.32\times0.8945=76.32\%$$

$H^{用}$	$4.56\times0.8945=4.08\%$
$O^{用}$	$4.07\times0.8945=3.64\%$
$N^{用}$	$1.80\times0.8945=1.61\%$
$S^{用}$	$4.25\times0.8945=3.80\%$
$W^{用}$	$=3.0\%$
	$\Sigma=100.0\%$

然后分别计算各指标如下：

(1) 燃料发热量。

按门捷列夫公式计算

$$Q_{高}=4.187\times[81\times76.32+300\times4.08-26\times(3.64-3.80)]=31024\quad(\mathrm{kJ/kg})$$

$$Q_{低}=31024-25\times(3.0+4.08\times9)=30031\quad(\mathrm{kJ/kg})$$

(2) 理论空气需要量。

按式（4-5a）

$$L_0 = (8.89 \times 76.32 + 26.67 \times 4.08 + 3.33 \times 3.8 - 3.33 \times 3.64) \times \frac{1}{100}$$

$$= 7.88 \quad (m^3/kg)$$

（3）理论燃烧产物生成量。1kg 燃料的燃烧产物中各成分的量为：

$$V_{CO_2} = \frac{76.32}{12} \times \frac{22.4}{100} = 1.43 \quad (m^3/kg)$$

$$V_{SO_2} = \frac{3.8}{32} \times \frac{22.4}{100} = 0.03 \quad (m^3/kg)$$

$$V_{H_2O} = \frac{4.08}{2} \times \frac{22.4}{100} + \frac{3.0}{18} \times \frac{22.4}{100} = 0.5 \quad (m^3/kg)$$

$$V_{N_2} = \frac{1.61}{28} \times \frac{22.4}{100} + \frac{79}{100} \times 7.88 = 6.25 \quad (m^3/kg)$$

干燃烧产物生成量

$$V_0^{干} = V_{CO_2} + V_{SO_2} + V_{N_2}$$
$$= 1.43 + 0.03 + 6.25$$
$$= 7.71 \quad (m^3/kg)$$

湿燃烧产物生成量

$$V_0 = V_0^{干} + V_{H_2O}$$
$$= 7.71 + 0.5$$
$$= 8.21 \quad (m^3/kg)$$

（4）理论燃烧产物的成分与密度。

成分：

$$CO_2' = \frac{V_{CO_2}}{V_0} = \frac{1.43}{8.21} \cdot 100\% = 17.42\%$$

$$SO_2' = \frac{0.03}{8.21} \cdot 100\% = 0.37\%$$

$$H_2O' = \frac{0.5}{8.21} \cdot 100\% = 6.09\%$$

$$N_2' = \frac{6.25}{8.21} \cdot 100\% = 76.12\%$$

$$\Sigma = 100\%$$

密度可按式（4－21）计算

$$\gamma = \frac{44 \times 17.46 + 64 \times 0.37 + 18 \times 6.09 + 28 \times 76.2}{22.4 \times 100}$$

$$= 1.35 \quad (kg/m^3)$$

（5）燃料发热温度，它可用以下几种方法计算。

内插值近似法

每 m^3 干燃烧产物的初始热含量

$$P = \frac{Q_{低}}{V_0^{干}}$$

$$= \frac{30031}{7.71} = 3895 \quad (kJ/m^3)$$

P 值与表 6－1 资料符合。

每 m^3 湿产物的初始热含量

$$i_0 = R = \frac{Q_{低}}{V_0} = \frac{30031}{8.21} = 3658 \quad (kJ/m^3)$$

据资料估计烟煤的发热温度在 2100℃左右，故先假设 $t' = 2100$℃，此时燃烧产物热含量为（按附表 7a）：

$$i_{CO_2} = 0.1742 \times 5186.81 = 903.5$$
$$i_{SO_2} = 0.0037 \times 5186.81 = 18.8$$
$$i_{H_2O} = 0.0609 \times 4121.79 = 251.0$$
$$i_{N_2} = 0.7612 \times 3131.96 = 2384.1$$

$$i' = 3557.4 \quad (kJ/m^3)$$

因 $i' < i_0$，故再假设 $t'' = 2200$℃，此时：

$$i_{CO_2} = 0.1742 \times 5464.2 = 951.9$$
$$i_{SO_2} = 0.0037 \times 5464.2 = 20.2$$
$$i_{H_2O} = 0.0609 \times 4358.83 = 265.5$$
$$i_{N_2} = 0.7612 \times 3295.84 = 2508.8$$

$$i'' = 3746.4 \quad (kJ/m^3)$$

$i'' > i_0$，按内插法式（5－7）得：

$$t_{热} = \frac{3658 - 3557.4}{3746.4 - 3557.4} \times 100 + 2100$$
$$= 2153 \quad (℃)$$

按近似方程计算

根据表 5－1，可得

$$\sum V_i A_{3i} = (-1.43 \times 21.215 - 0.5 \times 3.010 - 6.25 \times 2.135) \times 10^{-8}$$
$$= 45.19 \times 10^{-8}$$
$$\sum V_i A_{2i} = (1.43 \times 77.041 + 0.5 \times 29.899 + 6.25 \times 15.073) \times 10^{-5}$$
$$= 219.3 \times 10^{-5}$$
$$\sum V_i A_{1i} = (1.43 \times 1.6584 + 0.5 \times 1.4725 + 6.25 \times 1.2657)$$
$$= 11.02$$

V_{SO_2}忽略不计。

代入式（5－6），即

$$45.19 \times 10^{-8} t_{热}^3 - 219.3 \times 10^{-5} t_{热}^2 - 11.02 t_{热} - 30031 = 0$$

解该方程，可得；

$$t_{热} = 2195 \quad (℃)$$

按比热近似法计算

如表5-2所示，估计烟煤的燃料发热温度为2100℃左右，则其燃烧产物的比热为1.67，故

$$t_{热}=\frac{30031}{8.21\times 1.67}=2190 \quad (℃)$$

[例4]　某连续加热炉采用重油作燃料，已知重油的成分为：C=85.0%；H=11.3%；O=0.9%；N=0.5%；S=0.2%；*A*=0.1%；*W*=2.0%。为了降低重油的黏度，燃烧前将重油加热至90℃。烧嘴用空气作雾化剂，空气消耗系数 $n=1.2$，空气不预热，空气中水蒸气饱和温度为20℃。求该条件下的重油理论燃烧温度，并估计实际可能达到的炉温（设炉温系数为0.74）。如果将空气预热至400℃，理论燃烧温度将达到多高？

解：

(1) 先计算重油燃烧时的空气消耗量，燃烧产物生成量和有关燃烧产物的成分。不估计空气中的水分时，理论空气量为：

$$L_0=\frac{1}{1.429\times 0.21}\left(\frac{8}{3}\times 85.0+8\times 11.3+0.2-0.9\right)\cdot\frac{1}{100}$$
$$=10.5 \quad (m^3/kg)$$

当空气温度为20℃时，由附表5可知，饱和水蒸气量为 $g=19g/m^3$，则估计到空气中的水分，且 $n=1.2$ 时的实际空气需要量为：

$$L_n=1.2\times 10.5+0.00124\times 19\times 1.2\times 10.5$$
$$=12.9 \quad (m^3/kg)$$

燃烧产物生成量

$$V_0=\left(\frac{85}{12}+\frac{0.2}{32}+\frac{11.3}{2}+\frac{2.0}{18}+\frac{0.5}{28}\right)\times\frac{22.4}{100}+\frac{79}{100}\times 10.5$$
$$=11.18 \quad (m^3/kg)$$

$$V_n=V_0+(L_n-L_0)=11.8+(12.9-10.5)=13.58 \quad (m^3/kg)$$

燃烧产物中 CO_2 及 H_2O 的成分：

$$V_{CO_2}=\frac{85.0}{12}\times\frac{22.4}{100}=1.58 \quad (m^3/kg)$$

$$V_{H_2O}=\left(\frac{11.3}{2}+\frac{2.0}{18}\right)\times\frac{22.4}{100}+19\times 0.00124\times 12.9=1.59 \quad (m^3/kg)$$

$$CO_2'=\frac{1.58}{13.58}\times 100\%=11.6\%$$

$$H_2O'=\frac{1.59}{13.58}\times 100\%=11.7\%$$

(2) 重油的发热量。

$$Q_{低}=4.187\times[81\times 85.0+246\times 11.3-26\times(0.9-0.2)-6\times 2.0]=40340 \quad (kJ/kg)$$

(3) 重油预热带入的物理热。

重油的比热在90℃下为：

$$c_{油}=1.738+0.0025\times 90=1.963 \quad [kJ/(kg\cdot ℃)]$$

则重油预热带入的物理热为：

$$Q_{燃}=1.963\times 90=177 \quad (kJ/kg)$$

可见，这项热量很小，所以简化计算时，可忽略不计。

(4) 空气预热带入的物理热。

空气不预热（常温20℃）时其物理热可忽略不计。若将空气预热至400℃，则带入的物理热为：

$$Q_{空}=[(1.2\times10.5\times1.3302)+(0.00124\times19\times1.2\times10.5\times1.5592)]\times400$$
$$=6889\quad(\text{kJ/kg})$$

(式中1.3302和1.5592分别为空气和水蒸气在400℃下的比热，见附表7)。

(5) 空气不预热时的理论燃烧温度和炉温。

估计理论燃烧温度在1800℃左右，由表5－2，取 $c_{产}=1.67$，$c_{空}=1.51$，按式（5－9)，并在此忽略热分解的热量，则

$$t_{理}=\frac{40340+177}{11.18\times1.67+(12.9-10.5)\times1.51}=1817\quad(℃)$$

计算温度与假设相符，即所取 $c_{产}$ 和 $c_{空}$ 之值，以及假设 $Q_{分}=0$ 均适当。在这种情况下，如炉温系数为0.74，则实际炉温可达到

$$t_{炉}=1817\times0.74=1345\quad(℃)$$

这一炉温对于一般的钢坯加热炉是足够高的。即采用重油时空气不预热炉温也可以达到要求。

(6) 空气预热到400℃时的理论燃烧温度。

估计此时理论燃烧温度将达到2000℃以上，为了计算热分解的影响，先计算不估计热分解时的 $t'_{理}$，取 $c_{产}=1.67$，$c_{空}=1.51$，得：

$$t'_{理}=\frac{40340+6889+177}{11.18\times1.67+(12.9-10.5)\times1.51}=2126\quad(℃)$$

参考图5－3，得知，在不估计热分解的条件下，温度为2118℃，则估计热分解时的温度约为2000℃，所以，可在2000℃下求热分解的热量。

已知燃烧产物中 CO_2 和 H_2O 的分压（设炉内压力接近 10^5Pa）分别为 $0.116\approx0.12\times10^5$Pa 和 $0.117\approx0.12\times10^5$Pa，由附表8和附表9，在2000℃下可查到它们的分解度为：

$$f_{CO_2}=11.8\%\quad 和\quad f_{H_2O}=4.0\%$$

则分解热分别为（按式（5－8））：

$$Q_{分CO_2}=12600\times11.6\times13.58\times11.8\times10^{-4}=2342\quad(\text{kJ/kg})$$

$$Q_{分H_2O}=10800\times11.7\times13.58\times4.0\times10^{-4}=686\quad(\text{kJ/kg})$$

$$Q_{分}=2342+686=3028\quad(\text{kJ/kg})$$

$$t_{理}=\frac{40340+6889+177-3028}{11.18\times1.67+(12.9-10.5)\times1.51}=1991\quad(℃)$$

可见，空气预热后，使理论燃烧温度提高174℃，如果其他条件不变，炉温也将随之提高。如果炉温不需要提高，就可减少每小时供入炉内的燃料量。这样预热空气便达到了节约燃料的目的。

[例5]　某敞焰无氧化加热炉，采用焦炉煤气加热，空气消耗系数为0.5，炉气实际温度控制在1300℃。焦炉煤气成分（%）为：$CO_2=3.02$；$H_2=56.5$，$CO=8.77$；$CH_4=24.8$；$C_2H_4=2.83$；$O_2=0.39$；$N_2=1.26$；$H_2O=2.43$。试求炉内的气体成分和烟气量

（炉气成分中的 CH_4 和烟粒含量可忽略不计）。

解： 当 $n=0.5$ 时，为不完全燃烧。根据题意，炉内烟气的组成包括 CO_2，H_2O，CO，H_2 和 N_2。

该焦炉煤气完全燃烧的理论氧气需要量，按式（4－7）为：

$$L_{0,O_2}=\left(\frac{1}{2}\times 8.77+\frac{1}{2}\times 56.5+2\times 24.8+3\times 2.83-0.39\right)\times\frac{1}{100}$$

$$=0.9\quad (m^3/m^3)$$

当 $n=0.5$ 时实际供给的氧量为：

$$nL_{0,O_2}=0.5\times 0.9=0.45\quad (m^3/m^3)$$

烟气中的氮含量可直接由式（4－32b）求出

$$V_{N_2}=\frac{1.26}{100}+3.76\times 0.45=1.7\quad (m^3/m^3)$$

其余四个未知量 V_{CO_2}、V_{CO}、V_{H_2O}、V_{H_2} 可根据式（4－29b）、式（4－30b）、式（4－31b）和式（4－33）列出四个方程式联立求解。水煤气反应的平衡常数由附表6当温度为1300℃时 $K_3=0.333$，列出一组方程式为：

$$(3.02+8.77+24.80+2\times 2.83)\times\frac{1}{100}=V_{CO_2}+V_{CO}$$

$$(56.5+2\times 24.80+2\times 2.83+2.43)\times\frac{1}{100}=V_{H_2}+V_{H_2O}$$

$$\left(3.02+\frac{1}{2}\times 8.77+\frac{1}{2}\times 2.43+0.39\right)\times\frac{1}{100}+0.45=V_{CO_2}+\frac{1}{2}V_{CO}+\frac{1}{2}V_{H_2O}$$

$$0.333=\frac{V_{CO_2}\times V_{H_2}}{V_{CO}\times V_{H_2O}}$$

即

$$V_{CO_2}+V_{CO}=0.42\qquad(1)$$

$$V_{H_2}+V_{H_2O}=1.14\qquad(2)$$

$$V_{CO_2}+\frac{1}{2}V_{CO}+\frac{1}{2}V_{H_2O}=0.54\qquad(3)$$

$$\frac{V_{CO_2}\times V_{H_2}}{V_{CO}\times V_{H_2O}}=0.333\qquad(4)$$

联立求解式（1）~式（4）得

$$V_{CO_2}=0.10\quad (m^3/m^3)$$

$$V_{CO}=0.32\quad (m^3/m^3)$$

$$V_{H_2O}=0.56\quad (m^3/m^3)$$

$$V_{H_2}=0.58\quad (m^3/m^3)$$

烟气烟量为

$$V_n=0.10+0.32+0.56+0.58+1.7=3.26\quad (m^3/m^3)$$

烟气成分为

$$CO_2'=\frac{0.10}{3.26}\times 100\%=3.07\%$$

$$H_2O' = \frac{0.56}{3.26} \times 100\% = 17.18\%$$

$$CO' = \frac{0.58}{3.26} \times 100\% = 9.82\%$$

$$H_2' = \frac{0.58}{3.26} \times 100\% = 17.79\%$$

$$N_2' = \frac{1.7}{3.26} \times 100\% = 52.14\%$$

[例6]　已知天然气成分（%）：$CH_4 = 96.35$；$C_2H_4 = 0.41$；$CO = 0.10$；$H_2 = 0.47$；$CO_2 = 0.21$；$N_2 = 2.46$（水分忽略不计）。

在不同燃烧条件下测得两组烟气成分（%）：

（1）$CO_2' = 8.00$；$O_2' = 7.00$；$H_2' = 0.55$；$CH_4' = 0$；$N_2' = 84.35$；$CO = 0.10$；

（2）$CO'_2 = 8.05$；$O'_2 = 0.70$；$H'_2 = 4.40$；$CH'_4 = 0.60$；$N'_2 = 81.75$；$CO' = 4.50$ 试计算：

1）该燃料的特性系数 K，β，$RO'_{2,大}$，P；

2）验证两组烟气分析值的精确性；

3）计算两种条件下的空气消耗系数和化学不完全燃烧热损失。

解：

（1）燃料特性系数。根据燃料成分可计算出：

$$L_{0,O_2} = (0.5 \times 0.10 + 0.5 \times 0.47 + 2 \times 96.35 + 3 \times 0.41) \times \frac{1}{100} = 1.94 \quad (m^3/m^3)$$

$$L_0 = 4.76 \times 1.94 = 9.23 \quad (m^3/m^3)$$

$$V_{RO_2} = (0.21 + 96.35 + 2 \times 0.41 + 0.1) \times \frac{1}{100} = 0.97 \quad (m^3/m^3)$$

$$V_{H_2O} = (0.47 + 2 \times 96.35 + 2 \times 0.41) \times \frac{1}{100} = 1.94 \quad (m^3/m^3)$$

$$V_0^{干} = 0.97 + \frac{79}{100} \times 9.23 + \frac{2.46}{100} = 8.32 \quad (m^3/m^3)$$

$$Q_{低} = 126.4 \times 0.10 + 108 \times 0.47 + 358 \times 96.35 + 591 \times 0.41 = 34799 \quad (kJ/m^3)$$

可得各特性系数为：

$$K = \frac{1.94}{0.97} \approx 2.0$$

$$RO'_{2,大} = \frac{0.97}{8.32} \times 100\% = 11.7\%$$

$$\beta = \frac{21 - 11.7}{11.7} \approx 0.79$$

$$P = \frac{34799}{8.32} = 4183 \quad (kJ/m^3)$$

（2）验证分析误差。将各烟气成分及 β 值代入气体分析方程，第一组烟气成分为：

$(1+0.79)\times 8.00+(0.605+0.79)\times 0.10+7.00-0.185\times 0.55=21.30$

分析误差为 $\dfrac{21.3-21}{21.3}\times 100\%=1.41\%$

第二组烟气成分为：

$(1+0.79)\times 8.05+(0.605+0.79)\times 4.50+0.70-0.185\times 4.40-(0.58-0.79)\times 0.60=20.7$

分析误差为

$$\frac{20.7-21}{20.7}\times 100\%=-1.45\%$$

由验证可以看出，两组气体分析的烟气成分的误差不大，可以认为是在工程计算允许误差范围之内，故可以作为进一步计算的原始数据。

（3）求空气消耗系数 n。已知燃料的 K 值，可求出两组烟气成分所代表的 n 值为：

$$n_1=\frac{7.00-(0.5\times 0.1+0.5\times 0.55)+2.0\times(8.00+0.10)}{2.0\times(8.00+0.10)}=1.41$$

$$n_2=\frac{0.70-(0.5\times 4.50+0.5\times 4.40+2\times 0.6)+2.0\times(8.05+4.50+0.60)}{2.0\times(8.05+4.50+0.60)}=0.81$$

（4）求化学不完全燃烧热损失。已知 $RO'_{2,大}$ 值、P 值和烟气成分，可直接按式（6－35）分别求出两种情况的不完全燃烧热损失为：

$$q_{化,1}=\frac{11.7}{4183}\times\frac{126\times 0.10+108\times 0.55}{8.00+0.10}\times 100\%=2.5\%$$

$$q_{化,2}=\frac{11.7}{4183}\times\frac{126\times 4.50+108\times 4.40+358\times 0.60}{8.05+4.50+0.60}\times 100\%=26.7\%$$

由以上计算可以看出，第一种情况下，n 值虽然很大，但仍有不完全燃烧，这说明混合仍不充分。不过该种情况下的不完全燃烧损失不大，$q_{化}$ 仅 2.5%。在第二种情况下，$n=0.81$，即少供给了 19% 的空气，但却造成了严重的不完全燃烧，使热量损失近 1/3。

[例7]　重油在空气中燃烧，测得烟气成分（%）为：$RO'_2=13.46$；$O'_2=3.64$；$N'_2=82.9$；求燃烧时的空气消耗系数。

解：先验证该烟气分析的精确性

根据表6－1，取 $\beta=0.31$，则

$$(1+0.31)\times 13.46+3.64=21.5$$

分析误差

$$\frac{21.5-21}{21.5}=2.33\%$$

可以认为分析结果可用。由表6－3 取 $K=1.35$ 则得

$$n=\frac{3.64+1.35\times 13.46}{1.35\times 13.46}=1.20$$

[例8]　已知高炉煤气在空气中燃烧，测得烟气成分（%）为：$RO'_2=14.0$；$O'_2=9.0$；$CO'=1.2$。求燃烧时的空气消耗系数和化学不完全热损失。

解：先验证该烟气分析的精确性

由表6－1，取 $\beta=-0.16$，则

$$(1-0.16)\times 14+(0.605-0.16)\times 1.2+9.0=21.3$$

分析误差为

$$\frac{21.3-21}{21.3}=1.41\%$$

则误差在允许范围之内。

求空气消耗系数。由表6-3，取 $K=0.41$ 则

$$n=\frac{9.0-0.5\times 1.2+0.41\times(14+1.2)}{0.41\times(14+1.2)}=2.35$$

求不完全燃烧热损失。由表6-1，取 $RO'_{2,大}=25$；$P=2510kJ/m^3$，则

$$q_{化}=\frac{25}{2510}\times\frac{126\times 1.2}{14+1.2}=9.9\%$$

该例中求空气消耗系数时，如用氮平衡公式，例如式（6-27），则

$$n=\frac{21}{21-79\times\frac{9.0-0.5\times 1.2}{100-14.0-9.0-1.2}}=1.72$$

计算结果误差很大，说明高炉煤气不能用式（6-27），而应用式（6-26）。此时，必须知道煤气成分，该高炉煤气成分（%）为：$RO_2=10.66$；$CO=29.96$；$CH_4=0.27$；$H_2=1.65$；$N_2=57.46$。用式（6-26）可得：

$$n=\frac{21}{21-79\times\frac{9.0-0.5\times 1.2}{[100-(14.0+9.0+1.2)]-\frac{57.46\times(14+1.2)}{10.66+29.96+0.27}}}=2.38$$

用该式的计算结果（2.38）与用氧平衡的计算结果（2.35）是相近的，只是此式计算比较麻烦。

第三篇 燃烧基本原理

当燃料中的可燃分子与氧化剂分子相接触，在一定的温度和浓度条件下，可发生燃烧反应，放出一定的热量，这便是通常见到的燃烧现象。然而为了使可燃分子与氧化剂分子相接触，还必须有一个物质的混合、扩散过程。在燃烧技术中，把从混合（扩散）到燃烧反应完成的整个过程称为燃烧过程。燃烧过程是一种复杂的化学过程和物理过程的综合过程。

为完成预定的燃烧过程，不仅需要温度和浓度条件，而且需要一定的时间和空间。就时间而言，燃烧过程所需要总的时间（τ）应当包括三个阶段，即

$$\tau = \tau_{混} + \tau_{热} + \tau_{化}$$

式中，$\tau_{混}$ 表示混合所需要的时间，即可燃分子与氧化剂分子按一定浓度相混合（扩散）达到分子间接触所需要的时间；$\tau_{热}$ 表示混合后的可燃混合物为达到开始燃烧反应的温度所需的加热时间；$\tau_{化}$表示完成化学反应所需的时间。用不同的方法组织燃烧过程时，各阶段的时间在总时间中所占的比例是不相同的。由于化学反应的时间主要是受化学动力学因素的影响，而混合的时间主要是受扩散因素的影响，所以上述问题的实质是燃烧过程的进行将主要是受化学动力学因素的影响，还是受扩散因素影响的问题。根据这一概念，可以把燃烧过程分为三类：即：

1. 动力燃烧　当$\tau_{混} \ll \tau_{热} + \tau_{化}$时，燃烧过程进行的速度将主要地不是受混合速度的限制，而是受可燃混合物的加热和化学反应速度的限制。这类燃烧过程称“动力燃烧”，或称燃烧过程在“动力燃烧区域”进行。例如事先混合好的煤气－空气混合物，就燃烧室空间中进行的燃烧过程来说，不需要再有混合阶段（$\tau_{混} = 0$），这便属于动力燃烧。

2. 扩散燃烧　当$\tau_{混} \gg \tau_{热} + \tau_{化}$时，燃烧过程将主要受混合速度的限制。这类燃烧过程称“扩散燃烧”，或称燃烧过程在“扩散燃烧区域”进行。例如在高温的燃烧室中，加热和化学反应所需要的时间比混合时间短，如果煤气和空气是分别由两个喷口进入燃烧室，那么燃烧速度将主要取决于混合速度，这便属于扩散燃烧。

3. 中间燃烧　介于上述二者之间的燃烧过程属于“中间燃烧”。

除了上述分类方法外，燃烧过程还可以按燃烧室中气体的流动性质或参加燃烧反应的物质的物态来分类。按气体流动性质，燃烧过程可以分为：

（1）层流燃烧。燃烧室中煤气、空气和火焰都是以层流流动。

（2）紊流燃烧。火焰气体为紊流流动。

（3）介于二者之间的过渡性质的燃烧。

按参加反应的物质的物态，把燃烧过程分为：

（1）同相燃烧，指燃料和氧化剂的物态相同。例如气体燃料在空气中的燃烧，燃料和氧化剂都是气体，属于同相燃烧（或称为均相燃烧）。

（2）异相燃烧，指燃料和氧化剂的物态不同。例如固体燃料和液体燃料在空气中的燃

烧都属于异相燃烧（非均相燃烧）。

上述几种分类方法从不同角度反映了燃烧过程的特点。在燃烧理论的研究中，将按着这些分类来讨论问题。

这一篇将讨论燃烧过程的基本原理，并将应用到化学热力学、动力学、流体力学、传热学与传质的基本知识。应当说明，燃烧理论已发展成为一门专门的学科，本篇虽然是从理论上阐明燃烧规律，但不论是在深度上还是在广度上都不包括燃烧理论的全部内容，况且照顾到各课程以及本课程各篇之间的联系，本篇仅从专业要求出发，介绍有关的燃烧的基本原理。学生在学习时，应当着重从基本概念上理解现象的本质、变化规律及影响因素，以便能够运用燃烧的基本原理正确地组织炉内的燃烧过程。

第七章　射流混合过程

工业炉内的燃烧过程是一个物理和化学的综合过程，并且在多数情况下物理方面的因素对整个燃烧过程起着更为重要的作用。因此在分析炉内燃烧技术问题时，常把主要的注意力放在气体的混合与加热这一点上。例如有焰燃烧，其主要特点是煤气与空气在炉内一边混合一边燃烧，因此火焰的长度、宽度以及它的温度分布等特性将主要取决于煤气与空气的混合。这时气流的喷出速度，煤气与空气的相对速度，气流的交角，旋流强度等都会对燃烧过程产生明显的影响。在工业炉的燃烧技术中，主要是研究紊流射流的混合规律。常用到的射流类型有：圆形断面的自由射流，同心射流，交叉射流，旋转射流等。研究的内容和主要目的是根据射流的初始条件（喷口尺寸 d_0，流量 m_0，动量 G_0，温度 T_0，压力 p_0，密度 ρ_0，浓度 C_0，出流速度 u_0 等），及边界条件（例如，外围流体的流速 u_s，压力 p_s，温度 T_s，浓度 C_s 等）配合有关的物理参数（等压比热 c_p，紊流导热系数 λ_T，紊流黏性系数 μ_T，紊流扩散系数 D_T 等），求出射流流场的速度分布、温度分布、浓度分布，卷吸气量比 m_e/m_0，射流扩展率 d_y/d_x，射流张角 α，以供研制和设计燃烧装置或组织火焰时参考。

第一节　静止气体中的自由射流

煤气喷射到大气中的燃烧情况即属于这种情况，其燃烧装置称为大气烧嘴。

根据流场显示和流场探测资料发现，沿射流的前进方向，可将射流分为初始段，过渡段和自模段（图 7－1）。

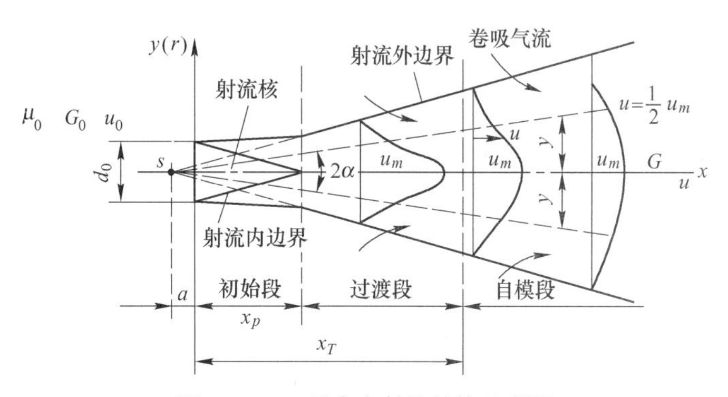

图 7－1　二元自由射流结构示意图

射流离开喷口以后，因与外围流体之间有速度差，且有黏性，故产生紊流旋涡层，与外围流体进行动量和质量交换。这种紊流旋涡跨流扩散侵蚀主流，形成楔形射流核，也叫势流核心，核内各截面仍保持喷口截面上的初始速度 u_0、浓度 C_0 及温度 T_0，为射流的初始段。

射流内外边界之间形成紊流边界层，又叫剪切层或掺混层。在这里，由于射流气体的卷吸作用，外围气体跨流扩散与主流混合，因而发生动量、质量及能量的交换，随着混合区的逐渐扩大并最终在射流中心相汇合，势流核心逐渐缩小而消失，射流沿程各截面上速度分布开始不断变化，直到成为相似速度分布，为射流的过渡段。过渡段之后进入自模段，也叫射流的充分发展区，这时射流沿程各段面上轴向流速 u 都呈正态相似分布。

从燃烧学角度来看，射流核心相当于火焰的黑根，它的长度 x_p 与喷口形状，喷口速度分布及紊流强度等因素有关，而各种文献所提供的数据不完全一致。例如 Be′er 提出 $x_p = (4 \sim 5)d_0$，$x_T = 10d_0$，Семикин 认为 $x_p = (5.6 \sim 6.0)d_0$。

根据 Prandtl 紊流理论，可以导出自由射流半宽 y 与该截面上的轴向距离 x 成正比，即

$$y = \mathrm{const} \cdot x \tag{7-1}$$

射流轴向速度 u_m 的沿程衰减规律，根据实验，为：

$$\frac{u_0}{u_m} = 0.16 \cdot \frac{x}{d_0} - 1.5 \tag{7-2}$$

轴心浓度 C_m 的沿程衰减规律为：

$$\frac{C_0}{C_m} = 0.22 \cdot \frac{x}{d_0} - 1.5 \tag{7-3}$$

在射流的充分发展区，轴向流速的径向分布具有相似性，分布公式为：

$$\frac{u}{u_m} = \exp\left[-K_u\left(\frac{y}{x}\right)^2\right] \tag{7-4}$$

$$K_u = 82 \sim 92$$

浓度 C 的径向分布公式为：

$$\frac{C}{C_m} = \exp\left[-K_C\left(\frac{y}{x}\right)^2\right] \tag{7-5}$$

式中 $K_C = 54 \sim 57$

自由射流对周围气体的卷吸能力可以用卷吸率来表示，即

$$\frac{m_e}{m_0} = \frac{m_x - m_0}{m_0}$$

式中 m_e——卷吸量；

m_x——x 截面处射流的总质量流量；

m_0——射流的初始质量流量。

当气体的密度与出流空间的气体密度相同（$\rho_0 = \rho_s$）时，根据实测数据证明，射流流量 m_x 与轴向距离 x 成正比，即

$$\frac{m_x}{m_0} = K_e \cdot \frac{x}{d_0} \tag{7-6}$$

式中，比例常数 $K_e = 0.25 \sim 0.45$，与实验条件有关。

Ricou，Spalding 公式为：

$$\frac{m_x}{m_0} = 0.32 \cdot \frac{x}{d_0} \tag{7-7}$$

Hegge，Zijnen 公式为：

$$\frac{m_x}{m_0} = 0.40 \cdot \frac{x}{d_0} \tag{7-8}$$

根据以上分析，得出自由射流对周围介质的卷吸率为：

$$\frac{m_e}{m_0} = 0.32\frac{x}{d_0} - 1 \tag{7-9}$$

$$\frac{m_e}{m_0} = 0.40\frac{x}{d_0} - 1 \tag{7-10}$$

当$\rho_0 \neq \rho_s$时，例如出流空间为密度ρ_s的高温气体，在这种情况下，射流受热膨胀，速度梯度增大，因而紊流强度也增大。为了考虑这一情况对卷吸率的影响，并照顾到计算的方便，Thring 提出当量直径的概念。也就是说，用当量直径d_e代替喷口直径d_0，这时可以认为，从直径d_e的喷口中喷出的是密度为ρ_s的气体，但喷出速度和动量仍保持原有数值u_0和G_0。根据动量相等的概念，可以得出当量直径d_e的计算公式为：

$$d_e = d_0 \cdot \left(\frac{\rho_0}{\rho_s}\right)^{1/2} \tag{7-11}$$

或者，当射流初始流量m_0和动量G_0已知时，d_e可由下式求出。

$$d_e = \frac{2m_0}{(\pi\rho_0 G_0)^{1/2}} \tag{7-12}$$

将当量直径d_e代入卷吸率公式（8-9）和式（8-10），得到非等温射流的卷吸率为：

$$\frac{m_e}{m_0} = 0.32\left(\frac{\rho_s}{\rho_0}\right)^{1/2}\frac{x}{d_0} - 1 \tag{7-13}$$

$$\frac{m_e}{m_0} = 0.40\left(\frac{\rho_s}{\rho_0}\right)^{1/2}\frac{x}{d_0} - 1 \tag{7-14}$$

以上是出流到静止气体中的紊流自由射流的一些基本特性，根据这些基本特性，可以对自由空间中紊流扩散火焰的长度进行估算。

第二节　同向平行流中的自由射流

当射流出流于同向平行气流中时（图7-2），射流的扩展，轴心速度的衰减，势核的长度等，都和射流与外围气流之间的速度梯度有关。例如，当外围气流的速度u_s由零逐渐变大时，射流与外围气流之间的速度差越来越小，因而混合速度逐渐减慢，而当二者流速相等时其混合速度很慢。当外围气流的流速超过射流流速时，速度梯度又开始增大，因而混合速度也随之变快。同理，速度梯度越小，射流扩展及轴心速度衰减就越慢，势核的长度也越大，当外围流与射流本身的流速相等时，势流核心将贯穿整个流场。

Squire 和 Trouncer 从理论上分析了平行流中自由射流的有关特性，提出射流出口附近混合区中轴向速度的分布公式为：

$$u = \frac{u_0 - u_s}{2}\left(1 - \cos\pi\frac{r_2 - r}{r_1 - r}\right) \tag{7-15}$$

式中　r_2和r_1——分别代表混合区的外半径和内半径；

u_0——射流出口速度；

u_s——外围流的流速。

图7-3是根据式（7-15）得出的平行流中射流轴向速度的衰减情况，图中$\lambda = u_s/u_0$表示外围流速与射流初始速度之比。从图中可以看出，当流速比$\lambda = 0$和2.13时，势流核心最小，速度衰减最快，这就说明混合比较强烈。当λ由0或2.13趋向1时，势流核心

越来越大，射流轴心速度衰减变慢（图中 $\lambda>1$ 的曲线是根据 Alpinieri 的实验数据绘出的）。

图 7-4 是根据式（7-15）得出射流的半速线（表示射流的扩散情况）随流速比 λ 的变化规律。从图中看出，当 $\lambda<1$ 时，射流张角及射流扩展率随 λ 的增大而减小。

此外，Forstall 和 Shapiro 曾对这种射流进行了实验研究，并提出了下列经验公式：

势核长度 x_p

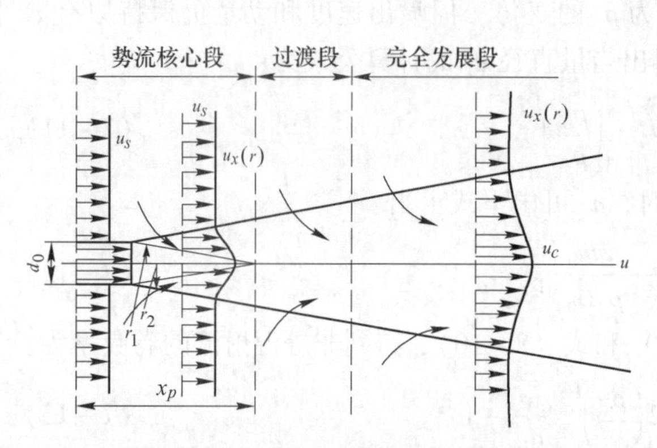

图 7-2 同向平行流中的自由射流

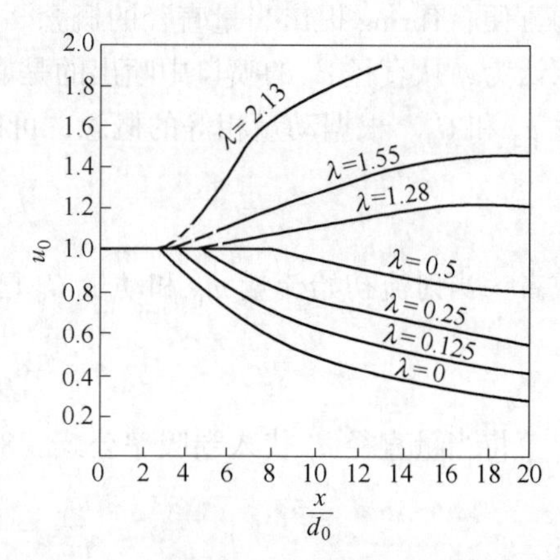

图 7-3 同向平行流中射流轴心速度的衰减

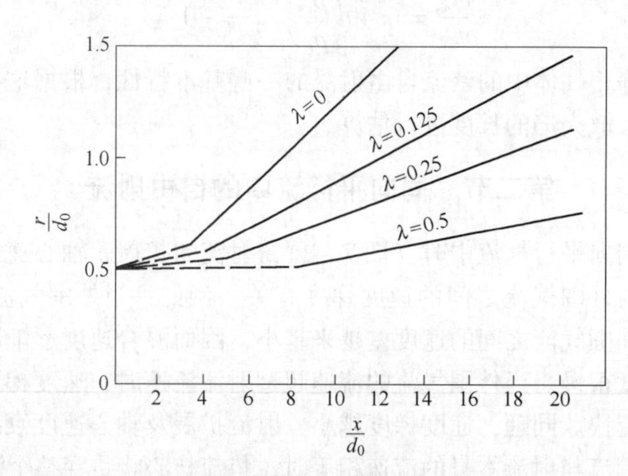

图 7-4 同向平行流中射流的半速线随流速比 λ 的变化

$$\frac{x_p}{d_0}=4+12\lambda \tag{7-16}$$

式中，$\lambda=u_s/u_0=0.2\sim0.5$。

射流充分发展区轴心速度 u_c 的衰减

$$\frac{u_c-u_s}{u_0-u_s}=\frac{x_p}{x} \tag{7-17}$$

射流的扩展规律

$$\frac{Y_{0.5}}{r_0}=\left(\frac{x/d_0}{x_p/d_0}\right)^{1-\lambda} \tag{7-18}$$

式中，$Y_{0.5}$ 为 $u = \frac{u_{min} + u_{max}}{2}$ 的径向距离。 (7-19)

截面速度分布为

$$\frac{u - u_s}{u_c - u_s} = \frac{1}{2}\left(1 + \cos\frac{\pi r}{2Y_{0.5}}\right) \tag{7-20}$$

当射流与外围流的密度不同时（例如非等温射流），射流特性不仅与流速比 λ 有关，而且也和密度比有关，并且是 $\rho_s u_s/\rho_0 u_0$ 的函数。Alpinieri 等曾研究过密度差对射流特性的影响，并发现，当射流的密度小于外围流的密度时，射流的衰减速度会变快。

第三节　交叉射流

以某一角度与主流相交的射流叫做交叉射流。在向火焰中喷射二次助燃空气（分段燃烧）或稀释空气（高速等温烧嘴）时，经常采用交叉射流。在计算上述燃烧装置时，必须掌握交叉射流的走向，它在主流中的穿透深度以及它和主流的混合情况。

图 7-5 是一个圆孔射流横穿主流时的弯曲变形情况。

设在燃烧室壁上有直径为 d 的圆形喷孔，喷孔中心线与壁面交叉角 $\theta_0 = 90°$，二次助燃空气自喷孔喷入燃烧室。空气的初始速度为 u_0，体积流量为 Q_0。在燃烧室中，有速度等于 v_0 的主流沿 x 方向流动。

横穿主流的射流在迎风面上受到主流动压 $\frac{1}{2}\rho_0 v_0^2$ 的冲击，背风面则受到尾流中降压旋涡的卷刷。射流喷到燃烧室后，其前冲速度 u 本来已经降低，再加上侧面受到主流的冲刷剪切，因而发生变形。结果，射流逐渐向主流下游弯曲，射流剖面被挤扁卷曲变成肾形（见图 7-5 中 A—A 剖面），肾形凹面后出现一对反转旋涡 $+\Gamma$ 和 $-\Gamma$，这对旋涡顺流发展扩大，到下游很远才衰变散裂。

弯曲变形射流与主流之间因紊流涡团的揉搓摩擦作用，射流出现周向速度分量，增添了侧面切应力，故卷吸掺混作用特别强烈。自圆孔中心起，弯曲射流大致可分为三段，即第Ⅰ段是射流核 OB，它比自由射流的势核显著缩短并向下游歪斜；第Ⅱ段是显著弯曲段，射流剖面迅速变形；第Ⅲ段是旋涡扩展段，射流转到主流方向。

参考图 7-5 中所示。Os 为射流轴线，是剖面最大速度 u_m 的联结轨迹，纵坐标是 y，Oc 是射流的几何中心线，纵坐标是 y_c。自圆孔边缘至 b 是射流的外边界，纵坐标是 y_b。射流与 x 轴的夹角为 θ，与 y 轴的夹角为 $\bar{\theta}$。射流剖面沿 z 轴宽度为 Δz，面积为 S_n。

用透明燃烧室模型作冷态实验，将横穿主流的射流温度提高约 50℃以使其与主流有足够的密度差，或在射流中添加示踪剂，用纹影仪照相，或用激光热线风速仪探测，可绘出弯曲射流轴线的走向如图 7-6 所示。图中 λ 代表流速比，$\lambda = v_0/u_0$。

根据图 7-6 的数据，可归纳下列穿透深度的经验公式：

$$\left(\frac{y}{d}\right) = \lambda^{-0.85}\left(\frac{x}{d}\right)^{0.38} \tag{7-21}$$

为了控制燃烧室中的流场结构，有时需要使二次空气斜着穿过主流，这时交角 θ_0 大于或小于 90°。图 7-7 和图 7-8 分别给出了不同交角 θ_0 和不同流速比 $\alpha = \frac{u_0}{v_0}$ 条件下的射流弯曲变形情况。

燃烧室壁上开孔或开缝喷进二次空气是为了助燃或降温，一般情况下，希望穿透深度（y/d）越大越好。但原则上应使相对两孔的射流不要互相撞击，以免阻塞主流及增加损失。在燃烧装置的研制和设计工作中，关于交叉射流的穿透深度及其与主流的混合情况，除通过实验取得有关数据外，也可以通过分析计算的方法得到。现将斜穿主流时狭缝射流的弯曲变形规律分析如下。

设燃烧室壁上狭缝宽 b_0，空气密度 ρ_a，流速 u_0，按斜角 θ_0 由狭缝喷入主流，后者密度为 ρ_0，流速为 v_0。

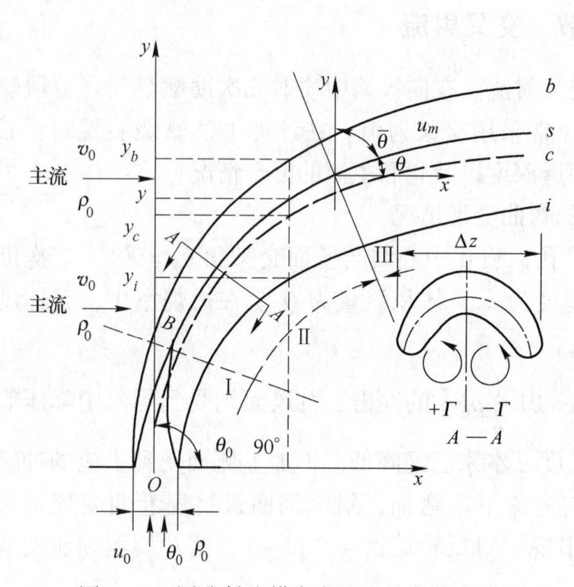

图 7－5　圆孔射流横穿主流时的弯曲变形

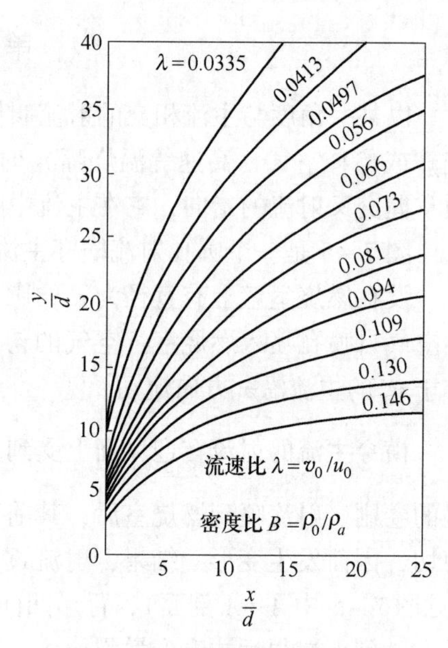

图 7－6　正交射流的穿透深度

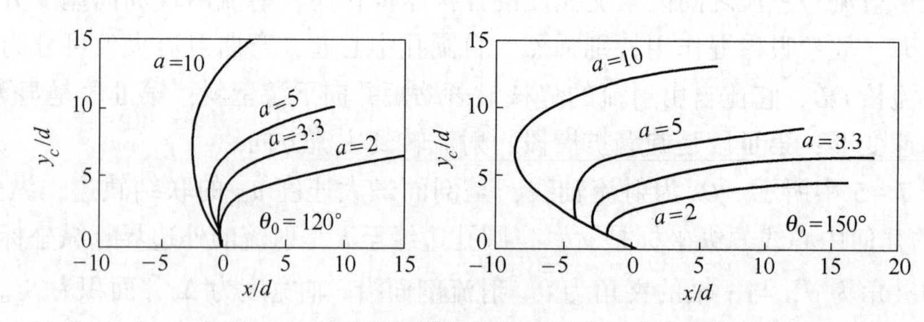

图 7－7　射流轴线随交角和流速比的变化情况

射流轴线因受气动压差而变形。自射流中取出微元段，分析受力平衡，如图 7－9 所示。ds 为沿轴线长度，A 为射流宽度，Δz 为垂直于图面（$x-y$）的剖面厚度，微元段剖面面积 $S_n = A \cdot \Delta z$，侧面积为 $\Delta z \cdot ds$，体积为 $S_n ds$。

微元段迎风面受主流动压冲击力为：

$$C_n \Delta z ds \frac{1}{2}\rho_0 (v_0 \sin\theta)^2 \qquad (\mathrm{kg}) \tag{7-22}$$

微元段弯曲流动产生的离心力为：

$$\rho_a S_n \mathrm{d}s \frac{\overline{U}^2}{R} \quad (\mathrm{kg})$$

式中，C_n 为气体阻力系数；R 为微元段轴线的曲率半径。

微元段沿 R 方向的受力平衡关系式为：

$$C_n \Delta z \mathrm{d}s \frac{1}{2} \rho_0 v_0^2 \sin^2\theta = -\rho_0 S_n \mathrm{d}s \frac{\overline{\overline{U}}^2}{R} \quad (7-23)$$

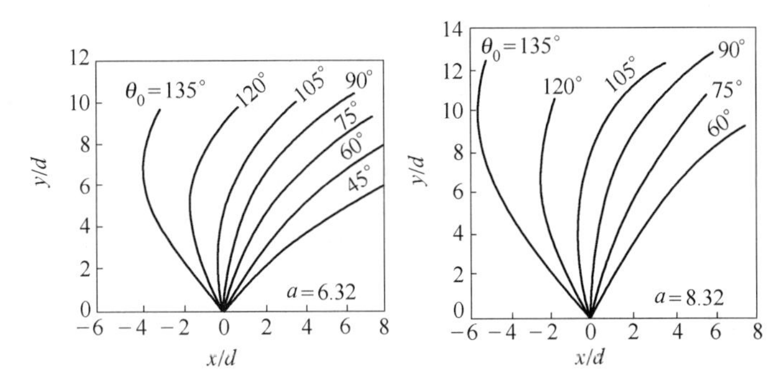

图 7-8　射流中心线随交角和流速比的变化情况

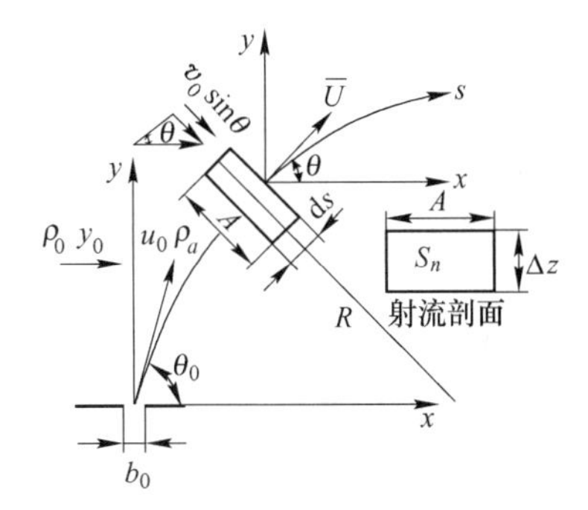

图 7-9　射流微元段受力平衡

参考图 7-9，

$$\left.\begin{aligned} y' &= \frac{\mathrm{d}y}{\mathrm{d}x} = \tan\theta; \quad y'' = \frac{\mathrm{d}^2y}{\mathrm{d}x^2} \\ \sin\theta &= \frac{\tan\theta}{\sqrt{1+\tan^2\theta}} = \frac{y'}{(1+y'^2)^{0.5}} \\ R &= \frac{(1+y'^2)^{1.5}}{y''} \end{aligned}\right\} \quad (7-24)$$

射流初始断面 $S_{n0} = \Delta z b_0$，假设沿 y 方向射流的动量流率（即冲力）守恒不变，则有

$$\rho_a \overline{U}^2 S_n \sin\theta = \rho_a U_0^2 S_{n0} \sin\theta_0 = \mathrm{const} \quad (7-25)$$

式（7-23）可写成

$$R C_n \Delta z \rho_0 v_0^2 \sin^2\theta = -2\rho_a S_n \overline{U}^2 \quad (7-26)$$

将式（7-25）应用于式（7-26），得

$$R C_n \Delta z \rho_0 v_0^2 \sin^3\theta = -2\rho_a U_0^2 S_{n0} \sin\theta_0$$

利用式（7-24），得

$$R\sin^3\theta = \frac{(1+y'^2)^{1.5}}{y''}\cdot\frac{y'^3}{(1+y'^2)^{1.5}} = \frac{-2\rho_a U_0^2 S_{n0}\sin\theta_0}{C_n \Delta z \rho_0 v_0^2}$$

或

$$\frac{y'^3}{y''} = \frac{-2\rho_a U_0^2 b_0}{\rho_0 v_0^2 C_n}\cdot\sin\theta_0 \tag{7-27}$$

令 $\xi = y' = \frac{\mathrm{d}y}{\mathrm{d}x}; \frac{\mathrm{d}\xi}{\mathrm{d}x} = y''$，则式（7－30）变成

$$\frac{\mathrm{d}\xi}{\xi^3} = \frac{-C_n\rho_0 v_0^2\mathrm{d}x}{2b_0\rho_a U_0^2\sin\theta_0} \tag{7-28}$$

已知 θ_0，b_0，ρ_a，U_0，ρ_0 及 v_0，气动阻力系数 C_n 可由实验确定（$C_n=1\sim3$），则

$$\frac{C_n\rho_0 v_0^2}{b_0\rho_a U_0^2\sin\theta_0} = K = \mathrm{const} \tag{7-29}$$

于是

$$-2\xi^3\mathrm{d}\xi = K\mathrm{d}x$$

积分得

$$\xi^{-2} = Kx + C_1$$

参考图7－9，当 $x=0$，$y=0$，

$$\xi_0^{-2} = \left(\frac{\mathrm{d}x}{\mathrm{d}y}\right)_0^2 = \cot^2\theta_0$$

所以积分常数 $C_1=\cot^2\theta_0$。

于是

$$\frac{1}{\xi} = \frac{\mathrm{d}x}{\mathrm{d}y} = \pm\sqrt{Kx+\cot^2\theta_0}$$

积分式（7－30），即得到狭缝射流的轴线方程

$$y = \frac{2}{K}\left(\pm\sqrt{Kx+\cot^2\theta_0} - \cot\theta_0\right) \tag{7-31}$$

当初始角度 $\theta_0 > \frac{\pi}{2}$时，则上式根号前取负号。

第四节　环状射流和同心射流

环状射流和同心复合射流的流场结构如图7－10所示。

根据实验观察，在环状射流和同心射流的充分发展区（喷嘴出口 $8\sim10d_0$ 后的射流下游地段)，流动情况与轴对称的圆射流相似，这时可根据射流的流量和动量来估算复合射流的状态。但在靠近喷口附近，在环状射流中心有一低压回流区；在同心射流的交界面上，由于中央喷管有一定壁厚，也会在靠近喷口附近形成环状回流区。因此，对于环状射流和同心射流来说，喷嘴的几何形状，对邻近喷嘴的射流状态有很大影响。特别是由于这种回流区的存在能改善火焰的稳定性，所以射流这一部分在燃烧技术中显得特别重要。

对于同心射流来说，当用中央喷管的出口速度 u_{c0} 作为特性速度时，其轴心速度 u_m 的变化规律为：

$$\frac{u_m}{u_{c0}} = 6.4\frac{d_0'}{x+a} \tag{7-32}$$

式中，a 为射流假想原点的位移，与速度比 λ 及直径 d_0'有关，a 值由实验确定；d_0'为同心射流喷嘴的当量直径，由下式计算：

$$d_0' = \frac{2(m_c+m_a)}{[\pi\rho(G_c+G_a)]^{1/2}} \tag{7-33}$$

式中　m_c 和 m_a——分别代表中心射流和外围环状射流的质量流量；

G_c 和 G_a——分别为中心和环状射流的动量流率。

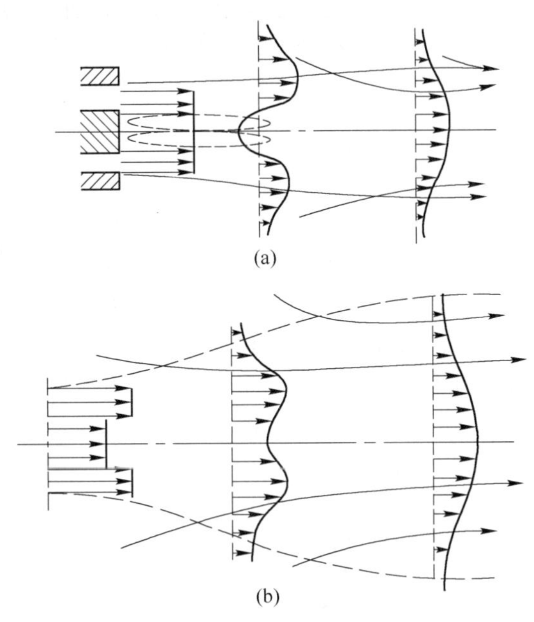

图 7－10　环状射流（a）和同心射流（b）

图 7－11 是中心射流的势流核心和轴心速度随流速比$\left(\lambda=\dfrac{u_a}{u_c}\right)$的变化情况。从图中可以看出，当环状射流的速度很小，例如 $\lambda=0.08$ 时，一直到 $4d_0$（中央喷管出口直径）距离内，中心射流的轴心流速都保持为常量，也就是说，势核长度约为中心喷嘴直径 d_0 的四倍。随着 λ 的增大，势核长度越来越小，中心射流速度衰减越来越快，当 $\lambda=2.35$ 时，中心射流很快被环状射流所吸收。

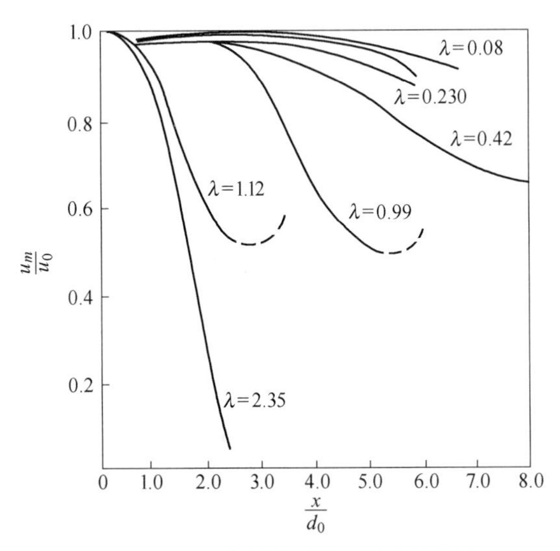

图 7－11　环状射流对中心射流的影响

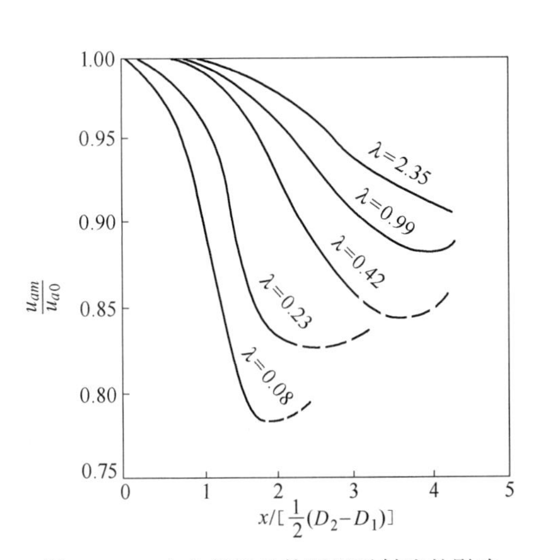

图 7－12　中心射流对外围环形射流的影响

同理，对于外围环状射流来说，当用环缝宽度$\frac{1}{2}(D_2 - D_1)$作为特性尺寸，用环缝出口速度u_{a0}作为特性速度时，中心射流对外围射流的影响如图 7－12 所示。从图中看出，随着中心射流流速的增大（λ 变小），环形射流的势核逐渐变小，速度衰减越来越快。直到 $\lambda = 0.08$ 时，在经过相当于（$D_2 - D_1$）距离后，环形流即被中心射流完全吸收。

第五节　旋转射流

各种旋流式燃烧器（又名涡流燃烧器），都是在射流离喷口前先强迫流体作旋转运动。这种流体从喷口出流后，除了具有一般射流的径向与轴向速度分量外，还具有一定分布的圆周向（切向）速度分量，这就是通常所说的旋转射流，简称旋流。

由于射流旋转运动的结果，在旋流流场的径向与轴向上都产生了压力梯度。当射流旋转比较激烈时，由于轴向压力梯度增大，流体将在轴向上发生倒流，因而在喷嘴出口附近出现回流区。因此，从流场特征来看，旋转射流兼有旋转紊流运动、自由射流及尾流的特点，是这三种运动的组合（图 7－13）。

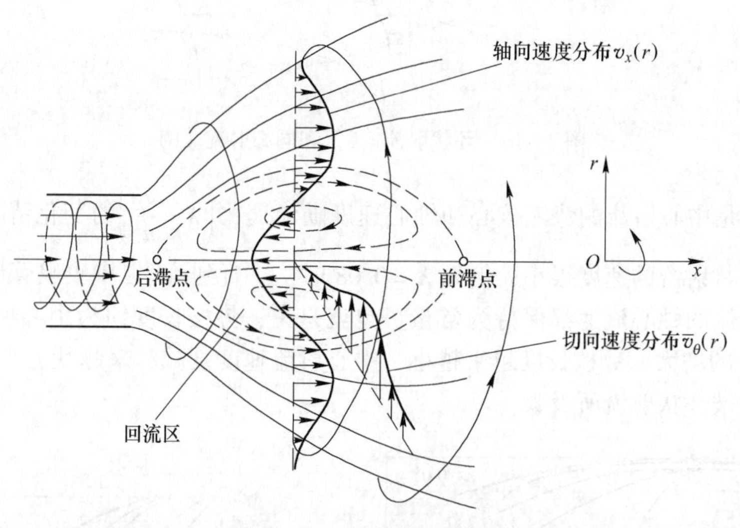

图 7－13　旋转流场示意图

在燃烧技术中，旋转射流是强化燃烧和组织火焰的一个有效措施，它在提高火焰稳定性和燃烧强度方面所起的作用及其效果越来越引起人们的重视。目前，虽然旋流式燃烧器在燃烧技术方面早已出现，但关于旋转射流为什么会对稳定火焰和强化燃烧发生那么大的影响以及它们之间的数量关系，尚需要进行大量的研究工作。

一、旋涡现象，自由涡和固体涡

江河激流中的旋涡能将人卷到水底。地面上的旋风能将沙土落叶卷成一团从中心扬起。将贮满水的水池底部的塞子拔起后，随着水面的下降，水会在排水口上方打起旋涡来，越靠近涡心，水流旋转越快，而在排水口的中心却没有水，当快泄完时，还会哧哧地抽气。在工程技术中，旋风除尘器、旋风燃烧室、离心式喷嘴等，都会出现这种旋涡流和形成类似的旋涡流场。

以上列举的这些旋涡都是靠流体内部的位能变化（静压或水位差）而运动，所以叫“位流旋涡”。这种旋涡的回旋运动并非由外加扭矩所引起，若忽略摩擦损耗，则不同半径上流体微团的动量矩应当守恒，故又叫“自由旋涡”。

自由旋涡的特点是：(1) 切线速度 v_0 与半径成反比，即越靠近涡心，切线速度越快；(2) 流线虽然是同心圆，但各流体微团并没有绕其自身轴线的自转运动，也就是说，自由旋涡是一种“无旋”圆周运动。证明如下。

画两个同心圆代表自由旋涡的两条流线，间隔 dr。选定两条流线间的流体微团 $ABCD$ 正在沿圆周运动（图 7－14a）。

半径 r 上的切线速度 $=v_\theta$，半径（$r+\mathrm{d}r$）的切线速度是 $v_\theta+\mathrm{d}v_\theta=v_\theta+\dfrac{\partial v\theta}{\partial r}\mathrm{d}r$，设垂直于图面的尺寸 $z=1$，则流动微团的体积 $=r\mathrm{d}\theta\mathrm{d}r$，质量 $=\rho\cdot r\mathrm{d}\theta\mathrm{d}r$，动量矩 $=mv_\theta r$。

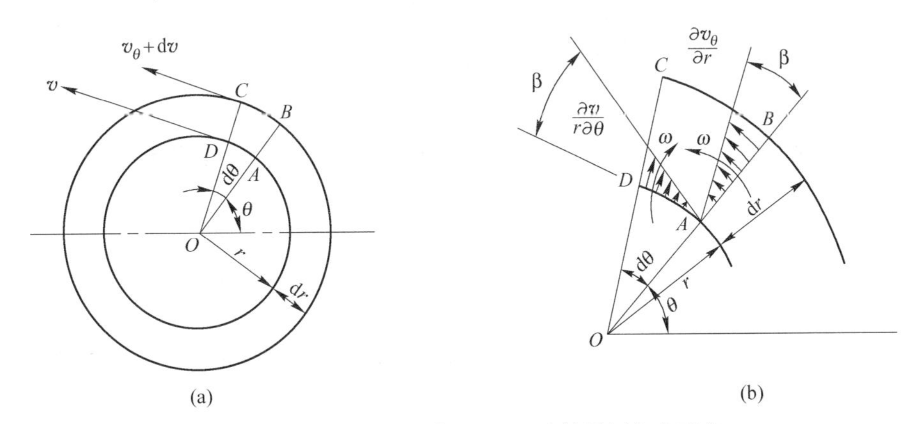

图 7－14　(a) 自由旋涡 (b) 流体微团角变形率

根据动量矩原理，外加扭矩 T 等于流体微团动量矩随时间的变化率，即

$$T=m\frac{\mathrm{d}}{\mathrm{d}t}(v_\theta r)$$

对于自由旋涡，外加扭矩 $T=0$，故有

$$m\frac{\mathrm{d}}{\mathrm{d}t}(v_\theta r)=0$$

或

$$v_\theta r=\mathrm{const}=K \tag{7-34}$$

这就是说，自由旋涡的切向流速 v_θ 与半径 r 成反比，越靠近涡心，切向速度越快。必须指出的是，式（7－34）不适于 $r=0$ 的情况。

关于自由旋涡是无旋运动，可以引用旋度的概念加以证明。为此需要先计算微元流体的环量。

速度向量 $\vec{v}$ 与微元体弧长 dl 的点积沿封闭曲线 L 的线积分叫做环量，即 $\Gamma=\oint_L\vec{v}\cdot\mathrm{d}l$。现在来求微元面积 $ABCD$ 的环量 dΓ（参考图 7－14）。

$$\mathrm{d}\Gamma=\left(v_\theta+\frac{\partial v_\theta}{\partial r}\mathrm{d}r\right)(r+\mathrm{d}r)\mathrm{d}\theta-v_\theta r\mathrm{d}\theta$$

展开，忽略三阶微量 $\dfrac{\partial v_\theta}{\partial r}\mathrm{d}r\mathrm{d}r\mathrm{d}\theta$，得

$$\mathrm{d}\Gamma = \left(\frac{v_\theta}{r} + \frac{\partial v_\theta}{\partial r}\right) r \mathrm{d}r \mathrm{d}\theta \qquad (7-35)$$

根据式（7－34）有

$\dfrac{v_\theta}{r} = \dfrac{K}{r^2}$；$\dfrac{\partial v_\theta}{\partial r} = -\dfrac{K}{r^2}$，代入上式得 $ABCD$ 的环量为

$$\mathrm{d}\Gamma = \left(\frac{K}{r^2} - \frac{K}{r^2}\right) r \mathrm{d}r \mathrm{d}\theta = 0$$

因此，绕 z 轴的旋度

$$\xi_z = \frac{\mathrm{d}\Gamma}{r \mathrm{d}r \mathrm{d}\theta} = 0$$

根据流体力学理论，

$$\xi_z = 2\omega_z$$

式中，ω_z 为流体微团绕 z 轴旋转的角速度，故有

$$\omega_z = 0$$

由此证明，在自由旋涡流场中，只要不包括涡心，则任一流体微团都是无旋圆周运动。

顺便指出，如果包括涡心 O，则半径为 r 的圆周上的环量（又叫涡强）：

$$\Gamma = \int_0^{2\pi} v_\theta r \mathrm{d}\theta = K\int_0^{2\pi} \mathrm{d}\theta = 2\pi K \neq 0 \qquad (7-36)$$

上式说明，包括涡心，任何半径 r 圆周上的环量或“涡强” Γ 都相等，故自由涡流场又叫“等环量”或“等涡强”流场。

旋涡或旋风中心有个半径为 R_1 的涡核，涡核内的流体绕中心 O 按固体旋转规律旋转，即

$$v_\theta = r\omega \qquad (7-37)$$

这涡核叫做“固体旋涡”或“强制旋涡”。

强制旋涡的外围是自由涡，二者的整体叫做圆周旋涡或栾肯涡。

自由涡的切向速度 $v_\theta = K/r$ 可以说是涡核的诱导的速度。在涡核边界 R_1 圆周上，切线速度达到最大值，即

$$v_m = R_1\omega = \frac{K}{R_1} \qquad (7-38)$$

根据式（7－34）和式（7－37），可求出自涡心 O 沿半径 r 方向上切线速度的分布规律 $v_\theta = f(r)$，如图 7－15（b）所示。

涡核内的静压分布见图 7－15（c），公式导出参考图 7－15（d）。图中画出二元自由旋涡流场 BC 和 AD 两条流线间流体微团 $ABCD$ 的平衡稳定状态。该扇形流体微元的体积 = $r\mathrm{d}\theta\mathrm{d}r$，质量 $m = \rho r\mathrm{d}\theta\mathrm{d}r$，向心加速度 $= \dfrac{v_\theta^2}{r}$。忽略摩擦力及重力，只考虑表面力，写出径向受力平衡方程：

$$\left(p + \frac{\partial p}{\partial r}\mathrm{d}r\right)(r + \mathrm{d}r)\mathrm{d}\theta - pr\mathrm{d}\theta - 2\left(p\mathrm{d}r\frac{\mathrm{d}\theta}{2}\right) = \rho r\mathrm{d}\theta\mathrm{d}r\frac{v_\theta^2}{r}$$

略去三阶微量 $\frac{\partial p}{\partial r}\mathrm{d}r\mathrm{d}r\mathrm{d}\theta$,得

$$\frac{\partial p}{\partial r}=\rho\frac{v_\theta^2}{r}$$

对于二元轴对称旋涡流场，只有切线速度 v_θ 沿 r 变化，故不必用偏微分，上式可写成

$$\frac{\mathrm{d}p}{\mathrm{d}r}=\rho\frac{v_\theta^2}{r}$$

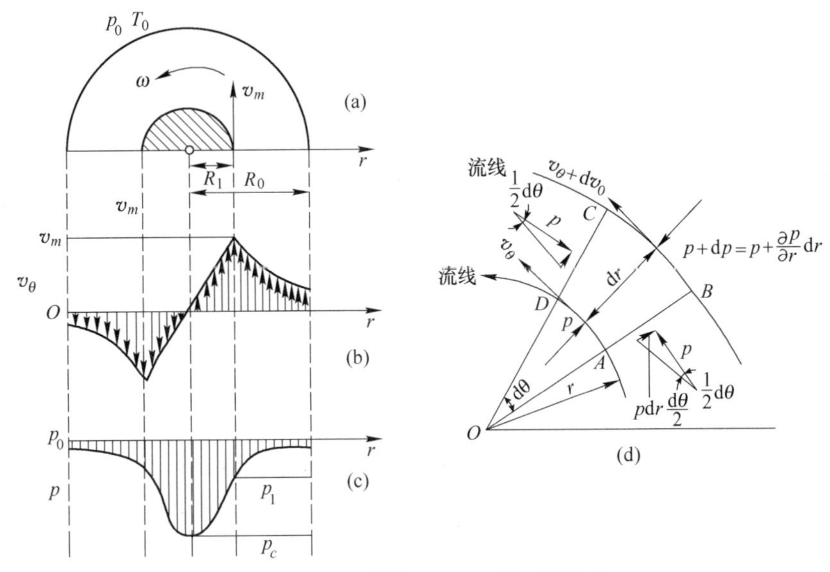

图 7－15　圆周旋涡 v_θ、p 沿 r 的变化

或
$$\mathrm{d}p=\rho\cdot\frac{v_\theta^2}{r}\mathrm{d}r \tag{7-39}$$

设 $r\geqslant R_0$ 处，自由旋涡外围的静压 $=p_0$，自任意半径 $r\geqslant R_1$ 至 R_0 积分上式

$$p=p_0-\int_r^{R_0}\rho\frac{v_\theta^2}{r}\mathrm{d}r$$

忽略压缩性（$\rho=\mathrm{const}$），引用等环量公式（$\Gamma=2\pi r v_\theta$），则

$$\rho\int_r^{R_0}\frac{v_\theta^2}{r}\mathrm{d}r=\frac{\rho\Gamma^2}{4\pi^2}\int_r^{R_0}\frac{\mathrm{d}r}{r^3}=\frac{\rho\Gamma^2}{8\pi^2r^2}=\rho\frac{v_\theta^2}{2}$$

故得

$$p=p_0-\rho\frac{v_\theta^2}{2} \tag{7-40}$$

或
$$p=p_0-\frac{\rho}{2}\left(\frac{\Gamma}{2\pi}\right)^2\frac{1}{r^2} \tag{7-41}$$

涡核边界 R_1 处的静压

$$p_1=p_0-\rho\frac{v_m^2}{2}=p_0-\frac{\rho\Gamma^2}{8\pi^2R_1^2} \tag{7-42}$$

涡核内的静压：在涡核内，$v_\theta=r\omega$，而 $\omega=\frac{\Gamma}{2\pi R_1^2}$，故有

$$\rho\int_r^{R_1}\frac{v_\theta^2}{r}\mathrm{d}r = \frac{\rho\Gamma^2}{4\pi^2R_1^4}\int_r^{R_1}r\mathrm{d}r = \frac{\rho\Gamma^2(R_1^2-r^2)}{8\pi^2R_1^4}$$

$$p = p_1-\rho\int_r^{R_1}\frac{v_\theta^2}{r}\mathrm{d}r = p_0-\frac{\rho\Gamma^2}{8\pi^2R_1^2}-\frac{\rho\Gamma^2(R_1^2-r^2)}{8\pi^2R_1^4}$$

$$= p_0-\frac{\rho\Gamma^2(2R_1^2-r^2)}{8\pi^2R_1^4} \tag{7-43}$$

在涡心（$r=0$）处，静压 p_c 为

$$p_c = p_0-\frac{\rho\Gamma^2}{4\pi^2R_1^2} \tag{7-44}$$

或

$$p_0-p_c = 2(p_0-p_1) \tag{7-45}$$

式（7-43）说明，在涡核内，以 p 为纵坐标，r 为横坐标，静压差（p_0-p）的分布是一个对称于 z 轴的抛物线旋成体低压槽。这个低压槽就是旋风吸卷尘土，泄水哧哧抽气的原因。旋流式燃烧器头部的旋流器就是要造成这样一个低压槽，以便吸卷外围及下游高温烟气回流，建立稳定的点火源。

二、旋流强度，旋流数

在燃烧技术中，旋转射流用来作为控制火焰长度，提高燃烧强度及改善火焰稳定性的手段。在这方面，旋转射流的规模及强弱起着重要作用。

在旋转自由射流中，轴向动量 G_x 及角动量 G_Φ 都保持恒量，即

$$G_x = \int_0^R v_x\rho v_x 2\pi r\mathrm{d}r+\int_0^R p2\pi r\mathrm{d}r = \mathrm{const} \tag{7-46}$$

$$G_\Phi = \int_0^R (v_\theta r)\rho v_x 2\pi r\mathrm{d}r = \mathrm{const} \tag{7-47}$$

式中　v_x，v_θ，p——射流某断面的轴向分速，切向分速及静压。

因此，无因次数群，$s=\dfrac{G_\Phi}{G_x\cdot R}$ 可以用来反映旋转射流的旋转强度，叫做“旋流数”。

将式（7-46）和式（7-47）代入，得

$$s = \frac{G_\Phi}{G_x\cdot R} = \frac{\int_0^R (v_\theta r)\rho v_x 2\pi r\mathrm{d}r}{\left(\int_0^R v_x^2\rho 2\pi r\mathrm{d}r+\int_0^R p2\pi r\mathrm{d}r\right)R} \tag{7-48}$$

式中　R——旋流器出口半径。

旋流数 s 不仅可以用来反映射流的旋转强度，而且，对于几何相似的旋流装置来说，它也是一个非常适用的表示射流动力相似的相似准数。

利用式（7-48）计算旋流数 s 时，需要知道旋转射流中切向速度 v_θ、轴向速度 v_x 及静压 p 沿半径 r 的分布规律，这对设计人员来说往往有一定困难，因此希望能直接根据旋流器入口的初始条件来确定 G_Φ 和 G_x 的速度项。并且，为了避免静压积分运算的困难，可将其忽略不计，从而得到旋流数的近似计算公式：

$$s' = \frac{G_\Phi}{G'_xR} = \frac{\int_0^R (v_{\theta_0}r)\rho v_{x_0}2\pi r\mathrm{d}r}{\left(\int_0^R \rho v_{x_0}^2 2\pi r\mathrm{d}r\right)R} \tag{7-49}$$

式中，v_{x_0}及v_{θ_0}为旋流器中（而不是射流中）气流的轴向分速和切向分速。

旋流数的具体计算方法还应视各种旋流装置的结构特点有所不同。例如，对于叶片式旋流器来说（参考图7-16），如已知环形通道外半径r_2，内半径r_1，叶片个数n，安装角ψ，旋流角ϕ，旋流器出口切向分速v_{θ_0}和轴向分速v_{x_0}，则旋流数s'的计算方法如下。

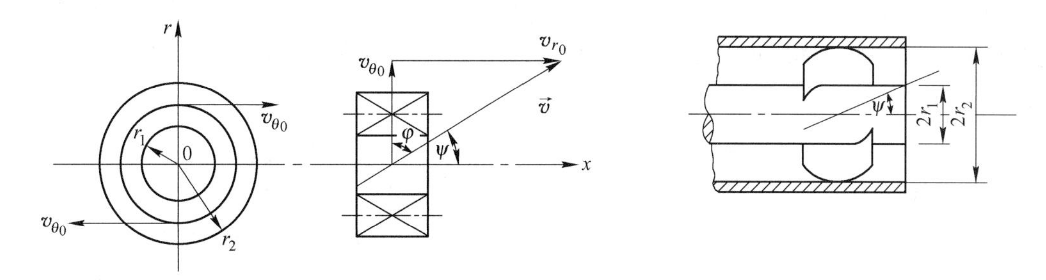

图7-16　叶片式旋流器

设旋流器出口静压p等于周围介质气压p_a，即$\Delta p = p - p_a = 0$，并设$\rho v_{x_0}^2$沿半径r呈均匀分布，则轴向动量为：

$$G_x' = \int_{r_1}^{r_2} \rho v_{x_0}^2 2\pi r \mathrm{d}r = \pi \rho v_{x_0}^2 (r_2^2 - r_1^2)$$

$$= \pi \rho v_{x_0}^2 r_2^2 \left[1 - \left(\frac{r_1}{r_2}\right)^2\right] \tag{7-50}$$

若旋流器采用平板叶片，沿半径r叶片安装角ψ不变，$v_{\theta 0} = v_{x0} \tan\psi$，并设半径$r$不变，则角动量为：

$$G_\Phi = \int_{r_1}^{r_2} \rho (v_{\theta 0} r) v_{x0} 2\pi r \mathrm{d}r = 2\pi \rho v_{x0}^2 \tan\psi \int_{r_1}^{r_2} r^2 \mathrm{d}r$$

$$= \frac{2}{3} \pi \rho v_{x0}^2 \tan\psi (r_2^3 - r_1^3) = G_x' \tan\psi r_2 \frac{2}{3} \left[\frac{1 - \left(\frac{r_1}{r_2}\right)^3}{1 - \left(\frac{r_1}{r_2}\right)^2}\right]$$

旋流数s'为：

$$s' = \frac{G_\Phi}{G_x' \cdot r_2} = \frac{2}{3} \left[\frac{1 - \left(\frac{r_1}{r_2}\right)^3}{1 - \left(\frac{r_1}{r_2}\right)^2}\right] \tan\psi \tag{7-51}$$

由此可见，对于叶片式旋流器来说，只要知道旋流器的内外半径r_1和r_2及叶片安装角ψ，就可以求出它的旋流数。

三、旋转射流的流场结构

利用五孔球形皮托管或激光多普勒风速仪可以探测旋转射流的速度分量v_x，v_r，v_θ及静压p沿x和r方向的分布。

实验发现，当旋流数$s < 0.6$时，属于弱旋流，这时射流的轴向压力梯度还不足以产生回流区，旋流的作用仅仅表现在能提高射流对周围气体的卷吸能力和加速射流流速的

衰减。

图 7-17 给出的是轴向速度分布随旋流数 s 的变化情况。从图中可以看出，在 $s \leqslant 0.416$ 时，速度场是高斯分布。当 $s>0.6$ 后，最大轴向速度则开始离开轴心，出现双峰式速度场。

当 $s>0.6$ 时，属于强旋流。随着旋流数的不断提高，射流轴向反压梯度大到已不可能被沿轴向流动的流体质点的动能所克服，这时，在射流的两个滞点之间就会出现一个回流区（见图 7-13）。

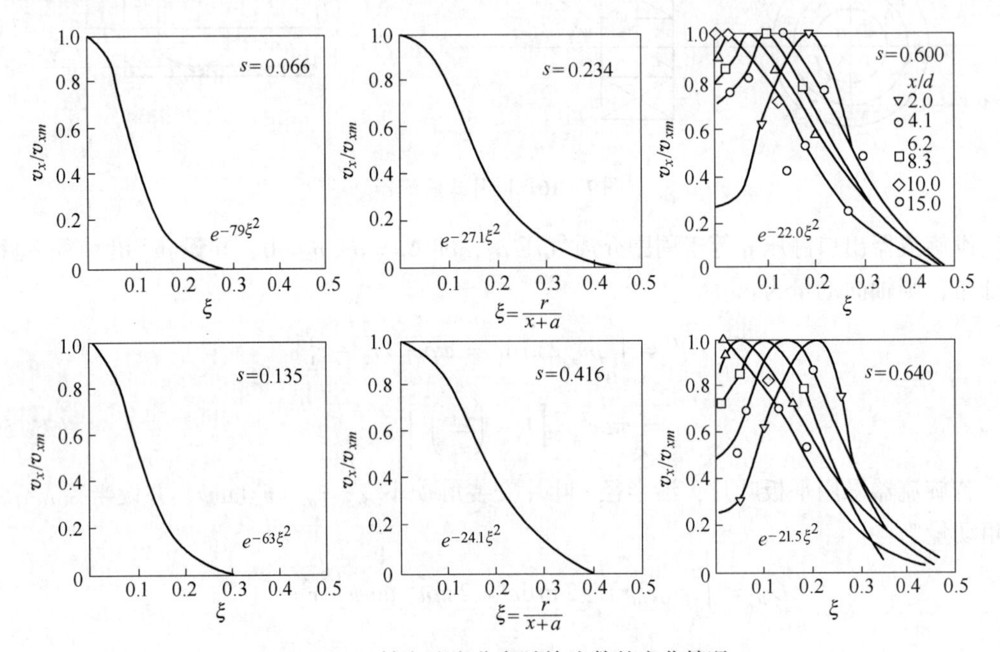

图 7-17　轴向速度分布随旋流数的变化情况

图 7-18 是三个速度分量沿射流前进方向的衰减情况及其与旋流强度的关系。图中 v_{x_0}、v_{θ_0}、v_{r_0} 为出口（$x=0$）截面上速度分量，v_{xm}、$v_{\theta m}$、v_{rm} 为下游某截面上速度分量最大值，d 为旋流器出口直径，曲线 1 的旋流数 $s=0.47$，曲线 2 的旋流数 $s=0.94$，曲线 3 的旋流数 $s=1.57$。

上述衰减规律与理论估算情况基本相符，即，轴向分速 v_x 及径向速度 v_r 的衰减是与

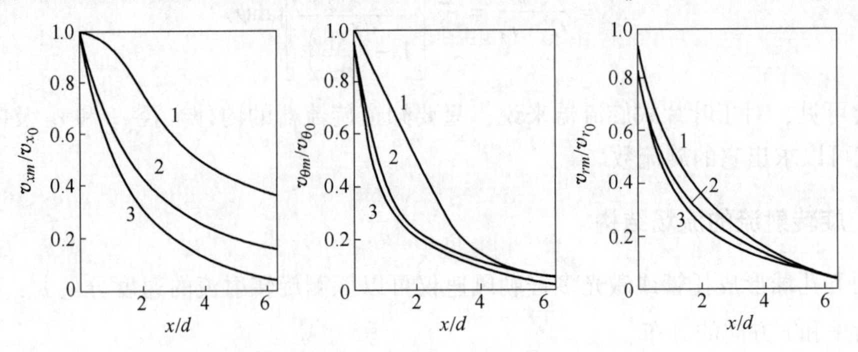

图 7-18　速度分量的最大值沿射流长度的衰减情况

1—$s=0.47$；2—$s=0.94$；3—$s=1.57$

x^{-1}成正比，切向速度 v_θ 的衰减和 x^{-2}成正比，压力 p 的衰减和 x^{-4}成正比，或写成

$$\frac{v_{xm}}{v_{x_0}} \propto \frac{d}{x}; \quad \frac{v_{\theta m}}{v_{\theta_0}} \propto \frac{d}{x^2}; \quad (p_\infty - p_m) \propto \frac{d}{x^4}$$

实验得出旋转射流卷吸能力与旋流数 s 的关系为

$$\frac{m_e}{m_0} = (0.32 + 0.8s)\frac{x}{d} \tag{7-52}$$

最后还应指出，除了旋流强度以外，烧嘴喷头的几何形状也对旋转射流的流场结构有一定影响。图 7－19 是同样旋流强度下，收缩形和扩张形喷头对速度分布及回流区位置的影响。从图中可以看出，扩张形喷头能使回流区显著增大。实验发现，扩张管的最佳半角约为 35°，长度 $L=(1\sim2)d$，其中 d 为烧嘴喷头的喉部直径。

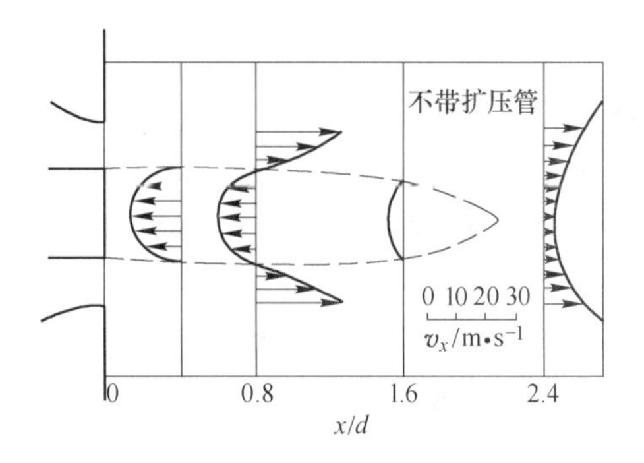

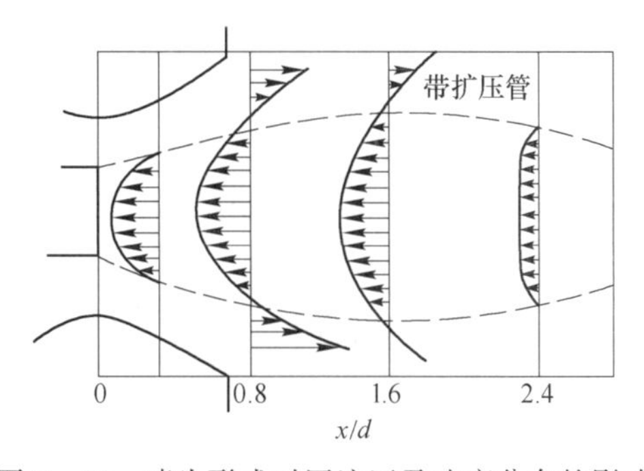

图 7－19　喷头形式对回流区及速度分布的影响

以上是关于气体混合及流场特性的一些基本规律，主要是几种典型冷态射流的情况。实际燃烧情况下火焰长度的影响因素比这要复杂得多。一般来说，除了气体动力学因素以外，影响紊流扩散火焰长度的因素还有：煤气的物理化学性质，烧嘴出口直径，燃烧空间的几何特性以及空气过剩系数等。由于影响的因素很多，到目前为止，通过实验来确定不同条件下火焰长度的变化规律和建立半经验性计算公式，仍然是研究燃烧技术的主要途径。

第八章　燃烧反应速度和反应机理

这一章简要介绍燃烧反应动力学原理。这些原理都是物理化学的基本知识，这里不过是作一复习和必要的补充说明。

第一节　化学反应速度

化学反应速度指单位时间内反应物质浓度的变化。在反应过程中，反应速度是变化的，因此可将反应速度写为：

$$W = \pm \frac{dC}{d\tau} \tag{8-1}$$

式中，C 为浓度；τ 为时间。由于化学反应各反应物质浓度数量之间的关系是由化学反应式的平衡关系决定的，因此在研究反应速度的时候，可以只研究某一种物质的浓度随时间的变化。式（8－1）中的“＋”号用于某一物质的浓度是随时间而增加的，“－”号是用于减小的。

化学反应速度与浓度、温度和压力有关，与浓度的关系按质量作用定律可写为：

$$W = K \cdot W'(C) \tag{8-2}$$

式中，K 为反应速度常数；$W'(C)$ 表示与浓度的关系，它取决于反应类别。例如对于简单反应，可写为：

$$W = K \cdot C^n$$

式中，n 称为反应级数。

反应速度与温度的关系常用反应速度常数与温度的关系来表达，按阿伦尼乌斯定律，这个关系为超越函数，即

$$K = K_0 \exp\left(-\frac{E}{RT}\right)$$

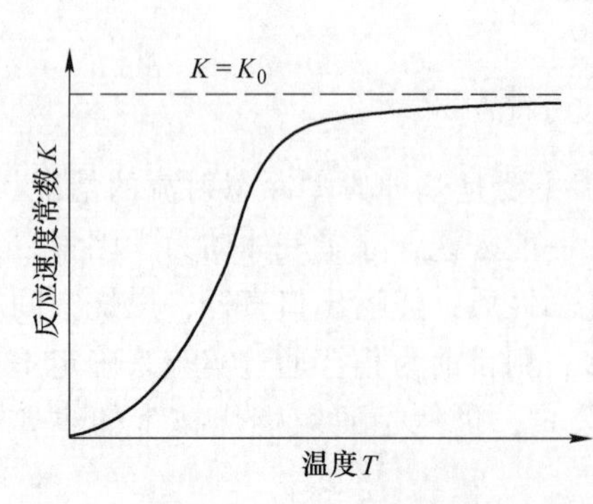

图 8－1　K 与 T 的关系

该式可用图 8－1 表示。由图可以看出，随着温度的升高，反应速度在一定温度范围内是急剧增加的。大约达到 10000K，反应速度常数才缓慢增加而趋近于一常数 K。

这样一来，反应速度可以表示为温度和浓度的函数，即

$$W = W(C,T) = K_0 C^n \exp\left(-\frac{E}{RT}\right) \tag{8-3}$$

显然，式（8－3）只适用简单反应。对于复杂反应，表达式将不同。而燃烧反应属于链锁反应，活性中间产物（活化中心）起着重要作用。这时的反应速度不仅与原始物质浓度有关，而且与活化中心的浓度有关，其表达式更为复杂，要由实验确定。尽管如此，在燃烧理论的研究中，有时仍借用式（8－3）的形式作为燃烧反应速度的表达式，并由此可以得到定性的正确结论。

反应速度与压力的关系在一般工业炉燃烧过程的研究中常予以忽视，这是因为工业炉燃烧室中的压力接近于常压且变化范围不大。

第二节　可燃气体的燃烧反应机理

燃烧反应属于链锁反应中的支链反应。在链锁反应中，参加反应的中间活性产物或活化中心，一般是自由态原子或基团。每一次活化作用能引起很多基本反应（反应链）。这类反应容易开始进行并能继续下去。支链反应，即参加反应的一个活化中心可以产生两个或更多的活化中心，其反应速度是极快的，以致可以导致爆炸。支链反应是由前苏联学者在 1927 年发现的，并已进行了大量的研究工作。但是至今并不是对所有可燃气体的燃烧机理都有一致的明确结论。下面介绍几种常见气体的燃烧反应机理的一般研究结果。

一、氢的燃烧反应机理

氢的燃烧反应机理被认为是典型的支链反应，反应过程中的基本反应方程式如下。

链的产生：

（1）$H_2 + O_2 \longrightarrow 2OH$

（2）$H_2 + M \longrightarrow 2H + M$

（3）$O_2 + O_2 \longrightarrow O_3 + O$

链的继续及支化：

（1′）$H + O_2 \longrightarrow OH + O$

（2′）$OH + H_2 \longrightarrow H_2O + H$

（3′）$O + H_2 \longrightarrow OH + H$

器壁断链：

（1″）$H + \text{器壁} \longrightarrow \frac{1}{2}H_2$

（2″）$OH + \text{器壁} \longrightarrow \frac{1}{2}(H_2O_2)$

（3″）$O + \text{器壁} \longrightarrow \frac{1}{2}O_2$

空间断链：

（1‴）$H + O_2 + M \longrightarrow HO_2 + M^*$

（2‴）$O + O_2 + M \longrightarrow O_3 + M^*$

（3‴）$O + H_2 + M \longrightarrow H_2O + M^*$

由上述反应可以看出，主要的基本反应是自由原子和自由基的反应，而且几乎每一个环节都发生链的支化。1，2，3 反应的循环进行，引起 H 原子数的不断增加，即

$$
\begin{array}{rr}
 & H + O_2 \longrightarrow OH + O \\
 & 2OH + 2H_2 \longrightarrow 2H_2O + 2H \\
+) & O + H_2 \longrightarrow OH + H \\
\hline
 & H + 3H_2 + O_2 \longrightarrow 2H_2O + 3H
\end{array}
$$

可知，这里一个氢原子产生了三个氢原子，三个将产生九个……，从而反应速度越来越快。

这种链锁反应的反应速度随时间的变化有一个重要的特点，就是在反应的初期有一个“感应期”（τ_i）。

图 8－2 表示等温支链反应速度随时间的变化。在感应期中，反应的能量主要用来产生活化中心。由于此时的活化中心浓度还不够大，因此实际上还观察不到反应在以一定速度进行。超过感应期，反应速度由于链的支化而迅速增大，直至最大值；然后在一定容积中，随着反应物质的消耗，活化中心的浓度也逐渐减小，反应终将停止。对于燃烧反应来说，热效应很大，如果反应体系的热损失相对较小，那么体系便不能看作是等温的，而应当看作是绝热的。在绝热过程中，上述反应速度随时间变化的特点更为明显，如图 8－3 所示。绝热体系在反应过程中不仅活化中心在积累，而且体系的温度逐渐升高，所以在感应期内反应速度便开始增加，而当过了感应期，速度便急剧增加，并将使一定容积中的反应物质急剧耗尽，随即反应也就停止。当然，如果像在稳定燃烧的燃烧室中那样，连续地供应反应物质，那么燃烧反应也会以最大反应速度进行下去。

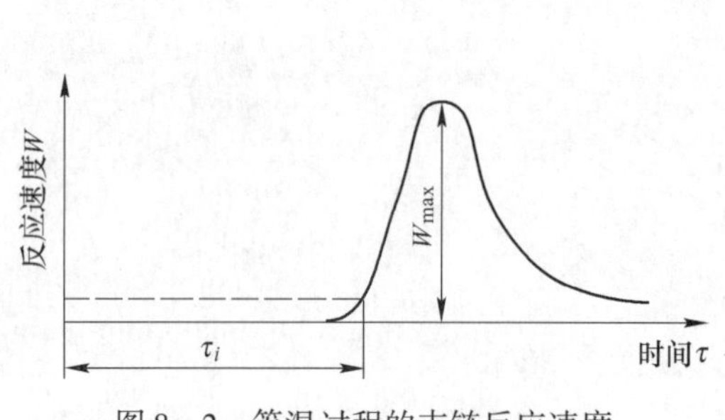

图 8－2　等温过程的支链反应速度

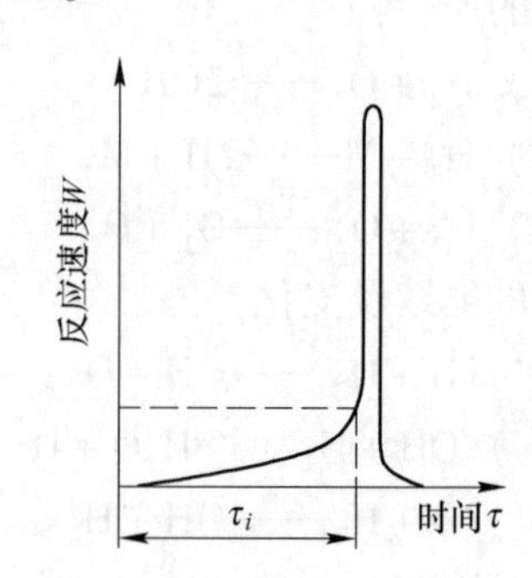

图 8－3　绝热过程的支链反应速度

由此可见，支链反应速度与简单反应不同。对氢来说，如果按反应式

$$2H_2 + O_2 \longrightarrow 2H_2O$$

那么反应速度好像是

$$W = \frac{dC_{H_2O}}{d\tau} = KC_{H_2}^2 \cdot C_{O_2}$$

但是实际不然。H_2 的反应速度取决于前述支链反应中的式（1′）、式（2′）、式（3′）。而在这三个基本反应中，反应（1′）的活化能最大（7.54×10^4 J/mol），反应（2′）的活化能（4.19×10^4 J/mol）和反应（3′）的活化能（2.51×10^4 J/mol）都比较小。因此总体来说，反应速度将取决于反应式（1′），即

$$W = KC_H \cdot C_{O_2}$$

估计到温度的影响，氢的反应速度为：

$$W = 10^{-11}\sqrt{T}\exp\left(-\frac{7.54 \times 10^4}{RT}\right) \cdot C_H \cdot C_{O_2} \tag{8-4}$$

由该式可见，温度对燃烧反应速度的影响是极为显著的。

二、一氧化碳的燃烧反应机理

一氧化碳的燃烧反应也具有像氢那样的支链反应的特征，并且实践证明，CO 气体只

有当存在 H_2O 的情况下才有可能开始快速的燃烧反应。反应机理如下。

链的产生

$$H_2O + CO \longrightarrow H_2 + CO_2$$

$$H_2 + O_2 \longrightarrow 2OH$$

链的继续

$$OH + CO \longrightarrow CO_2 + H$$

链的支化

$$H + O_2 \longrightarrow OH + O$$

$$O + H_2 \longrightarrow OH + H$$

断链

$$H + \text{器壁} \longrightarrow \frac{1}{2}H_2$$

$$CO + O \longrightarrow CO_2$$

由于在 CO 的反应中，同时有 H_2O 的参加，成为复杂的链锁反应，因此反应速度的测定和计算也比较困难，致使各学者的研究结论不尽一致。根据大量实验资料的分析，一氧化碳的反应速度可写为

$$-\frac{dC_{CO}}{d\tau} = PK_0 m_{CO} \cdot m_{O_2}^{0.25} T^{-2.25} \exp\left(-\frac{2300}{T}\right) \qquad (8-5)$$

式中，m_{CO}，m_{O_2}分别为 CO 和 O_2 的相对浓度；PK_0 为与 H_2O 含量成正比的系数。该式适用条件为 $m_{O_2} > 0.05$；$m_{H_2O} = 2.0\% \sim 2.7\%$；$PK_0 = (1.1 \sim 2.5) \times 10^9$。

一定的 H_2O 的浓度有利于 CO 的燃烧反应，据有关资料介绍，水分含量的最佳值为 7% ~9%，如果水分过多，会使燃烧温度降低而减慢反应速度。

三、甲烷的燃烧反应机理

碳氢化合物的燃烧机理，和 H_2 与 CO 相比，更为复杂。各类碳氢化合物在较低温度下即开始氧化，温度区域不同，它们的反应机理也往往不同。而在高温下，除了氧化反应外，因有热不稳定性，它们还将会分解和裂化。碳氢化合物的氧化反应机理属于退化支链反应，它的感应期比较长，反应速度也比支链反应慢一些。下面仅介绍最简单的碳氢化合物（甲烷）的燃烧反应机理。

甲烷在低温下（900K 以下）和高温下的反应机理有所不同。低温下的氧化反应机理如下：

（0）$CH_4 + O_2 \longrightarrow CH_3 + HO_2$（链的产生）

（1）$CH_3 + O_2 \longrightarrow CH_2O + OH$

（2）$OH + CH_4 \longrightarrow CH_3 + H_2O$

（3）$OH + CH_2O \longrightarrow H_2O + HCO$

（1）~（3）链的继续

（4）$CH_2O + O_2 \longrightarrow HCO + HO_2$（退化分支）

（5）$HCO + O_2 \longrightarrow CO + HO_2$

（6）$CH_4 + HO_2 \longrightarrow H_2O_2 + CH_3$

（7）$CH_2O + HO_2 \longrightarrow H_2O_2 + HCO$

（5）~（7）链的继续

（8）OH ⟶器壁（断链）

CH_2O ⟶器壁（断链）

这组反应机理的特点是生成中间产物甲醛，它又生成新的活化中心。

高温下甲烷的燃烧反应除了氧化物的链锁反应外，还伴随着甲烷的分解。基本的反应式包括甲烷的不完全燃烧反应

$$CH_4 + O_2 \longrightarrow HCHO + H_2O$$

和甲醛的进一步完全燃烧

$$HCHO + O_2 \longrightarrow H_2O + CO_2$$

反应机理如下：

第一阶段的反应有

$$CH_4 \longrightarrow CH_3 + H$$
$$CH_3 + O_2 \longrightarrow HCHO + OH$$
$$H + O_2 \longrightarrow OH + O$$
$$CH_4 + OH \longrightarrow CH_3 + H_2O$$
$$CH_4 + O \longrightarrow CH_3 + OH$$

第二阶段的反应有

$$HCHO \longrightarrow HCO + H$$
$$H + O_2 \longrightarrow OH + O$$
$$HCO + O_2 \longrightarrow CO + HO_2 \longrightarrow CO + OH + O$$
$$HCHO + OH \longrightarrow HCO + H_2O$$
$$HCHO + O \longrightarrow HCO + OH$$

HCO 并可分解成 CO

$$HCO \longrightarrow CO + H$$
$$HCO + O \longrightarrow CO + OH$$
$$HCO + OH \longrightarrow CO + H_2O$$

而 CO 则按下式燃烧

$$CO + OH \longrightarrow CO_2 + H$$
$$CO + O \longrightarrow CO_2$$

甲烷的反应速度和氧及甲烷的浓度有关，并和温度及压力有关。根据实验研究，甲烷氧化的最大反应速度可用下式表示：

$$W = \alpha[CH_4]^m \cdot [O_2]^n \cdot p^t \qquad (8-6)$$

式中，α 为比例常数；p 为系统的总压力；m，n，t 为实验常数，其数值与温度有关，即

低温下　$m = 1.6 \sim 2.4$；　$n = 1.0 \sim 1.6$；　$t = 0.5 \sim 0.9$

高温下　$m = -1.0 \sim 1.0$；　$n = 2.0 \sim 3.0$；　$t = 0.3 \sim 0.6$

从以上的介绍可以看出，尽管是一些简单的可燃气体，它们的燃烧反应机理都是比较复杂的。可以认为，关于 H_2 的燃烧反应机理的研究是比较充分的，而对于其他气体，特别是对于碳氢化合物的反应机理的研究则不够充分，一些学者所提出的机理还带有假说性质，有待进一步发展。

第三节　碳的燃烧反应机理

碳有两种结晶形态，即石墨和金刚石，在燃料中认为碳的结晶形态只有石墨。下面所讨论的仅是石墨碳的燃烧反应机理。

碳的燃烧反应机理属于异相反应。石墨结晶中的碳原子与气体中的氧分子相作用，包括扩散、吸附和化学反应；它们生成的产物又与氧和碳相互作用，是比较复杂的。就化学反应来说，总的包括三种反应，即

（1）碳与氧反应（燃烧反应），生成 CO 和 CO_2，简单写来就是

$$C + O_2 = CO_2 + 409 \quad (kJ/mol)$$

$$2C + O_2 = 2CO + 246 \quad (kJ/mol)$$

（2）碳与 CO_2 反应

$$C + CO_2 = 2CO - 162 \quad (kJ/mol)$$

（3）一氧化碳的氧化反应

$$2CO + O_2 = 2CO_2 + 571 \quad (kJ/mol)$$

第（1）组反应称为"初次"反应，其产物称为初次产物；第（2）（3）组反应称为"二次"反应，其产物称为二次产物。

由这些反应可以看出，初次反应和二次反应都可以生成 CO 和 CO_2。关于碳的燃烧机理的研究在于确定初次反应和二次反应对生成 CO 和 CO_2 的作用。在这方面，长久以来存在着三种见解：

（1）认为初次生成物是 CO_2；燃烧产物中的 CO 是由于 CO_2 与 C 的还原反应而生成的。

（2）认为初次生成物是 CO；燃烧产物中的 CO_2 是由于 CO 的氧化反应而生成的。

（3）初次生成物同时有 CO 和 CO_2。

根据精密的实验研究，现在多数学者倾向于第（3）种见解。这种见解估计到了吸附对燃烧过程的影响。氧对碳的吸附，不仅吸着在其表面上，而且还溶解于石墨晶格内。碳与氧结合成一种结构不定的质点 C_xO_y。该质点或者在氧分子的撞击下分解成 CO 及 CO_2，即

$$C_xO_y + O_2 \longrightarrow mCO_2 + nCO$$

或者是简单的热力学分解

$$C_xO_y \longrightarrow mCO_2 + nCO$$

而 CO_2 与 CO 的数量比例，即 m 与 n 值，则与温度有关。例如，据实验研究，当温度低于 1200～1300℃时，认为反应是分为两个阶段进行，即先是氧在石墨内迅速的溶解

$$4C + 2O_2 = 4C \cdot 2\ (O_2)_{(溶)}$$

然后溶液在氧分子撞击表面的作用下缓慢分解

$$4C \cdot 2\ (O_2)_{(溶)} + O_2 = 2CO + 2CO_2$$

上二式相加，可得总反应式为：

$$4C + 3O_2 = 2CO + 2CO_2$$

这两个反应中，后一个反应是较慢的，因此它决定着总反应的速度。按后一个反应，对 O_2 来说，属于 1 级反应。所以低温下碳的燃烧反应表示为 1 级反应的形式，即

$$W_1 = K_1 \cdot p_{O_2} \cdot \exp\left(-\frac{E_1}{RT}\right) \tag{8-7}$$

式中，p_{O_2} 为 O_2 的压力（实验时采用低压，0.11～750N/m^2）；E_1 为活化能，为 84～126kJ/mol。

当温度高于1500～1600℃时，认为反应也是分两个阶段进行的，先是氧气在石墨晶格上的化学吸着，即

$$3C + 2O_2 = 3C \cdot 2(O_2)_{(吸)}$$

然后是质点的热力分解

$$3C \cdot 2(O_2)_{(吸)} = 2CO + CO_2$$

二式相加得总反应式为：

$$3C + 2O_2 = CO_2 + 2CO$$

上面的第二个反应速度较慢，为零级反应，它决定着总的反应速度。

因此高温下的碳的反应速度可按零级反应计算，即

$$W_2 = K_2 \exp\left(-\frac{E_2}{RT}\right) \tag{8-8}$$

式中，E_2 为活化能，为290～370kJ/mol。

由上述理论可以看出，碳燃烧时生成的 CO_2 与 CO 的比例，在低温下为1∶1；而在高温下为1∶2。

上述实验都是在压力很低（接近真空），气流速度很小（接近静止），且石墨表面为光滑平面的条件下进行的。这样的条件是为了便于测定初次反应物。实际燃烧的焦炭并不是一整块石墨晶格，而是由许多小晶粒组成，晶界面曲折复杂，从而使化学活性增大。一般焦炭，高温燃烧反应的活化能比上述290kJ/mol要低。特别是当焦炭中含有矿物杂质时，更易使碳的晶格变形扭曲，碳氧络合物更容易从晶格上脱离开。不同的焦炭，由于碳晶格结构和所含杂质的差异，其活化能的差别很大。一般碳和氧在高温下的反应活化能为125～199kJ/mol。

此外，实际燃烧条件下燃料层温度常在1300～1600℃之间。这时，反应过程将同时包括固熔络合和晶界面直接化学吸附两种反应机理，所生成的 CO_2 与 CO 的比例也将在两种机理的比例之间，实际燃烧产物中将同时包括初次产物和二次产物，碳的燃烧速度将不仅受化学动力学因素的影响，而且与物理扩散因素有关。总之，实际燃烧过程的机理将更为复杂。

第四节　燃烧过程中氧化氮的生成机理

工业炉烟气中含有的氧化氮（NO_x），对人体、动物、植物都有极大危害，是造成大气污染的主要有害气体之一。

烟气中的 NO_x 主要是在燃料燃烧过程中生成的，其中氮来源于空气和燃料，氧主要来源于空气。NO_x 包括 N_2O，NO，NO_2，N_2O_3，NO_3，N_2O_4 和 N_2O_5 等各种氮的氧化物，但其中主要是 NO 和 NO_2。

关于 NO_x 的生成机理有许多人在进行研究。至今一般来说，公认为比较充分的，是Зельдович等人的生成理论。该理论认为，在 O_2—N_2—NO 系统中，存在着下列反应：

$$N_2 + O_2 \rightleftharpoons 2NO - Q$$

它的机理是设想存在着下列平衡关系

$$N_2 + O \rightleftharpoons NO + N$$

$$N + O_2 \rightleftharpoons NO + O$$

上述反应，基本上服从阿伦尼乌斯定律。NO 的生成速度为：

$$\frac{d[NO]}{d\tau} = \frac{5 \times 10^{11}}{\sqrt{O_2}} \exp\left(-\frac{36 \times 10^4}{RT}\right)\left\{O_2 \cdot N_2 \cdot \frac{64}{3}\exp\left(\frac{18 \times 10^4}{RT}\right) - [NO]^2\right\} \quad (8-9)$$

式中，[NO] 表示 NO 的瞬时浓度。

由上式可以看出，NO 的生成速度与燃烧过程中的最高温度（T）以及氧、氮的浓度有关，而与燃料的其他性质无关。

当燃烧过程中有水蒸气时，燃烧产物中有 OH 存在，此时 NO 也可按下式生成

$$N + OH \rightleftharpoons H + NO$$

大多数研究表明，NO 的生成是在燃烧带之后（但靠近最高温度区）的燃烧产物中进行的。但近来也有一些研究指出，在燃烧带之中 NO 的生成反应也在进行。NO 的浓度与燃烧产物的温度有关，且最强烈地生成 NO 的地方是在最高温度区，而不管在这个区域中燃烧反应是已经结束还是正在进行。虽然 O，N，H 等原子在燃烧带存在的时间很短促，但是因为它们极活泼，所以对 NO 的生成都起很大的作用。

应当指出，NO 的生成并不是瞬时完成的，燃烧产物在燃烧室停留的时间往往小于达到生成 NO 平衡浓度所需要的时间。因此燃烧产物在高温区停留的时间越长，烟气中 NO 的浓度也将越大。相反，增大气流速度可使 NO 的浓度降低。

各种氮的氧化物在高温下都有一定的热稳定性，并各不相同。一般，当温度高于 1370K 时，一氧化氮是最稳定的。所以，研究高温下的燃烧过程时，常认为仅生成 NO。

实际上在火焰中也生成少量的 NO_2。NO_2 主要是 NO 氧化生成的，其反应机理有多种，其中主要的是：

$$O_2 + M = O + O + M$$

$$O + NO + M = NO_2 + M$$

$$NO + O_2 = NO_2 + O$$

$$HOO + NO = NO_2 + OH$$

由此可见，当有过剩氧气（空气）时，燃烧产物中将易生成 NO_2。

总之，NO_x 的生成主要与火焰中的最高温度、氧和氮的浓度、以及气体在高温下停留时间等因素有关。在实际工作中，可采用降低火焰最高温度区的温度，减少过剩空气等方面的措施，以减少 NO_x 对大气的污染。

第九章　着火过程

着火过程是指燃料与氧化剂分子均匀混合后，从开始化学反应，温度升高达到激烈的燃烧反应之前的一段过程。

为了使可燃混合物着火和开始燃烧，实际中施行两种方式。

（1）使混合物整个容积同时达到某一温度，超过该温度，混合物便自动地不再需要外界作用而着火达到燃烧状态。这种过程叫做“自燃着火”，或俗称“着火”。

（2）在冷混合物中，用一个不大的点热源，在某一局部地方点火，先引起局部着火燃烧，然后也自动地向其他地方传播，最终使整个混合物都达到着火燃烧。这叫做“被迫着火”，或“强制点火”，或简称“点火”。

不论着火或点火，实质上都是燃烧反应的自动加速。如前章所述，燃烧反应（支链反应）的加速，或是由于活化中心的积累，或是由于温度的升高。实际燃烧室内的燃烧过程都是靠高温实现着火的。因此，除了研究燃烧反应的速度与浓度的关系外，还必须更着重地研究与温度条件的关系。体系的温度决定于体系的能量平衡。在着火过程的研究中，以热量平衡为基础的着火热力理论占有重要的地位。这一章便主要介绍着火过程的热力理论，研究在什么样的温度条件下着火过程得以实现，在什么样的条件下能保持稳定的燃烧反应状态，而在什么样的条件下将会熄灭。

第一节　着火过程和着火温度

为了得到简明的概念，需假定一个简化的物理模型。

设有一个密闭的容器，容积为 V，器内充满可燃的混合物，器内各点的温度和浓度均匀，器壁的温度为 T_0，并不随反应进行时间而变。

设反应的热效应为 q，反应速度为 W，反应时温度为 T，则反应发热的速度（单位时间内反应发出的热量）为

$$Q_1 = q \cdot W \cdot V$$

因为反应速度 W 可按式（8－3）处理，故

$$Q_1 = q \cdot Vk_0C^n\exp\left(-\frac{E}{RT}\right) \tag{9-1}$$

式中，q、V、k_0 均为定值。此外，在开始燃烧之前，即在着火过程之中，假设反应物质的浓度是不变的，即 C 相当于初始浓度。那么可将式（9－1）写为

$$Q_1 = A\exp\left(-\frac{E}{RT}\right) \tag{9-1a}$$

式中，A 为常数。

另一方面，由于化学反应的结果，容器内的温度升高到 T，此时将由系统向外散失热量。设容器的表面积为 A，由气体对外界的总放热系数为 α，则散热速度（单位时间内由体系向外散出的热量）为

$$Q_2 = \alpha \cdot A \cdot (T - T_0) \tag{9-2}$$

假设 α 与温度无关，而 A 为定值，那么式（9－2）也可以写为

$$Q_2 = B \cdot (T - T_0) \tag{9-2a}$$

式中，B 为常数。

根据 Q_1 与 Q_2，可以讨论容器内进行化学反应时的可能的混合物状态。为此，可将式（9－1a）和式（9－2a）画在 $Q-T$ 坐标上，见图 9－1 ~ 图 9－4。Q_1 与 T 为超越函数关系，Q_2 与 T 为直线关系。将 Q_1 的曲线称为“发热曲线”，Q_2 称为“散热曲线”。

图 9－1 表示 Q_1 和 Q_2 在低温区有一个交点 1 的状态。在点 1 处

$$Q_1 = Q_2$$

即在点 1 之前（温度低于点 1 处的温度），$Q_1 > Q_2$，说明反应所发出的热量多于系统向外散失的热量。这时，系统便被加热，温度逐渐升高。到达点 1 时，热量达到平衡状态，过程即稳定下来，保持点 1 的温度。即使因某种外力使过程超过点 1，则因 $Q_2 > Q_1$，即散出热量大于发出热量，系统受到冷却将重新回到点 1。点 1 是低温区的稳定点。在这种情况下，自燃着火是不可能发生的。

倘若改变散热条件，例如改变容器表面积，即可得到不同斜率的散热曲线，如图 9－2 所示。Q_2''是散热很弱的情况，Q_1 总是大于 Q_2。这时反应便自动加速，直到发生自燃。Q_2' 是散热很强的情况，与图 9－1 相同，不会发生自燃。在 Q_2'与 Q_2''之间，存在 Q_2'''，与 Q_1 有一个切点 3。在切点 3 之前，系统不断被加热，达到切点 3 时，$Q_1 = Q_2$。但是，该点是不稳定的，稍过点 3，反应便加速进行而引起自燃。因而 Q_2'''是一个临界状态。

如果改变器壁的初始温度 T_0，则可以得到一组平行的散热曲线，如图 9－3 所示。此时，Q_2''为临界状态，与 Q_1 有一切点 3。Q_2'与 Q_1 可有两个交点 1 与 2。点 1 为低温稳定点。点 2 为高温不稳定点，因为当过程稍向右移动时，$Q_1 > Q_2$，系统即可以自燃；当过程稍向左移动时，$Q_2 > Q_1$，系统便会被冷却而降到低温稳定点 1。

若散热曲线不变而改变发热曲线，例如改变可燃混合物的成分，便得到一组发热曲线，如图 9－4 所示。图中点 1 为低温稳定点，点 2 为高温不稳定点，点 3 为临界点。

由此可见，发出自燃着火的条件是 $Q_1 > Q_2$，而临界条件（最低条件）是 Q_1 与 Q_2 有一个切点 3。

与切点 3 相应的温度，便称为“着火温度”或“着火点”。

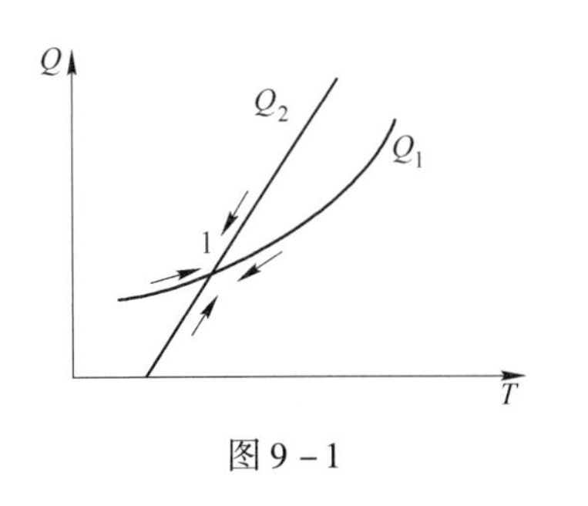

图 9－1

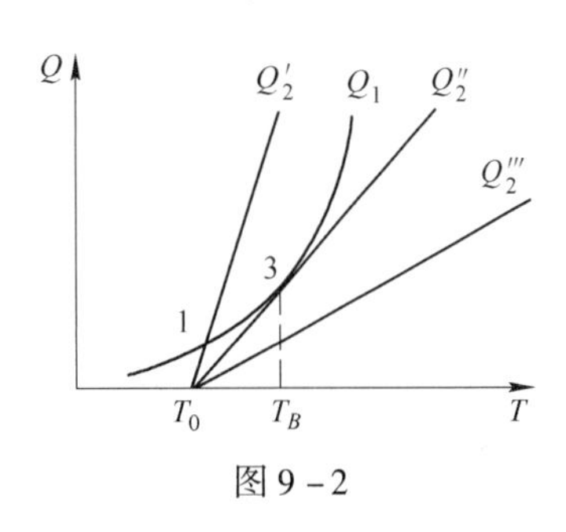

图 9－2

着火温度表示可燃混合物系统化学反应可以自动加速而达到自燃着火的最低温度。必须明确，着火温度对某一可燃混合物来说，并不是一个化学常数或物理常数，而是随具体的热力条件不同而不同的。

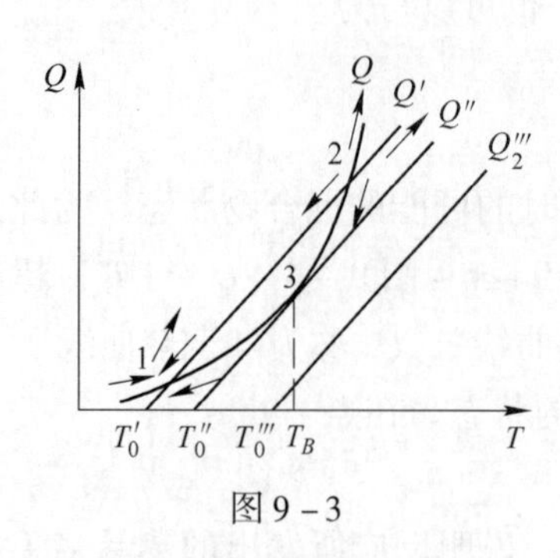

图 9－3

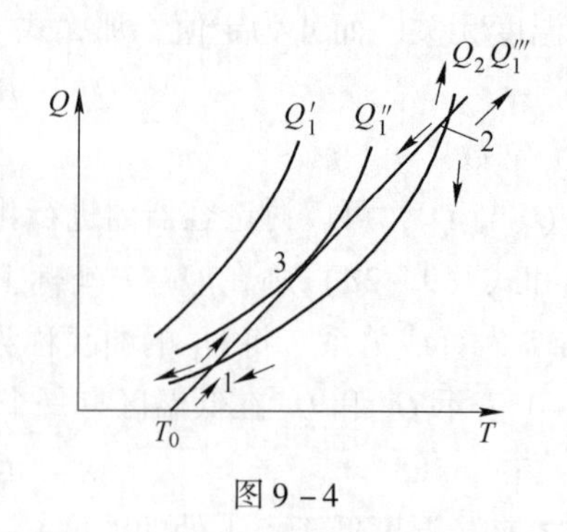

图 9－4

着火温度的数学表示方法如下。

在切点 3 处相应的温度为着火温度 T_B，则有 T_B 的条件为

$$\left.\begin{aligned}[Q_1]_{T=T_B} &= [Q_2]_{T=T_B} \\ \left[\frac{\partial Q_1}{\partial T}\right]_{T=T_B} &= \left[\frac{\partial Q_2}{\partial T}\right]_{T=T_B}\end{aligned}\right\}$$

将式（9－1a）和式（9－2a）代入，可得

$$A\cdot\exp\left(-\frac{E}{RT_B}\right)=B(T_B-T_0) \tag{9－3}$$

$$A\cdot\frac{E}{RT_B^2}\cdot\exp\left(-\frac{E}{RT_B}\right)=B \tag{9－4}$$

用式（9－4）除式（9－3），得

$$T_B-T_0=\frac{RT_B^2}{E}$$

$$T_B=\frac{E}{2R}\pm\sqrt{\frac{E^2}{4R^2}-\frac{T_0E}{R}} \tag{9－5}$$

该式中取“＋”时，将得到一个过高的、实际达不到的温度，故应取“－”号。将根号展开为级数，得

$$T_B=\frac{E}{2R}-\frac{E}{2R}\left(1-\frac{2RT_0}{E}-\frac{2R^2T_0^2}{E^2}-\frac{4R^3T_0^3}{E^3}-\cdots\right)$$

实际上，一般 $E\gg T_0$，故可忽略 3 次方以后各项。由此得着火温度。

$$T_B=T_0+\frac{RT_0^2}{E} \tag{9－6}$$

或

$$T_B-T_0=\frac{RT_0^2}{E} \tag{9－6a}$$

该式表示在可以自燃着火的条件下气体的着火温度与器壁温度之间的关系。一般情况下，若 $E=167$kJ/mol，器壁温度为 1000K 时，

$$T_B-T_0\approx 50℃$$

可知，T_B 与 T_0 相差很小。故有的试验中用 T_0 代表着火温度，并不引起很大误差。

虽然着火温度并不是可燃物质的化学、物理常数，但人们对各种物质的着火温度进行实验测定，并把所测定的着火温度数值作为可燃物质的燃烧和爆炸性能的参考指标。表

9－1给出了各种可燃物质着火温度的一般数值。由于试验条件不同，各资料中的数值有很大差别，表9－1给出的是一个温度范围或平均数值。

表9－1　各种可燃物质的着火温度（常压下在空气中燃烧）

物质名称	着火温度/℃	物质名称	着火温度/℃
氢（H_2）	510～590	高炉煤气	530
一氧化碳（CO）	610～658	发生炉煤气	530
甲烷（CH_4）	537～750	焦炉煤气	500
乙烷（C_2H_6）	510～630	天然气	530
乙烯（C_2H_4）	540～547	汽油	390～685
乙炔（C_2H_2）	335～480	煤油	250～609
丙烷（C_3H_8）	466	石油	360～367
丁烷（C_4H_{10}）	430	褐煤	250～450
丙烷（C_3H_6）	455	烟煤	400～500
苯（C_6H_6）	570～740	无烟煤	600～700
		焦炭	700

第二节　点火过程

在工业炉燃烧技术中，使可燃混合物进行着火燃烧的方式是采用强制点火。

用来点火的热源可以是小火焰，高温气体，炽热的物体或电火花等。就本质来说，点火和自燃着火一样，都有燃烧反应的自动加速过程。不同的是，点火时先是一小部分可燃混合物着火，然后靠燃烧（火焰前沿）的传播，使可燃混合物的其余部分达到着火燃烧。

点火过程的基本概念可用图9－5说明。设某一容器内装有可燃混合物。器壁的某一部分作为点火热源，其温度不断升高。当温度升高到 T_1 时，假若容器中是惰性气体，该段容器壁附近的温度分布为 T_1A_1。实际上容器内为可燃气体，由于反应放热的结果，使其温度分布为 T_1A_1'。当器壁温度继续升高至 T_2 时，若在惰性气体中有 T_2A_2 的温度分布，则在可燃气体中可达到 T_2A_2' 的分布。这个分布的特点是相应于一定的 T_2 值时，反应速度加快到一定程度，致使靠近表面的温度分布不再下降。温度超过 T_2，即达到 T_3 时，靠近表面处的反应速度则迅速加快，温度迅速升高，达到着火。接着相邻的气体温度也急剧升高而着火，这样下去，使整个容器内实现着火。

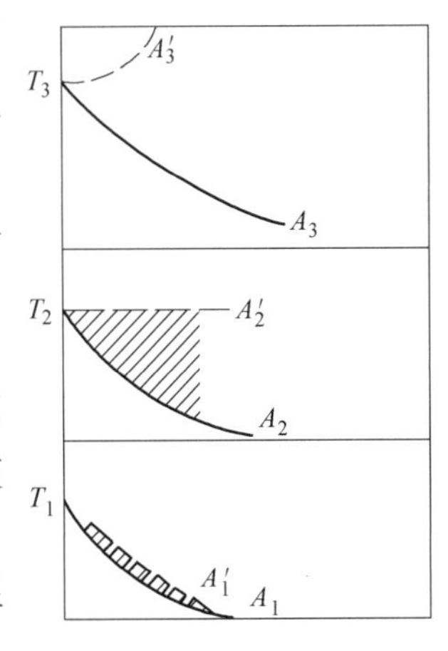

图9－5　点火过程示意图

在这种点火过程中，T_2 便是一个临界温度。点火热源的温度超过 T_2 便会引起着火。该临界温度便称为“点火温度”。

即点火的临界条件为

$$\left(\frac{\mathrm{d}T}{\mathrm{d}n}\right)_{n=0}=0$$

式中，n 表示热源表面法线方向上的距离。该式表明，当热源表面达到点火温度时，表面处的温度梯度为零，热源不再向可燃混合物传热，此后的着火过程的进行将与热源无关，而将取决于可燃混合物的性质和对外界的散热条件。

点火温度与前节所述的自燃着火温度在概念上有相似之处，即均指可以实现着火的最低温度。但在数值上，点火温度往往高于着火温度，即当固体热源的表面温度达到着火温度时，可燃混合物并不准能着火。这是因为，离开热源表面稍微远一点，温度即会下降；且由于化学反应的结果，在靠近表面处可燃物的浓度也会降低。因此即使在靠近表面处有燃烧化学反应发生，也不会迅速扩展到整个容积中去。只有当点火热源的温度更高一些，才会引起容器中发生激烈的燃烧反应而着火。

点火温度不仅与可燃混合物的性质有关，而且与点火热源的性质有关。用固体表面点火时，比表面积越小，点火温度也越高。如果固体表面对燃烧反应有触媒作用，则触媒作用越强的物质，其点火温度也越高，因为触媒作用将降低表面处可燃物的浓度。用电火花点火时，除了电火花可以产生很高的温度外，还将在局部使分子产生强烈的扰动和离子化。对于某种可燃混合物，存在着“最小电火花能量”，低于该能量，则不能实现点火。最小电火花能量的大小，与可燃混合物的成分、压力及温度有关，由实验测定。实际中还常用小火焰（小火把）进行点火。用小火焰点火时，通常是将小火焰与可燃混合物直接接触。此时，是否能够点火，取决于混合物的成分，小火焰与混合物接触的时间，小火焰的尺寸和温度，以及流动体系的紊流程度等因素，具体参数由实验确定。

第三节　着火浓度界限

理论研究表明，不论是自燃着火或强制点火，着火条件都与可燃物的浓度有关，而浓度又决定于体系的压力和可燃混合物的成分。因此，除了温度条件外，着火也只有在一定的压力和成分条件下才能实现。

着火温度与压力和成分之间的关系见图 9－6 和图 9－7。根据这两个曲线还可以做出图 9－8，表示在着火条件下，压力与成分的关系。应该指出，这些曲线都是按燃烧反应服从阿伦尼乌斯定律而给出的规律。这些关系说明，在一定压力或温度下，并非所有可燃预混合气成分（浓度）都能着火，而是存在一定的浓度范围，超出这一范围，混合气便不能

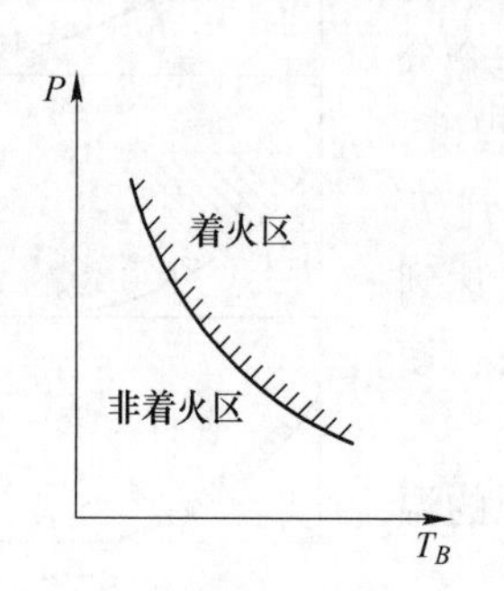

图 9－6　一定成分下着火温度与压力的关系

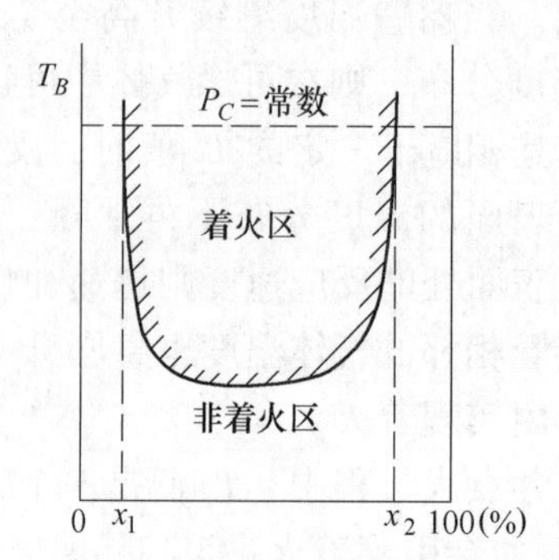

图 9－7　一定压力下着火温度与成分的关系

着火。这个浓度范围便称为“着火浓度界限”。从图 9－7 和图 9－8 中可以看出，只有在 x_1 与 x_2 之间的浓度范围可以着火，其中 x_2 为能实现着火的最大浓度，称为“浓度上限”；x_1 为能实现着火的最小浓度，称为“浓度下限”。当压力或温度下降时，着火浓度范围缩小；当压力或温度下降超过某一点时，任何浓度成分的混合气将不能着火。

不难理解，强制点火过程也存在着点火浓度界限，超过了这个界限便不能实现点火。考虑到工业炉燃烧过程中多为点火过程，故下面将引用点火浓度界限，况且着火浓度界限和点火浓度界限是相近的。

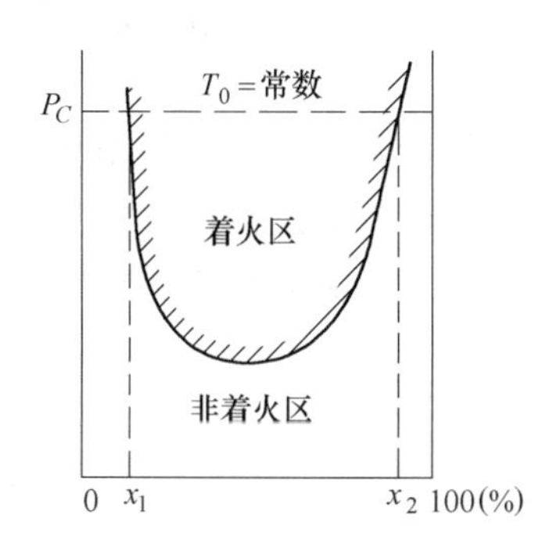

图 9－8　在一定温度下着火压力与成分的关系

表 9－2 列出了几种可燃物质的点火浓度界限。由于实验条件不同，各文献中的数值有差别。该表的数据是一个综合，其中下限取一般文献的最小值，上限取最大值，即该表给出的是最大可能的浓度界限。

表 9－2　点火浓度界限（在空气中燃烧，初始温度为常温）

物质名称	体积百分数/%		相当于空气消耗系数	
	下限	上限	下限	上限
氢	4.0	80.0	10.0	0.11
一氧化碳	12.5	80.0	2.95	0.11
甲烷	2.5	15.4	4.1	0.58
乙烷	2.5	14.95	2.34	0.34
乙烯	2.75	35.0	2.48	0.13
乙炔	1.53	82.0	5.4	0.18
丙烷	2.0	9.5	2.06	0.40
丁烷	1.55	8.5	2.05	0.35
丙烯	2.0	11.1	2.28	0.37
苯	1.3	9.5	2.13	0.27
天然气	3.0	14.8	1.90	0.63
焦炉煤气	5.6	30.4	4.15	0.57
发生炉煤气	20.7	74.0	3.0	0.29
高炉煤气	35.0	74.0	—	—

如果是几种可燃物质的混合气体，其浓度界限（上限或下限）可按下式估算。

$$l = \frac{100}{\frac{P_1}{l_1} + \frac{P_2}{l_2} + \frac{P_3}{l_3} + \cdots}, \% \tag{9-7}$$

式中 P_1，P_2，P_3……——各单一可燃气体占混合气体的体积百分数；

l_1，l_2，l_3……——各单一气体的浓度界限（上限或下限），%。混合气体的浓度界限按式（9－7）计算有时很不准确，故最好还是实验测定。

点火浓度界限还与惰性气体的含量有关。加入任何惰性气体，都会使浓度界限变窄，特别是上限降低。燃料在氧气中燃烧的着火浓度范围则比较大，特别是浓度上限，比在空气中燃烧时大得多。

浓度界限还与可燃预混合物的初始温度有关。如图9－9所示，H_2，CO，CH_4与空气的可燃混合物，如果初始温度不是常温，而是预热至高温，则浓度界限将会变宽，特别是上限有明显的增加。这就是说，预热至高温的可燃混合物就浓度而言是易于点火的。

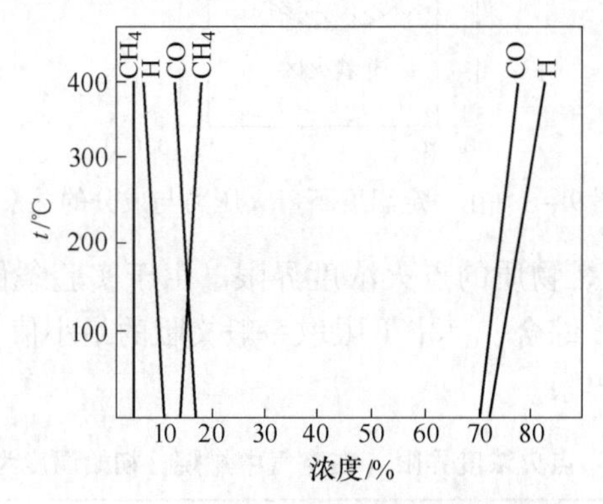

图9－9 初始温度对浓度界限的影响

应当指出，上述关于着火浓度界限的讨论是建立在对过程进行了简化和有假定条件的基础上的，其中主要是假定化学反应（燃烧反应）为简单反应，并忽略着火过程中反应物浓度的变化。但实验表明，在此基础上进行的讨论和形成的理论在相当范围内可以说明可燃预混气自燃着火过程的机理。例如一些碳氢化合物与空气混合物的着火界限的实验结果，在一定压力与温度范围内与上述理论基本一致。

上述关于着火过程的理论被称为“热自燃理论”。

但是，燃烧反应属于链锁分支反应，它比简单反应复杂得多，其着火过程也有用热自燃理论所不能解释的现象。例如实验表明，氢在低压下氧气中燃烧时，着火温度和压力的关系如图9－10所示。它与图9－6是不相同的。图9－6所示的着火过程有一个压力极限，低于该压力系统便不能着火。图9－10则表示氢在氧气中燃烧时，在低温范围内有两个压力极限，低于某一压力或高于某一压力均不能实现着火。有的可燃气体，例如甲烷，还可有三个压力极限。类似9－10的曲线俗称“自燃半岛”。

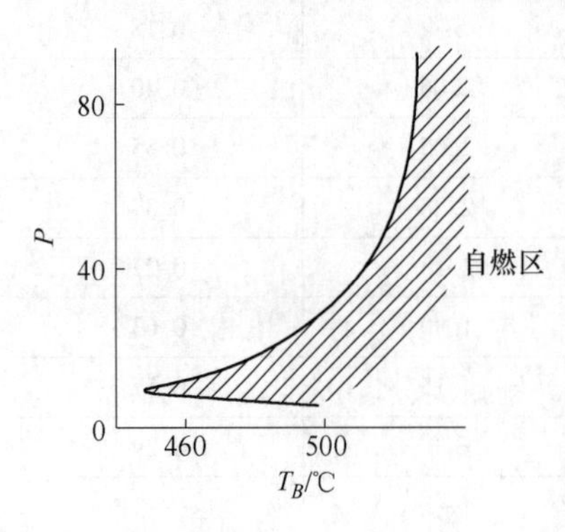

图9－10 氢在氧气中燃烧时着火温度与压力的关系

能解释上述现象的是所谓“链锁自燃理论”。该理论指出，当初始压力和温度在较低范围时，由于存在链锁分支反应，也可使反应加速而达着火状态。但是，当压力低于某界限（下限）或高于某一界限（上限）均会由于断链率的增大，链锁反应不能加速进行，而最终不能实现自燃着火。

第四节　燃烧室中的着火和熄灭

燃烧室内的着火过程与上述密闭空间中的着火过程有不同的特点。燃烧室虽有一定的空间，但是因为连续不断地供应燃料和氧化剂，在空间中反应物质的浓度是不随时间变化的。燃烧室内的气体是流动的，各组分在燃烧室内都有一定的逗留时间。由于混合过程和化学反应也需要一定时间，因而燃料在燃烧室内可能完全燃烧，也可能不完全燃烧，即具确一定的燃烧完全系数。

实际上燃烧室内的工作条件是复杂的。为便于理论研究，下面将假定一个简化模型。简化模型是假定燃烧室为绝热的。着火过程和燃烧过程均为绝热过程。此外，假定燃烧室内的温度、浓度、压力（常压）等参数的平均值与出口参数是相同的，即设为零维模型。

一、均相可燃混合物着火燃烧的热量平衡

设连续进入燃烧室的可燃混合物的初始温度为 T_0，浓度为 C_0；燃烧产物连续由燃烧室流出，其温度为 T，没有燃尽的可燃混合物的浓度为 C；可燃混合物在燃烧室内的停留时间为 τ_1，完成燃烧反应所需要的时间为 τ_2。

为方便起见，取无因次量

$$\varphi = 1 - \frac{C}{C_0}$$

表示燃烧完全系数；

$$\theta = \frac{RT}{E}$$

表示无因次温度；

$$\tau_{12} = \frac{\tau_1}{\tau_2}$$

表示无因次时间。

在单位时间内，可燃混合物以反应速度 W 所放出的热量 Q_1 为

$$Q_1 = W \cdot q = \frac{C_0 - C}{\tau_1} \cdot q \tag{9-8}$$

式中 q 为可燃混合物的发热量。同时按式（9－1）也可写为

$$Q_1 = k_0 \exp\left(-\frac{E}{RT}\right) \cdot C \cdot q$$

此处假设反应为一级反应，则近似地 $k_0 \approx 1/\tau_2$，则

$$Q_1 = \frac{1}{\tau_2} \cdot e^{-1/\theta} \cdot C \cdot q \tag{9-9}$$

令式（9－8）和式（9－9）相等，整理后可得

$$\varphi = \tau_{12} \cdot e^{-1/\theta}(1 - \varphi)$$

由该式得到 φ 值，记为 φ_1，则

$$\varphi_1 = \frac{1}{1 + \frac{e^{-1/\theta}}{\tau_{12}}} \tag{9-10}$$

φ_1 称为“发热曲线”。

另一方面，在绝热燃烧室中，Q_1 将全部转为燃烧产物的热量。
燃烧产物热量的增加为：

$$Q_2 = \frac{c_p}{\tau_1}(T - T_0) \tag{9-11}$$

令式（9－11）和式（9－8）相等，

$$\frac{c_0 - c}{\tau_1} \cdot q = \frac{c_p}{\tau_1}(T - T_0)$$

由该式求得的 φ 值记为 φ_2，则

$$\varphi_2 = \frac{c_p}{qC_0} \cdot \frac{E}{R}(\theta - \theta_0) \tag{9-12}$$

φ_2 称为“散热曲线”。

这里 φ_1 和 φ_2 和式（9－1）和式（9－2）有相似的概念。φ_1 相当于反应放出的热量，φ_2 相当于散失的热量，θ 相当于温度。

这样一来，可以用 $\varphi-\theta$ 坐标来表明燃烧室的燃烧热力条件。

φ_1 与 θ 的关系为超越函数关系。φ_2 与 θ 的关系，当可燃混合物的性质一定时，为一直线关系。

实际上，稳定工况的燃烧室中，必须达到热量平衡，即：

$$Q_1 = Q_2；\ \varphi_1 = \varphi_2 = \varphi$$

燃烧室中有一个稳定的 φ 值。该 φ 值的稳定水平反映燃烧状态。如 φ 值很小，则可能未达到着火状态；φ 值越大，说明燃烧强度越大。φ 的最大值为 1。

二、稳定状态和临界条件

为了确定燃烧室的稳定水平，可将 φ_1 和 φ_2 画在同一坐标图上。用这样的方法，还可以研究燃烧室着火和熄灭的临界条件。

如图 9－11，φ_1 不变，而改变可燃混合物的初始温度，得到一组平行移动的 φ_2 曲线。由图看出，当 θ_0 很低时，φ_2 与 φ_1 可相交于点 1，为低温稳定点，即没有达到着火。如果提高 θ_0，则会使 φ_2 与 φ_1 有一个切点 3，为临界点，当 θ_0 稍有提高，φ_2 与 φ_1 便会相交于点 5。点 5 是一个高温稳定点，在该点实现稳定的燃烧状态。因此临界点 3 便为“着火点”。如在燃烧状态下降低初始温度，φ_2 曲线便向左移，φ_2 与 φ_1 会有切点 4。这又是一个临界点，低于点 4，过程便立即下降稳定在低温稳定点 1。因此，临界点 4 便为“熄灭点”。

由此可知，燃烧室内着火或熄灭的临界条件是：

$$\left.\begin{aligned} \varphi_1 &= \varphi_2 \\ \frac{d\varphi_1}{d\theta} &= \frac{d\varphi_2}{d\theta} \end{aligned}\right\} \tag{9-13}$$

据此可以分析燃烧室的着火临界条件与燃烧稳定水平与各因素之间的关系。

混合物初始温度的影响见上图 9－11。提高混合物的预热温度，有利于实现着火，并在着火后，过程可以稳定在较高水平，即温度较高，燃烧完全系数较大。

可燃混合物发热量的影响见图 9－12。发热量 q 变化时，φ_2 的斜率变化。q 越大，$d\varphi/d\theta$ 越小，这将有利于着火，并使过程稳定在较高水平。

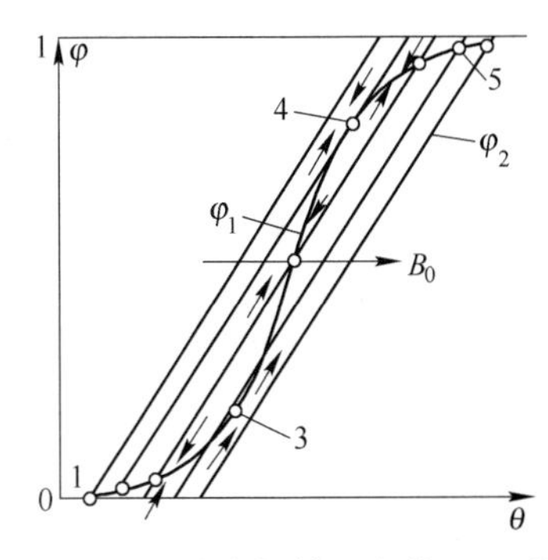

图 9－11　改变初始温度的 $\varphi-\theta$ 图

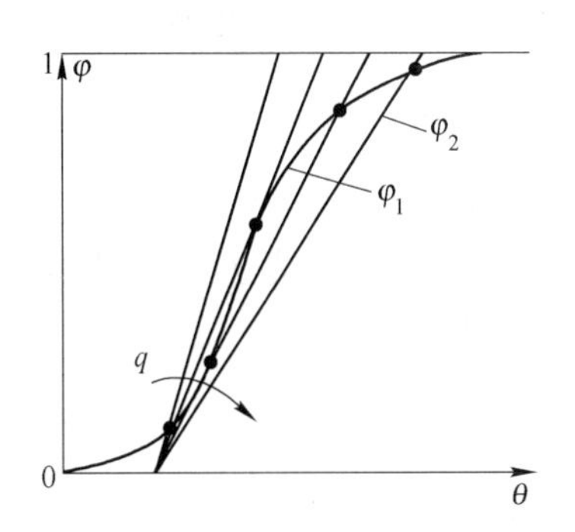

图 9－12　改变可燃混合物发热量的 $\varphi-\theta$ 图

τ_{12} 的影响见图 9－13。τ_{12} 变化时，φ_1 将变化；τ_{12} 越长，φ_1 越向左移动。所以按绝热过程来说，增加燃烧产物在燃烧室内的逗留时间，或者加快反应速度，都可使过程的稳定水平提高。

另外，使高温燃烧产物循回加入到初始混合物中，将会使 φ_2 改变。一般情况下，此时将会提高混合物的初始温度，而同时降低混合物的发热量，即提高 θ_0，且增加 $d\varphi/d\theta$ 值。图 9－14 表示高温的完全燃烧的循环气体对着火过程的影响。图中 a 表示循环倍数（循环气体与可燃混合物量之比）。a 值越大，越有利于实现着火。所以向火焰根部加入高温循环气体，是提高燃烧稳定性的有效措施之一。

以上所讨论的，都是假定过程是绝热的。如果不是绝热的，即当存在外部热交换过程时，则散热曲线要复杂得多。例如火焰向外有辐射传热时，散热曲线将不再是直线。图 9－15 表示有辐射热交换时，辐射传热系数（σ）对着火的影响。由图可知，σ 值越大，着火越困难，过程稳定的水平也越低。所以强烈冷却的燃烧室，不易着火，而易熄灭，或者温度和燃烧完全系数的水平较低。

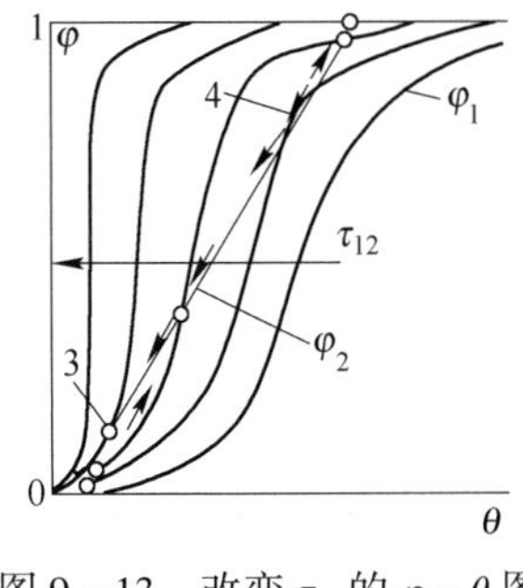

图 9－13　改变 τ_{12} 的 $\varphi-\theta$ 图

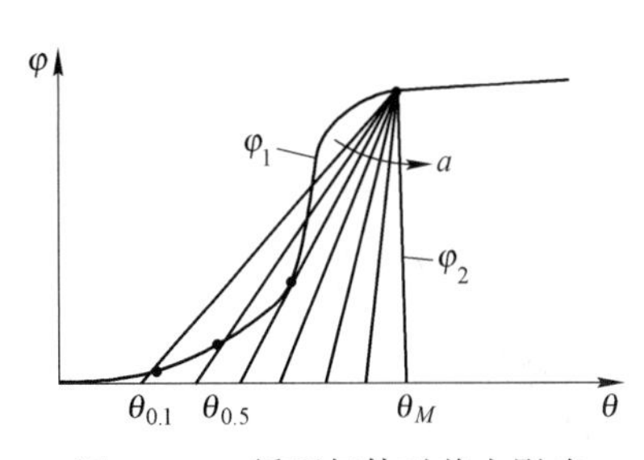

图 9－14　循环气体对着火影响

三、扩散燃烧的稳定状态

假定为纯扩散燃烧，并为绝热燃烧室。设燃烧带的可燃混合物的浓度为 C，燃烧室容积中可燃混合物的平均浓度为 C_K，可燃混合物的初始浓度（假定把初始的燃料和氧化剂混合后所得的浓度）为 C_0。

燃烧室内的平均燃烧完全系数为

$$\varphi = 1 - \frac{C_K}{C_0} \tag{9-14}$$

燃烧室内燃烧反应速度仍以单位时间内浓度的变化来表示，即

$$W = \frac{C_0 - C_K}{\tau_1} \tag{9-15}$$

同时，在扩散燃烧中，燃烧速度将不取决于化学反应速度，而取决于物质的扩散速度。根据传质原理，扩散速度与浓度差成正比，而与扩散时间（用 τ_3 表示该特性时间）成反比，则可写出

$$W = \frac{C_0 - C_k}{\tau_3} \tag{9-16}$$

令式（9－15）与式（9－16）相等，并考虑在纯扩散燃烧时，反应带的浓度 $C \longrightarrow 0$，则可得扩散燃烧时的发热曲线为

$$\varphi_1 = \frac{1}{1 + \frac{1}{\tau_{13}}} \tag{9-17}$$

式中，$\tau_{13} = \frac{\tau_1}{\tau_3}$，是扩散燃烧的无因次时间。

式（9－17）表明，扩散燃烧时，燃烧完全系数与温度无关，而只取决于逗留时间与扩散时间的比值。把式（9－17）画成图 9－16，可以看出，在 τ_{13} 的比较小的范围内，τ_3 对 φ 值有较显著的影响，而当 τ_{13} 增大到一定数值后，其对 φ 值的影响程度便减弱。将式（9－17）和式（9－10）加以比较可以发现，两式有相同的形式。如果是高温下的动力燃烧，τ_{12} 的数值是很大的，因而 φ 值也很大（接近于1）；此时提高 τ_{12} 对进一步增大 φ 值的作用不是很大。但是如果是扩散燃烧，τ_{13} 的数值并不甚大，所以提高 τ_{13}，例如适当延长燃烧室长度或强化混合过程，都可能增加燃烧完全系数。

扩散燃烧的散热曲线可仍按式（9－12）处理，即

$$\varphi_2 = \frac{C_p}{q \cdot C_0} \cdot \frac{E}{R}(\theta - \theta_0)$$

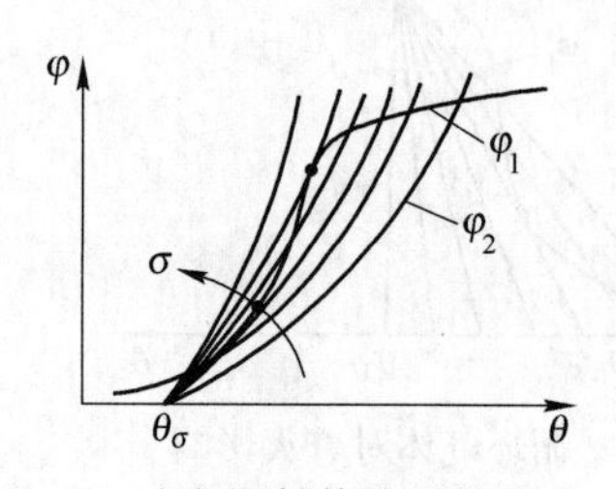

图 9－15　改变辐射传热系数的 $\varphi - \theta$ 图

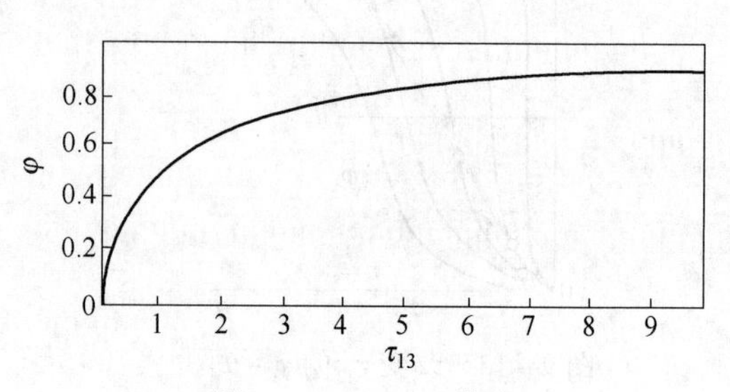

图 9－16　$\varphi - \tau_{13}$ 曲线

把扩散燃烧的发热曲线和散热曲线用前面同样的方法画在 $\varphi - \theta$ 坐标图上，如图 9－17。由该图可知，纯扩散燃烧时，φ_1 与 φ_2 只相交于一点，即总是存在一个稳定点，而不

存在临界点。由于 φ_1 与温度无关，所以当 φ_1 一定时，燃烧室内的 φ 值水平就是常数，而燃烧室内的温度水平便决定于 φ_2 的特性（例如 q 值）。这是因为扩散燃烧时，燃烧完全程度决定于混合过程，即混合越均匀，燃烧便越完全；而燃烧室内的温度则决定于热量的收支平衡水平，例如提高可燃混合物的发热量，便有可能使温度提高。另一方面，当 φ_2 一定时，改变 φ_1 则使稳定状态的 φ 值和 θ 值同时都变化。这是因为散热条件一定时，提高燃烧完全程度就会提高温度；相反，如果燃料燃烧不完全，温度便会降低；而提高燃烧完全程度的主要途径是强化混合（扩散）过程。

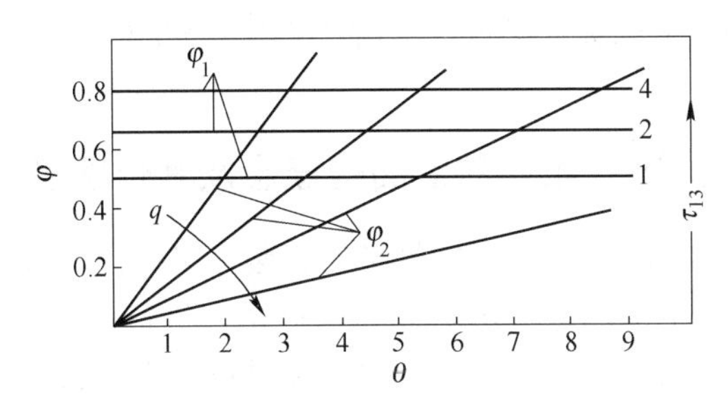

图 9－17　扩散燃烧的稳定情况

以上几节分别讨论了纯动力燃烧和纯扩散燃烧的着火过程和燃烧稳定状态。实际上，如果燃烧过程位于中间燃烧区域，那么着火过程和稳定性状态的影响因素将包括式（9－10），式（9－12）和式（9－17）之中的各因素，如温度、发热量、反应速度、混合（扩散）速度、燃烧室尺寸以及气流速度等。如果有热交换过程，那么还应该估计到热交换因素的影响。总之，按照上述热力理论分析，可以得到关于燃料的着火过程，它的临界条件和稳定水平的较明确的概念。

第十章　燃烧传播过程

燃料和氧化剂实现着火之后，在燃烧室中应保持连续的燃烧。一般工业燃烧室中，点火之后，初始点火热源便可撤去，而连续进入燃烧室的新鲜燃料和氧化剂仍能继续燃烧。这便是点火之后形成的燃烧前沿面（或称火焰前沿面）的传播结果。燃烧传播（或称火焰传播）过程可以引起稳定燃烧，也可以引起不稳定燃烧（爆震），本章仅研究稳定燃烧的过程。

第一节　燃烧前沿面的概念及其传播机理

可做一个简单的试验。在一个水平的管子中，装入可燃混合物，管子一端为开口，另一端闭口，在开口端用一个平面点火热源（如电热体）进行点火。这时可以观察到，在靠近点火热源处，可燃混合物先着火，形成一层正在燃烧的平面火焰。这一层火焰以一定的速度向管子另一端移动，直至另一端头，并把全部可燃混合物燃尽。

这一层正在燃烧着的气体便称为“燃烧前沿面”，也简称燃烧前沿。

为什么管子的一端点火之后，整个管子中的可燃混合物都会烧掉呢？这是因为靠近点火热源的一层气体被点火热源加热到着火温度进行燃烧反应之后，该层气体燃烧放出的热量，必将通过传热方式使相邻的一层可燃混合物气体温度升高而达到着火温度并开始燃烧。新的燃烧着的一层气体又会使另一层相邻的气体加热，使之着火燃烧。这样，一层一层地加热、着火、燃烧，最终使管内的可燃混合物全部烧完。在新鲜可燃混合物和燃烧产物之间，是一层正在燃烧的气体，即燃烧前沿。宏观看来，管内的可燃混合物由一端点火后能一直烧到另一端，正是燃烧前沿由一端“传播”到了另一端。

在上述燃烧前沿的传播过程中，燃烧前沿与新鲜的可燃混合物及燃烧产物之间进行着热量交换和质量交换。这种靠传热和传质的作用使燃烧前沿向前传播的过程，称为“正常燃烧”。这一命名主要是为了与“爆震”相区别。假若在前面的试验中，由管子的闭口端点火，且管子相当长，那么燃烧前沿在移动大约 5 ~ 10 倍管径的距离后，便明显开始加速，最后形成一个速度很大的（达每秒几公里）高速波，这就是爆震波。爆震波的传播是靠气体膨胀而引起的压力波的作用。这种燃烧过程称“爆震”。正常燃烧属于稳定态燃烧，爆震属于不稳定态燃烧。正常燃烧时，燃烧前沿的压力变化不大；可视为等压过程。正常燃烧时燃烧前沿的传播速度比爆震波要小得多，一般只有每秒几米到十几米。一般工业炉燃烧室中都是稳定的正常燃烧过程。

实际燃烧室中，可燃混合物不像前面实验中那样是静止的，而是连续流动的。并且，火焰的位置应该稳定在燃烧室之中，也就是说，燃烧前沿应该驻定而不移动。这一状态是靠建立气流速度和燃烧前沿传播速度之间的平衡关系来实现的。如图 10 - 1，如果可燃混合物经一管道流动，其速度分布沿断面是均匀的，点火后可形成一个平面的燃烧前沿。设气流速度为 w，燃烧前沿的速度为 u；u 与 w 的方向相反。燃烧前沿对管壁的相对位移有三种可能的情况。

（1）如果 $|u| > |w|$，则燃烧前沿向气流上游方向（向左）移动。

（2）如果 $|u| < |w|$，则燃烧前沿向下游（向右）移动。

（3）如果 $|u| = |w|$，则燃烧前沿便驻定不动。

上述平整形状的燃烧前沿是当可燃混合物为层流流动或静止的情况下才能得到的。当紊流流动时，燃烧前沿将会是紊乱的，曲折的。

通常，层流下燃烧前沿的传播速度（沿法线方向）称为“正常传播速度”或“层流传播速度”（u_L）；紊流下的传播速度称为“紊流传播速度”（u_T）或“实际传播速度”。实际燃烧过程多是在紊流下进行的。但是层流火焰的研究仍然是燃烧理论的中心问题。这是因为在层流火焰的研究中同时用流体力学和化学动力学求解了燃烧问题，而且有关在层流火焰理论中得到的结果和发展的概念等方面的知识，对燃烧中的其他许多研究都是很基本的。因此，从打好基础出发，下面重点讨论正常传播速度。

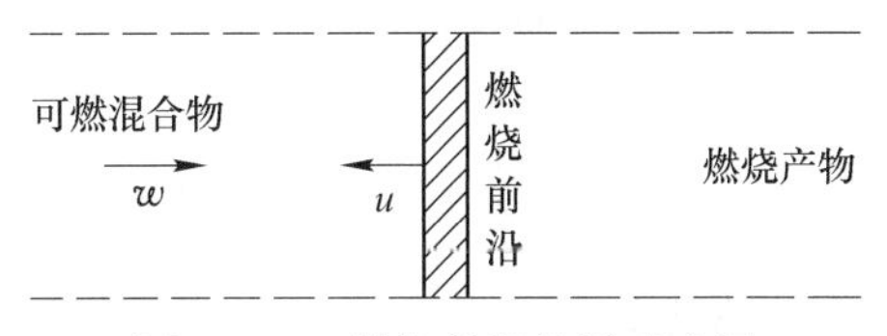

图 10－1　燃烧前沿传播示意图

关于燃烧传播的理论已有相当广泛和深入的研究。我们在本书允许的篇幅中是无法详述这些理论的，而只能根据这些理论引出说明传播速度的基本原理和基本概念。

第二节　燃烧前沿正常传播速度

燃烧前沿的传播过程包含有质量交换和热量交换过程，并含有化学反应。描写燃烧前沿的方程式应该包括导热方程和扩散方程。但是，在燃烧前沿中，由于化学反应而引起的浓度变化和温度的升高是同时进行；并且在绝热（对管壁而言）条件下，燃烧前沿中的温度场与浓度场是相似的。因此，便可以用温度变化来反应浓度变化，用求解导热方程的方法来分析燃烧前沿的性质。这样，可使问题的求解大为简化。

燃烧前沿的导热微分方程可如下建立。

假设条件：（1）在所取的坐标系中，流动是平面一维的；（2）忽略辐射传热；（3）火焰对管壁没有给热；（4）化学反应只在高温区进行。

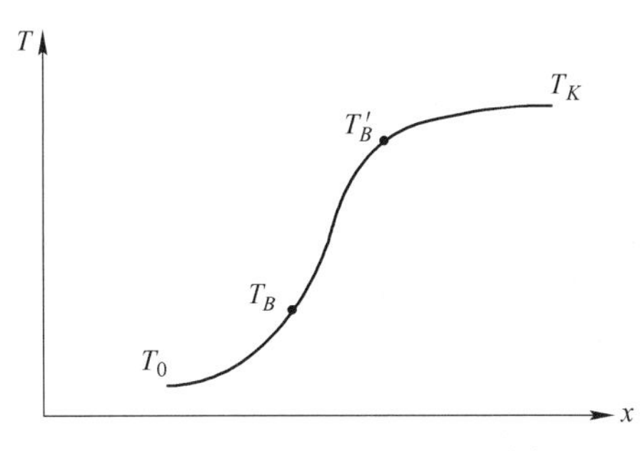

图 10－2　燃烧前沿的温度分布

图 10－2 表示平面燃烧前沿中的温度分布。将燃烧前沿分为两层，一层为预热区；另一层为反应区。根据上面假设，化学反应仅在反应区进行，其反应热量由该区通过导热传

给预热区。

设可燃混合物的初始温度为 T_0，最终达到的燃烧温度为 T_K，反应区与预热区交接处的温度为 T_B。

列出反应区的热平衡关系式。取单元体积，厚度为 dx。在该单元体（单位面积上）中的热量收入包括：

（1）化学反应放热

$$\mathrm{d}q_1 = q \cdot W \cdot \mathrm{d}x$$

式中 q——可燃混合物的发热量；

W——反应速度。

（2）由单元体的下游（$x + \mathrm{d}x$）界面向该单元体传入热量

$$\mathrm{d}q_2 = \lambda \left(\frac{\mathrm{d}T}{\mathrm{d}x}\right)_{x+\mathrm{d}x}$$

$$= \lambda \frac{\mathrm{d}T}{\mathrm{d}x} + \lambda \frac{\mathrm{d}}{\mathrm{d}x}\left(\frac{\mathrm{d}T}{\mathrm{d}x}\right)\mathrm{d}x$$

式中 λ——导热系数（假定为常数）。

由该单元体的热量支出包括：

（1）由单元体向上游边界传出的热量

$$\mathrm{d}q_3 = \lambda \left(\frac{\mathrm{d}T}{\mathrm{d}x}\right)$$

（2）该单元体温度升高消耗的热量

$$\mathrm{d}q_4 = Gc_p \left(\frac{\mathrm{d}T}{\mathrm{d}x}\right)\mathrm{d}x$$

式中 G——质量流速；

c_p——平均比热。

根据收支平衡，令

$$\mathrm{d}q_1 + \mathrm{d}q_2 = \mathrm{d}q_3 + \mathrm{d}q_4$$

代入各项，整理后可得

$$\lambda \frac{\mathrm{d}^2 T}{\mathrm{d}x^2} - Gc_p \frac{\mathrm{d}T}{\mathrm{d}x} + qW = 0 \tag{10-1}$$

式（10－1）便是估计到化学反应的燃烧前沿导热微分方程式。由于各因素，特别是化学反应速度 W 与温度 T 的关系是复杂的，因此求解式（10－1）是困难的。为了求解，必须附加近似条件。

假设化学反应只是在温度接近于最终燃烧温度的较窄范围内进行，那么反应区温度升高所消耗的热量 $\mathrm{d}q_4$ 便可忽略不计。式（10－1）变为

$$\lambda \frac{\mathrm{d}^2 T}{\mathrm{d}x^2} + qW = 0 \tag{10-2}$$

解该微分方程。令 $Y = \lambda \frac{\mathrm{d}T}{\mathrm{d}x}$，则上式为

$$Y\mathrm{d}Y + \lambda qW\mathrm{d}T = 0 \tag{10-3}$$

设化学反应的高温区间为 $T_B' - T_K$，且

（1）当 $T=T_B{}'$时，$Y=Y_1$；

（2）当 $T=T_K$ 时，$Y=Y_2=0$。

在此条件下对式（10－3）积分，可得

$$Y_1 = \sqrt{2\lambda\int_{T_B'}^{T_K} qW\mathrm{d}T} \tag{10-4}$$

Y_1 即通过（$T=T'_B$）面的热流。因为 $Y_2=0$，且在反应区温度升高而消耗的热量已忽略不计，故该热流应与反应区放出的热量（表示为单位时间、单位面积上的热量）相等。即

$$Y_1 = u_L \cdot \rho_0 \cdot q \tag{10-5}$$

式中 ρ_0——可燃混合物的密度（0℃下）；

q——可燃混合物的发热量（按单位质量计）。

令式（10－4）与式（10－5）相等，即得正常传播速度为

$$u_L = \frac{1}{\rho_0 q}\sqrt{2\lambda\int_{T_B'}^{T_K} qW\mathrm{d}T} \tag{10-6}$$

式中，qW 为单位时间单位体积的反应释热量，即单位体积的释热速度。根据化学动力学的原理，这一释热速度与温度的关系如图 10－3 所示。当温度升高时，至某一温度（本题中的 T_B'），$q\cdot W$ 急剧增加，达到一最大值；然后，由于浓度减小，$q\cdot W$ 又急剧减小而趋近于零。式（10－6）中的 $\int_{T_B'}^{T_K} q\cdot W\mathrm{d}T$ 便是该曲线下 T_B'到 T_K 之间的面积。为近似积分，根据该曲线的特点，可以看出

$$\int_{T_0}^{T'_B} qW\mathrm{d}T \ll \int_{T'_B}^{T_K} qW\mathrm{d}T$$

因此可以认为

$$\int_{T'_B}^{T_K} qW\mathrm{d}T \approx \int_{T_B}^{T_K} qW\mathrm{d}T \tag{10-7}$$

因为

$$\frac{\int_{T_0}^{T_K} qW\mathrm{d}T}{T_K - T_0} = [q\cdot W]_{\text{平均}} \tag{10-8}$$

故式（10－7）可为

$$\int_{T_B'}^{T_K} qW\mathrm{d}T = [qW]_{\text{平均}}\cdot(T_K - T_0) \tag{10-9}$$

将式（10－9）代入式（10－6），可以得到

$$u_L = \frac{1}{\rho_0 c_p}\sqrt{\frac{2\lambda[q\cdot W]_{\text{平均}}}{T_K - T_0}} \tag{10-10}$$

该式便是正常传播速度的近似表达式。

实际上各种可燃混合物的燃烧前沿正常传播速度的数值是由实验方法测定的。但是式（10－10）仍有重要的理论价值，它不仅揭示了燃烧前沿的传播机理，而且也指出了燃烧速度与各因素之间的关系，预示了实验测定的内容。

下面简要介绍正常传播速度的测定结果，以及各因素对正常传播速度的影响。

各种可燃气体的正常传播速度不同，且与浓度有关，见图 10－4。由该图可以看出，

各种气体 u_L 值相差很大。这主要是因为各种气体的导热系数相差很大，如式（10－10）所示，λ 越大，u_L 也越大。

可燃气体的浓度（或表示为空气消耗系数）也明显地影响正常传播速度，而且超过一定范围，火焰将不能传播。这和前面所讲的着火浓度界限的概念是一致的。值得注意的是，正常传播速度的最大值并不是在空气消耗系数 $n=1.0$ 的地方，而是在 $n<1.0$ 的某个地方。这就是说，当空气量不足（小于 L_0）的情况下，火焰传播速度可能最大。这是因为，在煤气浓度偏高的条件下，燃烧链锁反应的活化中心的浓度较大，因而燃烧反应进行较快，即得到较大的火焰传播速度。

混合可燃气体（例如工业煤气）的火焰传播速度（最大值）可根据单一气体的传播速度（最大值）按下式近似计算

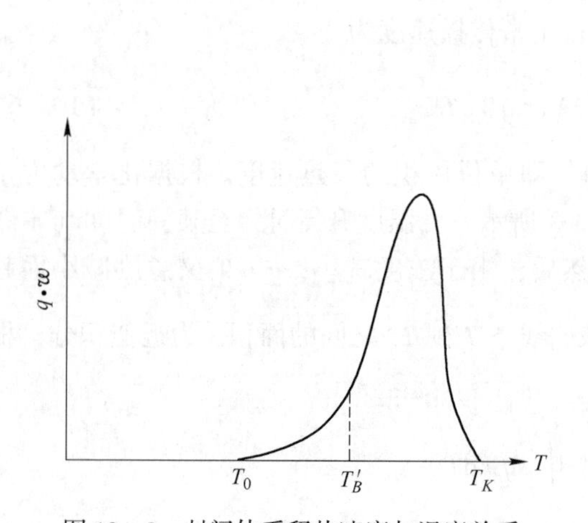

图 10－3　封闭体系释热速度与温度关系

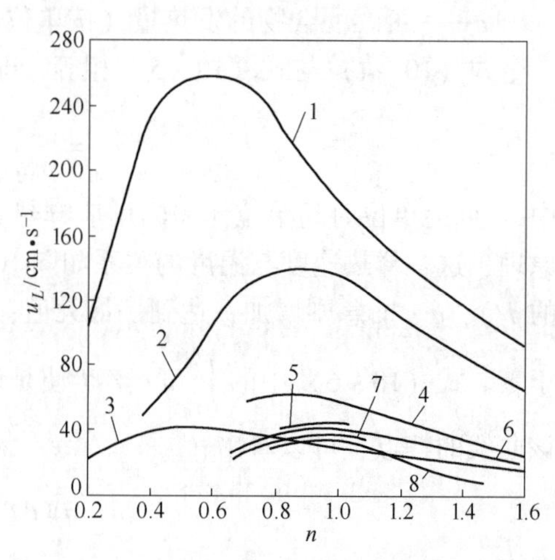

图 10－4　正常传播速度与空气消耗系数的关系

1—H_2；2—C_2H_2；3—CO；4—C_2H_4；5—C_3H_6；6—C_3H_8；7—C_5H_5；8—CH_4

$$u=\frac{\frac{p_1}{L_1}u_1+\frac{p_2}{L_2}u_2+\frac{p_3}{L_3}u_3+\cdots}{\frac{p_1}{L_1}+\frac{p_2}{L_2}+\frac{p_3}{L_3}+\cdots} \tag{10-11}$$

式中　p_1，p_2，p_3——各单一可燃气体占煤气可燃质成分的百分数；

u_1，u_2，u_3——各单一可燃气体的火焰传播速度（最大值）；

L_1，L_2，L_3——对应于 u_1，u_2，u_3 的各单一气体的浓度（百分数）。

如果煤气中含有惰性气体，则火焰的传播速度 u' 比不含惰性气体的 u 值要小。

$$u'=u\ (1-0.01N_2-0.012CO_2) \tag{10-12}$$

式中，N_2 和 CO_2 表示该气体的百分含量。

应当指出，式（10－11）不仅是近似的，而且只适用于同族可燃气体的混合物。对于含不同族的，例如含有 H_2、CO 及 CH_4 的混合气体，则用实验测定。

提高氧化剂中的含氧量，例如用富氧空气或纯氧燃烧时，燃烧传播速度将会增加。这是因为相当于减少了可燃混合物中的惰性气体。几种可燃混合物的正常传播速度与氧化剂

富氧浓度 $\omega\left(\omega=\dfrac{O_2}{O_2+N_2}\right)$的关系如图 10－5。该图为实验曲线（标准压力下）。由图可知，氧化剂中的含氧量越高，正常传播速度便越大。因此采用富氧空气或纯氧燃烧，可以显著提高燃烧强度。

提高可燃混合物的初始温度，可以增加燃烧传播速度，如图 10－6 所示。造成这一结果的原因是多方面的。在式（10－10）中，表面看来只包括一个初始温度 T_0，然而许多因素都与 T_0 有关。T_0 提高后，把可燃混合物预热到着火温度所需要的时间将缩短；燃烧反应带的温度将提高；反应速度将加快；气体的导热系数随温度升高而增加，密度随温度的升高而减小。这些因素都将导致燃烧传播速度的增加。

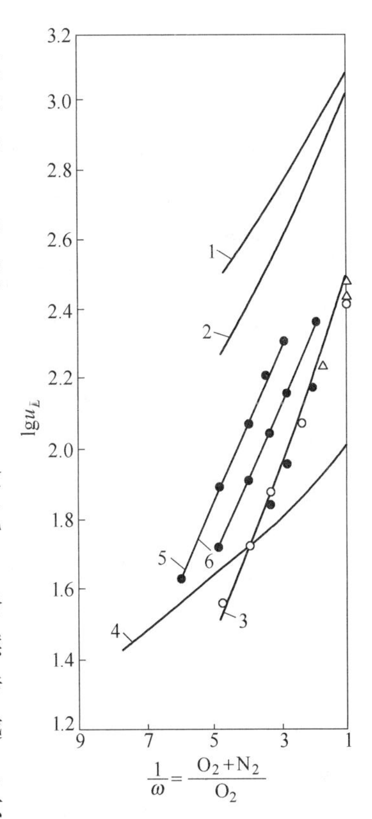

图 10－5　正常传播速度与氧化剂富氧程度的关系

1—H_2；2—C_2H_2；3—CH_4；4—CO；5—C_2H_4；6—C_3H_8

根据试验，燃烧传播速度与温度的关系可以写为

$$u_T = u_0\left(\frac{T}{T_0}\right)^n \qquad (10-13)$$

式中，u_T 和 u_0 分别表示 T 和 T_0 时的传播速度；n 为实验常数，一般为 1.7～2.0。所以，在实际中，把煤气和空气预热至高温，都可以提高燃烧速度和燃烧强度。

上述是指在绝热条件下，或者说是在散热量可以忽略的条件下而得出的结论。如果是在强化冷却的系统中，燃烧传播的速度将会减小，甚至将不能进行。以管中燃烧传播为例，管壁对系统实际上起着冷却作用。管子的直径越小，则相对冷却表面积越大。所以，当管子直径减小时，燃烧传播速度将减小，管子直径小于某一值时，燃烧将不能传播，这一直径称为“燃烧传播临界直径”或“熄灭直径”，如图 10－7 示意。当管径大到一定程度，相对散热减弱，以致可以忽略不计，此时测得的便是燃烧前沿的正常传播速度。各种可燃气体的熄灭直径可由实验方法测得。

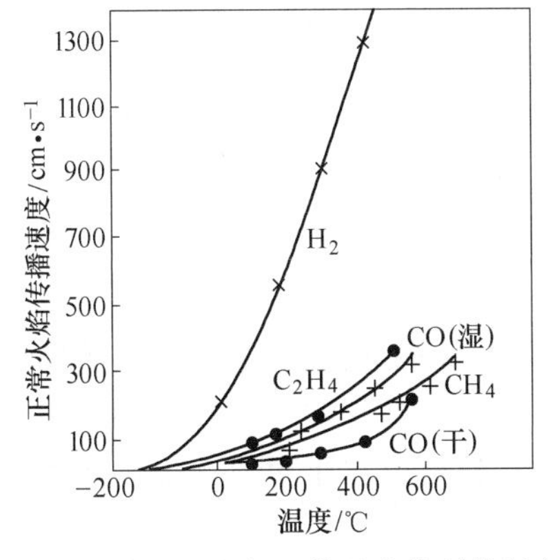

图 10－6　正常传播速度与可燃混合物预热温度的关系

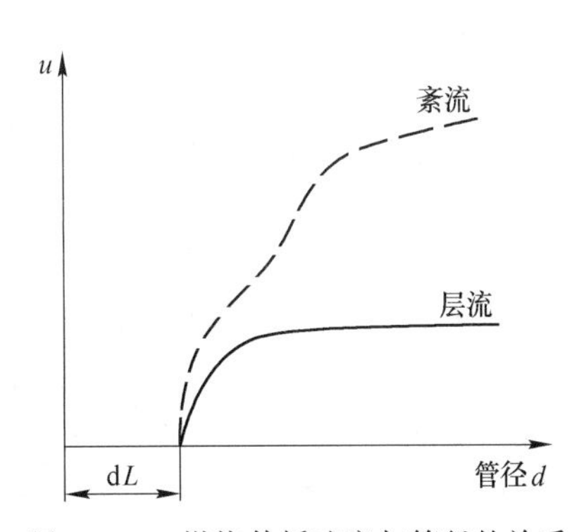

图 10－7　燃烧传播速度与管径的关系

熄灭直径概念应用实例之一，是烟气取样管的直径应该小于熄灭直径，以免烟气中的可燃成分在取样管中继续燃烧而不反映取样点的真实成分。若烟气取样管的直径大于熄灭直径，那么便应采用强制冷却的方法，使管内不致有燃烧传播。

第三节　紊流燃烧前沿的传播

由前节可知，层流燃烧前沿传播速度仅取决于预混可燃气体的物理化学性质。紊流（或称湍流）流动时，流体内的传热、传质以及燃烧过程得到加强，其燃烧传播速度将远远大于层流，且不仅与燃料的物理化学性质有关，更与流动状态有关。

紊流火焰的化学反应区要比层流火焰前沿面厚得多。此时，观察到的火焰面是紊乱的、毛刷状的，常伴有噪声和脉动。但是，为了易于分析紊流燃烧传播过程，常借用层流燃烧前沿面的概念，在火焰和未燃预混气的分界处，近似地认为存在一个称之为紊流燃烧前沿（或称火焰前沿）的几何面。

这样，紊流燃烧前沿传播速度（或称火焰传播速度）就可用类似于层流传播速度的概念来定义，即：紊流燃烧前沿传播速度是指紊流燃烧前沿法向相对于新鲜可燃气运动的速度。

研究表明，与层流相比，紊流燃烧前沿传播速度增加的原因在于以下三个因素之一或它们的综合：

（1）紊流流动可能使火焰前沿变形、皱折，从而使反应表面显著增加。但这时皱折表面上任一处的法向燃烧传播速度仍然保持层流燃烧传播速度的大小。

（2）紊流火焰中，可能加剧热传导速度或活性物质的扩散速度，从而增大燃烧前沿法向的实际燃烧传播速度。

（3）紊流可以促使可燃混合气与燃烧产物间的快速混合，使火焰本质上成为均匀预混可燃混合物，而预混可燃气的反应速度取决于混合物中可燃气体与燃烧产物的比例。

目前已有的紊流火焰传播理论都是在上述概念的基础上发展起来的，较成熟的有皱折表面燃烧理论和容积燃烧理论。

一、皱折表面燃烧理论

在紊流火焰中，如同紊流流动一样，有许多大小不同的微团在不规则的运动。如果这些不规则运动的气体微团的平均尺寸相对地小于可燃预混气的层流燃烧前沿厚度时，称为小尺度紊流火焰，反之称为大尺度的紊流火焰。

这两种类似的紊流火焰前沿模型如图 10－8 所示。由图中可见，对于小尺度的紊流火焰，尚能保持较规则的火焰前沿，燃烧区厚度只是略大于层流火焰前沿面厚度。对于大尺度的紊流，根据紊流强度不同，又可分为大尺度弱紊流和大尺度强紊流。将微团的脉动速度 u' 与层流火焰传播速度 u_L 比较，若 $u' < u_L$，则为大尺度弱紊流火焰，反之则为大尺度强紊流火焰。前者，由于微团脉动速度比层流火焰传播速度小，微团不能冲破火焰前沿面，但因微团尺寸大于层流火焰前沿面厚度，而使前沿面扭曲（如图 10－8b）。对于大尺度强紊流的情形，由于不仅微团尺寸较大，且脉动速度也大于层流火焰传播速度，故使连续的火焰前沿面被破碎（如图 10－8c）。

邓克尔给出小尺度紊流管内流动时火焰传播速度 u_T 与层流燃烧前沿传播速度 u_L 的比

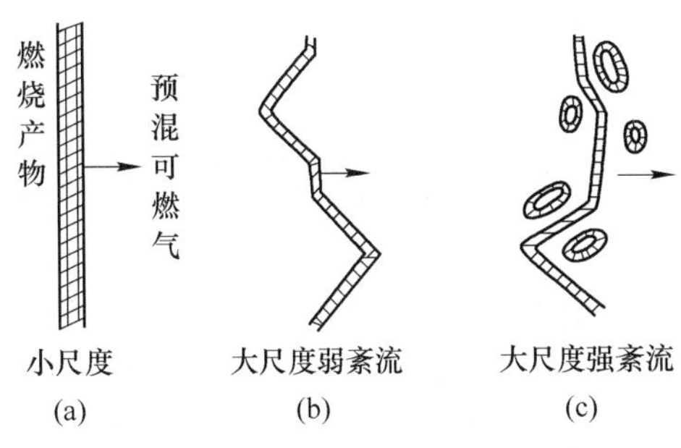

图 10－8　紊流火焰前沿示意图

值为：

$$\frac{u_T}{u_L} = \sqrt{Re} \tag{10-14}$$

说明小尺度紊流的火焰传播速度不仅与可燃混合气的物理化学性质有关（与 u_L 成正比），还与流动特性有关（与 Re 成正比）。

谢尔金进一步发展了这个模型，认为在小尺度紊流情形下，火焰传播速度不仅受到分子输运过程的影响，而且也受紊流输运过程的影响，即：

$$\frac{u_T}{u_L} = \sqrt{1 + \frac{\varepsilon}{\alpha}} \tag{10-15}$$

其中：$\varepsilon = Lu'$，为紊流扩散系数。

当火焰处于大尺度弱紊流时，由于微团尺寸大于层流燃烧前沿厚度，致使前沿面发生弯曲变形，呈连续的皱折状。皱折火焰前沿的任一微元面，在其法向的传播仍以层流燃烧前沿传播速度 u_L 向前推进。这时，由于微团不规则运动，肉眼能看到的仅是模糊的发光区，而分辨不出清晰、稳定的燃烧前沿。邓克尔认为，紊流火焰传播速度之所以比层流大，是由于紊流脉动促使火焰紊流皱折变形而使燃烧面积增大的结果，因此，大尺度弱紊流火焰传播速度将由计算皱折火焰表面积来确定。

谢尔金进一步发展了这一理论。他假设紊流火焰表面是由无数锥形组成，见图 10－9。因此紊流火焰传播速度与层流火焰传播速度之比等于微元锥体侧表面与锥体底面之比。锥的高度 h 等于紊流强度与时间的乘积。这个时间 τ 取为 $l/(2u_L)$，则圆锥高度为：

$$h = u'\tau = \frac{u'l}{2u_l}$$

由火焰面的几何学关系，可以求得：

$$\frac{u_T}{u_L} = \sqrt{1 + \frac{h^2}{l^2}} \tag{10-16}$$

进而得到大尺度的紊流火焰前沿传播速度的谢尔金公式：

$$\frac{u_T}{u_L} = \sqrt{1 + \left(\frac{u'}{u_l}\right)^2} \tag{10-17}$$

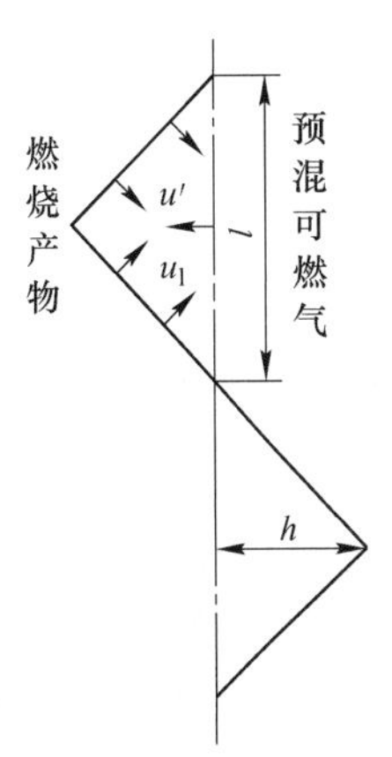

图 10－9　谢尔金假设的大尺度弱紊流火焰前沿面

由此式可见，在大尺度弱紊流情况下，紊流火焰的 u_T 值不仅与 u'有关，而且与 u_l 有关。

二、容积燃烧理论

在大尺度强紊流条件下，容积燃烧理论认为，燃烧的可燃预混气微团中，并不存在能够将未燃气体和已燃气体截然分开的正常火焰前沿面，燃烧反应也不仅仅在火焰前沿面厚度之内进行。在每个湍动的微团内，一方面不同成分和温度的物质在进行激烈的混合，同时也在进行快慢程度不同的反应。达到着火条件的微团就整体燃烧，而没有达到着火条件的微团，则在其脉动过程中，或在其他已燃微团作用下，达到着火条件而燃烧，或与其他微团结合，消失在新的微团中。容积理论还假定，不仅各微团脉动速度不同，即使同一微团内的各个部分，其脉动速度也有差异。因此，各部分的位移也不相同，火焰也就不能保持连续的、很薄的火焰前沿面。每当未燃的微团进入高温产物，或其某些部分发生燃烧时，就会迅速和其他部分混合。每隔一定的平均周期，不同的气团就会因互相渗透混合而形成新的气体微团。新的微团内部各部分也各有其均匀的成分、温度和速度。各个微团进行程度不同的容积反应的结果，达到着火条件的微团即开始着火燃烧。

三、紊流火焰传播速度的实验研究

紊流火焰传播速度值目前主要靠实验测定。

图 10－10、图 10－11 和图 10－12 举出了几个实验结果的例子。由实验结果还可分析出传播速度与各因素之间的关系。

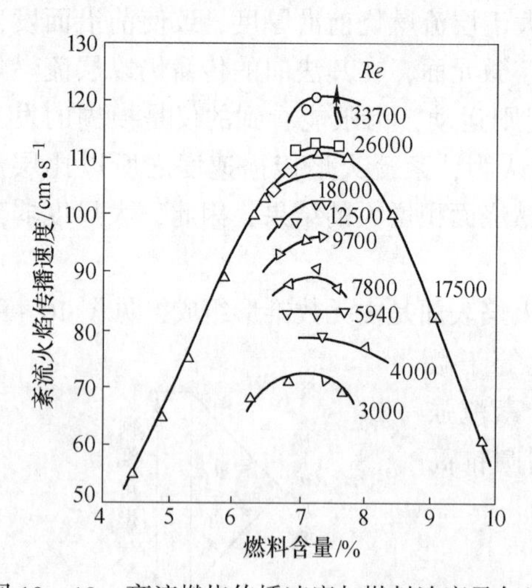

图 10－10　紊流燃烧传播速度与燃料浓度及气流速度的关系（乙烯空气混合物，烧嘴直径 9.5mm）

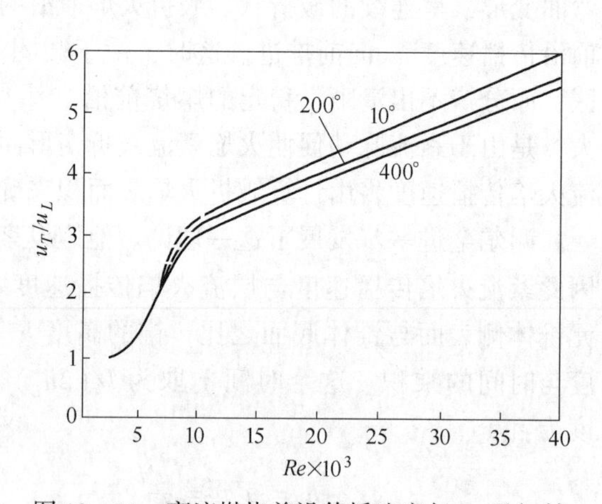

图 10－11　紊流燃烧前沿传播速度与 Re 及初始温度的关系（焦炉煤气－空气混合物）

紊流燃烧传播速度与可燃混合物浓度的关系与层流是相似的，如图 10－10 所示，即存在着前沿传播的浓度界限和最大传播速度。图 10－10 还表明，当气流速度增加时，紊流最大传播速度将显著增加。图 10－11 和图 10－12 也都表明紊流火焰传播速度与 *Re*（当管径一定时，即指气流速度）的关系，随着 *Re* 的增加，u_T 明显地增加。一般的实验表明

$$\frac{u_T}{u_L}=0.18d^{0.25}Re^{0.24}$$

图 10－11 还表明可燃混合物的初始温度对紊流传播速度的影响。该实验表明，随着 *Re* 的增加，$\frac{u_T}{u_L}$将明显地增加；而当初始温度在 10°到 400°的范围内变化时，$\frac{u_T}{u_L}$相差不过 10% 左右，例如用焦炉煤气的实验结果

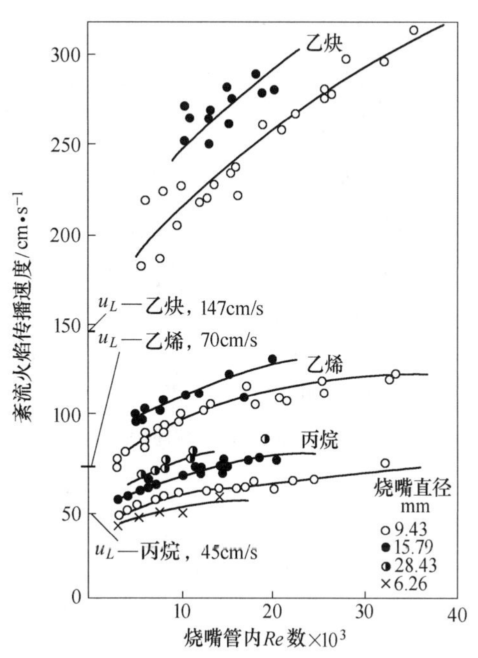

图 10－12　紊流燃烧前沿传播速度与 *Re* 及管口直径的关系

层流时：$u_L \sim T_0^{1.84}$

紊流时：$u_T \sim T_0^{1.6}$

故知：

$$\frac{u_T}{u_L} \sim \frac{T_0^{1.6}}{T^{1.04}} \sim T_0^{0.04}$$

而用城市煤气的实验结果为

$$\frac{u_T}{u_L} \sim \frac{T_0^{1.85}}{T_0^{1.74}} \sim T_0^{0.09}$$

这就是说，混合物初始温度对紊流燃烧传播速度的影响和对层流传播速度的影响一样，都是比较显著的，且由于对二者的影响程度相近，故$\frac{u_T}{u_L}$随 T_0 的变化便不十分明显。

根据已有的实验结果，为了提高实际工程中可燃预混气的燃烧速度，改善燃烧性能，可采取如下措施：

（1）使用 u_L 大的可燃预混气；

（2）提高紊流强度；

（3）提高混合气体的压力和温度。

第十一章　异相燃烧

可燃物质和氧化剂处于不同物态的燃烧过程称为异相燃烧（非均相燃烧）。固体燃料和液体燃料的燃烧便属于异相燃烧。此外，当燃烧气体燃料时，也会因分解生成碳粒（烟粒），形成异相火焰，其中烟粒的燃烧也是异相燃烧。

和同相燃烧相比，异相燃烧要复杂得多。在异相燃烧时，可燃物与氧化剂的分子接触要靠各相之间的扩散作用，燃烧速度与物理扩散过程有着更为密切的联系。同时，热的扩散（传热）也有更显著的影响。

下面仅以碳粒和油珠的燃烧为例，说明异相燃烧的基本特点。

第一节　碳的异相反应速度

在燃烧过程中，碳的反应包括初次反应（碳与氧的反应）和二次反应（碳与 CO_2 的反应及 CO 与氧的反应）。C 与 O_2 的反应及 C 与 CO_2 的反应属于在相界上进行的异相反应。

碳的异相反应可以在碳的外表面进行，也可以在碳的内部孔隙或裂缝的所谓内表面上进行。异相反应进行得愈强烈，则反应愈容易集中在外表面上；反之，则容易向内部发展。

所谓异相反应速度，指的是在单位时间内和单位反应表面上完成反应的物质的数量。其单位是 $g/(cm^2 \cdot s)$ 或 $mol/(cm^2 \cdot s)$。

异相反应一般包括以下几个阶段：

（1）气相反应介质向反应表面的传递；

（2）气体被反应表面吸附；

（3）表面化学反应；

（4）反应物质的脱附；

（5）气相反应产物从反应表面的排离。

整个异相反应的总速度决定于其中最慢阶段的速度。

一、异相燃烧的动力区和扩散区

在一般情况下，碳的燃烧和气化反应可认为是一级反应，因此，反应速度 W 可写成

$$W = k \cdot C_b \tag{11-1}$$

式中　k——反应速度常数；C_b——反应表面的反应气体浓度。

另一方面，在稳定态过程中，反应速度与反应气体向反应表面的扩散速度是相等的，即

$$W = \beta(C_0 - C_b) \tag{11-2}$$

式中　β——传质系数；C_0——介质中反应气体的初始浓度。

由式（11－1）和式（11－2），联立消去 C_b，则得

$$W = \frac{1}{\frac{1}{\beta} + \frac{1}{k}} C_0 \tag{11-3}$$

该式即为同时估计到化学反应速度和扩散速度的异相反应速度的表达式。

将式（11－3）写成

$$W = K_z C_0 \tag{11-3a}$$

式中

$$K_z = \frac{\beta k}{\beta + k} \tag{11-4}$$

称为“综合速度常数”，亦即估计到反应速度常数和传质系数在内的折算速度常数。

根据式（11－4）可以讨论化学动力学因素和物理扩散因素对异相反应速度的影响程度。

当 $k \ll \beta$ 时，例如当温度很低时，化学反应速度常数可能比气相反应介质的传质系数小得多，则由式（11－4）及式（11－3a）得

$$K_z = \frac{\beta k}{\beta + k} \approx \frac{\beta k}{\beta} = k$$

$$W = K_z C_0 = k C_0 \tag{11-5}$$

在这种情况下，反应速度取决于化学动力学因素，称异相反应处于“动力区”。图11－1表示异相反应速度与温度的关系。在动力区时，根据阿累尼乌斯定律，反应速度与温度的关系为指数关系，如图 11－1 中的曲线 1 所示。

当 $k \gg \beta$ 时，例如在高温区，且气体扩散速度较小时，反应速度常数可能远大于传质系数，则

$$K_z = \frac{\beta k}{\beta + k} \approx \frac{\beta k}{k} = \beta$$

$$W = K_z C_0 = \beta C_0 \tag{11-6}$$

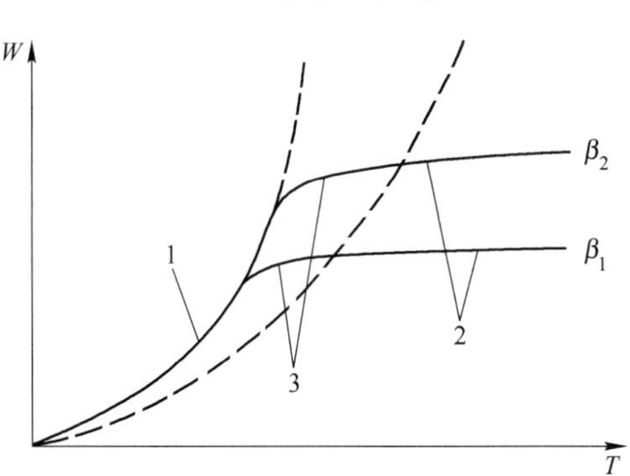

图 11－1　异相反应速度与温度的关系

1—动力区；2—扩散区；3—中间区

在这种情况下，异相反应速度取决于气相反应介质向反应表面的扩散速度，称反应处于“扩散区”。传质系数基本上与温度无关，故在扩散区内，异相反应的速度随温度的变化是不大明显的，如图 11－1 中的曲线 2。图中 $\beta_2 > \beta_1$，即传质系数越大，这时的反应速度便越大。

当 $k = \beta$ 时，则称反应位于“中间区”，此时，反应速度既与化学动力学因素有关，也与扩散因素有关。

由图 11－1 还可看出，传质系数β值越小，则过程在越低的温度下即转为扩散区。

如果反应位于动力区，则强化燃烧过程的主要手段是提高温度。

如果反应位于扩散区，则为了强化燃烧过程应该增大传质系数β。根据扩散原理，传质系数表示为

$$\beta = \frac{Nu \cdot D}{d}$$

式中 Nu——扩散过程中的努谢准数；

D——扩散系数；

d——特性尺寸。

式中的准数 Nu，对于气体介质而言，可写为

$$Nu = A \cdot Re^n$$

A，n 为实验常数。例如据实验，当 $Re > 100$ 时，$A = 0.7$，$n = 0.5$；分子扩散时，$Nu = 2$。由此可以看出，影响传质系数的因素主要是气流速度和固体的特性尺寸（如碳粒的直径）。因此，在扩散区内强化燃烧过程的主要措施是：提高气相反应介质的初始浓度；提高气流速度；减小碳粒直径。

二、内部反应

燃烧反应不仅能在固定碳的外表面上进行，而且也能在碳的内部进行。并且，当温度较低时，反应介质向固体碳孔隙内部的扩散速度可能远远大于化学反应速度，这时的反应便处于内动力区。随着温度的提高，化学反应的速度会大于内部扩散速度，这时，外表面上的气相反应介质的浓度仍等于周围介质中的初始浓度，但在固体的内部，随着距表面深度的增大，气相反应介质的浓度则逐渐减小，一直到零。这时的反应便处于内扩散区。当温度进一步提高时，内部反应速度已经远远大于内部扩散速度，但在外表面上，气相反应介质向反应表面的扩散速度仍大于化学反应速度，这时称反应处于外动力区。当温度非常高时，化学反应速度可能大到这种程度，即整个异相反应速度开始决定于反应介质向外表面的扩散速度，这时反应便转入外扩散区。

下面以球形碳粒的稳定燃烧过程为例，说明内部反应存在时的异相反应速度。

设碳粒的半径为 r_s，外表面积为 S，碳粒内部单位体积所具有的内表面面积为 S_i，则碳粒的总反应表面为

$$S + \frac{4}{3}\pi r_s{}^3 S_i = S\left(1 + \frac{r_s S_i}{3}\right)$$

当温度较低时，因为反应速度远远落后于氧气的扩散速度，所以内外表面上的氧气浓度都可以认为等于 C_b，且可以略去二次反应，只考虑初次反应。这时，碳的燃烧速度为

$$W = S\left(1 + \frac{r_s}{3}S_i\right)kC_b = S\bar{k}C_b \qquad (11-7)$$

式中，$\bar{k}$ 称为“有效反应速度常数”。

$$\bar{k} = \left(1 + \frac{r_s}{3}S_i\right)k \qquad (11-8)$$

当温度很高时，化学反应速度很快，以致氧的扩散速度远远跟不上内部化学反应的需

要，则内部表面的氧气浓度将趋近于零。这时，内部反应基本停止。碳的反应速度即为

$$W = SkC_b \tag{11-9}$$

比较式（11－9）和式（11－7），得

$$\bar{k} = k$$

由此可见，由低温到高温，碳粒的有效反应速度常数 $\bar{k}$ 比反应速度常数 k 大的那部分数值逐渐减小，由 $\frac{r_s}{3}S_i k$ 降到零，在这个温度变化范围内，由于内部反应所引起的反应速度常数的增值介于 $0 \sim \frac{r_s}{3}S_i k$ 之间，故可用 $\varepsilon S_i k$ 来表示，$\varepsilon \leqslant \frac{r_s}{3}$，量纲和 r_s 相同，称为反应有效渗入深度。若氧能完全渗入碳粒内部，各处都保持相同的浓度 C_b，则有效渗入深度 $\varepsilon = \frac{r_s}{3}$；若氧气不能渗入内部，则 $\varepsilon = 0$。故在一般情况下，当内部反应存在时，有效反应速度常数为

$$\bar{k} - k(1 + \varepsilon S_i) \tag{11-10}$$

反应速度即为（单位表面上）

$$W = k(1 + \varepsilon S_i)C_b \tag{11-11}$$

考虑到表面上的浓度 C_b 是不易确定的，故在讨论有内部反应的异相反应速度时，仍利用综合反应速度常数的概念，通过反应速度常数的折算，将问题看成是碳粒仍以周围氧气的原始浓度 C_0 在外表面上进行反应。即写成

$$W = K_z(1 + \varepsilon S_i)C_0 \tag{11-12}$$

或

$$W = \bar{K}_z C_0 \tag{11-13}$$

式中，$\bar{K}_z = K_z$（$1 + \varepsilon S_i$）称为有效综合反应速度常数。

C_0 与 C_b 的关系及 K_z 与 k 的关系，可以用下面的简化方法得出。

设有半径为 r_s 的碳粒，置于静止的反应介质中，介质的初始浓度为 C_0，在碳粒的表面和内部有稳定态的初次反应 $C + O_2$ 在进行。

因为所讨论的系统只有分子扩散，故对任何一个半径为 ξ 的球形面来说（参见图11－2），氧气的扩散量为

$$q = D\frac{dC}{d\xi}4\pi\xi^2$$

对该式求导：

$$\frac{dq}{d\xi} = \frac{d}{d\xi}\left(D\frac{dC}{d\xi}4\pi\xi^2\right) \tag{11-14}$$

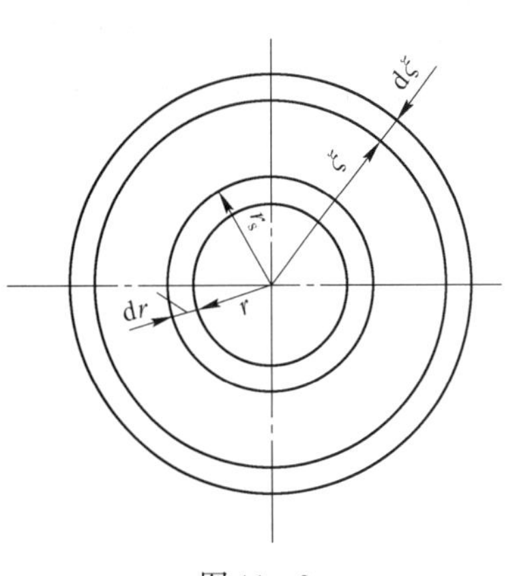

图 11－2

因设为稳定态过程，且不存在外部空间反应，故 $dq = 0$。由式（11－14）可得

$$dq = \frac{d}{d\xi}\left(D\frac{dC}{d\xi}4\pi\xi^2\right)d\xi = 0$$

即

$$D\left(\frac{d^2C}{d\xi^2}\xi^2 + 2\frac{dC}{d\xi}\xi\right)d\xi = 0$$

因为 $d\xi \neq 0$，故

$$D\left(\frac{d^2C}{d\xi^2}+\frac{2}{\xi}\cdot\frac{dC}{d\xi}\right)=0 \tag{11-15}$$

为解该式，可给出边界条件：

当 $\xi=\infty$ 时，$C=C_0$；

当 $\xi=r_s$ 时，$q=D\dfrac{dC}{dr}=k\ (1+\varepsilon S_i)\ C_b$

求解式（11-15），得表面浓度为

$$C_b=\frac{C_0}{1+\dfrac{k(1+\varepsilon S_i)r_s}{D}} \tag{11-16}$$

同时，根据等式

$$\overline{K}_z C_0 = kC_b$$

并利用式（11-16），不难得到综合反应速度常数为

$$\overline{K}_z=\frac{\overline{k}}{1+\dfrac{k(1+\varepsilon S_i)r_s}{D}} \tag{11-17}$$

或

$$\overline{K}_z=\frac{1}{\dfrac{1}{k(1+\varepsilon S_i)}+\dfrac{r_s}{D}} \tag{11-18}$$

由上述公式可以看出，减小碳粒直径，能使扩散阻力减小，从而使反应速度加大。在极限情况下，当 $r_s \to 0$ 时，$\overline{K}_z=k$。这就是说，当温度不变时，随着碳粒的烧尽，燃烧过程总是要转入动力区的。由此可知，在实际中为了保证火焰尾部的碳粒得到完全燃烧，必须保持足够高的温度。

以上分析仅适用于分子扩散的情况。当碳粒直径不大于200μm时，实验表明以上的结果是适用的。当颗粒直径较大时，颗粒运动速度不等于气流速度，需要考虑紊流扩散的影响。

三、二次反应的影响

在固体碳的燃烧过程中，二次反应是不可避免的，因此，碳的燃烧速度与温度的关系便更为复杂。实验研究表明了这一点。

图11-3是用直径为15mm的无烟煤焦炭球进行燃烧速度实验所得到的结果。由该图可以看出，这些曲线的扩散区部分与前面所讲的（图11-1）特性曲线不同。在图11-1中，扩散区的反应速度不再与温度有关，而在图11-3中，当过程转入扩散区后（1000~1100℃以后）碳的燃烧速度又随温度的升高而急剧增加。这种情况的出现便和二次反应有关。

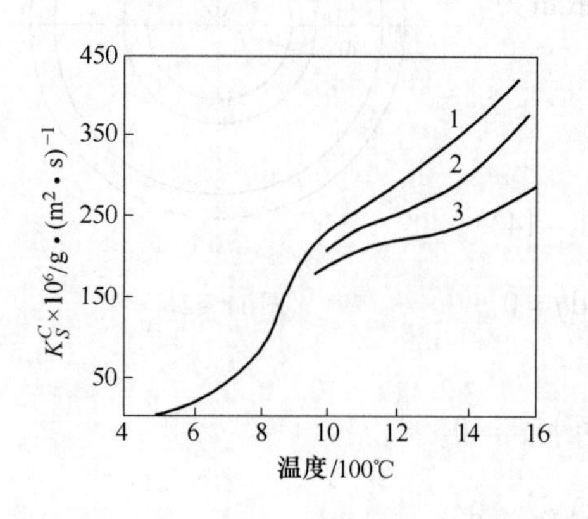

图11-3 燃烧速度与温度的关系

气流速度：（1）1m/s；（2）0.6m/s；（3）0.27m/s

据研究认为，在碳的燃烧反应中生成的 CO_2 当其处于高温反应表面附近时是不稳定的，温度越高，CO_2 越易被还原成 CO。这些二次反应派生的 CO 以及一次反应中生成的 CO 在其离开反应表面的途径上，由于遇到迎面过来的氧气而被烧成 CO_2。因此，在离开反应表面一定距离的地方，CO_2 的浓度达到最大值，如图 11－4 所示。在这一浓度梯度作用下，一部分 CO_2 又扩散到碳的反应表面上去。

这样看来，在温度足够高时，氧分子将不能直接到达碳的反应表面，而是向反应表面扩散的途中就被 CO 截获。换句话说，这时 CO_2 将作为氧的传送媒介和碳进行反应。因此可以认为，当温度达到一定高度时，碳的燃烧速度将主要决定于二氧化碳的还原反应速度。

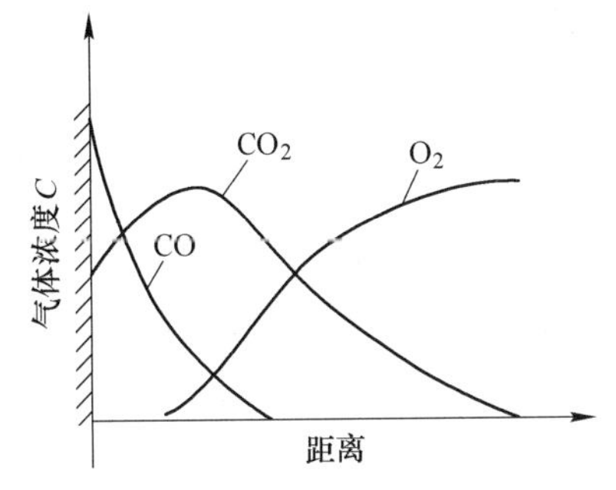

图 11－4　反应表面法线方向上气体浓度的变化

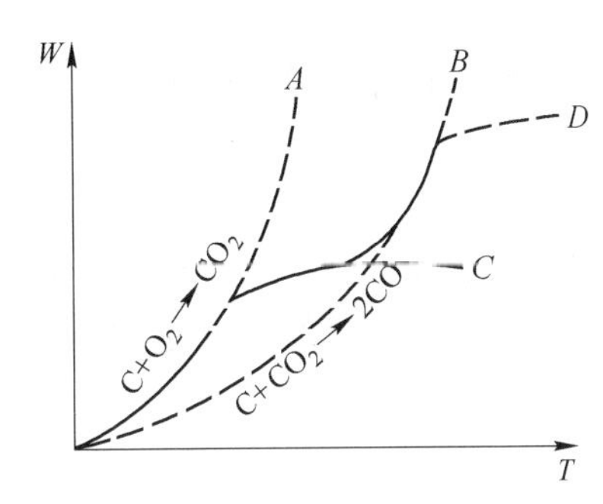

图 11－5　碳的燃烧反应机理转变示意图

上述转变情况可用图 11－5 来说明。如图所示，在低温区中，燃烧反应将沿氧化反应的动力曲线 *A* 进行。当达到 1000℃左右时，反应进入扩散区，过程沿扩散曲线 *C* 进行。随着温度的升高，CO_2 的还原反应速度加快，因而燃烧速度也随之加快。当温度升高到一定程度时，过程就开始向还原反应的动力曲线 *B* 靠拢，这时的燃烧速度将随温度的升高而急剧增加。当温度非常高时，可以预料，沿动力曲线 *B* 进行的反应将又会转而沿扩散曲线 *D* 进行。

总之，随着温度的提高，碳的燃烧将会改变它的反应机理，而且温度对碳的反应速度始终有显著的影响。

第二节　碳粒的燃烧

研究碳粒的燃烧速度和燃尽时间有重要的实际意义，因为固体燃料燃烧时，无论是固定床燃烧还是粉煤的流动床燃烧，燃料都是呈粒状的。

碳的燃烧反应速度，按表面上反应气体的消耗（例如氧气的消耗）计算，可如式（11－3）所示，即

$$W = \frac{C}{\frac{1}{k} + \frac{1}{\beta}}$$

设 m 为燃烧的碳量与消耗的氧量之比，则碳的燃烧速度为 K_S^C。

$$K_S^C = m \frac{C}{\frac{1}{k} + \frac{1}{\beta}} \text{g 碳/cm}^2 \cdot \text{s} \tag{11-19}$$

Хитрин 导出了燃烧时间与反应速度之间的关系。

设在 $d\tau$ 时间内颗粒燃烧使直径减小了 dr，则在此时间内烧掉的碳量为

$$dG = -4\pi r^2 \rho_r dr$$

式中 ρ_r——碳的密度（g/cm^3）。

因为 K_S^C 正是单位时间单位表面积上烧掉的碳量，即

$$K_S^C = -\frac{4\pi r^2 \rho_r dr}{4\pi r^2 d\tau} = -\rho_r \frac{dr}{d\tau} \tag{11-20}$$

颗粒直径由初始直径 r_0 烧到某一个直径 r 所需要的时间为

$$\tau = -\rho_r \int_{r_0}^{r} \frac{dr}{K_S^C} = \rho_r \int_{r}^{r_0} \frac{dr}{K_S^C}$$

颗粒完全烧掉的总时间为

$$\tau_0 = \rho_r \int_0^{r_0} \frac{dr}{K_S^C} \tag{11-21}$$

因为在实际中燃烧是在有一定的过剩空气的介质中进行，而不是在无限空间中进行，所以在燃烧过程中氧的浓度是逐渐减小的。氧的浓度和空气过剩系数 n 的关系很容易得到。其为

$$C = \frac{r_0^3(n-1) + r^3}{nr_0^3} C_0 \tag{11-22}$$

式中 C_0——鼓风中氧的浓度。

将各因素原值代入式（11-21），得

$$\tau_0 = \frac{\rho_r}{mC_0 D} \int_0^{r_0} \frac{nr_0^3\left(\frac{D}{k} + \frac{2r}{\mathrm{Nu}}\right)}{r_0^3(n-1) + r^3} dr \tag{11-23}$$

上式中，Nu 为常数时，计算则可以简化。设 $Nu = 2$（这正是趋近于粉煤燃烧的情况），则积分整理后得到

$$\tau_0 = \frac{\rho_r r_0^2}{2mC_0 D}\left[1 + \frac{2D}{kr_0}\frac{\phi_1(n)}{\phi_2(n)}\right]\phi_2(n) \tag{11-24}$$

式中 $\phi_1(n)$，$\phi_2(n)$ 为 n 的函数，其关系如图 11-6，当 n 趋近于无穷大时，$\phi_1 \to \phi_2 \to 1$，则得

$$\tau_{\min} = \frac{\rho_r r_0^2}{2mC_0 D}\left[1 + \frac{2D}{kr_0}\right] \tag{11-25}$$

即为在固定的介质或颗粒运动速度很小的情况下所需的最短的燃烧时间。从图 11-6 可知，n 越大，ϕ_1 与 ϕ_2 越接近，当 $\phi_1 \simeq \phi_2$ 以后

$$\tau = \phi_2(n)\tau_{\min} \tag{11-26}$$

当煤中有灰分时，设含量为 $A\%$，则

$$\tau_{\min} = \frac{100 - A}{100} \frac{\rho_r r_0^2}{2mC_0 D}\left[1 + \frac{2D}{kr_0}\right] \tag{11-27}$$

已知 $\tau_{\min}$ 时，则按式（11-26）和图 11-6 很容易求得在一般空气过剩情况下的 τ。应当看出，当 n 小于 1.5 时，燃烧时间将大为加长。

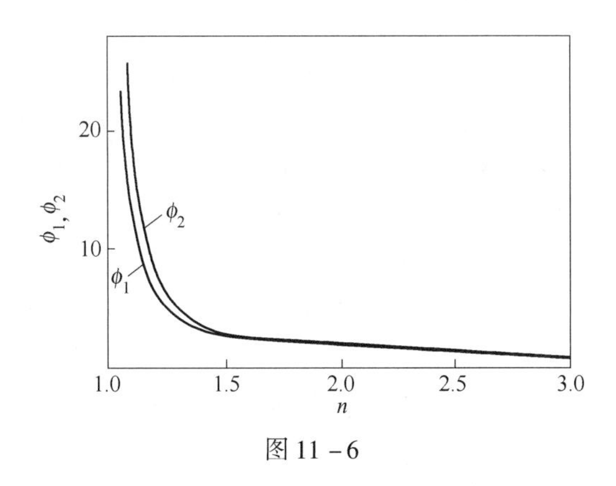

图 11－6

以上即焦炭粒燃烧所需的时间。实际上煤的燃烧过程是更为复杂的，它包括煤的干燥（析出水分）和干馏出挥发分，以及挥发分的分解，着火和燃烧，然后是剩余焦炭的燃烧。挥发物一般会先于焦炭而着火，但其燃尽过程是在焦炭开始燃烧之后才完成的。但是，总的说来，在煤燃烧所需的总时间中，焦炭的燃烧时间是主要的，可达 90% 左右。关于煤的燃烧过程将在第四篇中讨论。

第三节　油粒的燃烧

液体燃料在炉内燃烧时，大多是要将燃料油雾化成细小的颗粒喷入炉内燃烧。因此，作为理论基础，研究某个油粒（油珠）的燃烧过程及燃烧速度是必要的。

当一个很小的油粒置于高温含氧介质中时，高温下将依次发生下列变化（参考图 11－7）。

（1）蒸发　油粒受热后，表面开始蒸发，产生油蒸气。大多数油的沸点不高于 200℃，所以蒸发是在较低温度下开始进行的。

（2）热解和裂化　油及其蒸气，都是由碳氢化合物组成。它们在高温下若能以分子状态与氧分子接触，可以发生燃烧反应。但是若与氧接触之前便达到高温，则会发生受热而分解的现象。油的蒸气热解以后可以产生固体的碳和氢气。实际中烧油炉子所见到的黑烟，便是火焰或烟气中含有热解而产生的“烟粒”（或称碳粒、油烟），但是这种烟粒并非纯碳，而尚含有少量的氢。

另外，尚未来得及蒸发的油粒本身，如果剧烈受热而达到较高温度，液体状态的油也发生裂化现象。裂化的结果，产生一些较轻的分子，呈气体状态从油粒中飞溅出来；剩下的较重的分子可能呈固态，即平常所说的焦粒或沥青。例如生产中重油烧嘴的“结焦”现象便是裂化的结果。

（3）着火燃烧　气体状态的碳氢化合物，包括油蒸气以及热解、裂化产生的气态产物，与氧分子接触且达到着火温度时，便开始剧烈的燃烧反应。这种气体状态的燃烧是主要的。此外，固体状态的烟粒、焦粒等在这种条件下也开始燃烧反应。

由图 11－7 可以知道，在含氧高温介质中，油蒸气及热解、裂化产物等可燃物不断向外扩散。氧分子不断向内扩散，两者混合达到化学当量比例时，即开始着火燃烧。燃烧后，便可产生一个燃烧前沿。在燃烧前沿处，温度是最高的。燃烧前沿面上所释放的热量，又向油粒传去，使油粒继续受热、蒸发……

因此，油粒燃烧过程的特点就是存在着两个互相依存的过程，即一方面燃烧反应要由油的蒸发提供反应物质；另一方面，油的蒸发又要靠燃烧反应提供热量。在稳定态过程中，蒸发速度和燃烧速度是相等的。但是，当油的蒸气与氧的混合燃烧过程如果有条件强烈进行，即只要有蒸气存在，便能立即烧掉。那么，整个燃烧过程的速度就取决于油的蒸发速度。反之，如果相对来说，蒸发很快而蒸气的燃烧很慢，则整个过程的速度便取决于油蒸气的均匀相燃烧。所以，液体燃料的燃烧不仅包括均相燃烧过程，还包括对液粒表面的传热和传质过程。

为了分析和了解影响油粒燃烧速度的基本因素，用下面的方法可求出油粒完全燃烧所需要的时间。

设油粒的初始半径为 r_0，经过 $d\tau$ 的时间燃烧后变成 r，在此时间内由周围介质传给油粒的热量为

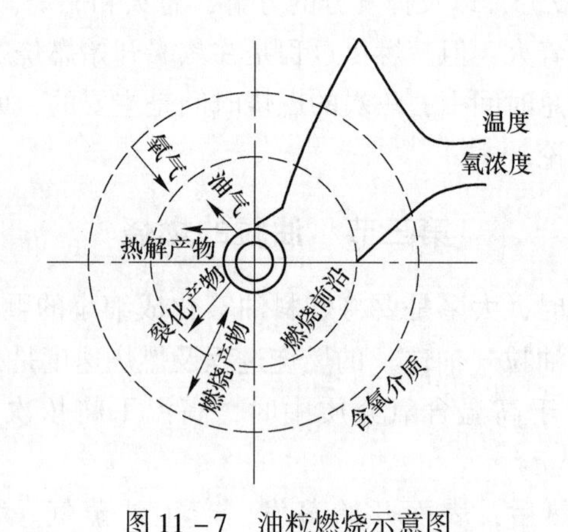

图 11－7　油粒燃烧示意图

$$dQ = 4\pi r^2 \cdot \alpha(T_1 - T_0)d\tau \quad (11-28)$$

式中　T_1——介质温度；

T_0——油粒的温度（因油粒直径很小，假设其温度是均匀的）；

α——给热系数。

这部分热量可以汽化的燃料量为

$$dG = \frac{dQ}{L} \quad (11-29)$$

式中　L——油的蒸发潜热。

设在此时间内油粒减少 dr，则又写成

$$dG = -4\pi r^2 \cdot \rho_0 dr \quad (11-30)$$

式中　ρ_0——在沸点状态下油的密度。

将式（11－28）和式（11－30）代入式（11－29）得

$$-\rho_0 \frac{dr}{d\tau} = \alpha \frac{T_1 - T_0}{L}$$

式中的 $\rho_0 \frac{dr}{d\tau}$ 正是单位时间内从单位表面上蒸发的燃料量。将该式积分，即得油粒完全燃

烧（半径由 r_0 变为0）所需的时间

$$\tau = \rho_0 L \int_0^{r_0} \frac{\mathrm{d}r}{\alpha(T_1 - T_0)} \tag{11-31}$$

此处给热系数 α 与介质（或油粒）的运动状态有关，由实验方法得出。通常实验时，得出 Nu 数与 Re 数的关系，然后由 Nu 求出 α，即

$$\alpha = \frac{\lambda}{d} Nu \tag{11-32}$$

式中 λ——气体介质的导热系数；

d——油粒的直径。

当 $Re > 100$ 时，

$$Nu = 0.56\sqrt{Re}$$

当 $Re < 100$ 时，

$$Nu = 2(1 + 0.08Re^{2/3})$$

在一些简单情况下，可将式（11－31）积分。例如，当油粒很小或相对运动速度很小时，$Nu \cong 2$，则 $\alpha = \lambda / r$；在沸腾状态下，设油的沸点为 T_K，则 $T_0 = T_K$，T_K 为一常数。在这些条件下积分式（11－31）可得

$$\tau = \frac{\rho_0 \frac{L}{\lambda}}{2(T_1 - T_K)} r_0^2 \tag{11-33}$$

该式表明，当油质一定时，油粒完全烧掉所需的时间与油粒半径的平方成正比。由此可知，油雾化越细，燃烧速度便越快。此外，油粒燃烧速度与周围介质的温度有关，周围介质的温度越高，越有利于加速油的燃烧。因此，为了强化油的燃烧过程，除了要将油雾化成细小的颗粒外，还应该保证燃烧室的高温。

第十二章 火焰的结构及其稳定

由燃烧前沿和正在燃烧的质点所包围的区域，称为火焰。这个定义是笼统的，因为所说的包围的区域有时难以划分。有的把以射流形式喷出、而形成的有规则外形的火焰称为火炬，用以和其他形式燃烧的火焰（如固定床或移动床的层状燃烧，流化床或沸腾床中的燃烧所形成的火焰）相区别。这样，形成火炬的燃烧便称为火炬式燃烧。在本课程中，我们对火焰和火炬将不在名词上严格区别，并且通常所谓的火焰，都是指有比较规则外形的火焰。

火焰可以按不同的特征进行分类。通常的分类方法有以下几种。

1. 按燃料种类分

（1）煤气火焰：燃烧气体燃料的火焰。

（2）油雾火焰：燃烧液体燃料的火焰。

（3）粉煤火焰：燃烧粉煤的火焰。

2. 按燃料和氧化剂（空气）的预混程度分

（1）预混燃烧（动力燃烧）火焰：指煤气与空气在进入燃烧室之前已均匀混合的可燃混合物燃烧的火焰。

（2）扩散燃烧火焰：指煤气和空气边混合边燃烧的火焰，油的燃烧和煤的燃烧火焰也属于扩散火焰。

（3）介于上述两者之间的中间燃烧火焰。

3. 按气体的流动性质分

（1）层流火焰。

（2）紊流火焰。

4. 按火焰中的相成分分

（1）均相火焰。

（2）非均相（异相）火焰：指火焰中除气体外还有固相或液相存在的火焰，例如粉煤火焰、油雾火焰等。

5. 按火焰的几何形状分

（1）直流锥形火焰。

（2）旋流火焰或大张角火焰。

（3）平火焰：用平展气流或其他方法形成的张角接近于180℃的火焰。

本章仅讨论均相火焰，并为讨论问题方便起见，将按照“预混火焰——层流和紊流；扩散火焰——层流和紊流”的顺序讨论。火焰结构是复杂的，本章只描述几种基本类型火焰的特征。

第一节 预混火焰

一、层流火焰

将可燃混合物通过一个普通的管口流入自由空间，形成一个射流，在射流断面中心线上流速最大。这时，点火后便可形成一个锥形火焰，如图 12－1 所示。如果可燃混合物的空气消耗系数 $n \geq 1$，则只形成一个锥形燃烧前沿。在该前沿的上游区域中为新鲜的可燃混合物；下游区域为燃烧产物；在燃烧前沿面上，大部分燃料被烧掉，燃烧前沿之后还有一个燃尽段，燃料逐渐完全燃烧。如果可燃混合物 $n < 1$，则会产生一个内锥（它是一个稳定的燃烧前沿），同时还产生一个外锥。在内锥前沿面未燃尽的燃料，靠射流从周围空间吸入空气与之混合，继续燃烧，形成明显的外锥火焰。

图 12－2 是沿火焰中心测定燃烧完全情况的一个实验例子。该实验中，可燃物为一氧化碳，空气消耗系数 $n \approx 1$，CO_2 最大值为 34.7%。由该测定结果可以看出，在距燃烧前沿 0.5mm 的地方，CO_2 已达到 28%，即大约已达到 $CO_{2\,max}$ 的 80%，说明大部分燃料已烧掉。但是剩余的燃料却要经过一段距离（该实验中大约为 45mm）才完全燃烧。

我们知道，层流射流中的断面速度分布为中心最大，边界最小，呈抛物线分布。沿流股断面燃烧传播速度，严格说来，因与温度和浓度有关也不是常数。所以锥形前沿面实际是一个曲面，在该面的某一点上，气流的法线分速度与燃烧正常（法线）传播速度相平衡。这样，也就保持燃烧前沿面在法线方向上的稳定。参考图 11－3，知

$$u_L = w\cos\varphi \tag{12-1}$$

式中，w 为气流速度。

锥形前沿的锥底联在喷口附近，锥底面比喷口断面略大一点，并会有一小段水平段。关于这一现象的机理有如下解释，因气体的压力稍高于大气压，流出后将膨胀而向外散开。边界面处的气流速度很小，燃烧前沿的传播速度由于受周围的冷却作用也很小。因而在边界处，$|u_L| = |w|$，达到直接平衡。

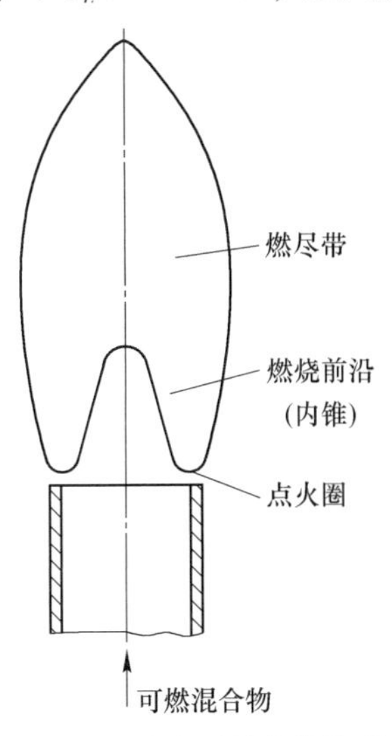

图 12－1　层流预混火焰的形状

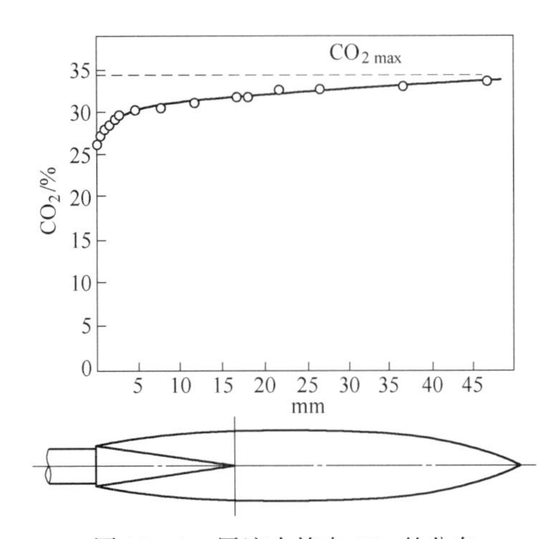

图 12－2　层流火焰中 CO_2 的分布

这一水平段很重要。点火后，这一水平段形成一个“点火圈”，火焰才能连在喷口上稳定燃烧。这是因为如图 12－3 所示，气流在切线方向的分速度 $w\sin\varphi$ 本来要使前沿面上任一质点沿切线方向移动（向上移动），如果在锥底不连续点火的话，火焰的切线方向就无法稳定而将熄灭。这个点火圈就起了连续点火的作用。为了连续燃烧，必须连续点火。这是稳定火焰的一项基本原则。

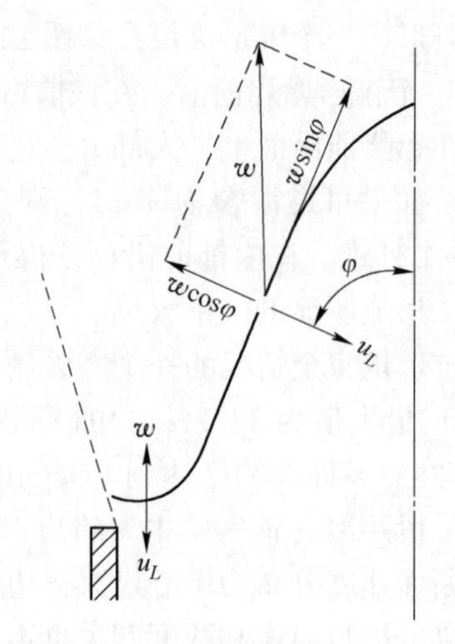

图 12-3　前沿面上的速度平衡

锥形前沿的顶峰是圆滑而不是尖的，其中心线的切线是水平线。这说明，在顶端，燃烧正常传播速度与气流速度达到直接平衡。为达到这一平衡，正常传播速度在轴线处要增大许多才能满足。由于中心处的可燃混合物受到了预热，且由位置较低的反应区有较多的活性中心扩散到顶端，因此，正常传播速度在顶端将是增大的。

锥体的高度（火焰长度）与燃烧传播速度及气流速度有关。

设锥体的高度为 l，管口半径为 r_0。在锥体表面取一微元面，该微元面在高度上的投影为 dl，在径向上的投影为 dr。

$$\tan\varphi = \frac{\mathrm{d}l}{\mathrm{d}r}$$

$$\cos\varphi = \frac{\dfrac{\mathrm{d}r}{\mathrm{d}l}}{\sqrt{1+\left(\dfrac{\mathrm{d}r}{\mathrm{d}l}\right)^2}} \tag{12-2}$$

由式（12-1）又知

$$\cos\varphi = \frac{u_L}{w}$$

故

$$\frac{u_L}{w} = \frac{\dfrac{\mathrm{d}r}{\mathrm{d}l}}{\sqrt{1+\left(\dfrac{\mathrm{d}r}{\mathrm{d}l}\right)^2}}$$

整理该式，可得

$$\frac{\mathrm{d}l}{\mathrm{d}r} = \pm\sqrt{\left(\frac{w}{u_L}\right)^2 - 1} \tag{12-3}$$

这便是锥体形状的微分方程式。为求锥体高度 l，可将式（12-3）积分。但由于沿 r 方向气流速度 w 和燃烧速度 u_L 都是变化的，对式（12-3）积分是很困难的。即使假设 u_L

为常数，并列出 w 与 r 的关系式，积分也很复杂。简单的处理方法是假设锥体为正锥体，锥体底面的半径与管口半径相等；u_L 为常数，与 r 无关；这时 $\cos\varphi$ 也为常数。气流速度应取沿断面的平均流速 $\bar{w}$。这样，式（12－1）成立，式（12－3）便可简单地解出，得到

$$l = r_0 \sqrt{\left(\frac{\bar{w}}{u_L}\right)^2 - 1} \tag{12-4}$$

式（12－4）中的 $\bar{w}$ 可以通过流量测定的办法计算出来。设流量为 q_v，则

$$\bar{w} = \frac{q_v}{\pi r_0^2}$$

式（12－4）还可用来测定燃烧传播速度。实验时，只需标定火焰高度 l，计量出可燃混合物的流量 q_v，又已知管口半径 r_0，则根据式（11－4）可计算出燃烧前沿正常传播速度为

$$u_L = \frac{q_v}{\pi r_0 \sqrt{l^2 + r_0^2}} \tag{12-5}$$

由式（12－4）可知，火焰长度随气流速度的增加而增加，随传播速度的增加而减小。换句话说，烧嘴尺寸和可燃混合物成分一定时，增加流量，将使火焰长度增加。若烧嘴流量相同，传播速度较大的可燃混合物（例如 H_2）燃烧的火焰，将比传播速度较小的（例如 CO）要短。实质上，火焰的长短代表着锥体燃烧前沿面的大小。流量增加时，需要更大的前沿面才能使之燃烧，故长度自然会延长。燃烧传播速度较大的气体燃烧时需要较小的燃烧前沿面，所以火焰长度便较短。

如上所述，锥形火焰前沿可以稳定在管口上。但这并不是说，在任何大小的气流速度和传播速度下，锥形火焰都能（以不同的火焰长度）保持稳定。事实上，预混火焰的稳定是有条件的，而且稳定性的范围比较窄，超过一定范围，便会发生回火或脱火（吹灭）。

下面研究火焰稳定的基本原理。

火焰稳定的条件是前沿面上流动速度与传播速度大小相等（方向相反）。我们前面描述的“点火圈”就是如此。该处位于边界层区域中。但是并不是在管口附近的边界层区域中都能找到速度直接平衡点。如图 12－4，假设在靠近燃烧器壁面的很薄的气层中，气流速度为线性分布。在图 12－4（b）中，直线 1～5 表示不同流量时速度分布，流量越大，速度梯度越大。曲线 2′、3′和 4′分别代表燃烧前沿位置为 2、3 和 4 时燃烧传播速度的分布（与气流速度的分布 2、3 和 4 相对应）。图上表示，在 2、3 和 4 的情况下，燃烧速度都可与气流速度有一个平衡点而使火焰稳定下来；不过火焰稳定的位置有所不同，流量越大，前沿稳定的位置距喷口越远。但是，超过了一定范围，如在 1 的情况下，任何一点的气流速度都大于燃烧速度火焰便会脱火（吹灭）；而在 5 的情况下，某一处局部的燃烧速度将大于气流速度，因而将引起回火。

根据这一原理，回火或脱火的临界条件应该和管口边缘区域中的边界速度梯度相联系。

假定气流速度分布符合管中层流分布，即

$$w = w_0\left(1 - \frac{r^2}{r_0^2}\right) \tag{12-6}$$

式中　w_0——中心最大速度。

对该式微分：

$$\left(\frac{\mathrm{d}w}{\mathrm{d}r}\right)_{r\to r_0} = -2\frac{w_0}{r_0} \tag{12-7}$$

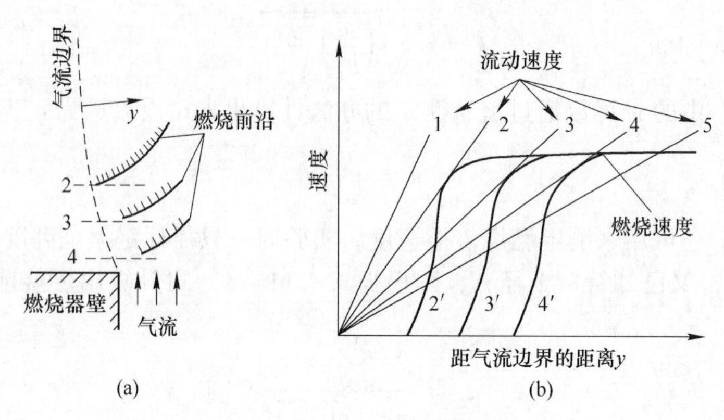

图 12-4　回火与脱火的简化说明

（a）不同流速时燃烧前沿的位置；（b）管口边缘附近的流动速度和传播速度的分布

通过管内气体体积流量 q_v 为

$$q_v = 2\pi\int_0^{r_0} wr\mathrm{d}r$$

将式（12-6）代入该式，积分可得

$$q_v = \frac{\pi}{2}w_0 r_0^2 \tag{12-8}$$

合并式（12-7）与式（12-8），便得到边界速度梯度 g 为

$$g = \left(\frac{\mathrm{d}w}{\mathrm{d}r}\right)_{r\to r_0} = -\frac{4}{\pi}\frac{q_v}{r_0^3} \tag{12-9}$$

这一结果表明，对于给定的可燃混合物，相当于给定了传播速度的分布$\left(\frac{\mathrm{d}u}{\mathrm{d}r}\right)_{r\to r_0}$，则回火的临界条件取决于 $4q_v/(\pi r_0^3)$。如果流量一定，烧嘴直径越大，g 值越小，越容易回火。如果改变烧嘴尺寸，则为了不致发生回火，混合物的流量必须与管口半径的三次方成正比地增加。脱火的临界条件也是这样，只是在数量上 g 值要更大些。

许多实验证明了可以根据边界速度梯度判断回火和脱火的临界条件。图 12-5 是其中一个典型例子。由图看出，燃料浓度越大，火焰可以稳定的 g 值范围也越大，即气流速度在很大范围内波动时仍可以稳定燃烧。在一定浓度时（接近 $n=1$）回火允许一个最大的 g 值，这是因为此时火焰传播速度具有最大值。

二、紊流火焰

当可燃混合物以紊流流动由喷口喷出时，点火后形成的火焰轮廓不像层流那样分明，但也是一个近似锥形的有一定外形的火焰。图 12-6 表示这种火焰的外形特点。

前已指出，由于紊流气体质点脉动的结果，紊流燃烧前沿不会像层流前沿那样是一个很薄的平面，而是一层较厚的，其中各种质点（新鲜的可燃混合物、正在燃烧的气体和燃烧产物）互相交错存在的气体。因此，紊流火焰可以粗略地划分为三个区域（图 12-6），中心部分 1 是未燃的可燃混合物；燃烧带 2 是可见的紊流燃烧前沿，大部分可燃气体在这一区域中燃烧；燃尽带 3 是达到完全燃烧的区域。

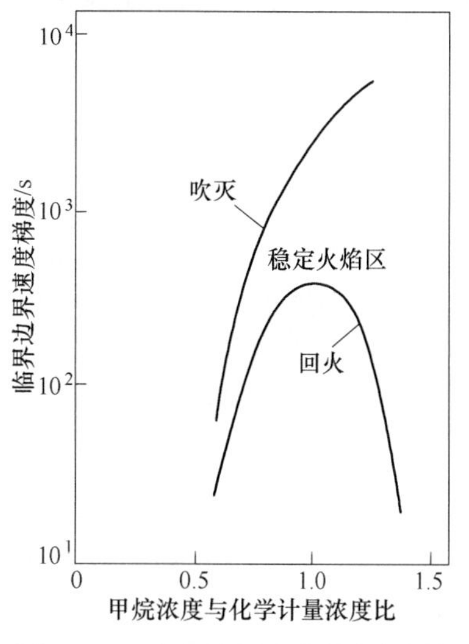

图 12－5　临界边界速度梯度与燃料浓度的关系（甲烷－空气混合物）

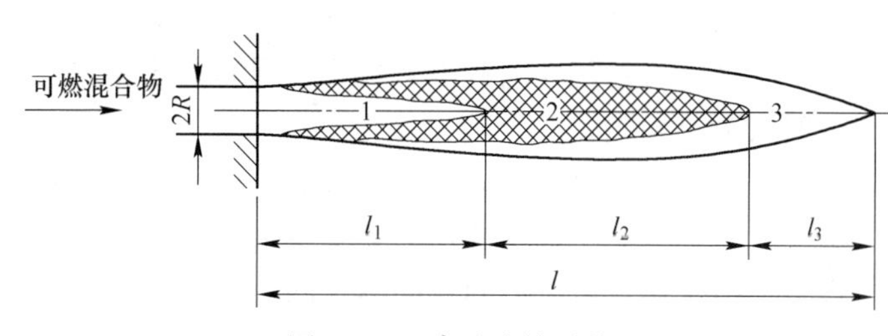

图 12－6　紊流火焰形状

紊流火焰中燃烧完全程度的分布规律可见图 12－7。该实验中以 $CO_2'\%$ 与 $CO'_{2\,max}\%$ 的比值作为衡量燃烧完全程度的指标。将该图与层流的图 12－2 加以比较可以看出，紊流时燃烧完全程度在较长的可见燃烧前沿中缓慢地（不像层流那样急剧地）增加，$CO_2'/CO'_{2\,max}$ 比值由前沿开始的 2%～3% 逐渐增加到前沿结束时的 80%～90%。

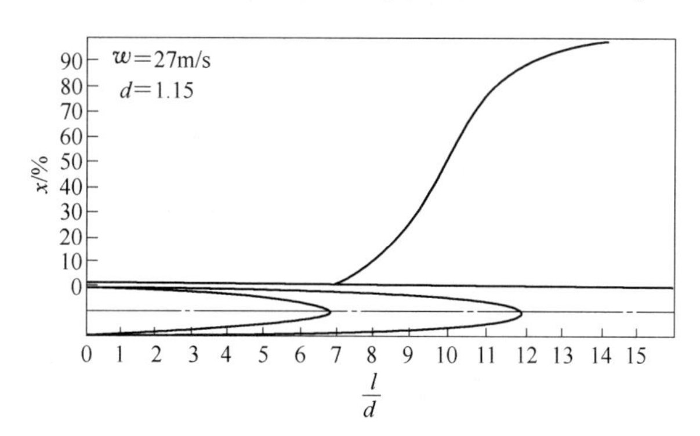

图 12－7　紊流火焰 $CO_2'\%$ 分布（燃料；城市煤气）

这种关于紊流火焰的结构描述完全是宏观的。因为大尺度紊流时，火焰是跳动的，紊乱的。就瞬时来说，火焰中某一点的成分是变化的，它可能是燃烧产物，也可能是可燃混合物。图 12－7 给出的只能是某点的平均成分。

紊流预混火焰的长度与气流速度、燃烧传播速度以及喷嘴尺寸有关。把火焰分为三个区域时，各区域的长度分别为 l_1，l_2，l_3，可以近似地写出以下关系式：

$$l_1 \cong K_1 \frac{\overline{w} r_0}{u_T}$$

$$l_2 \cong K_2 \frac{\overline{w} r_0}{u_T}$$

$$l_3 \cong K_3 w_{产} \qquad (12-10)$$

则火焰长度为

$$l = l_1 + l_2 + l_3$$

式中　K_1，K_2，K_3——比例常数，由实验测定；

$w_{产}$——燃烧产物的速度。

这些式子指出，随着气流速度的增加，火焰长度将增加；随着燃烧传播速度的增加，火焰长度将缩短。当烧嘴尺寸变大时，如果气流速度不变，则流量必然增加，因而火焰长度也将增加。在这三段中，主要是 l_1 和 l_2，而 l_3 仅占总长度的10%～15%。

紊流火焰的稳定性问题主要是脱火问题。这是因为气流速度已增大到回火临界速度之上，回火不再发生。

前面讲到层流时维持火焰不脱火的原理是在烧嘴外形成了一个点火圈。随着气流速度的增加，已不能靠点火圈提供的热源实现点火。但是为了连续燃烧，必须连续点火。紊流燃烧时，由于质点可有不同方向的脉动，正在燃烧的质团或高温燃烧产物，都可能又返回到新鲜的可燃混合物之中。这样一来，这些高温质点便起到了连续点火的热源的作用。

但是，在高强度燃烧，即气流速度更大的情况下，单靠火焰内部自然形成的回流质团的点火将不足以维持火焰的稳定。这时，通常将采用附加手段，使燃烧产物更多地循环返流到火焰根部，或采用附加的点火小烧嘴，以强化点火。稳定火焰的装置称为“稳焰器”。关于稳定火焰的具体措施将在第四篇中讨论。

第二节　扩散火焰

一、层流火焰

当煤气和空气分别以层流流动通入燃烧室时，便得到层流的扩散火焰。

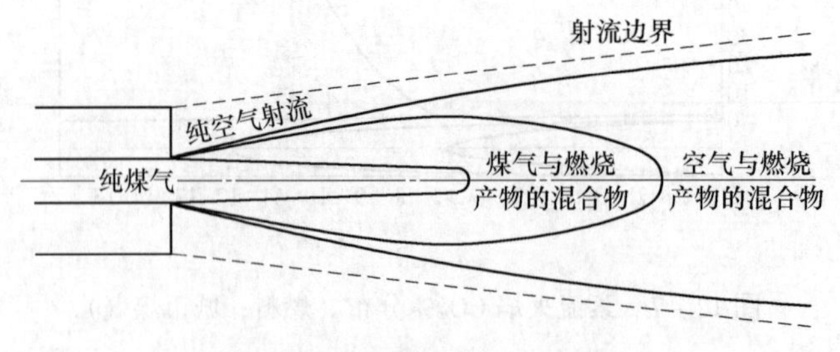

图12－8　层流扩散火焰结构

图12－8是同心射流形成的层流火焰结构。在层流下，混合是以分子扩散的形式进行的。在两个射流相接触的界面上，空气分子向煤气射流扩散，煤气分子也向空气射流扩散。在某一面上，煤气与空气相混合时浓度达到化学当量比（即空气消耗系数 $n=1$）。这时点火后，在该面将形成燃烧前沿。燃烧前沿面上生成的燃烧产物同时向两个相反的方向——中央的煤气射流和周围的空气射流——进行扩散。因此，层流火焰中便明显地分为四个区域：纯煤气区、煤气加燃烧产物区、空气加燃烧产物区和纯空气区。

这种层流火焰的燃烧强度是很小的，在工业中并不常见。但是，为了建立扩散火焰的理论基础，对层流扩散火焰结构的研究还是十分重要的。

层流火焰中的浓度分布见图 12－9。该图是 H_2 在大气中燃烧，在火焰不同高度上取样，沿径向的浓度分布。图中靠近火焰中心处还有 O_2 存在，这是气体取样分析造成的误差。这些曲线表明，燃料的浓度在中心处最大，然后沿径向逐渐减小，至火焰前沿时减为零。氧的浓度在前沿面处也为零，而向外逐渐增加至周围介质中氧的浓度。这就是说，在火焰前沿面上煤气与空气的比值为化学当量比，而且化学反应是瞬时就完成了的，因此，整个火焰结构取决于气体的扩散。

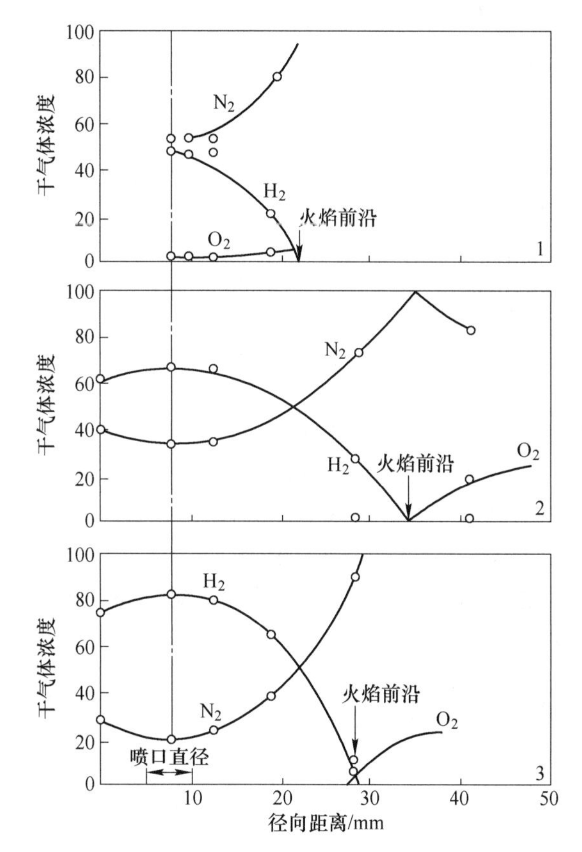

图 12－9　氢的扩散火焰的浓度分布

喷口直径—6. 35cm；喷出速度—33m/s

取样高度（距喷口）：（1）30. 50cm；（2）22. 85cm；（3）15. 25cm

层流火焰的理论最早是由 Burke 和 Schuman 提出的，简述如下。

设火焰在半径为 r、高度（长度）为 z 处的浓度为 C，气流速度为 w，气体分子的扩散系数为 D，则可以写出圆柱坐标系的扩散方程

$$\frac{\mathrm{d}C}{\mathrm{d}\tau} = D\left(\frac{\partial^2 C}{\partial r^2} + \frac{1}{r}\frac{\partial C}{\partial r}\right) \tag{12－11}$$

设为稳定态，可消去时间 τ 的因素。因 $\tau = \frac{z}{w}$，有

$$\frac{\partial C}{\partial \tau} = \frac{\partial C}{\partial z} \cdot \frac{\partial z}{\partial \tau} = w\frac{\partial C}{\partial z}$$

故

$$\frac{\partial C}{\partial z} = \frac{D}{w}\left(\frac{\partial^2 C}{\partial r^2} + \frac{1}{r}\frac{\partial C}{\partial r}\right) \tag{12-12}$$

式（12－12）便是描述层流扩散火焰的微分方程式，说明各点浓度与坐标的关系。理论工作在于给出边界条件，求解式（12－11）或式（12－12）。例如对于图12－10所示的火焰结构模型，给出以下边界条件。

当$z=0$，$0 \leqslant r \leqslant R_1$时，$C=C_1$；

当$z=0$，$R_1 \leqslant r \leqslant R_2$时，$C=C_2$

当$z \geqslant 0$，$r=0$及$r=R_2$时，$\frac{\partial C}{\partial r}=0$。

解式（12－12），可得：

$$C = C_0\left(\frac{R_1}{R_2}\right)^2 - \frac{C_2}{v_{\min}} + \frac{2R_1C_0}{R_2^2}\sum_1^{\infty}\frac{1}{\mu}\frac{J_1(\mu R_1)J_0(\mu r)}{[J_0(\mu R_2)]^2} \cdot \exp\left(-\frac{D\mu^2}{w}z\right) \tag{12-13}$$

式中 C_1——可燃气体的初始浓度；

C_2——空气中氧的初始浓度；

$$C_0 = C_1 + \frac{C_2}{v_{\min}}$$

$v_{\min}$——一个燃料分子完全燃烧所需要的氧分子数；

J_1，J_0——阶和零阶贝塞尔函数（第一类）；

μR_2——J_1的正零点，即J_1（μR_2）$=0$的正根；

w——气流速度（设煤气与空气的速度相等）。

该式表示火焰中的浓度分布，并由此可以得出火焰面的方程式。因为对于纯扩散火焰，火焰面上$C=0$。令火焰面上$r=r_f$，$z=z_f$。则由式（12－13）可得出火焰面方程式为

$$\sum_1^{\infty}\frac{1}{\mu} \cdot \frac{J_1(\mu R_1)J_0(\mu r_f)}{[J_0(\mu R_2)]^2} \cdot \exp\left(-\frac{D\mu^2}{w}z_f\right) = E \tag{12-14}$$

式中，

$$E = \left(\frac{R_2^2 \cdot C_2}{2v_{\min}R_1C_0} - \frac{R_1}{2}\right)$$

当燃烧器尺寸及介质一定（即R_1，R_2，C_1，C_2和燃料一定）时，E为常数。利用式（12－14）可以预示火焰面的形状。

此外，H. C. Hottel等人根据扩散方程采用半经验的处理方法，对于煤气在大气（静止空气）中燃烧的层流火焰（图12－11）得到如下比较简单的计算层流火焰长度的公式：

$$l = A\lg V\theta_f + B \tag{12-15}$$

式中 l——火焰长度，ft；

V——体积流量，ft^3/s；

θ_f——时间因子；

A，B——常数。

时间因子θ_f代表

$$\theta_f = \frac{D\tau}{R^2}$$

R 为喷口半径。当 D 为常数时，θ_f 的计算式为

$$\theta_f = \frac{1}{4\ln[(1 + a_f)/(a_f - a_0)]}$$

式中　a_0——烧嘴中一次空气与煤气的摩尔比；

　　a_f——完全燃烧的化学当量比。

A 值和 B 值与气流速度及喷口直径无关，而随燃料种类（随 a_f）及 a_0 而变，由实验得到。例如对于 CO，其 $a_f = 2.38$，当 $a_0 = 0$ 时，$A = 1.39$，$B = 4.91$；对于天然气，其 $a_f = 4.3 \sim 4.8$，当 $a_0 = 0$ 时，$A = 1.39$，$B = 5.09$。

由式（12－15）及实验结果表明，层流扩散火焰的长度，当燃料成分一定时，主要取决于体积流量。若流量一定，则火焰长度与直径无关；若流速一定，则火焰长度随直径的增加而增加；若直径一定，则火焰长度随流速（即随流量）的增加而增加。这些是因为扩散火焰的长度主要取决于完成混合过程所需要的时间。煤气的流量越大，该流量与空气混合（达到化学当量比）所需的时间就越长，在该时间内煤气分子将流经较长的路程，亦即火焰越长；反之，煤气流量越小，则可在较短距离内与空气混合燃烧，亦即火焰较短。

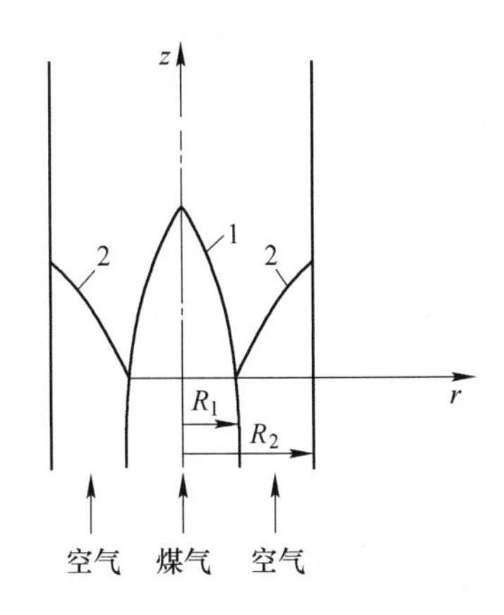

图 12－10　同心扩散火焰结构模型

1—空气过剩火焰；2—煤气过剩火焰

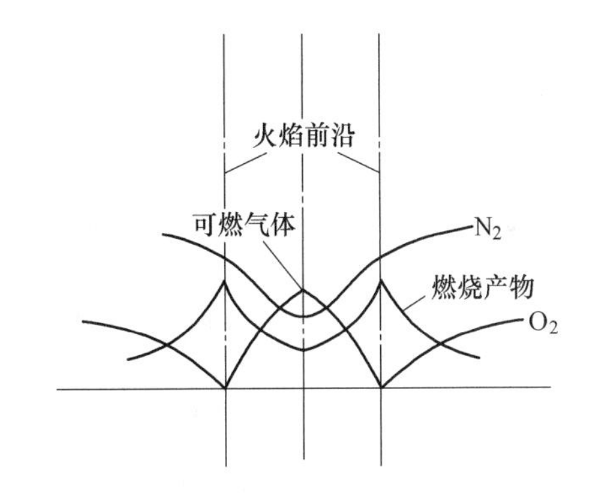

图 12－11　层流自由射流扩散火焰浓度分布模型

二、紊流火焰

增加煤气和空气的流速，可使层流火焰过渡到紊流火焰。图 12－12 是用来描述这一过程的典型图。当层流时，火焰的外形轮廓是规整的，当气流速度增加时，起初只是火焰顶部发生颤动。随着气流速度的不断增加，火焰上部变为紊流火焰。这样，在火焰高度上存在着一个“转化点”，在某一速度下，在该点之上火焰由层流转化为紊流。在层流情况下，火焰长度随气流速度差不多是成正比地增加着。然后又随气流速度的增加而减小。达到紊流火焰之后，气流速度对火焰长度便不再有明显的影响。这是因为，在紊流的情况下，气流的混合速度（紊流扩散速度）是随气流速度的增加而增加的。这样，当气流速度增加时（在烧嘴直径不变的条件下），一方面讲，这时的流量增加应使火焰变长；另一方面讲，这时的混合速度增加可使火焰缩短。这正负两方面的作用结果，便使紊流火焰长度

随气流速度的变化不明显。

根据流体力学原理知道，由层流气流变为紊流气流是由雷诺数（*Re*）决定的，一般说来，管内流动（等温）时，当 *Re* 大于 2000 时，即为紊流流动。但是人们发现，对火焰来说，变为紊流火焰的雷诺数要比此大一些，有的要大几倍。表 12－1 列举了几种燃料在一定燃烧条件下层流火焰变为紊流火焰的 *Re* 值。这是因为，燃烧放热使火焰温度升高，火焰中的气流密度减小而黏度增加，因此只有当气体以更大的 *Re* 值喷出，才会形成紊流火焰。

紊流火焰中的浓度分布比较复杂。由于紊流火焰是紊乱而破碎的，所以，各区域（纯煤气区、纯空气区、燃烧产物与煤气或空气区）之间便不存在明显的分界面，也不会存在着像层流火焰那样的可燃分子和氧分子浓度同时等于零的前沿面。

表 12－1　层流火焰转变为紊流火焰的雷诺数

	Re（$\times10^3$）
1. 氢（无一次空气）	2
2. 城市煤气（无一次空气）	3～4
3. 一氧化碳（无一次空气）	5
4. 氢（有一次空气）	5.5～8.5
5. 城市煤气（有一次空气）	5.5～8.5
6. 丙烷、乙烷（无一次空气）	9～10
7. 甲烷	3

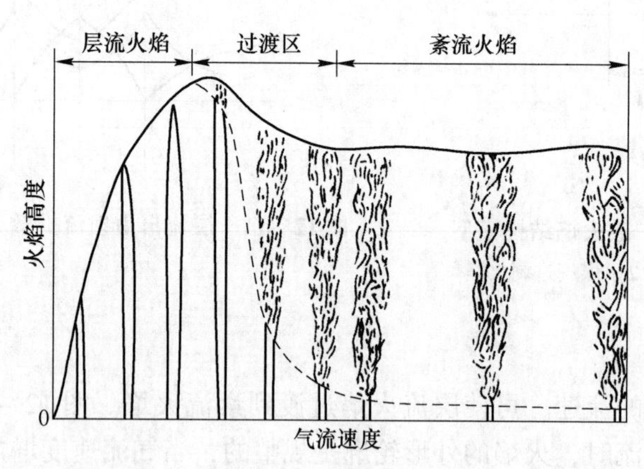

图 12－12　扩散火焰的形状随气流速度的变化

图 12－13 是紊流扩散火焰的浓度分布（氢－空气火焰）。把该图与图 12－9 相比较可以看出，紊流火焰中，由于质点的脉动，在火焰的中心还会有氧分子存在；而燃料分子浓度的变化也比较缓慢，在燃烧产物 H_2O 的浓度最大的地方，H_2 的浓度并不为零。这说明燃烧前沿不是一个很薄的面，而是一个较宽的区域。

图 12－14 是在有限空间的燃烧室测得的浓度分布和温度分布。同样，在火焰断面的某个区域中，燃烧产物的浓度（以 CO_2 的浓度表示）为最大，说明此处燃烧过程进行得

最强烈。但是在 CO_2 浓度最大的地方，O_2 的浓度并不为零，甚至在中心区域也有 O_2 存在。该图中，靠近燃烧室边缘浓度分布的变化特点是由于回流造成的。高温燃烧产物的回流，使 CO_2 的浓度增加，而使 O_2 的浓度降低。火焰中的温度分布与燃烧产物浓度分布有相似性，如图 12－14 所示，温度最高的地方，正是 CO_2 浓度最大的地方。

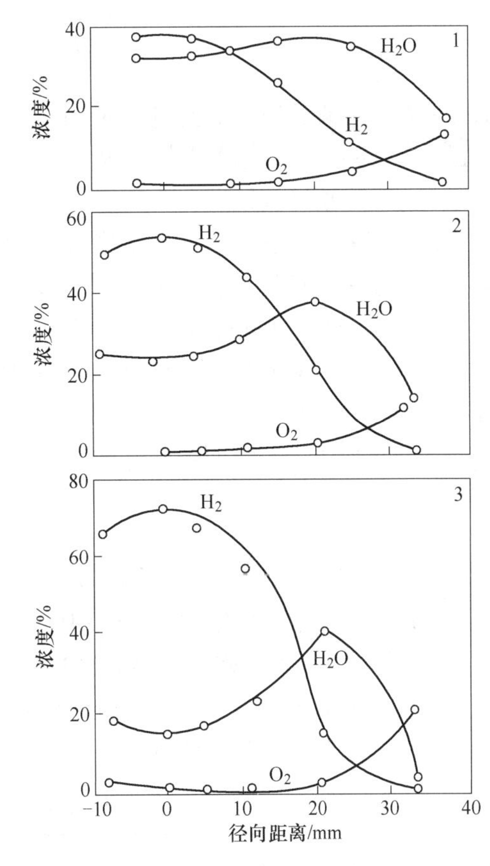

图 12－13　氢－空气紊流扩散火焰的浓度分布

喷口直径 4.8mm；煤气流速 49m/s

取样高度：(1) 31.6cm；(2) 23.0cm；(3) 15.4cm

沿火焰长度方向上的浓度分布可见图 12－15。图中 CO_2 和 CO 的浓度分布分别用 $CO_2'/CO_{2出}'$ 和 $CO'/CO_入'$ 表示（$CO_入$ 表示入口端煤气中 CO 的浓度；$CO_{2出}$ 表示出口端 CO_2 的最大浓度）。沿火焰长度，CO_2 的浓度逐渐增加，CO 的浓度逐渐减小。并且，在初始段燃烧进行比较缓慢，在某一段距离中进行较快，而在火焰尾部又缓慢进行。图中 $Q_化$ 即化学不完全燃烧热，用以反映燃烧完全程度的分布。在该图实验条件下，可以看出，在距烧嘴喷口约 500mm 处，已烧掉约 90% 的燃料；在 1000mm 处，则基本上完全燃烧，且这里便应该视为火焰的末端，即火焰长度的终点。

这样，通过测定火焰中的浓度分布，可以判断火焰中燃烧量分布，温度分布及火焰外形尺寸等火焰结构的特点。

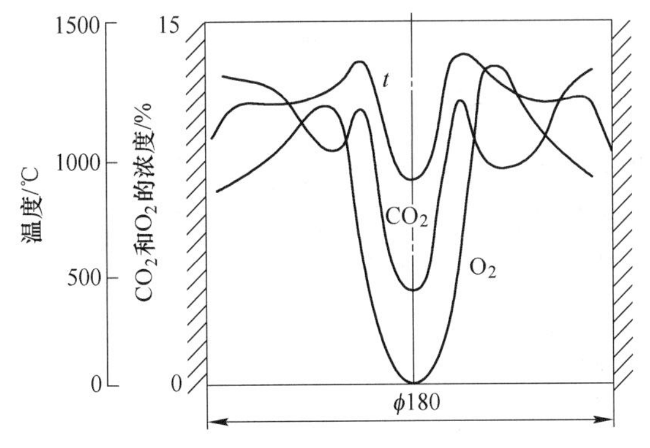

图 12－14　火焰断面上的浓度分布和温度分布

（发生炉煤气）双股同心射流，距喷口 150mm

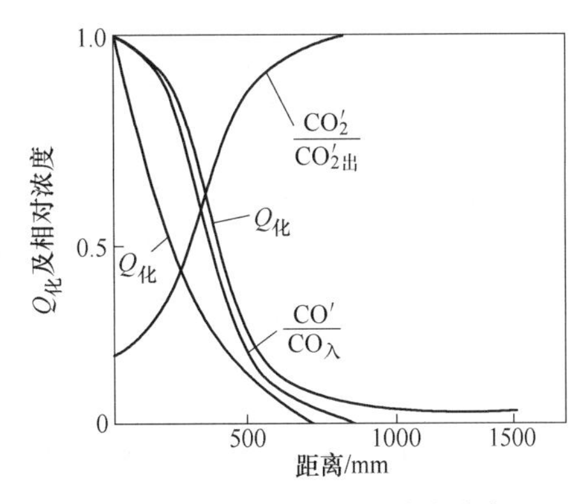

图 12－15　火焰长度上的浓度分布和不完全燃烧热量分布

在火焰结构中，火焰长度有重要的实际意义。

Семикин 根据自由射流的理论，在假定火焰长度只取决于混合过程而与化学反应速度无关的前提下，推导出了计算火焰长度的近似公式，即：

$$l \cong 11\left(1+\frac{L_0\rho_B}{\rho_g}\right)d_0 \qquad (12-16)$$

式中　L_0——理论空气需要量，m^3/m^3；

ρ_B，ρ_g——标准状态下空气与煤气的密度；

d_0——喷口直径。

由该式看出，在紊流火焰条件下，火焰长度主要取决于煤气的种类和喷口直径。例如，发热量越高的燃料，则 L_0 越大，火焰便越长。当 d_0 增加时 l 变大，这是因为，此时如果是流量一定，则必然应减小流速，此时混合便会减弱，而使火焰变长，如果是流速一定，则煤气流量必然增加，这也就必须要经过更长的路程才能与所需要的空气量相混合，亦即火焰便会拉长。

冈瑟也得出了类似的结论，计算公式为

$$\frac{l}{d_0} = 6(R+1)\left(\frac{\rho_e}{\rho_f}\right)^{0.5} \qquad (12-17)$$

式中　R——化学当量空气与燃料的重量比（例如对 CH_4 为 17.25）；

ρ_e——燃料的密度（例如对 CH_4，15℃，为 0.677kg/m³）；

ρ_f——平均烟气密度（1400℃时为 0.205kg/m³）。

烟气密度对大多数气体燃料而言是大致相同的。由式（12－17）看出，l/d_0 只取决于燃料种类。对几种燃料的计算结果见表 12－2。

表 12－2　自由扩散火焰长度

燃料气	l/d_0
CO	76
焦炉煤气	110
城市煤气	136
H_2	147
C_2H_2	188
C_3H_8	296
CH_4	200

Китаев 等人实验表明，图 12－12 所描述的规律只有在小口径烧嘴时才存在，而当口径较大时，在气流速度增加到相当大的时候，火焰长度仍随气流速度的增加而增加。研究认为，对于水平喷出的紊流自由射流火焰，火焰长度是 Fr 准数的函数，即

$$\frac{l}{d_0} = f\left(\frac{w_0}{gd_0}\right)^2$$

根据实验数据的整理，得到计算公式为

$$\frac{l}{d_0} = (13.5 \sim 14.0)\cdot K\cdot w_0^{0.34}\cdot d_0^{-0.17} \qquad (12-18)$$

式中　w_0——煤气喷出速度，m/s；

d_0——喷口直径，m；

K——实验系数，主要取决于燃料成分和发热量，如对于焦炉煤气，$K=1.0$；对于发生炉煤气，$K=0.65$。

上述都是对于自由煤气射流的计算公式。如果是双股同心射流，空气流股的速度为 w_1，那么，由于空气射流附加的紊流脉动，混合过程得到强化，火焰因而缩短。例如 Казаннев 等用不同比例的高炉－焦炉混合煤气，得到的计算公式为

$$\frac{l}{d_0} = \frac{w_0}{2.4 + 0.925w_0 + w_1}(5.6 + 0.021Q_{低}) \qquad (12-19)$$

式中 w_0——煤气速度；

w_1——空气速度；

$Q_{低}$——煤气的低发热量。

旋流火焰的长度比不旋流的要短。根据这一简单的概念，Maier 把实验结果整理为：

$$\frac{l}{d_0} = 5.3\frac{1}{C'_S}\left(\frac{\rho_\infty}{\rho_{St}}\right)^{0.5} - BS \qquad (12-20)$$

式中 C'_S——燃料在化学当量比可燃混合物中的浓度与在喷口处浓度之比值；

ρ_{St}、ρ_∞——化学当量比的可燃混合物的密度和周围介质的密度；

B——实验系数；

S——旋流数。

该式的第一项实质上就是不旋流的火焰长度的计算式。由该式可知，旋流火焰长度将减小，其减小的数值与紊流数成正比。

上述各式包括了影响火焰长度的主要因素。但必须指出，烧嘴结构形式的影响实际上是很显著的，而上述各式中并未反映这种影响，因为它们多是在结构形式不变的条件做出的实验结果。有关结构型式的影响可见第四篇。

扩散火焰的稳定性问题在实际中不像预混火焰那么突出，但这并不等于说扩散火焰不存在稳定性问题。显然，扩散火焰不会回火，但可能脱火。煤气或空气的流出速度过大、喷口直径过小，都会产生脱火。因此，也必须采取稳定火焰的措施，其原理与预混火焰的相近似，例如使高温燃烧产物回流，采用旋转气流，采用稳焰器等。总之，为提高扩散火焰的燃烧强度，必须同时保证火焰的稳定性。

三、多相燃烧火焰

（一）油雾燃烧火焰

油雾，即油雾化后生成的细小的颗粒群，通常以喷流形式（油雾炬）进入燃烧室（或炉膛）。所以实际上油并不是以单颗粒状态，而是以油雾炬的形式进行燃烧。在油雾炬中，颗粒的粒径是不均匀的。颗粒之间在热量传送和质量扩散方面均可表现出明显的相互作用，并影响着油粒的燃烧速度。就整个油雾炬而言，雾化、蒸发、热解、裂解、混合和着火燃烧各阶段没有明显的区域界限。油雾的燃烧速度及其火焰结构，不是简单的单个油粒燃烧行为的表现，而是受油粒的平均粒径、粒径分布、油粒浓度在轴向和径向的分布以及油雾与空气的混合过程的制约。

油燃烧火焰的结构比煤气燃烧的要复杂得多。图 12－16 和图 12－17 是 Chigier 等人根据实验提出的直流式空气雾化油雾火焰的物理模型示意图。这些图给人以明确的物理概念，说明在火焰的中央区域颗粒浓度较大，颗粒速度也较大。在这个区域中，由于燃料极过剩及油流的熄灭作用而使燃烧反应不能发生。在喷流边界上，可组成处于着火界限内的

混合物成分，形成扩散火焰。蒸发在火焰的内侧进行。在火焰反应区中大部分油粒应该燃尽，但一些大颗粒也可能来不及燃烧而离开主火焰。

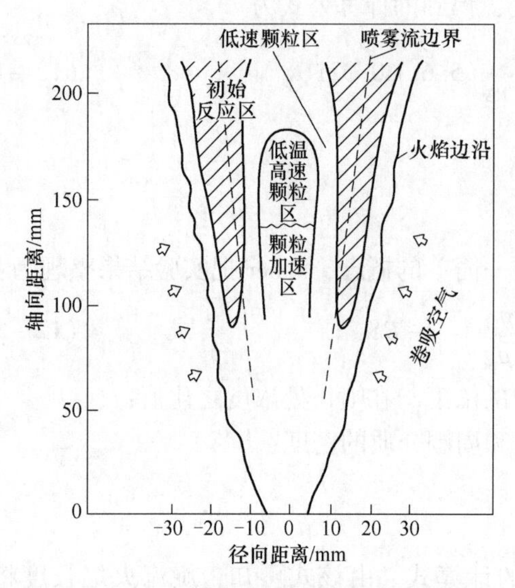

图 12－16　油雾火焰物理模型示意图

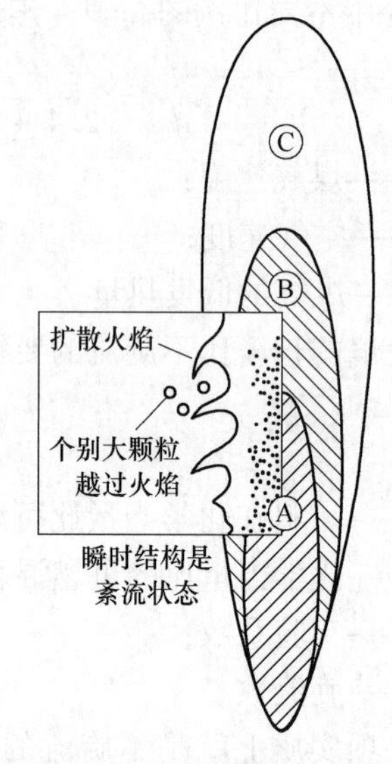

图 12－17　油雾火焰结构示意图

A—两相混合物颗粒蒸发，燃料过剩混合物生成油烟；B—颗粒浓度不大，燃料过剩的混合物 CO 浓度大；C—完全燃烧

根据高速摄影结果划出的不同颗粒在火焰中的等浓度（质量分数）线见图 12－18 及图 12－19。测定表明，在靠近喷口处（图中大约小于 150mm）大颗粒不断破碎为小颗粒，因而大颗粒逐渐减少，小颗粒逐渐增加。但一定距离（图中约大于 150mm）之后，由于小颗粒蒸发较快，因而小颗粒又逐渐减少。沿径向，在靠近喷流边界处，由于靠近火焰面，小颗粒燃烧较快，故其浓度逐渐减少。

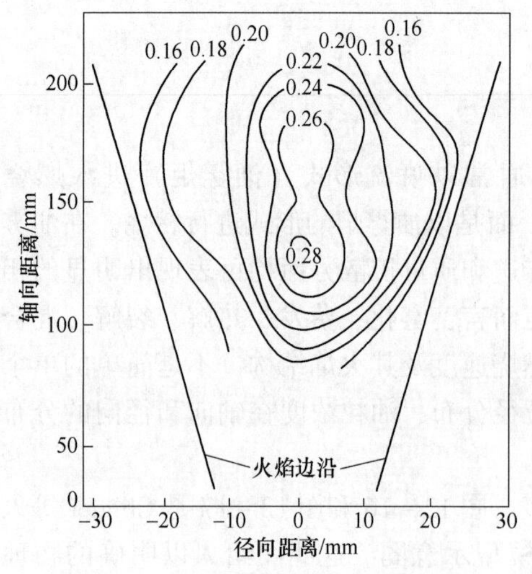

图 12－18　空气雾化火焰中小于 100μm 的颗粒等浓度线（燃料：煤油）

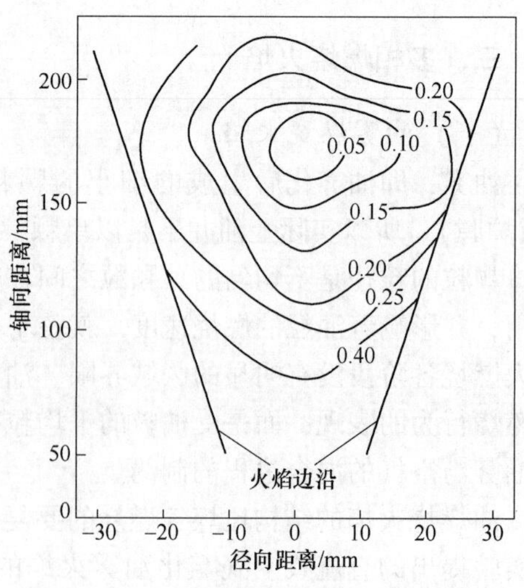

图 12－19　空气雾化火焰中大于 200μm 的颗粒等浓度线（燃料：煤油）

把油雾喷流和气体射流加以比较，可以进一步了解油雾火焰的结构特点。图 12－20 是根据不同学者的实验资料对几种射流中的速度分布加以比较。图中 $\overline{u}$ 表示时均速度；$\overline{u}_m$ 为 $r=0$ 时的 $\overline{u}$ 值；r 为径向距离；x 为轴向距离；a 为喷口至射流原点的距离。由该图看出，一般有燃烧现象时，火焰将变窄。有颗粒存在时，和等温自由射流相比，将使射流的扩张减小。这是因为颗粒有向前运动的惯性，使射流与周围气体的动量交换小于气体射流。由图看出，气体等温自由射流和煤气扩散火焰相比，速度分布相差较大；而含有颗粒的喷流和油雾火焰之间差别则较小。这说明，颗粒的存在比燃烧现象的存在对火焰结构的影响更大。

关于火焰长度的计算问题对油雾燃烧来说是比较复杂的。近年来关于油雾燃烧的流场及浓度场的理论预示计算方法已有相当的发展，但因数学模型中包含油雾特性等参数，实际运用暂时还有很多困难。一般的实验研究是企图建立火焰长度与烧嘴操作参数之间的直接联系，而避开颗粒直径等难以测定或计算的参数。

例如，对于介质雾化直流式喷嘴，Thring 和 Neuby 曾提出如下计算火焰长度的公式：

$$l=\frac{10.6r_0'}{A_s}\pm 10\% \qquad (12-21)$$

其中：
$$r_0'=\frac{(m_0+m)}{\sqrt{I\pi\rho_j}}$$

对于空气雾化

$$A_s=\frac{1+a}{15}$$

式中 m——油流量；

m_0——雾化剂流量；

I——燃料与雾化剂的总动量；

ρ_j——火焰气体的密度；

a——雾化剂单位消耗量。

为了估计到雾化角的影响，前泽又提出如下公式：

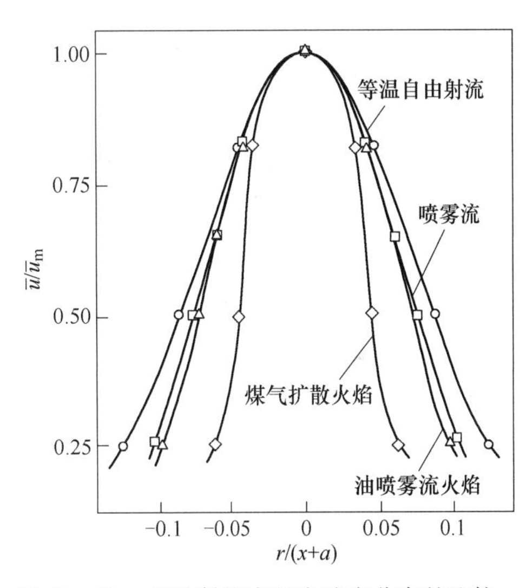

图 12－20 几种射流中径向速度分布的比较

$$l=\frac{4.66\times10^{-3}}{\sqrt{\pi\tan\theta}}\cdot\frac{1}{\sqrt{\rho_j}}\cdot\frac{m_0}{\sqrt{G}} \qquad (12-22)$$

式中 θ——雾化角的半角；

G——雾化剂喷出动量。

（二）粉煤燃烧火焰

粉煤燃烧的火焰结构与煤的性质、煤粉的粒度、煤粉的初始浓度及浓度分布、煤粉与空气的混合速度，以及周围环境温度等因素有关。煤粒的燃烧过程比碳粒复杂。煤粒在燃烧过程中将发生一系列变化，例如粘结、膨胀、析出水分和挥发物，生成焦炭，挥发物和焦炭的燃烧，生成灰分。当煤粒进入高温含氧介质的燃烧室中后，煤的热分解析出挥发物过程为快速热分解过程，即比通常挥发物测定过程要迅速得多，而且实际的挥发物产率也比煤样工业分析给出的数量要多。在火焰中挥发物可以是边析出边燃烧。挥发物析

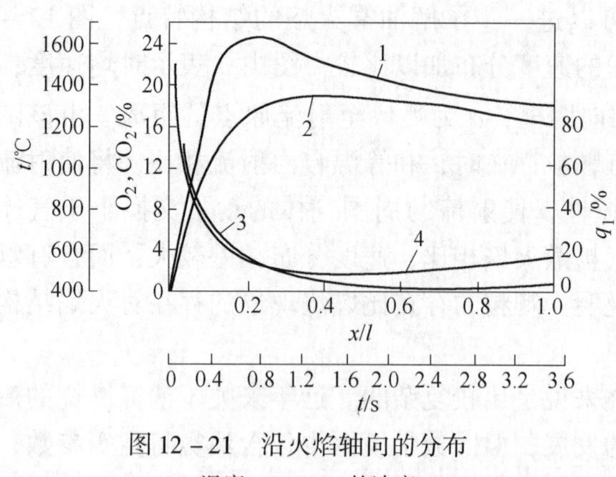

图 12－21　沿火焰轴向的分布

1—温度；2—CO_2 的浓度；

3—不完全燃烧碳的热损失；4—氧浓度

出要吸收一部分热量，可能会延迟煤粉的着火；但是反过来，挥发物在煤粒和焦炭粒周围呈气相燃烧，这对于粉煤的点火和火焰稳定又是有利的。在火焰中挥发物的燃烧和焦炭的燃烧不会有明显的界限。

图 12－21 是 Сагалова 对于材煤火焰轴向上的温度、CO_2 浓度、未燃烧的碳量（折合为热损失%）以及氧浓度的实验结果。由图可以看出，在火焰轴向上 20% ~30% 的距离内，粉煤的绝大部分已经烧掉。在这个距离上，温度达到最高值（1650℃），CO_2 的浓度达到最大值（18%）。火焰中的 C 含量及 O_2 含量在初始端均急剧下降，之后，下降缓慢，至火焰末端也不会为零值。这个测量中，煤粉在炉内的停留时间大约为 3 ~4s。

Beer 等在荷兰国际火焰研究中心对粉煤火焰进行了比较系统的实验研究，燃料包括无烟煤（$V=7\%$）和烟煤（$V=30\%$），喷嘴包括旋流、交叉射流、扩张喷口等型式；图 12－22是对于无烟煤粉煤火焰的实验结果。实验中一次空气的流速为 20m/s；二次空气为 50m/s。由图可知，随着旋流强度的增加，沿火焰长度上温度的升高，梯度急剧加大。实验中观察到，大约在 1000 ~1200℃处在轴线上形成火焰前沿面。当不旋流时（曲线 1、2）该前沿面位于距喷口 3m 处；而当最大旋流（相当于 $S=0.85$）时（曲线 5、6），火焰前沿面仅距喷口 20 ~30cm。实验发现，一次空气的旋流对火焰稳定的作用较小，但是一、二次空气均旋流时，一次空气的旋流作用有所增大。由图 12－22（b）可以看出，碳的不完全燃烧与旋流强度有关。旋与不旋大不一样，在距喷口 4m 处，不旋流的碳的含量为 35%，而旋流时则降到 5% 以下，但是，旋流强度的大小似乎影响不显著。和图 12－21 一样，在距喷口很远的地方，碳也不会完全燃尽。

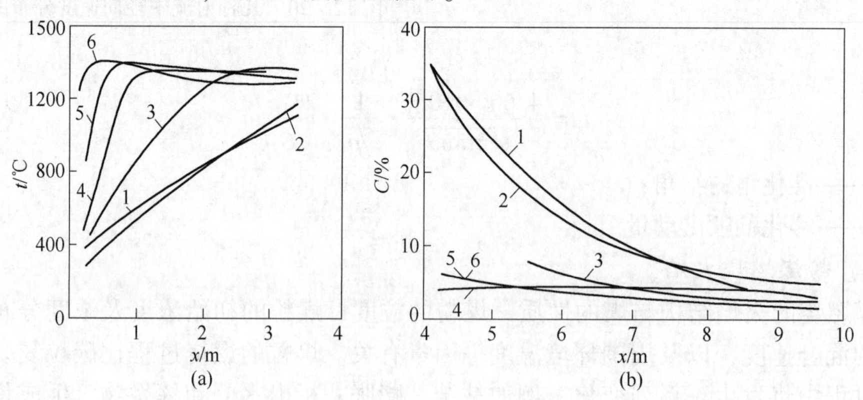

图 12－22　旋流强度对火焰长度上温度分布（a）和火焰中残碳含量（b）的影响

旋流的二次空气流量（m^3/h）为：1—0；2—0（一次空气也旋流）；3—40；

4—600；5—950；6—950（一次空气也旋流）

粉煤燃烧的火焰长度取决于煤粒燃烧所需的时间和在该时间内煤粒运动的轴向距离。

由于影响因素非常复杂，对这二者进行严格计算，从而得出火焰长度的完整的表达式是十分困难的，目前尚只能建立经验的或半经验的计算公式。

例如，Saji 对于粉煤自由射流火焰，假设燃烧速度远大于紊流混合速度（相当于高挥发分煤，颗粒极小的情况），得到火焰长度 l_f 的如下公式：

$$l_f = 10.8D_0(-\lg\varphi)\cdot\sqrt{\frac{\rho_{sf}}{\rho_{fc}}}\left[1.29(1-\varphi')\cdot\frac{V_0}{M_w}+\varphi'\right]+\beta' \qquad (12-23)$$

式中　D_0——烧嘴喷口直径；

ρ_{sf}，ρ_{fc}——火焰中气体和喷口处流体的密度（标准状况下）；

V_0——理论燃烧产物生成量；

M_w——一次空气与燃料流量之比；

β'——由喷口算起的点火距离；

φ——燃烧不完全系数（由 β' 到火焰射程）。

$$\varphi' = (1-\varphi)/[2.3(-\lg\varphi)]$$

对于限制空间的粉煤火焰，Ruhland 在对回转窑的粉煤火焰长度计算时，提出了如下公式：

$$\frac{L_f}{d_0} = K^{0.5}\left[3.21\left(\frac{2}{3}+B_p\right)+3.862\left(\frac{1}{n_p-1}\right)^{0.442}\exp(a+b)\right] \qquad (12-24)$$

式中：

$$K = \frac{m_p + m_s}{\left(\frac{m_p}{\rho_p}+\frac{m_s}{\rho_s}\right)\rho_f};$$

$$a = 2.12\frac{m_s}{m_p}\left(\frac{d_0}{D-d_0}\right)^{1.245};\ b = 0.1052\frac{D-d_0}{d_0}$$

L_f——火焰长度，m；

d_0——烧嘴喷口直径，m；

B_p——理论空气需要量（包括二次空气和输送煤粉的一次空气），kg/kg；

n_p——二次空气量与 B_p 之比；

m_p——一次射流的质量流量，kg/s；

m_s——外围射流的质量流量，kg/s；

ρ_p——一次射流（空气与煤粉的混合物）的密度，kg/m^3；

ρ_s——二次空气的密度，kg/m^3；

ρ_f——火焰顶点的气体密度（理论燃烧温度下），kg/m^3；

D——回转窑内径，m。

上述公式，和通常的经验公式一样，适用条件是有限的，但可以从中了解影响粉煤火焰长度的主要因素，作为设计和研究的参考。

第四篇　燃烧方法与燃烧装置

用来实现燃料燃烧过程的装置称为燃烧装置。工业炉燃烧装置的基本用途就是在炉子中合理组织燃料的燃烧过程，以保证炉子的工作合乎工艺、技术和经济上的要求。燃料的燃烧方法和燃烧装置的合理结构对炉内的热工过程有着直接和极为重要的影响。

作为一种燃烧装置，应具备以下的性能：

(1) 在规定的负荷条件下保证燃料的合理燃烧和燃烧过程的稳定；

(2) 能组织火焰，使火焰具有一定的方向、外形、刚性等；

(3) 具有足够的燃烧能力；

(4) 结构简单，使用方便，坚固耐用。

由于固体、液体和气体燃烧的过程各有特点，因而其燃烧方法和燃烧装置也各有不同。即使同一种燃料，也往往由于炉子的工艺要求或热工过程的不同而采用不同的燃烧方法和装置。下面将对气体燃料、液体燃料和固体燃料的燃烧方法和燃烧装置分别加以叙述。关于燃烧装置，本篇只讨论工作原理和基本性能，有关型号尺寸和结构设计问题，可参阅有关设计手册。

第十三章　气体燃料的燃烧

第一节　概　　述

工业炉使用的气体燃料种类很多，在燃烧方法和燃烧装置上，既有有焰燃烧法和各种低压有焰烧嘴，也有无焰燃烧法和各种高压无焰烧嘴。但从本质上看，任何一种煤气的燃烧过程基本上都包括以下三个阶段：

（1）煤气与空气的混合；

（2）混合后的可燃气体的加热和着火；

（3）完成燃烧化学反应。

煤气与空气的混合是一种物理过程，需要消耗能量和一定的时间才能完成。

混合后的可燃气体，只有加热到它的着火温度时才能进行燃烧反应。在工业炉的燃烧条件下，点火以后，可燃气体的加热是靠其本身燃烧产生的热量而实现的。

燃烧化学反应是一种激烈的氧化反应，其反应速度非常之快，实际上可以认为是在一瞬间完成的。

因此，在工业炉（特别是高温冶金炉）的燃烧条件下，影响煤气燃烧速度的主要矛盾不在燃烧反应本身，而在煤气与空气的混合以及混合后的可燃气体的加热升温速度方面。换句话说，工业炉内的燃烧不单纯是一个化学现象，而是一个物理和化学的综合过程。而其中物理方面的因素（气体的混合与加热）对整个燃烧过程起着更为重要的作用。

根据煤气与空气在燃烧前的混合情况，可将煤气燃烧方法分为三种：（1）有焰燃烧法；（2）无焰燃烧法；（3）半无焰燃烧法。

如果煤气和空气在燃烧装置中不预先进行混合，而是分别将它们送进燃烧室中，并在燃烧室中边混合边燃烧，这时火焰较长，并有鲜明的轮廓，故名有焰燃烧。有焰燃烧属于扩散燃烧。

反之，如果煤气和空气事先在燃烧装置中混合均匀，则燃烧速度主要取决于着火和燃烧反应速度，没有明显的火焰轮廓，是为无焰燃烧。无焰燃烧属于动力燃烧。

如果在燃烧之前只有部分空气与煤气混合，则称为半无焰燃烧。

有焰燃烧法的特点是燃烧速度主要取决于煤气空气的混合速度，与可燃气体的物理化学性质无关，烧嘴能力范围较大，火焰的稳定性较好。当用有焰燃烧法燃烧含碳氢化合物较多的煤气时，由于可燃气体在进入燃烧反应区之前，及进行混合的同时，必然要经受较长时间的加热和分解，因此在火焰中容易生成较多的固体碳粒，火焰黑度较大。其次，有焰燃烧法可以允许将空气和煤气预热到较高的温度而不受着火温度的限制，有利于用低热值煤气获得较高的燃烧温度和充分利用废气余热节约燃料。由于以上特点，有焰燃烧法至今得到广泛采用，尤其是当炉子的燃料消耗量较大，或者需要长而亮的火焰时，都采用有焰燃烧法。

所谓气体燃料的无焰燃烧，指的是煤气和空气在进入炉内之前就已经混合均匀，因此它的燃烧速度比有焰燃烧要快得多，整个燃烧过程在烧嘴砖（即燃烧坑道）内就可以结束。火焰很短，在炽热的燃烧坑道背影下，甚至看不到火焰，所以叫无焰燃烧。无焰燃烧的主要特点是由于空气和煤气预先混合，所以空气过剩系数可以取小一点，一般为1.02～1.05。其燃烧速度快，燃烧空间的热强度（指1m^3燃烧空间在1h内燃料燃烧所放出的热量，单位是W/m^3），比有焰燃烧大100～1000倍之多。高温区比较集中，而且由于所用的过剩空气量少，所以燃烧温度比有焰燃烧时高。由于燃烧速度快，煤气中的碳氢化合物来不及分解成游离碳粒，所以火焰的黑度比有焰燃烧时小。煤气和空气预先进行混合，所以它们的预热温度都不能太高，原则上不能超过混合气体的着火温度，实际上一般都控制在500℃以下；为了防止回火和爆炸，烧嘴的燃烧能力不能太大。

第二节　有焰燃烧

有焰燃烧的燃烧速度主要取决于煤气与空气的混合速度，因此强化燃烧和组织火焰的主要途径是设法改变煤气空气的混合条件，这在很大程度上是通过改变燃烧器（或称烧嘴）的结构来实现的，例如：（1）将煤气和空气分成很多股细流；（2）使空气和煤气以不同角度和速度相遇；（3）利用旋流装置来强化气流的混合等。

图13－1给出了五种不同结构的烧嘴在同一使用条件下所得到的火焰长度。所有烧嘴的煤气量都等于35m^3/h，煤气发热量为15750kJ/m^3，空气流量为130m^3/h。图13－1纵坐标为每m^3燃烧产物中的氧气浓度（m^3/m^3）。

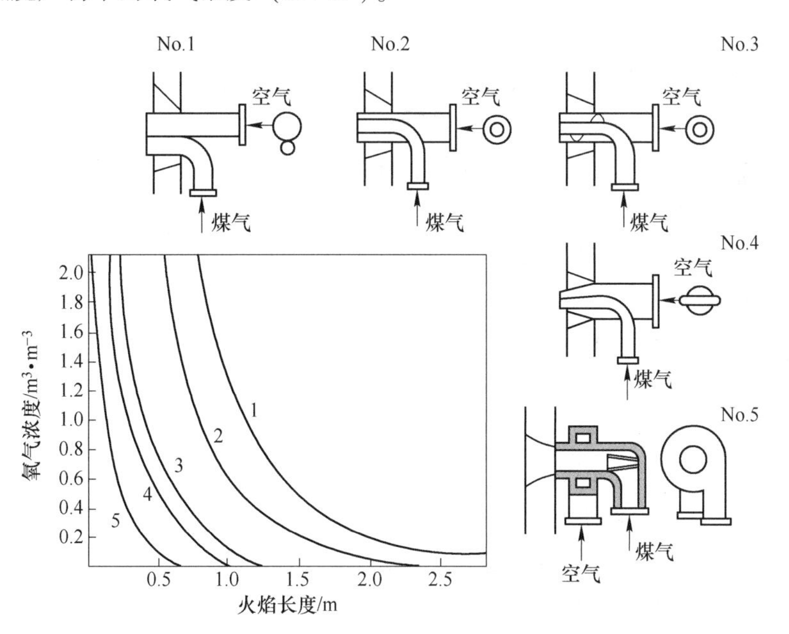

图13－1　烧嘴结构对火焰长度的影响

当煤气和空气成两股并列气流分别送到炉内时（No.1），混合条件最差，火焰最长。

当喷出速度不变，但煤气和空气以两股同心射流的方式送到炉内时（No.2），混合条件较前有所改善，火焰较短。如在空气通道中装设旋流导向叶片（No.3），则火焰会更短。

缩小出口断面增大气流出口速度，并使煤气空气流以一定角度相遇，则更有利于混合（No.4）。

最后，如使煤气和空气在烧嘴内部预先进行部分混合（半无焰燃烧），则可以得到更短的火焰（No.5）。

必须指出，任何一种烧嘴的工作都是为了满足一定生产条件的要求，每一种烧嘴的产生和发展都有它的具体条件，因此我们不能脱离烧嘴的使用条件孤立地评论烧嘴的结构合理与否，更不能片面地根据火焰的长短来区分烧嘴工作的好坏，而是应当看它是否能够适应和满足具体生产条件对火焰特性的要求而定。例如，火焰形状及其温度分布能否满足加热工艺的要求；烧嘴负荷的调节范围能否满足炉子供热制度的要求等。在某种使用条件下认为是比较好的烧嘴在另一种生产条件下就可能完全不能使用。因此我们在选择烧嘴和分析其结构特性时，必须和烧嘴的使用条件结合起来。一般来说，一个性能良好的烧嘴主要应满足使煤气和空气进行充分混合，或为混合提供必要的条件；在规定的负荷变化范围（调节比）内保证火焰的稳定，既不脱火也不回火；并能保证在规定的负荷条件下燃料的完全燃烧。

有焰烧嘴结构的主要部件是喷头部分，它的尺寸和形式不但要保证煤气和空气以一定的流量和速度进入燃烧室（或炉膛），而且要创造煤气和空气相混合的一定的条件，例如使它们呈交叉射流或旋转射流等，以便得到炉子所要求的一定特性的火焰。有的烧嘴也在喷头之前采取结构措施（例如使气体切向进入）以强化气流混合。

有焰烧嘴的具体结构型式繁多。为便于掌握各种烧嘴的基本特点，可将有焰烧嘴按下列特征进行分类。

1. 按煤气的发热量分类

（1）高发热量煤气烧嘴（天然气、焦炉气、石油气烧嘴）；

（2）中发热量煤气烧嘴（混合煤气烧嘴）；

（3）低发热量煤气烧嘴（发生炉煤气、高炉煤气烧嘴）；

2. 按烧嘴的燃烧能力分类

（1）小型烧嘴（$100m^3/h$ 以下）；

（2）中型烧嘴（$100\sim500m^3/h$）；

（3）大型烧嘴（$500\sim1000m^3/h$）。

3. 按火焰长度分类

（1）短焰烧嘴；

（2）长焰烧嘴。

4. 按火焰长度的可调性分类

（1）火焰长度固定（煤气量不变时）的烧嘴；

（2）火焰长度可调的烧嘴。

5. 按混合方法分类

（1）靠空气与煤气的紊流扩散而混合的烧嘴（直流式烧嘴）；

（2）靠流股交角混合的烧嘴；

（3）靠旋流装置混合的涡流式烧嘴；

（4）靠机械作用混合的烧嘴。

6. 按混合地点分类

（1）在烧嘴和炉膛中都有混合作用的烧嘴；

（2）只在炉膛中混合的烧嘴。

7. 按煤气与空气配比的调节方法分类

（1）手动调节空煤气配比的烧嘴；

（2）自动调节空煤气配比的烧嘴。

8. 按流股的形状分类

（1）扁平流股的烧嘴（如缝式烧嘴）；

（2）圆形流股的烧嘴；

（3）盘形流股的烧嘴（如平焰烧嘴）。

9. 按空气与煤气的预热情况分类

（1）空气与煤气不预热的烧嘴；

（2）空气与煤气预热的烧嘴。

10. 按燃料的使用范围分类

（1）一种煤气用的烧嘴；

（2）二种煤气用的烧嘴；

（3）煤气和液体燃料共用的烧嘴。

下面列举几种有代表性的有焰烧嘴。

一、有焰烧嘴

1. 套筒式烧嘴

套筒式烧嘴的结构如图 13－2 所示。从图中可以看出，这种烧嘴的煤气通道和空气通道是两个同心套管，煤气和空气是平行流动，在离开烧嘴后才开始混合。这样做的目的是有意使混合放慢，把火焰拉长。这种烧嘴的特点是结构简单，气体流动阻力小（煤气阻力系数 1.1，空气阻力系数 1.1），所需要的煤气和空气压力比较低，一般只需要 784～980Pa（烧嘴前）。由于混合较慢，火焰较长，因此需要有足够大的燃烧空间，以保证燃料的完全燃烧。根据以上特点，套筒式烧嘴适于用在煤气压力较低和需要长火焰的场合。

2. 带涡流片的涡流式烧嘴

涡流式烧嘴是目前应用比较广泛的一种有焰烧嘴，也叫低压涡流式烧嘴。

这种烧嘴当用来燃烧清洗过的发生炉煤气、混合煤气、焦炉煤气时，可以得到比较短的火焰。把煤气喷口缩小后也可以用来燃烧天然气。

低压涡流式烧嘴的结构如图 13－3 所示。

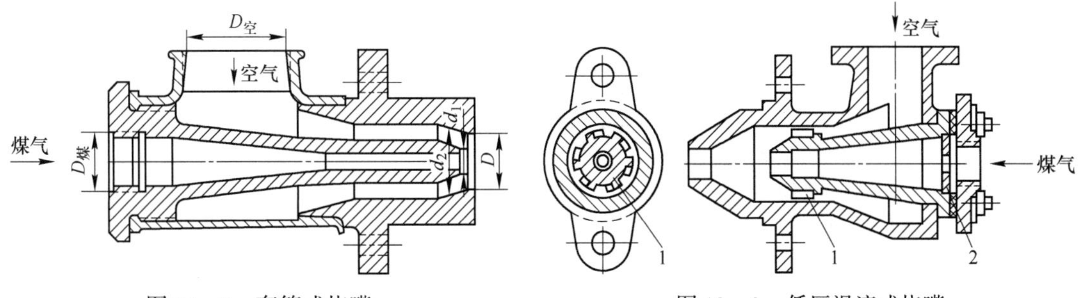

图 13－2　套筒式烧嘴　　　　图 13－3　低压涡流式烧嘴

与套管式烧嘴相比，低压涡流式烧嘴的主要结构特点是煤气和空气在烧嘴内部就开始相遇，而且为了强化煤气与空气的混合过程，在空气的通道内还设置了涡流导向叶片（见图中件号1），使空气产生了切向分速度，在旋转前进的情况下和煤气相遇，因而混合条件较好，可以得到比较短的火焰。

在空气通道中安装涡流片虽然有利于煤气与空气的混合，但也增加了空气的流动阻力。因此这种烧嘴所需要的空气压力比套管式烧嘴要大一些，设计煤气压力为800Pa，空气为2000Pa。其燃烧能力如表13－1所示。

表13－1　低压涡流式烧嘴的燃烧能力　（m^3/h）

煤气特性/$kJ \cdot m^{-3}$	烧嘴型号								
	DW-1-1	DW-1-2	DW-1-3	DW-1-4	DW-1-5	DW-1-6	DW-1-7	DW-1-8	DW-1-9
焦炉煤气 $Q=16800$	6	12	18	25	50	85	125	190	250
混合煤气 $Q=8400$	11	22	32	45	90	150	230	350	480
发生炉煤气 $Q=5460$	—	—	45	60	120	200	300	450	600

如果烧嘴前的煤气压力大于或者小于80×10Pa，则应按下式对烧嘴的燃烧能力进行修正

$$V = V_{80}\sqrt{\frac{p}{800}} \quad (m^3/h)❶ \qquad (13-1)$$

式中　V——煤气压力为p（Pa）时的烧嘴燃烧能力；

V_{80}——煤气压力为80×10Pa时的烧嘴燃烧能力（即表13－1所给出的设计燃烧能力）。

当煤气压力超过2000Pa时，为了保证烧嘴前的煤气调节阀的调节性能，应当在烧嘴的煤气进口处安装节流垫圈将煤气减压（见图13－3中的件2）。节流垫圈的直径可以从图13－4中查取。

当空气或煤气预热时，气体的流动阻力会有所增加，因此要想保持烧嘴原有的燃烧能力，必须相应提高烧嘴前的空气（或煤气）压力，这时所需要的压力可用下式计算

$$p' = \left(1+\frac{t}{273}\right)p \quad (Pa) \qquad (13-2)$$

式中　t——空气（或煤气）的预热温度，℃；

p——不预热时，烧嘴前的空气（或煤气）压力；

p'——预热到t℃时，为了保持原有的气体流量所需要的压力。

公式（13－2）的推导过程如下。

令V_0代表不预热时的气体流量，根据气体力学理论知道，V_0和气体压力p的关系是

$$V_0 = A\sqrt{\frac{2p}{\rho_0}} \quad (m^3/s) \qquad (1)$$

式中　A——气体出口截面；

ρ_0——气体密度。

❶　注：本文中的燃烧计算均是在标准状态（即0℃，10^5Pa）条件下进行的。

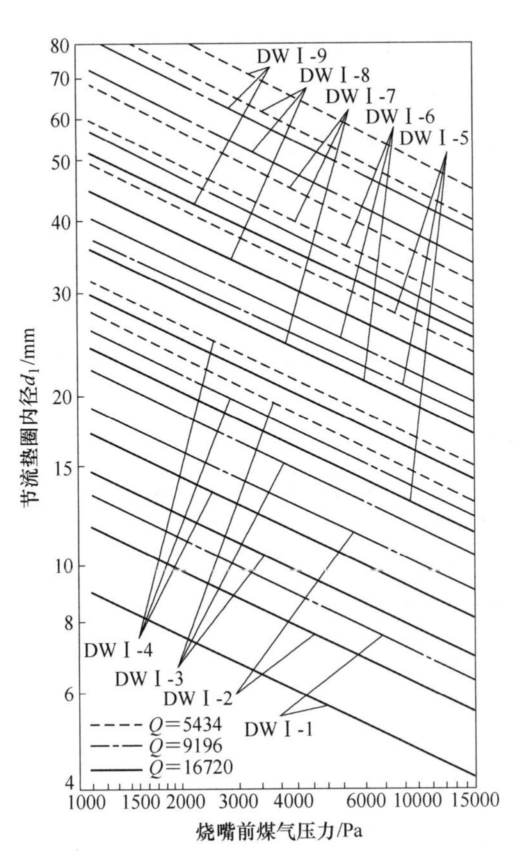

图 13－4　节流垫圈直径 d_1

令 V_t 代表预热到 t℃时气体的流量，

$$V_t = V_0\left(1 + \frac{t}{273}\right) \tag{2}$$

将（1）代入（2）

$$V_t = A\sqrt{\frac{2p}{\rho_0}}\left(1 + \frac{t}{273}\right) \tag{3}$$

又因

$$V_t = A\sqrt{\frac{2p'}{\rho_t}} \tag{4}$$

根据（3）和（4）得到

$$\frac{p'}{\rho_t} = \frac{p}{\rho_0}\left(1 + \frac{t}{273}\right)^2$$

所以

$$p' = p\,\frac{\rho_t}{\rho_0}\left(1 + \frac{t}{273}\right)^2 = p\left(1 + \frac{t}{273}\right)$$

如果由于设备条件的限制，不可能按上述要求来提高气体的压力，也就是说，气体压力不变，则烧嘴的燃烧能力会有所降低。在这种情况下，为了保证炉子的热负荷，必须根据下列公式对烧嘴的燃烧能力进行修正，并根据修正后的烧嘴能力来选择烧嘴型号和确定烧嘴个数。预热后的烧嘴燃烧能力是

$$V'_0 = V_0 \frac{1}{\sqrt{1+\frac{t}{273}}} = KV_0 \quad (m^3/h) \tag{13-3}$$

式中　V_0——气体不预热时的烧嘴燃烧能力（即气体流量），m^3/h；

V_0'——气体预热到t℃时烧嘴的燃烧能力，m^3/h；

t——气体的预热温度,℃；

K——烧嘴能力的修正系数，可用下式计算，

$$K = \frac{1}{\sqrt{1+\frac{t}{273}}} \tag{13-4}$$

K值也可以从表13－2中查取。

表13－2　烧嘴燃烧能力的修正系数 K

t/℃	100	150	200	250	300	350	400	450	500
K	0.85	0.80	0.75	0.72	0.70	0.66	0.64	0.62	0.60

公式（13－3）的推导方法如下。

令p代表空气（或煤气）的压力，Pa；

t为气体的预热温度,℃；

V_t为预热到t℃时的气体的实际流量，m^3/h；

V_0'为预热到t℃时气体的标准状态流量，m^3/h；

V_0为不预热时的气体流量，m^3/h；

则

$$V'_0 = \frac{V_t}{1+\frac{t}{273}} \quad (m^3/h) \tag{1}$$

又因

$$V_t = A\sqrt{\frac{2p}{\rho_1}} \times 3600 \quad (m^3/h)$$

$$V_0 = A\sqrt{\frac{2p}{\rho_0}} \times 3600 \quad (m^3/h)$$

所以，当预热前后气体压力保持不变时，

$$V_t = V_0\sqrt{\frac{\rho_0}{\rho_t}} = V_0\sqrt{1+\frac{t}{273}} \tag{2}$$

将式（2）代入式（1），得到

$$V'_0 = \frac{V_0}{\sqrt{1+\frac{t}{273}}} = KV_0 \quad (m^3/h)$$

［例1］　某加热炉拟采用DW－1型烧嘴燃烧发热量为16800kJ/m^3的焦炉煤气，要求每个烧嘴的燃烧能力为23m^3/h，已知烧嘴前的煤气压力为200×10Pa，问应选用几号烧嘴？

解　根据表13－1所给出的DW－1－4型烧嘴的燃烧能力，当烧嘴前的煤气压力为

80 ×10Pa 时，4 号烧嘴的燃烧能力为 25m³/h；比较接近本题要求。但是，因为烧嘴前的煤气压力是 200 ×10Pa，超过了 DW－1－4 型烧嘴的设计压力，在这种情况下，如果不采用节流垫圈将煤气减压，则应根据式（13－1）将烧嘴的额定燃烧能力改为

$$V_{80}=\frac{V}{\sqrt{\frac{p}{80}}}=\frac{25}{\sqrt{\frac{200}{80}}}=15.8 \qquad (\mathrm{m^3/h})$$

因此应选用 DW－1－3 号烧嘴。

［**例** 2］　在例题 1 的已知条件下，如果能采用节流垫圈将煤气减压，应选用几号烧嘴？节流垫圈的直径应取多大？

解　按照题意，这时可选用 4 号烧嘴。根据图 13－4，节流垫圈的直径 $d=14.3\mathrm{mm}$。

［**例** 3］　已知条件同上，如果把煤气预热到 300℃，问烧嘴前的煤气压力应当多大？

解　根据式（13－2），这时烧嘴前的煤气压力应定为

$$p'=\left(1+\frac{t}{273}\right)p=\left(1+\frac{300}{273}\right)\times 2000=4198 \qquad (\mathrm{Pa})$$

3. 扁缝涡流式烧嘴（DW－2 型）

扁缝涡流式烧嘴是有焰烧嘴中混合条件很好，火焰很短的一种，适用于发热量为 5435～8400kJ/m³ 的发生炉煤气和混合煤气，其结构见图 13－5。从图中可以看出，它的特点是在煤气通道中安装了一个锥形煤气分流短管，使煤气沿其外壁形成中空筒状旋转气流。空气则是沿着蜗形通道以和煤气流相切的方向，通过煤气管壁上的扁缝，分成若干片状气流进入混合室，在混合室中与中空的筒状煤气流开始进行混合，因此混合条件较好，火焰很短。当混合气体的出口速度为 10～12m/s 时，火焰长度约为出口直径的 6～8 倍。

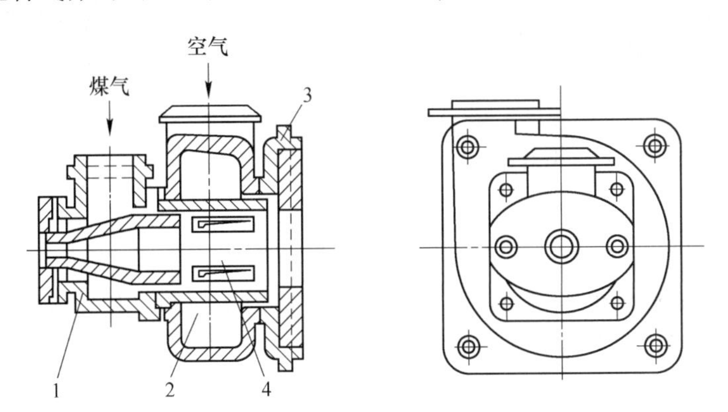

图 13－5　扁缝涡流式烧嘴

1—锥形煤气分流短管；2—蜗形空气室；3—缝状空气入口；4—混合室

这种烧嘴共有 6 种型号，每种型号的燃烧能力可见表 13－3。

表 13－3　扁缝涡流式烧嘴的燃烧能力

烧嘴型号	DW-2-1	DW-2-2	DW-2-3	DW-2-4	DW-2-5	DW-2-6
燃烧能力/m³·h⁻¹	45～100	100～200	150～300	200～400	300～600	600～1000

在使用扁缝涡流式烧嘴时，要求烧嘴前的煤气压力和空气压力为 1500～2000Pa，又因为煤气和空气在烧嘴内部就已经混合，所以混合气体的出口速度或烧嘴前的气体压力不得

低于设计规定的范围。这种烧嘴当混合气体的出口速度超过15m/s时有可能灭火。

4. 环缝涡流式烧嘴

环缝涡流式烧嘴的结构如图13－6所示。煤气由管1引入，在圆柱形分流短管的作用下，形成中空筒状气流，并经过喷头2的环状缝隙3进入烧嘴头4。空气从蜗形空气室5通过空气环缝6旋转喷出，在烧嘴头4中与煤气相遇而开始混合。

这种烧嘴主要用来燃烧发热量为3800～92000kJ/m^{3}的混合煤气和清洗过的发生炉煤气，当把出口断面缩小后也可用于焦炉煤气和天然气。

环缝涡流式烧嘴所需的煤气和空气压力约为2000～4000Pa。煤气应清洗干净，否则容易堵塞喷口。在没有专用燃烧室的情况下，混合气体的出口速度不应超过20m/s左右，以防灭火。在有专用燃烧室的情况下，混合气体的出口速度实际上只受煤气压力和空气压力的限制。当煤气的出口速度低于5～8m/s时，可能发生回火，因此最小出口速度一般都限制在10m/s左右。

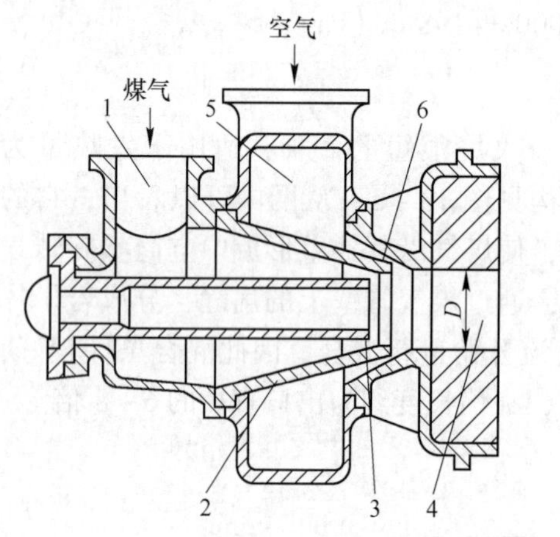

图13－6　环缝涡流式烧嘴

1—煤气入口；2—煤气喷头；3—环缝；4—烧嘴头；5—蜗形空气室；6—空气环缝

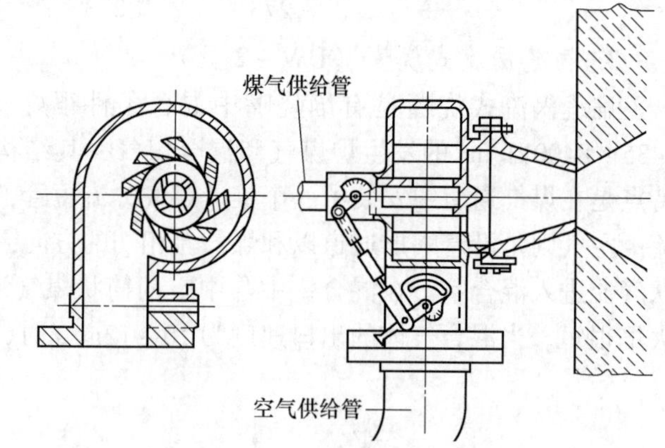

图13－7　带旋流室的预混烧嘴

5. 带旋流室的预混烧嘴

图13－7是带旋流室的预混烧嘴，煤气和空气通过切向槽以相反方向进入环形混合室得到充分混合，因而火焰较短。

6. 火焰长度可调式烧嘴

图13－8和图13－9是两种可以调整火焰长度的烧嘴，它的工作原理都是基于改变煤气与空气的混合条件。图13－8是将煤气分为两路，图13－9是将空气分为两路，当改变中心煤气和外围煤气（图13－8）或中心空气和外围空气（图13－9）的比例时，可以得到不同的火焰长度。

7. 烧脏发生炉煤气的烧嘴

当使用未经清洗的脏发生炉煤气时，由于煤气中含有粉尘和焦油，不能用送风机加压，并且容易使煤气喷口发生堵塞，因此煤气压力很低，必须注意减少阻力损失，防止喷口堵塞。为此，这种烧脏发生炉煤气的烧嘴的煤气喷口断面较大，煤气流速较小，须靠提高空气流速来加速混合，并应用蒸汽定期吹扫和便于检修。其代表性结构如图13－10所示。

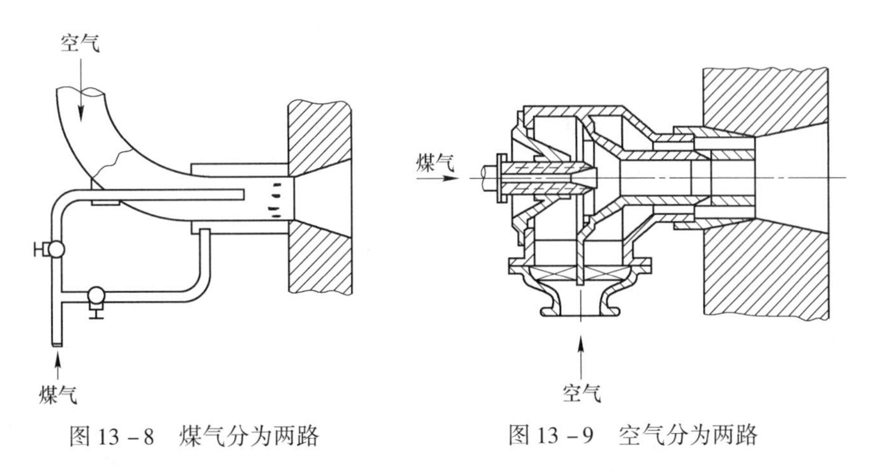

图 13－8　煤气分为两路　　　　图 13－9　空气分为两路

8. 天然气烧嘴

高发热量煤气（焦炉煤气、天然气）的燃烧特点是：燃烧时需要大量空气（每 m^3 煤气需要 5～8m^3 或更多），即保证少量的煤气和大量的空气相混合；此外煤气和空气的混合物的着火范围较小并且燃烧温度高。很好混合后的高热值煤气和空气混合物，燃烧本身是没有困难的，主要的问题是如何获得较好的混合。为了保证这点，常设法使煤气以各种形状的细流股通入空气中去，以及使煤气和空气的混合物形成旋涡运动等。

燃烧高热值煤气用的烧嘴，在结构上要充分考虑煤气与空气具有良好的混合条件，图 13－11 就是根据这种原则设计的一种用来燃烧天然气的缝状烧嘴，可以用在热处理炉、加热炉及其他炉子上。

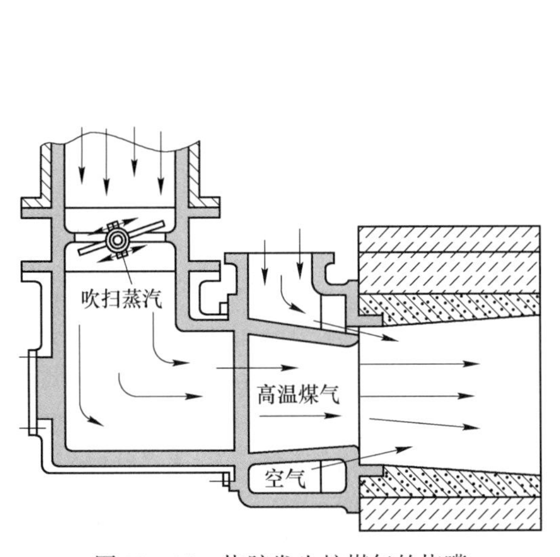

图 13－10　烧脏发生炉煤气的烧嘴

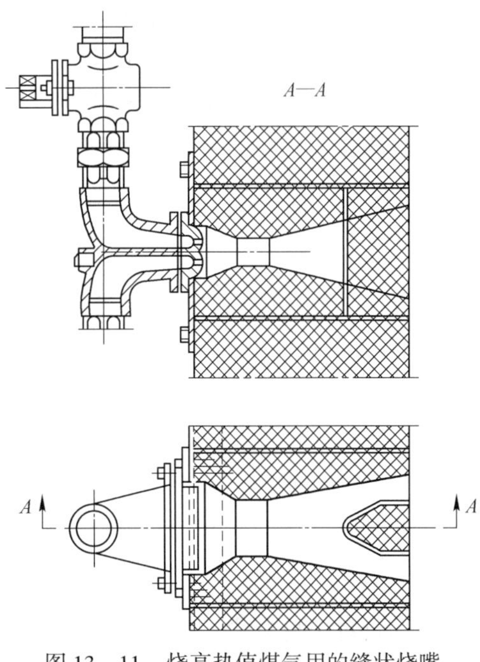

图 13－11　烧高热值煤气用的缝状烧嘴

这种烧嘴的煤气是由 7～10 个直径很小的成直线布置的一排小喷口喷出，空气则通过位于煤气喷口下方的一条狭缝喷出，在燃烧通道的前方设有用耐火材料制成的栅墙。所有这些结构措施都是为了有利于煤气和空气的混合。图 13－12 是多孔式天然气低压烧嘴，主要性能见表 13－4。

表 13－4　多孔低压烧嘴性能表

D	$n \times \phi$	流出速度/$m \cdot s^{-1}$			压力/Pa		燃烧能力/$m^3 \cdot h^{-1}$	重量/kg
		空　气	煤　气	混合物	煤　气	空　气		
72	9×4	12.5～25	25～50	10～20	500～2000	250～1000	10～20	51
95	9×4.8	22～44	36.5～73	9～18	1000～4000	750～3000	20～40	51
100	9×7.6	14～28	27～54	18.5～37	—	—	40～80	51

图 13－13 是多孔式涡流式烧嘴。为了加速混合，空气用分流导向砖（图中件 4）分割成多股细流，煤气则从煤气导管 2 与衬管 3 之间的环形断面喷出，形成一个筒状的薄壁气流，并且在混合室 5 中与空气混合。混合条件可以通过改变煤气喷口与空气分流导向砖的相对位置以及导向砖的风眼角度来调整。

当空气不预热时，烧嘴前的空气压力只需要 750Pa，空气管内的流速在 15m/s 左右。当采用热风操作时，应根据风温相应提高烧嘴前的空气压力。

这种烧嘴共有 10 种型号，最小的燃烧能力为 2.1×10^6kJ/h，最大的燃烧能力为 42×10^6kJ/h。如果把堵头 7 去掉，在衬管中插入油喷嘴，就可以用来燃烧液体燃料，或者同时烧煤气和重油。

图 13－14 是重庆钢铁设计院设计的一种半喷射天然气烧嘴。它是利用煤气喷射吸入一部分燃烧所需的空气（约 10%～15%），其余空气由鼓风机供给，它的优点是体积小，适合高负荷工作。由于预先混合一部分空气，因此火焰比较短，并且可以通过控制喷射引入之一次风量来调节火焰的长短。与全喷射式烧嘴相比，这种烧嘴的调节范围较大，对炉压波动也不像喷射式烧嘴那么敏感。其缺点是天然气与空气的配比难以掌握，需配自动比例调节仪表。

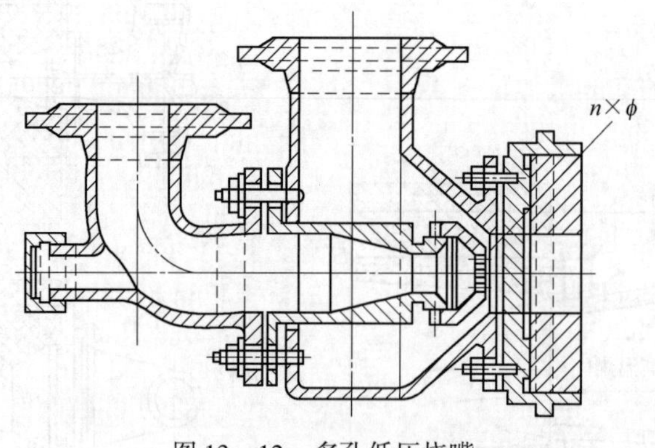

图 13－12　多孔低压烧嘴

目前这种半喷射式天然气烧嘴已有 4 种型号，烧嘴前的天然气压力为 3×10^4～10×10^4Pa。二次空气压力为 1500～2000Pa，烧嘴能力最大为 $300m^3/h$。

9. 平焰烧嘴

平焰烧嘴是近几年来发展起来的一种烧嘴，它所产生的火焰与一般烧嘴的火焰不同。

一般烧嘴产生的是向前直冲的炬形火焰，而平焰烧嘴的火焰则是向四周展开的圆盘形火焰，并紧贴在炉墙或炉顶的内表面上。平焰烧嘴能将炉墙或炉顶内表面均匀加热到很高的温度，形成辐射能力很强的炉墙和炉顶。因此有利于将物料均匀加热和强化炉内传热过程，显著改善加热质量，提高炉子生产率和降低燃料消耗。

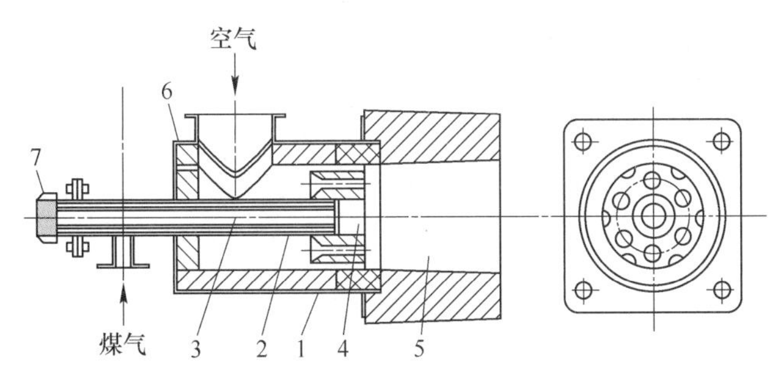

图 13 - 13　多孔涡流式天然气烧嘴

1—外壳；2—煤气导管；3—衬管；4—空气分流导向砖；5—混合室；6—挡板；7—堵头

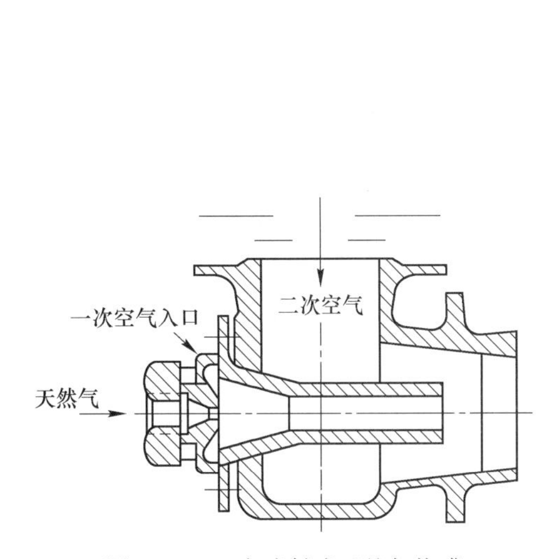

图 13 - 14　半喷射式天然气烧嘴

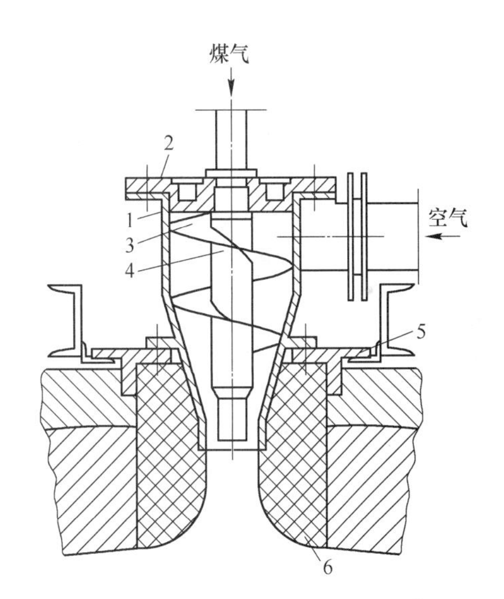

图 13 - 15　螺旋叶片式平焰烧嘴

1—外壳；2—盖板；3—螺旋片；4—煤气喷头；5—烧嘴板；6—烧嘴砖

现有的煤气平焰烧嘴，结构虽有不同，但原理基本一致。为了得到圆盘式的平面火焰，基本条件是必须在烧嘴砖出口形成平展气流。为此，可以使空气沿切线方向或经螺旋导向片从烧嘴旋转砖喷出，造成旋转气流，然后经过喇叭形或大张角的烧嘴砖喷出，一方面由于旋转气流产生了较大的离心力，使气流获得较大的径向速度；另一方面由于气体的附壁效应，气体向炉墙表面靠拢，因而形成平展气流。煤气可以沿轴向喷出，然后靠空气旋转时形成的负压而引到平展气流内，与空气边混合边燃烧，形成平面火焰。有的还在煤气喷孔中加旋转叶片，开径向孔，或在喷孔前加分流挡板，让煤气喷出后有较大的张角，以利于煤气与平展气流的混合。

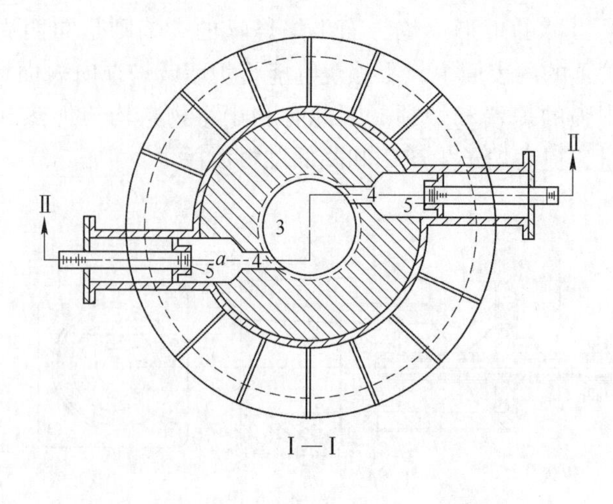

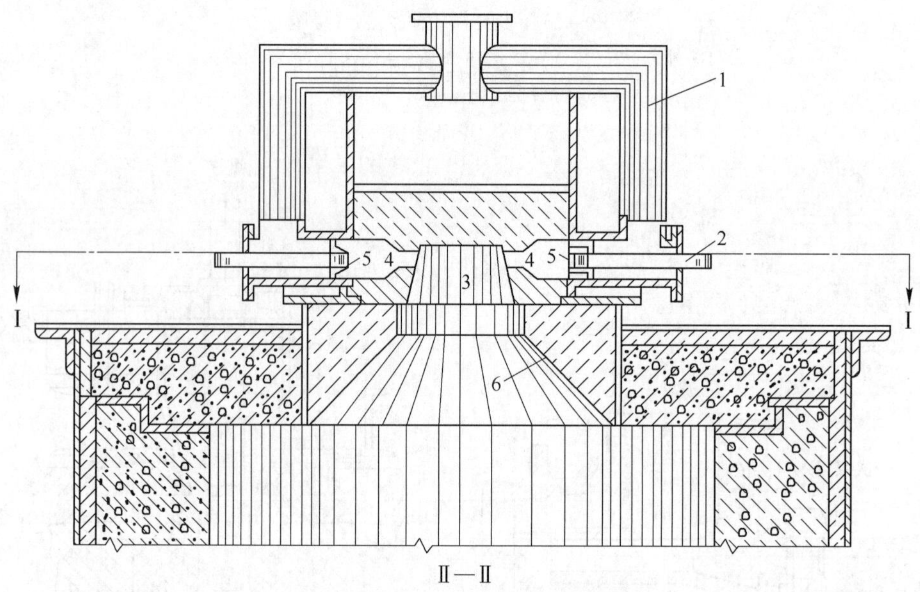

图 13－16　切线引风式平焰烧嘴

1—空气支管；2—煤气支管；3—燃烧室；
4—空气喷出口；5—煤气喷出口；6—烧嘴砖

图 13－15 是煤气平焰烧嘴的结构形式之一。空气经过装有螺旋叶片的风道旋转喷出，煤气喷孔是径向分布，在烧嘴出口与空气达到良好的混合，并和空气一起沿喇叭形烧嘴砖旋转喷出，按扇形展开，形成平焰。

图 13－16 是另一种形式的平焰烧嘴，它的煤气和空气喷出口是沿着燃烧室的切向方向布置的，因而在燃烧室内，空气与煤气的混合气流产生旋转运动，并沿着大张角的烧嘴砖展开，形成平焰。

平焰烧嘴可用在轧钢和锻造加热炉、热处理炉以及隧道窑等要求炉内温度（或某一区域内的温度）分布均匀的炉子。采用平焰烧嘴除有利于物料加热外，还有利于提高炉体寿命。据现场经验，采用平焰烧嘴一般可使炉子生产率提高 10% ~20%，燃料节约 10% ~30%。

10. 高速烧嘴

在某些对炉温均匀性要求比较严格的工业炉中，例如大型热处理炉和模锻加热炉，为了使炉温均匀，防止工件局部过热，长期以来一直采用在炉内设置循环风机或依靠烧嘴布置使炉气强制对流和均匀分布的办法来解决。从1950年代开始，为了改进大型热处理炉的加热质量，开始研究试制一种燃烧产物喷出速度比较高的烧嘴，叫做高速烧嘴。它的基本特点是燃料在燃烧室或燃烧坑道的前半部即基本达到完全燃烧，由于燃烧室是密闭的，并保持足够高的压力，使高温燃烧产物以高速（100～300m/s）喷出，因而强化了炉气循环，并可强化炉内对流传热。此外，如果在燃烧室出口或燃烧坑道的后半部供给可以调节的二次空气，还可以实现烟气温度的调节。因此根据它的用途，可将高速烧嘴分为两类：

（1）用于快速加热的高速不调温烧嘴。这种烧嘴不加二次风，空气消耗系数变动不大，烟气温度的调节幅度较小。

（2）用于热处理炉及干燥炉的高速调温烧嘴。这种烧嘴带有二次风，空气消耗系数调节范围很大（1～50），从而使烟气温度可以根据加热工艺要求在很大范围内变动。

高速烧嘴中的燃料与空气是在热负荷很高（达 $1/4\times10^6\,W/m^3$）的燃烧室内，在压力作用下迅速达成混合与燃烧的。图13－17是高速烧嘴的典型结构。燃烧室仅有一个很小的喷出口，燃烧气体由于体积膨胀及压力的作用产生很大的喷出速度，并带动炉内气体产生强烈循环。为了保证获得较高的喷出速度，煤气和空气的初始压力都必须保持在2500Pa以上。

高速调温烧嘴由于可以掺混大量二次空气，既可以根据工艺要求调节烟气温度，使其与加热工件的升温制度相适应，又可以增加高速气流的数量，在高速气流的强烈扰动下使炉温具有良好的均匀性。据有关资料介绍，通过调节煤气和一、二次风量，可以获得200～1800℃的烟气温度。

由于高速烧嘴具有以上的特点，所以特别适用于快速加热（对流冲击加热）炉、低温热处理炉以及各种窑炉和干燥炉。我国从1970年代开始试制成功电瓷窑和热处理炉用的高速调温烧嘴，解决了空气大量过剩时燃烧稳定性、高压点火以及火焰监视技术等问题。图13－18是挡盘式高速烧嘴示意图，其中挡环及挡盘的作用都是为了产生循环气流，使空气和煤气充分混合，改善着火和燃烧过程，保持火焰稳定。烧嘴设计能力为 0.84×10^6kJ/h，烧液化石油气（发热量约为 $92000kJ/m^3$），烧嘴前的空气压力为2850Pa，煤气压力为3550Pa，燃烧室压力为2400Pa。当空气系数为1.06时，烟气出口速度为157m/s。

国外高速烧嘴已有定型系列产品。

有些大型高速烧嘴本身还配有专用风机和全套点火、熄火保护及自控仪表，组成一个单元。图13－19是英国Hot－Work工厂生产的高速烧嘴的结构示意图。烧嘴能力为 1.25×10^6kJ/h。1为煤气接管，其头部用三根细圆钢支承着挡板2，挡板的作用是迫使煤气沿端盖3内表面流动并在挡板前产生有利于气流混合的涡流。端盖3内表面有一层耐火材料保护层。空气从空气进口4流入，经过燃烧筒5上的两排空气孔（直径约10mm）流入燃烧筒，在燃烧筒内与煤气混合并燃烧。燃烧筒是用厚约1mm的不锈钢板制成，内衬耐火材料，支承在外壳6上，外壳则用螺钉固定在安装板7上。烧嘴砖10是用高铝耐火混凝土（$Al_2O_3\geqslant65\%$）制成，内部衬有碳化硅衬套9。烧嘴使用时，由于温度骤然上升，烧嘴砖难免开裂出现细小裂缝。由于燃烧室内的压力比大气压力高约1500Pa，因此必然有

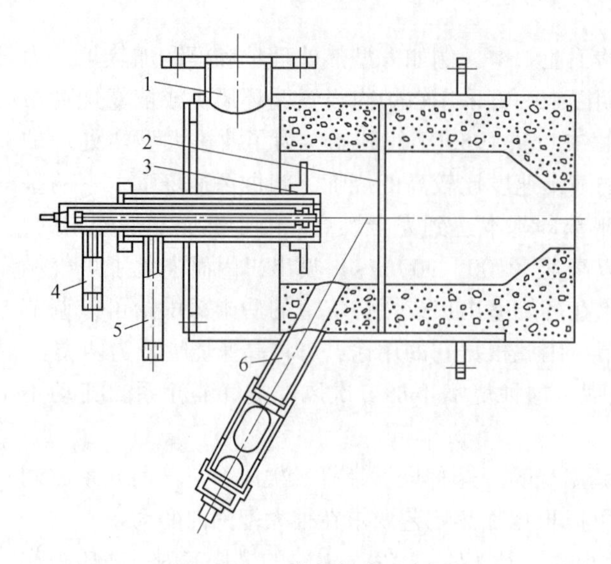

图 13－17　高速烧嘴示意图

1—空气接管；2—挡环；3—空气挡板；
4—点火煤气接管；5—燃烧煤气接管；
6—紫外线火焰监视装置

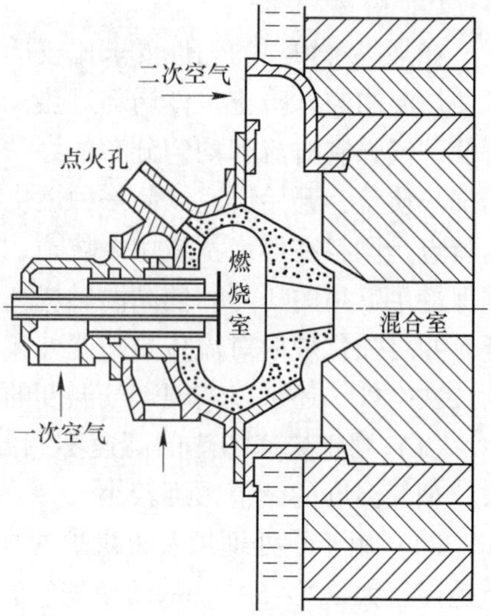

图 13－18　挡盘式高速烧嘴

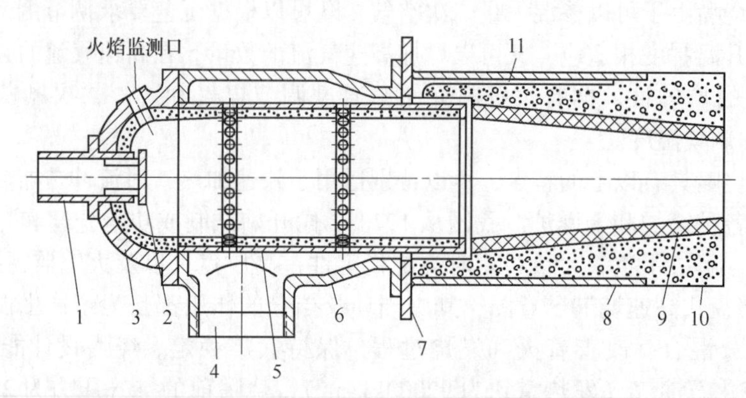

图 13－19　哈特沃克式高速烧嘴结构示意图

1—煤气接管；2—挡板；3—端盖；4—空气进口；5—燃烧筒；6—外壳；7—安装板；
8—烧嘴砖外壳；9—碳化硅衬套；10—烧嘴砖；11—空气通道

一部分高温气体会沿着烧嘴砖的裂缝漏出，这将会使裂缝进一步扩大，并使烧嘴砖和炉衬烧毁。为了解决这一问题，除采用密封的不锈钢烧嘴砖外壳外，还在烧嘴砖外侧做了空气通道 11 通入比燃烧室内压力较高的空气，叫做烧嘴砖外侧充压，这样做的结果，当烧嘴砖产生裂缝时空气将从外侧流进燃烧室，对烧嘴砖起冷却作用，避免裂缝进一步扩大。

11. 自身预热式烧嘴

自身预热式烧嘴又叫做换热式烧嘴，实际上是把烧嘴和换热器联合成一个整体，它像普通烧嘴一样便于安装，体积只有烟道换热器的十分之一。

图 13－20 是自身预热烧嘴的原理图。从图中可以看出，这种烧嘴实际上是在烧嘴本体的外面套一个逆流热交换器，后者能将烧嘴本身所需的助燃空气预热。它的结构主要是

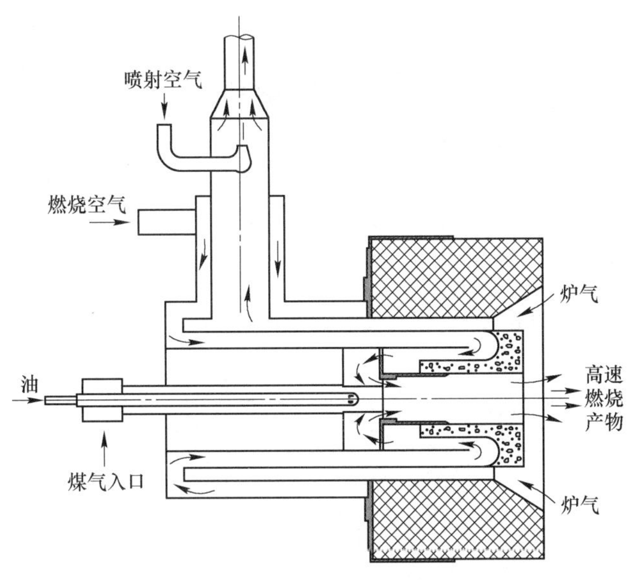

图 13－20　自身预热烧嘴工作原理图

利用几层同心套管将空气和烟气彼此分开，中间套管就作为热交换面。整个换热器全部用耐热钢制成。燃烧产物从喷口的喷出速度为 80m/s，这种较高的出口速度促使炉气有良好的再循环，从而改善了传热过程并具有较好的温度均匀性。借助于排烟管内空气喷射器的作用，将燃烧产物吸引通过换热器，炉内压力可以通过改变喷射空气量来进行调节。这种自身预热烧嘴可以用在工作温度范围为 600～1400℃的工业炉上，当用于 1000℃以上的高温炉时效果更好。

12. 低氧化氮烧嘴

低氧化氮燃烧技术是近十余年来为适应环境保护的需要而发展起来的一种新型燃烧技术。

氮的氧化物 NO_x 一般包括 N_2O、NO、NO_2、N_2O_4、N_2O_3、N_2O_5 等多种氧化氮，其中以 NO 和 NO_2 对大气污染危害最大，一般环境基准和排放基准中所涉及的 NO_x 值都是指 NO 和 NO_2。

NO_x 对人体和环境的危害主要表现在三个方面：1）NO 对人体血液中的血色素有强烈的亲和力（比 CO 大 1000 倍），人和动物吸入 NO 会引起血液严重缺氧，损害中枢神经系统，甚至引起麻痹；2）NO_2 对呼吸器官有强烈刺激作用，会引起肺泡组织的化学病变。

NO_x 在日光作用下，由于紫外线的触媒作用而形成了具有强烈刺激性和腐蚀性的光化学烟雾，它能刺激人的眼睛和呼吸道，严重者引起视力减退，手足抽搐，长时间存在时还会引起人体动脉硬化和生理机能衰退。此外，这种光化学烟雾还会引起植物发育不良，使金属构件严重腐蚀等。世界上工业发达的国家如美国、日本、英国等在 1950 年代和 1960 年代初期都曾发生过由 NO_x 引起的大气污染事件，震动世界的 1954 年美国洛杉矶光化学烟雾事件就是其中一例。

NO_x 的生成与燃料的燃烧有密切关系。例如美国 1968 年 NO_x 的排放量为 2060 万吨，其中固定燃烧装置的 NO_x 排放量为 1000 万吨，占 48.5%；汽车、火车、飞机等发动机废

气中 NO_x 的排放量为810万吨，占39.3%。由此可见，进入大气的 NO_x 大部分是在燃料的燃烧过程中形成的。

关于燃烧过程中 NO_x 的生成机理如第八章中所述。

目前试行的低氧化氮燃烧技术主要可归纳为四个方面：（1）改善操作条件；（2）改善燃烧方法和燃烧装置；（3）改善燃烧室结构及燃烧方式；（4）采用含N量低的燃料。低氧化氮燃烧技术与抑制因素之间的关系由图13－21中得到说明，其中最根本的解决办法是改进燃烧方法和燃烧装置。

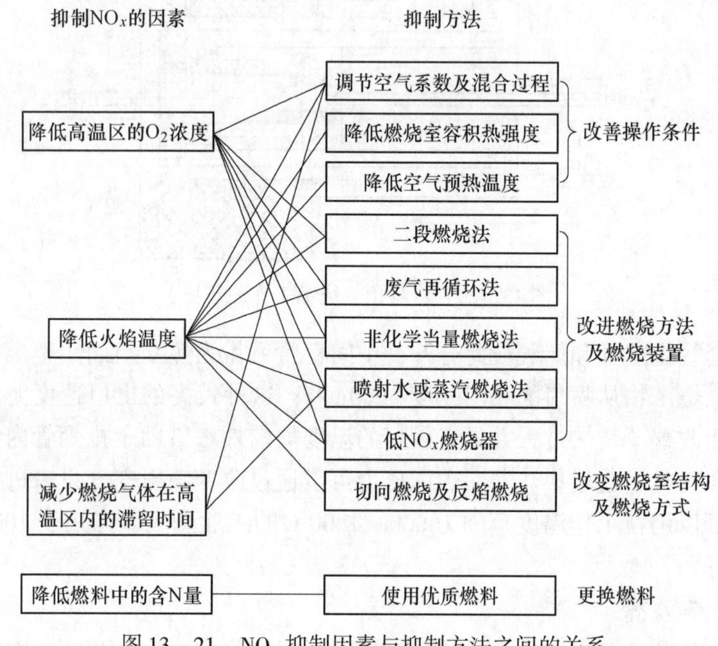

图13－21　NO_x 抑制因素与抑制方法之间的关系

目前使用的低氧化氮烧嘴类型很多，但较成熟的主要有以下两种：

（1）废气自身循环式低 NO_x 烧嘴　这种低 NO_x 烧嘴的工作原理如图13－22所示。它主要是利用空气的喷射作用使一部分燃烧产物回流到烧嘴出口附近与煤气空气掺混到一起，从而降低了循环区中的氧气浓度，防止局部高温区的形成。根据有关资料介绍，当废气再循环率在20%左右时，抑制 NO_x 的效果最佳，NO_x 的排放浓度在80ppm以下。

（2）二段燃烧式低 NO_x 烧嘴　这种烧嘴的工作原理是，将燃烧用的空气分两次通入燃烧区，从而使燃烧过程分两个阶段完成，避免高温区过于集中。由于一次空气率只占总空气量的40%～50%，因而产生强还原性气氛，形成低氧浓度区，并相应降低了该燃烧反应区的温度，抑制了 NO_x 的生成。其余的空气（二次空气）是从还原燃烧区外围送入的，在火焰尾部达成完全燃烧（见图13－23）。由于实行分段燃烧，避免高温区集中，因而 NO_x 的排放浓度显著降低。据有关资料介绍，当炉温为1350℃，空气预热温度为400℃时，NO_x 的降低率分别达到75%～85%（液化石油气）、40%～45%（重油）、50%～55%（煤油）。获得上述较好效果的一次空气系数 α_1 随燃料种类及空气预热温度而异，同时也与一次空气通道的位置有关，一般 $\alpha_1=0.4\sim0.5$。

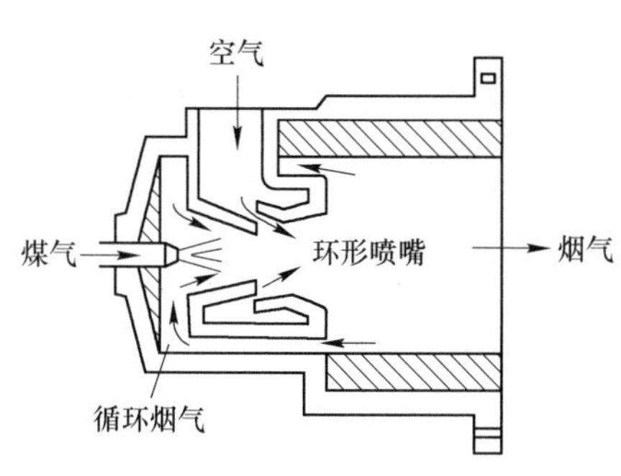

图 13－22　废气自身循环式低 NO_x 烧嘴

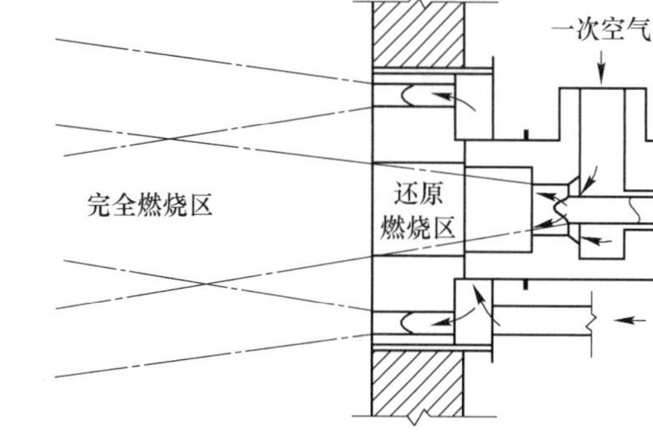

图 13－23　二段燃烧式低 NO_x 烧嘴

以上是根据煤气空气混合条件的不同以及对烧嘴的某些特殊要求列举了几种比较典型的有焰烧嘴。通过这几种烧嘴的结构特点的分析可以看出，烧嘴结构形式的变化主要是为了改变煤气空气的混合条件以适应不同情况下所需要的燃烧速度和火焰长度。例如燃烧高热值煤气的烧嘴和大功率的烧嘴，在混合条件上一般都比低热值煤气的烧嘴和小功率的烧嘴更要完善一些。因此，根据煤气空气的混合条件及其空气动力学特性来分析烧嘴的结构特点，是我们分析和选择有焰烧嘴的主要依据。

二、有焰烧嘴的计算

对于已经定型的烧嘴，设计部门一般都提供有现成的烧嘴结构尺寸和性能图表，可以直接查出有关烧嘴的使用特性和尺寸，不必另行计算。但在下列两种情况下，必须通过计算来确定烧嘴的尺寸和性能。

（1）设计新烧嘴　在设计新烧嘴时，使用单位一般需要提供下列原始资料（即已知条件，表 13－5）：1）煤气发热量；2）煤气工作压力；3）烧嘴燃烧能力。

根据上述已知条件，需要通过计算解决的问题是：1）确定煤气喷口、空气喷口、混合气体喷出口的断面尺寸；2）确定烧嘴前的空气压力。

（2）验算旧烧嘴　这方面的主要内容有：1）根据已知的烧嘴尺寸和煤气压力计算烧嘴的燃烧能力；2）根据已知的烧嘴尺寸和所需要的燃烧能力计算应有的煤气压力和空气压力。

从以上所列举的烧嘴计算内容可以看出，烧嘴计算主要是一些流体力学方面的计算。因此，只要知道烧嘴的流量系数和阻力系数，就不难算出它的断面尺寸和所需要的工作压力。但是，随着烧嘴结构以及煤气空气流动情况的不同，烧嘴的流量系数和阻力系数往往变化很大，而且有时很难从文献资料中查到，因此给烧嘴计算带来一定困难。当出现这种情况时，如果条件允许，可以先进行模拟实验，通过实验测出该烧嘴结构条件下的流量系数和阻力系数，但这对一般生产单位来说有时很难做到。因此常用的办法是，先套用类似情况下的阻力系数和流量系数，然后再根据实验结果对计算数据进行适当的修正。

表 13-5　有焰烧嘴的计算表

Ⅰ　原始资料

序　号	资料名称	符　号	单　位	数　据
1	煤气发热量	$Q_{低}$	kJ/m^3	
2	煤气密度	$\rho_{0煤气}$	kg/m^3	
3	烧嘴能力	$V_{煤气}$	m^3/h	
4	烧嘴前煤气压力	$p_{煤气}$	Pa	
5	烧嘴前煤气温度	$t_{煤气}$	℃	
6	烧嘴前空气温度	$t_{空}$	℃	

Ⅱ　计算资料

序　号	资料名称	符　号	单　位	计算公式及数据来源	计算结果
1	空气过剩系数	n	—	手动时取 1.1～1.2；自动时取 1.05～1.1	
2	单位空气需要量	L_n	m^3/m^3	见燃烧计算	
3	空气流量	$V_{空}$	m^3/s	$\frac{L_n \cdot V_{煤气}}{3600}$	
4	混合气体流量	V	m^3/s	$\frac{V_{煤气}(1+L_n)}{3600}$	
5	混合气体密度	ρ_0	kg/m^3	$\frac{\rho_{0煤气}+\rho_{0空气} \cdot L_n}{1+L_n}$	
6	混合气体温度	t	℃	$\frac{t_{煤气}+t_{空气} \cdot L_n}{1+L_n}$	
7	混合气体实际密度	ρ_t	kg/m^3	$\frac{\rho_0}{1+\frac{t}{273}}$	
8	混合气体出口断面	f	m^2	$\frac{V}{w}(1+\frac{t}{273})$，$w$ 为混合气体出口流速，不预热时取 15m/s，预热时取 50m/s	
9	混合气体出口直径	d	mm	$1130\sqrt{f}$	
10	燃烧通道内反压力	h_1	Pa	50～100Pa	
11	混合气体的速度头	h	Pa	$\xi \frac{w^2}{2g}\gamma + h_1$；$\xi$ 为出口阻力系数，ξ 为 1.2～1.3	
12	煤气出口压力	$h_{煤气}$	Pa	$p_{煤气}/\xi_{煤气}$；$\xi_{煤气}$ 为煤气出口阻力系数	
13	煤气出口速度	$\omega_{煤气}$	m/s	$0.9\sqrt{\frac{2h_{煤气}}{\rho_{煤气}}}$；$\rho_{煤气}=\rho_{0煤气}\Big/\left(1+\frac{t}{273}\right)$	
14	煤气出口断面	$f_{煤气}$	m^2	$\frac{V_{煤气}}{3600\omega_{煤气}}\left(1+\frac{t_{煤气}}{273}\right)$	
15	煤气出口直径	$d_{煤气}$	mm	$1130\sqrt{f_{煤气}}$	
16	空气流速	$w_{空气}$	m/s	$1.2w_{煤气}$	
17	空气压力	$p_{空气}$	Pa	$\xi_{空气}\frac{w_{0空气}^2}{2}\rho_{0空气}\left(1+\frac{t_{空气}}{273}\right)+h$；$\xi_{空气}$ 为空气喷口阻力系数	
18	空气出口环形断面	$f_{空气}$	m^2	$\frac{V_{空气}}{w_{空气}}\left(1+\frac{t_{空气}}{273}\right)$	
19	煤气管道直径	$D_{煤气}$	mm	$1130\sqrt{V_{煤气}/w_1}$；w_1 为煤气流速，取 10～30m/s	
20	空气管道直径	$D_{空气}$	mm	$1130\sqrt{V_{空气}/w_2}$；w_2 为空气流速，取 10～30m/s	

此外，在进行烧嘴计算时，对于所需的煤气压力和空气压力，必须根据烧嘴的最大负荷来确定，并保留15%～20%以上的后备压力，一般情况下，烧嘴最大负荷取为正常燃烧能力的2.5倍。

第三节　无焰燃烧

一、喷射式无焰燃烧的特点及烧嘴结构

无焰燃烧方法要求空气和煤气在进入燃烧室（或炉膛）之前必须达到均匀混合。为了实现这种混合，可以采用多种方法，其中工业上应用最广泛的是利用喷射器，以煤气作为喷射介质，空气为被喷射介质（少数情况下也有以空气为喷射介质的），使二者通过喷射器达到均匀混合。这种装置称为喷射式无焰燃烧器，或简称喷射式烧嘴，其结构参考图13－24。

（1）煤气喷口　是　个收缩形管嘴。做成收缩形是为了使出口断面上的气流分布均匀，以便提高喷射效率。

（2）空气调节阀　它可以沿烧嘴轴线方向前后移动，用来改变空气的吸入量，以便根据燃烧过程的需要来调整空气过剩系数。

（3）空气吸入口　为了减少空气的气动阻力，常做成逐渐收缩式的喇叭形管口。

（4）混合管　用来完成煤气和空气的混合过程，一般情况下都做成直筒形。

（5）扩压管　气流通过扩压管时，流速降低，一部分动压转为静压，这样做的目的是为了增大喷射器两端的压差，以提高喷射器的工作效率。

（6）喷头　呈收缩状，主要为了使出口断面上速度分布均匀化，有利于防止回火。在一些大型的喷射式烧嘴的喷头上必须安装散热片，或者做成水冷式，以便加强散热，这是防止回火的一个有效措施。

（7）燃烧坑道　用耐火材料砌成，可燃气体在这里被迅速加热到着火温度并完成燃烧反应。燃烧坑道对可燃气体的加热点火一方面依靠燃烧坑道壁的高温辐射作用，另一方面还可以使一部分高温燃烧产物回流到喷头附近（火焰根部），以构成直接点火热源，因此坑道的张角不宜小于90°。

根据使用条件的不同，喷射式无焰烧嘴又可分为不同的类型，例如，根据煤气发热量的高低可分为低热值煤气用的喷射式烧嘴和高热值煤气用的喷射式烧嘴；根据煤气和空气是否预热，可分为冷风喷射式烧嘴和热风喷射式烧嘴；根据安装方式可分为直头喷射式烧嘴和弯头喷射式烧嘴等。

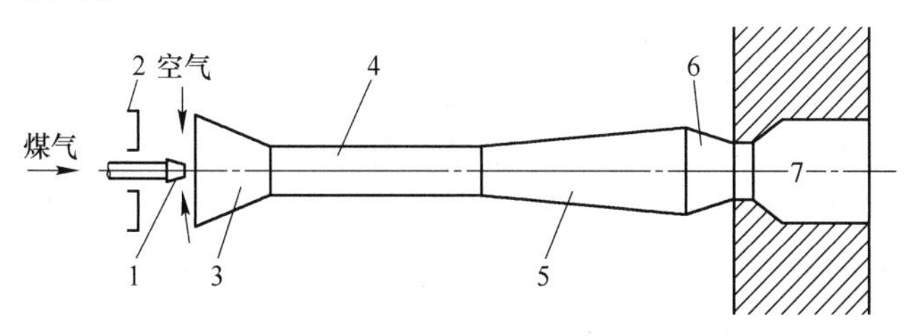

图13－24　喷射式无焰烧嘴结构示意图

喷射式烧嘴具有以下优点：

（1）吸入的空气量能随煤气量的变化自动按比例改变，因此喷射系数（空气过剩系数）能自动保持恒定，也就是说，这种烧嘴具有自调性；

（2）混合装置简单可靠，煤气空气在混合管内即达到均匀混合，只要给予2%～5%的过剩空气就可以保证完全燃烧；

（3）燃烧速度快；

（4）不需要风机，管路设置也比较简单，因此烧嘴的调节和自动控制系统都比有焰烧嘴简单，这一优点对于烧嘴数量较多的连续加热炉和热处理炉尤其显得突出。

喷射式无焰烧嘴的主要缺点是：

（1）大型的喷射式无焰烧嘴的外形尺寸很大，例如，目前最大的喷射式烧嘴长度已达到4m，占地面积大，安装和操作都很不方便；

（2）与有焰烧嘴相比，无焰烧嘴需要较高的煤气压力（一般都在10000Pa以上），因此煤气系统的动力消耗大；

（3）空气和煤气的预热温度受到限制；

（4）烧嘴负荷的调节比小，即烧嘴最大和最小燃烧能力的比值不如有焰烧嘴大；

（5）对煤气发热量、预热温度、炉压等的波动非常敏感；烧嘴的喷射比（自调性）在实际情况偏离设计条件时便不能保持。

现将几种典型的喷射式无焰烧嘴介绍如下：

1. 低热值煤气喷射式烧嘴

这种烧嘴适用于发热量为3800～92000kJ/m^{3}的清洗过的高炉焦炉混合煤气或发生炉煤气。用煤气作为喷射介质，烧嘴前的煤气压力从几百到15000Pa，根据烧嘴能力的调节范围和煤气发热量大小而定。目前已有冷风喷射式烧嘴和热风喷射式烧嘴两种定型系列。

（1）冷风低热值煤气喷射式烧嘴　这种烧嘴适用于冷空风、冷煤气或单独预热煤气的场合，烧嘴上没有空气支管；因此又叫单管喷射式烧嘴，并有直头和弯头两种结构形式。直头喷射式烧嘴可见图13－25。图13－26是弯头冷风喷射式烧嘴的结构及其安装情况。弯头喷射式烧嘴的主要特点是它和炉子的配合十分紧凑，占地面积小。另一方面，由于它们的气流阻力较大，故应适当提高烧嘴前的煤气工作压力。

（2）热风低热值煤气喷射式烧嘴　热风低热值煤气喷射式烧嘴的结构如图13－27所示，它和冷风喷射式烧嘴不同的是多了一个空气箱和一个热风管，所以也叫双管式喷射式烧嘴。

这种烧嘴可以用在冷煤气热空气或热煤气热空气的场合。热空气是由热风管从空气预热器引到空气箱中，然后靠煤气的喷射作用将其吸进混合管。为了保证喷射式烧嘴按比例吸入空气的性能，即保证一定的喷射比，空气箱中的压力应保持恒定，通常保持为零压，或某一与大气压力相近的恒定压力。为了加强保温，烧嘴和管道应包衬绝热材料。

当单独预热空气时，如果是自然吸风，烧嘴的工作系统如图13－28所示。煤气经管1和阀门2进入烧嘴3。冷风靠煤气的抽吸作用进入换热器4，预热后经蝶阀5及热风管6进入空气箱7，所有空气系统的气动阻力是靠煤气喷射器所提供的负压来克服。

如果采用鼓风机强制送风，则烧嘴的工作系统如图13－29所示。

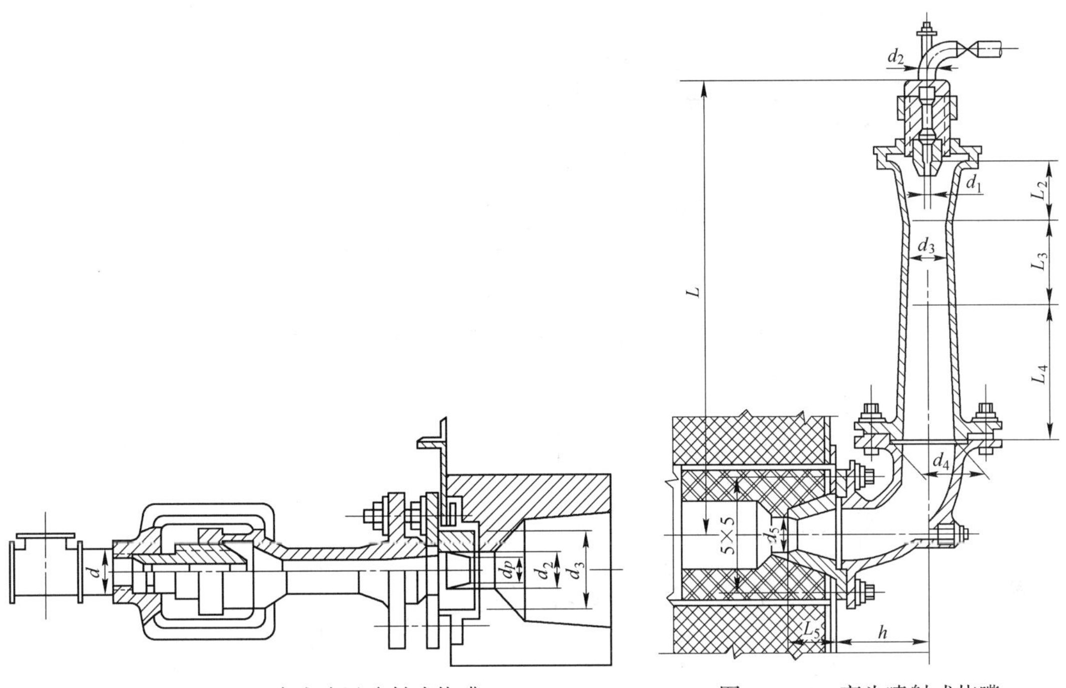

图 13－25　直头冷风喷射式烧嘴　　　　图 13－26　弯头喷射式烧嘴

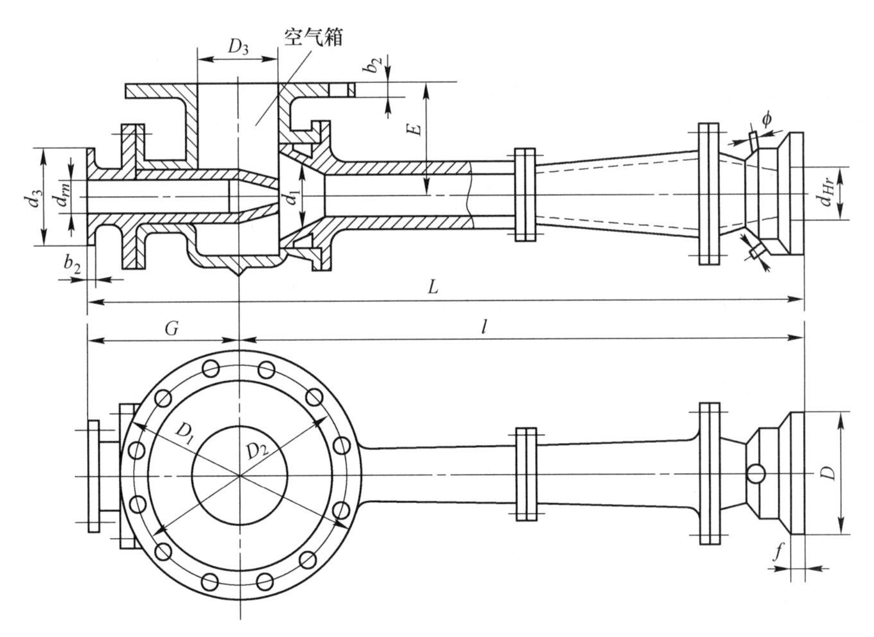

图 13－27　热风喷射烧嘴结构示意图

这时冷空气是由鼓风机 8 送到换热器，为了保持空气箱中的空气压力为零或某一设定的恒定压力，管路中应装设空气压力调节阀 9。

在设计和使用热风喷射式烧嘴时，应当注意以下两个问题：

（1）空气和煤气的预热温度不得超过所允许的最高温度，以免引起煤气在烧嘴内部提前着火燃烧。空气和煤气最高允许温度应根据混合气体的着火温度来决定。

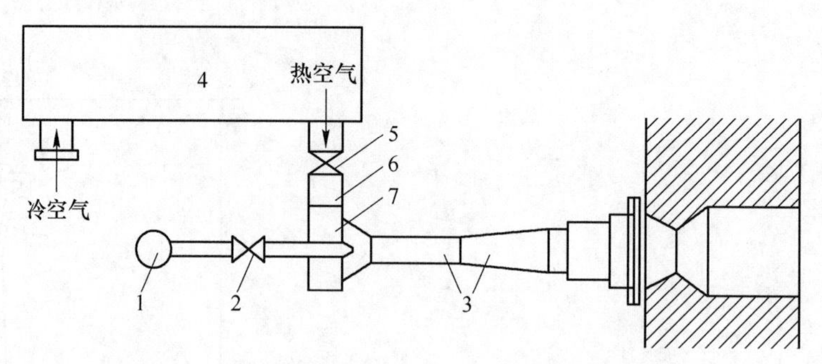

图 13－28　单独预热空气，自然吸风时的工作系统

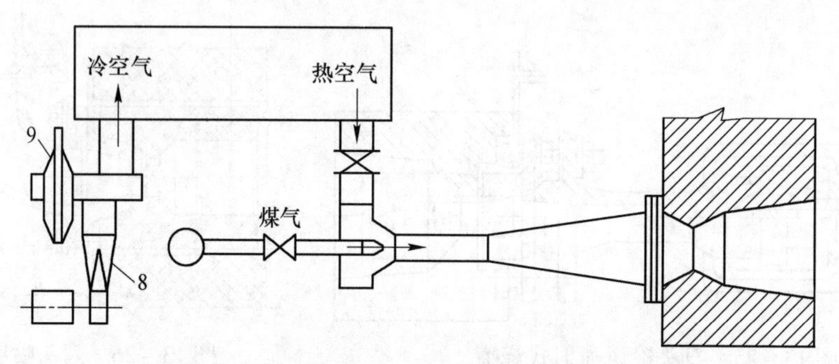

图 13－29　单独预热空气、强制送风时的工作系统

煤气的预热温度还受到煤气中碳氢化合物在高温下发生热分解的限制。这是因为，热分解所产生的固体碳粒沉积在管壁上容易堵塞煤气喷口和引起回火。所以对于含有碳氢化合物和焦油蒸汽的煤气，例如天然气和发生炉煤气，当采用无焰燃烧法时，其预热温度一般不允许超过 300℃。

由于以上原因，在使用热风喷射式烧嘴时，空气预热温度一般不超过 550℃，煤气预热温度则不超过 300℃。

（2）空气煤气预热后，火焰传播速度有所提高，容易发生回火，因此应相应提高混合气体的出口速度。

因为影响火焰传播速度的因素很多，例如煤气的物理化学性质，混合气体的温度，气体的流动情况、烧嘴的大小等，因此混合气体从烧嘴喷头喷出时的合理速度目前还只能根据科学实验和生产实践的经验来确定，表 13－6 和表 13－7 中列举了一些实际资料，以供参考。

2. 焦炉煤气喷射式烧嘴

在冶金厂内，由于焦炉煤气的剩余压力很低（1500～2500Pa），不足以吸入足够的空气，因此需要把它加压到（3～10）$\times 10^4$Pa，其动力消耗比低热值煤气高 3～5 倍。

焦炉煤气用的喷射式烧嘴通常只做成用于冷空气和冷煤气的（即空气和煤气都不预热）。当煤气压力为 3×10^4Pa 时，烧嘴的最大燃烧能力可达到 500m^3/h，煤气空气混合物的最小允许出口速度为 5～12m/h（与喷头出口直径 d_p 的大小有关）。

焦炉煤气因氢气含量较多，所以使用喷射式无焰烧嘴时应特别注意防止回火。因此，除了应确定混合气体的最小允许出口速度外，还应当合理选择烧嘴的调节比。

对于低热值煤气和焦炉煤气用的喷射式烧嘴来说，烧嘴最大的燃烧能力实际上只决定于烧嘴前的煤气压力，而烧嘴最小的燃烧能力则决定于烧嘴的回火压力。因此，调节比的大小实际上是和烧嘴的回火压力有关。

表 13－8 中所给出的是当煤气压力为（3～10）$\times 10^4$Pa 时，焦炉煤气喷射式烧嘴的调节比与烧嘴口径及煤气压力的关系。从表中可以看出，当煤气压力一定时，越是大型烧嘴，其调节比越小（因为大口径的烧嘴容易回火）。当烧嘴型号一定时，烧嘴前的煤气压力越高，则烧嘴的调节比就越大。因此，在生产中，应当根据所要求的调节比的大小来确定烧嘴前的煤气压力。

3. 天然气喷射式烧嘴

天然气的出井压力都在 10MPa 以上，输气网中的煤气压力高达 0.5～1MPa，但是，根据各国使用天然气喷射式烧嘴的情况来看，一般都是把天然气的网压降到 0.15～0.2 使用，而烧嘴前的煤气压力则控制在 0.03～0.1，这不仅浪费了天然气的动能，而且也降低了烧嘴的调节比。

为什么不可以将烧嘴前的天然气工作压力提高一些呢？例如提高到 0.4～0.5MPa，以便使烧嘴的调节比更大一些呢？这是因为工程流体力学中关于可压缩气体经过管嘴流出时的一些基本规律告诉我们，在使用收缩形管嘴的情况下，随着煤气压力的提高，喷射式烧嘴的吸风能力相对下降（空气消耗系数越来越小），烧嘴不再具有自调性。

在生产实践中也同样发现，对于天然气喷射式烧嘴来说，它的自调性只有在一定的工况条件下（特别是煤气压力）才能实现。

为了找出适合我国天然气特点的喷射式烧嘴的合理工况参数范围，有关部门曾对天然气喷射式烧嘴的工作特性进行了专门实验，并在此基础上制定了我国天然气喷射式烧嘴的结构系列。实验发现，天然气喷射式烧嘴在正常工作条件下的调节比是 1:3，与此相应的煤气的工作压力为 0.08～0.18MPa，超越这一压力范围时，烧嘴的喷射比或自调性就不能保证。

由于目前天然气喷射式烧嘴的燃烧能力较小，所以它主要用在中小型轧钢加热炉、锻造炉、热处理炉和干燥炉上。对于大型连续加热炉和室状加热炉，目前只采用有焰烧嘴或半喷射式烧嘴（即只有一部分空气靠喷射引入，其余空气用风机供给）。

二、喷射式烧嘴的工作特性

表 13－6　空气煤气混合物的出口速度　　(m/s)

煤气热值 /kJ·m^{-3}	预热温度		数据名称	喷头出口断面热强度/kJ·(cm^2·h)$^{-1}$			
	煤　气	空　气		20900	25100	33450	41800
3800	350	—	煤气压力/出口速度	160/74	230/57	400/57	600/95
3800	—	350	煤气压力/出口速度	300/40	450/52	800/69	1300/86
3800	350	650	煤气压力/出口速度	600/83	900/120	1600/130	2600/170
5900	350	—	煤气压力/出口速度	170/37	250/44	450/59	700/74

续表 13－6

煤气热值 /kJ·m⁻³	预热温度		数据名称	喷头出口断面热强度/kJ·$(cm^2 \cdot h)^{-1}$			
	煤气	空气		20900	25100	33450	41800
5900	—	350	煤气压力/出口速度	500/38	700/45	1300/60	2100/75
8360	—	350	煤气压力/出口速度	1100/39	1600/47	2800/62	4500/78

表 13－7　空气煤气混合物的最小允许出口速度　(m/s)

预热气体	预热温度/℃	炉内压力/Pa	最小允许出口速度
—	20	±10～20	9～12
煤　气	250	±10～20	15～22
空　气	250	±10～20	20～25
煤气和空气	250	±10～20	20～25
煤气和空气	300	±10～20	25～30

表 13－8　焦炉煤气喷射式烧嘴的调节比与烧嘴口径及煤气压力的关系

烧嘴形式	喷头直径 d_p/mm	烧嘴前煤气压力/MPa		
		0.03	0.05	0.1
每个喷头各有一个混合管	30	3.2	4.1	5.8
	50	2.7	3.2	4.5
	100	2.2	2.8	4.0
	150	1.8	2.4	3.4
	200	1.7	2.2	3.0
几个喷头合用一个混合管	10	3.8	5.2	7.3
	30	2.8	3.6	5.1
	50	2.3	3.1	4.4
	70	2.0	2.8	4.0

如上所述，喷射式烧嘴的主要组成部分是喷射器，按照喷射介质压力的高低（气体的可压缩性）喷射可分为低压、中压和高压三类。关于喷射器的理论和实践国内外都进行了大量的研究工作，但是，作为燃烧装置的研究尚不十分成熟。以下的分析主要是依据喷射器原理，并只限于低压喷射。其计算也是近似的，但比较清楚说明了基本概念和规律。

1. 喷射效率和最佳尺寸

根据流体力学理论，一般喷射器的基本方程为（参照图 13－30）

$$p_4 - p_2 = \frac{w_3\rho_3 \ (q_1 w_1 + q_2 w_2 - q_3 w_3)}{q_3} + \eta_{扩} \cdot \frac{w_3^2}{2}\rho_3 \quad (13-5)$$

式中　p_2——2 面（喷射器入口端）压力，Pa；

p_4——4 面（扩张管出口端）压力，Pa；

q_1，q_2，q_3——喷射介质、被喷射介质和混合气体的质量流量，kg/s；

w_1，w_2，w_3——喷射介质、被喷射介质和 3 面上混合气体的流速，m/s；

ρ_3——混合气体的密度，kg/m^3；

$\eta_{扩}$——扩张管的效率，一般取 0.5，或按下式计算

$$\eta_{扩}=1-\left(\frac{A_3}{A_4}\right)^2-K_3$$

K_3——扩张管（包括混合管）的阻力系数。

有时，为了减少被喷射介质的入口阻力，可在入口端接一个逐渐收缩的喇叭形管口，如图 13－31 所示，这时喷射方程式为

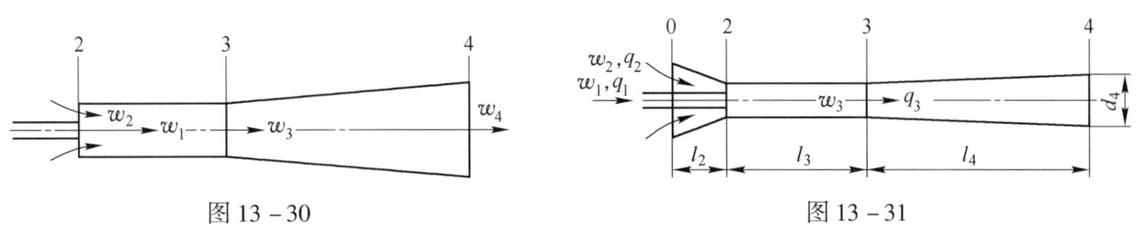

图 13－30　　　　图 13－31

$$p_4-p_0=\frac{w_3\rho_3\ (q_1w_1+q_2w_2-q_3w_3)}{q_3}+\eta_{扩}\cdot\frac{w_3^2}{2}\rho_3-(1+K_2)\ \frac{w_2^2}{2}\rho_2 \qquad (13-6)$$

式中，$K_2\dfrac{w_2^2}{2}\rho_2$ 为 0～2 面间的阻力损失，K_2 为入口阻力系数，一般可取 $K_2=0.2\sim0.3$。

所谓喷射效率，指的是被喷射介质在喷射器中所获得的有效机械能与喷射介质在喷射器中所消耗的机械能之比，对于一般抽气用的喷射器来说，喷射效率可定义为

$$\eta_{效}=\frac{V_2\ (p_4-p_2)}{V_1\left[\frac{w_1^2}{2}\rho_1-(p_4-p_2)\right]} \qquad (13-7)$$

式中　V_1，V_2——喷射介质和被喷射介质的体积流量，m^3/s。

在设计和使用喷射器时，应力求得到最大的喷射效率，并以此为根据来确定喷射器的最佳尺寸。

令　$n=\dfrac{q_3}{q_1}$　　质量喷射比；

$m=\dfrac{V_3}{V_1}$　　体积喷射比；

$\phi=\dfrac{A_3}{A_1}$　　混合管与喷射管的面积比；

$\varphi=\dfrac{A_3}{A_2}$　　混合管与吸入口的面积比；

则有

$$\frac{q_2}{q_1}=n-1;\qquad \frac{V_2}{V_1}=m-1;\qquad \frac{w_3}{w_1}=\frac{m}{\phi};$$

$$\frac{w_2}{w_1}=\ (m-1)\ \frac{\varphi}{\phi};\qquad \frac{\rho_3}{\rho_1}=\frac{n}{m};\qquad \frac{\rho_2}{\rho_1}=\frac{n-1}{m-1}$$

因此式（13－5）和式（13－6）可化为下列形式

$$p_4 - p_2 = \left[\frac{2}{\phi} - \frac{(2-\eta_{扩})m\cdot n}{\phi^2} + \frac{2(m-1)(n-1)\varphi}{\phi^2}\right]\frac{w_1^2}{2}\rho_1 \tag{13-8}$$

$$p_4 - p_0 = \left[\frac{2}{\phi} - \frac{(2-\eta_{扩})mn}{\phi^2} + \frac{2(m-1)(n-1)\varphi}{\phi^2} - \frac{(1+K_2)(m-1)(n-1)\varphi^2}{\phi^2}\right]\cdot\frac{\omega_1^2}{2}\rho_1 \tag{13-9}$$

从以上二式可以看出，喷射器所造成的抽力和喷射介质出口动能成正比，其比值是喷射比（m，n）及尺寸（ϕ，φ）的函数。因此，在设计喷射器时，主要任务是根据所要求的喷射比（m，n），寻求一个保证最大效率的合理尺寸 ϕ 及 φ，其中最关键的尺寸是$\phi=\frac{A_3}{A_1}$。

将式（13－9）对 ϕ 求导，并令$\frac{\partial\ (p_4-p_0)}{\partial\phi}=0$，得最佳 ϕ 值为

$$\phi_{佳} = (2-\eta_{扩})m\cdot n - 2(m-1)(n-1)\varphi + (1+K_2)(m-1)(n-1)\varphi^2 \tag{13-10}$$

此式可用于任何的 φ 值，为求得最佳的 φ 值，再将式（13－9）对 φ 值求导，并令$\frac{\partial(p_4-p_0)}{\partial\varphi}=0$，得最佳 φ 值为

$$\varphi_{佳} = \frac{1}{1+K_2} \tag{13-11}$$

将上式代入式（13－10），得最佳 ϕ 值为

$$\phi_{佳} = (2-\eta_{扩})mn - \frac{(m-1)(n-1)}{1+K_2} \tag{13-12}$$

将式（13－11）和式（13－12）代入式（13－9），得最大抽力公式为

$$p_4 - p_0 = \frac{1}{\phi_{佳}}\cdot\frac{w_1^2}{2}\rho_1 \tag{13-13}$$

对于喷射式烧嘴来说，由于增加了一个喷头（参照图 13－32），喷射效率应定义为

$$\eta = \frac{V_2\left[(p_5-p_0)+\frac{w_{Hp}^2}{2}\rho_3\right]}{V_1\left[\frac{w_1^2}{2}\rho_1-(p_5-p_2)-\frac{w_{Hp}^2}{2}\rho_3\right]} \tag{13-14}$$

式中 p_5——5 面混合气体的出口压力；

w_{Hp}——5 面混合气体的喷出速度。

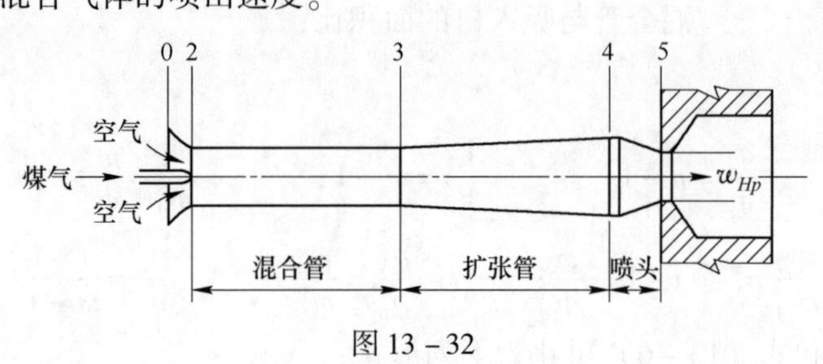

图 13－32

根据连续方程

$$\frac{w_{Hp}^2}{2}\rho_3 = \frac{w_3^2}{2}\rho_3\left(\frac{A_3}{A_{Hp}}\right)^2$$

考虑到 $w_3 = \frac{m}{\phi}w_1$；$\rho_1 = \frac{n}{m}\rho_1$ 故有

$$\frac{w_{Hp}^2}{2}\rho_3 = \frac{1}{\phi^2}mn\left(\frac{A_3}{A_{Hp}}\right)^2\frac{w_1^2}{2}\rho_1 \tag{13-15}$$

式中 A_{Hp}——喷头出口断面。

一般喷射式烧嘴多取 $A_{Hp} = A_3$，在此条件下，并考虑到 $\eta_{扩} = 1 - \left(\frac{A_3}{A_4}\right)^2 - K_3$，根据式（13－9）和式（13－15）得

$$p_5 - p_0 = \left[\frac{2}{\phi} - \frac{1}{\phi^2}(2 + K_3 + K_{Hp})mn + \frac{2\varphi - (1 + K_2)\varphi^2}{\phi^2}(m-1)(n-1)\right]\frac{w_1^2}{2}\rho_1 \tag{13-16}$$

令

$$\frac{\partial\left[(p_5 - p_0) + \frac{w_{Hp}^2}{2}\rho_3\right]}{\partial\phi} = 0$$

得

$$\phi_{佳} = (1 + K_3 + K_{Hp})mn - \frac{(m-1)(n-1)}{1 + K_2} \tag{13-17}$$

式中 K_{Hp}——喷头阻力系数。

这就是计算喷射式烧嘴的基本公式，在有些文献中，常将上式写成下列形式

$$\phi = \frac{A_{Hp}}{A_1} = \delta mn \tag{13-18}$$

$$\delta = (1 + K_{Hp} + K_3) - \frac{B}{1 + K_2} \tag{13-19}$$

$$B = \frac{(m-1)(n-1)}{mn} \tag{13-20}$$

当喷射比很大，即 $m \gg 1$，$n \gg 1$，或空气入口面积相对很大（$W_2 \approx 0$）时，系数 δ 不随 m，n 改变，只和烧嘴结构条件有关，叫做喷射式烧嘴的形状系数，这时

$$\delta = 1 + K_3 + K_{Hp} \tag{13-21}$$

表 13－9 中给出了几种喷射式烧嘴的形状系数，可供设计时参考。

表 13－9　喷射式烧嘴形状系数

烧嘴喷头形式	δ 值	烧嘴喷头形式	δ 值
直头式	0.9～1.0	多头式	1.2～1.3
弯头式	1.1	辐射板	1.4 以上

在设计喷射式烧嘴时，首先应根据燃烧技术的要求（保证不发生回火并使燃烧能力有一定的调节范围）选择混合气体的喷出速度 w_{Hp} 来确定所需要的煤气压力和最佳尺寸。

[例4]　已知某连续加热炉用无焰喷射式烧嘴，煤气发热量 7500kJ/m^3，煤气密度 $\rho_1 = 1.07\text{kg/m}^3$，热风温度为500℃。求：

（1）烧嘴喷头与煤气喷嘴的出口直径之比 $\frac{d_{Hp}}{d_1}$；

（2）根据燃烧技术上的要求，混合气体最大喷出速度 $w_{Hp0} = 25\text{m/s}$，问需要多大的煤气压力？

（3）烧嘴的燃烧能力是多少？

解　根据燃烧计算，在 $Q_{低} = 7500\text{kJ/m}^3$，空气系数为1.03条件下，空气需要量为 $1.76\text{m}^3/\text{m}^3$。

（1）求 $\frac{d_{Hp}}{d_1}$

体积喷射比

$$m = \frac{1 + 1.76\left(1 + \frac{500}{273}\right)}{1} = 6.00$$

质量喷射比

$$n = \frac{1 \times 1.07 + 1.76 \times 1.29}{1 \times 1.07} = 3.12$$

故 $mn = 6.00 \times 3.12 = 18.7$

$$B = \frac{(m-1)(n-1)}{mn} = \frac{(6-1)(3.12-1)}{6 \times 3.12} = 0.56$$

取 $K_2 = 0.25$；$K_3 = 0.2$；$K_{Hp} = 0.2$；按式（13－19）

$$\delta = (1 + K_3 + K_{Hp}) - \frac{B}{1 + K_2}$$

$$= (1 + 0.2 + 0.2) - \frac{0.56}{1 + 0.25} = 0.95$$

按式（13－18）

$$\phi = \frac{A_{Hp}}{A_1} = \delta mn = 0.95 \times 18.7 = 17.8$$

$$\frac{d_{Hp}}{d_1} = \sqrt{\frac{A_{Hp}}{A_1}} = \sqrt{17.8} = 4.22$$

（2）求所需的煤气压力

混合气体的温度可近似取为

$$t_3 = \frac{500 \times 1.76}{1 + 1.76} = 320 \quad (℃)$$

则　$$w_{Hp} = w_{Hp0}(1 + \beta t) = 25 \times \left(1 + \frac{320}{273}\right) = 54.2 \quad (\text{m/s})$$

密度　$$\rho_3 = \frac{n}{m}\rho_1 = \frac{3.12}{6.00} \times 1.07 = 0.55 \quad (\text{kg/m}^3)$$

故 $$\frac{w_{Hp}^2}{2}\rho_3 = \frac{54.2^2}{2} \times 0.55 = 807.55 \quad (\text{Pa})$$

按式（13－15）

$$\frac{w_{Hp}^2}{2}\rho_3 = \frac{1}{\phi^2} mn \left(\frac{A_3}{A_{Hp}}\right)^2 \frac{w_1^2}{2}\rho_1$$

$$807.85 = \frac{1}{17.8^2} \times 18.7 \times 1^2 \times \frac{w_1^2}{2}\rho_1$$

解之 $$\frac{w_1^2}{2}\rho_1 = 13687.66 \quad (\text{Pa})$$

取速度系数 $\mu = 0.9$，则

$$\Delta p_1 = \frac{1}{\mu^2} \cdot \frac{w_1^2}{2}\rho_1 = \frac{1}{0.81} \times 13687.66 = 16898.34 \quad (\text{Pa})$$

即要求烧嘴前煤气压力须达 16898.34Pa。

（3）求烧嘴的燃烧能力（$d_{Hp} = 178\text{mm}$）

当煤气压力 $\Delta p_1 = 16898.36\text{Pa}$ 时，煤气流量为

$$V_1 = \mu A_1 \sqrt{\frac{2\Delta p_1}{\rho_1}} = 0.9 \times \frac{\pi}{4} \times 0.042^2 \times \sqrt{\frac{2 \times 16898.36}{1.07}}$$

$$= 0.221 \quad (\text{m}^3/\text{s})$$

小时流量

$$B = 3600 \times 0.221 = 795 \quad (\text{m}^3/\text{h})$$

燃烧能力 $$BQ_{低} = 795 \times 7524 = 5981580 \quad (\text{kJ/h})$$

2. 喷射比

现在讨论喷射式烧嘴的喷射比与烧嘴尺寸及前后压差的关系。

将式（13－16）加以变换，令

$Z_1 = 2 + K_3 + K_{Hp}$ 代表混合管、扩张管及喷头的阻力；

$Z_2 = 2\varphi - (1 + K_2)\varphi^2$ 代表吸入口的几何条件和阻力；

$\rho = \dfrac{\rho_2}{\rho_1}$ 代表空气煤气密度之比；

$H = \dfrac{p_5 - p_0}{\dfrac{w_1^2}{2}\rho_1}$ 代表压差与喷射介质动头之比。

变换后，式（13－16）成为

$$(Z_2 - Z_1)n^2 - [2Z_2 + (\rho - 1)Z_1]n + (2\rho\phi + Z_2 - \rho\phi^2 H) = 0 \quad (13-22)$$

解出 n，得

$$n = \frac{(1-\rho)Z_1 - 2Z_2 + \sqrt{[(1-\rho)Z_1 - 2Z_2]^2 + 4(Z_1 - Z_2)(2\rho\phi + Z_2 - \rho\phi^2 H)}}{2(Z_1 - Z_2)}$$

（13－23）

上式即为喷射比与烧嘴尺寸及压差的关系式，可用来计算尺寸已定的喷射式烧嘴在任一压差 H 条件下的喷射比。

[例5]　某喷射式烧嘴 $H=0$，$K_2=0.25$，$K_3=0.2$，$K_{Hp}=0.2$，设计尺寸 $\phi=17.8$，$\varphi=\frac{1}{0.8}=1.25$，用 $\rho_1=1.07\text{kg/m}^3$ 的煤气引射 500℃的空气，求喷射比 n 为多少？

解

$$\rho = \frac{1.29\left[\frac{1}{1+(500/273)}\right]}{1.07} = 0.427$$

$$Z_1 = 2 + K_3 + K_{Hp} = 2 + 0.2 + 0.2 = 2.4$$

$$Z_2 = 2\varphi - (1+K_2)\varphi^2 = 2\times1.25 - (1+0.25)\times1.25^2 = 0.55$$

代入式(13－23)，得

$$n = 3.49$$

利用式（13－23）进行计算，可得出不同尺寸比 ϕ 条件下喷射比随相对压差 H 的变化曲线，如图13－33所示，称为喷射式烧嘴的特性曲线。

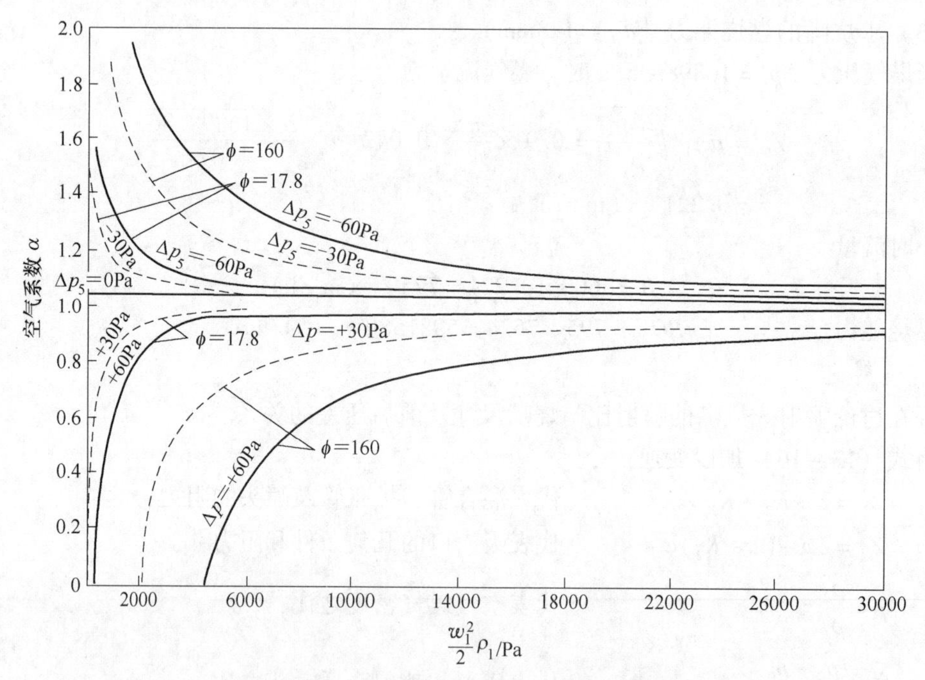

图13－33　炉压、煤气动头对空气系数的影响

——（p_5-p_0）＝60Pa；－－－（p_5-p_0）＝30Pa

3. 自调性

对于尺寸已定的喷射式烧嘴，在改变喷射介质的流量 q_1 时，喷射比 q_3/q_1 能保持不变，这种性质叫做喷射式烧嘴的自调性。

但是，喷射式烧嘴的自调性是有条件的。

由式（13－23）可以看出，烧嘴的喷射比是下列因素的函数，即

$$n = f(\rho, K_2, K_3, K_{Hp}, \varphi, \phi, H) \qquad (13-24)$$

其中 ρ 决定喷射介质和被喷射介质的密度，K_2，K_3，K_{Hp}，φ，ϕ 都是结构参数，它们都和操作条件无关。因此对于一定介质和一定尺寸的喷射式烧嘴来说，使喷射比保持恒定

的条件是 H 不随$\frac{w_1^2}{2}\rho_1$ 改变。这一条件只有在下列情况下才能实现，即 $p_5 - p_0 = 0$，即 $H = 0$。也就是说，在喷射器两端压力相等的情况下，喷射比将不随喷射介质的流量（或$\frac{w_1^2}{2}\rho_1$）改变。当吸入口与大气相通而炉膛存在“反压”（不管是正压或是负压），都将使烧嘴的自调性遭到破坏。因此，当被喷射介质是靠压力送到烧嘴前的吸入口时，应当在吸入口前安装零压调节器，以保证烧嘴的自调性。

炉压对喷射系数（空气系数）的影响可以从图（13－33）中明显看出。

（1）当 $H = \dfrac{\Delta p_5}{\frac{w_1^2}{2}\rho_1} = 0$ 时，空气系数 α 不随$\frac{w_1^2}{2}\rho_1$ 改变，即实现了自动比例。

（2）当 $\Delta p_5 = (+)$ 时，α 随$\frac{w_1^2}{2}\rho_1$ 的减小而变小；当 $\Delta p_5 = (-)$ 时，α 随$\frac{w_1^2}{2}\rho_1$ 的减小而变大，都不能实现自动比例。

（3）在反压 Δp_5 一定的条件下，当喷射介质压力（或$\frac{w_1^2}{2}\rho_1$）小时，自动比例破坏的最严重；当$\frac{w_1^2}{2}\rho_1$ 大到一定程度后，曲线平缓，这时即炉膛有反压也仍能基本上保持自动比例。

（4）ϕ 值愈大，自动比例愈容易破坏，因此烧高热值煤气和大能量的喷射式烧嘴（ϕ 值大），应适当提高煤气的工作压力。

根据以上所述可以看出，为了保证喷射式烧嘴的自调性，必须注意使吸入介质的压力保持为零压，炉内反压力应控制在零压附近，最好不超过 ±20Pa，当空气和煤气预热时，应注意使预热温度保持稳定。

第四节　火焰的稳定性、火焰监测和保焰技术

一、火焰的稳定性

所谓火焰的稳定性，指的是在规定的燃烧条件下火焰能保持一定的位置和体积，既不回火，也不断火。

导致回火的根本原因是火焰传播速度与气流喷出速度之间的动平衡遭到破坏，火焰传播速度大于气流喷出速度所致。因此，为了防止回火，可燃混合气体从烧嘴流出的速度必须大于某一临界速度，后者与煤气成分、预热温度、烧嘴口径及气流性质等因素有关。例如，对于火焰传播速度较大的煤气来说（例如焦炉煤气），可燃混合气体的喷出速度应不小于 12m/s。当空气或煤气预热时，其出口速度还应提高。

除了使气流出口速度不小于回火临界速度以外，还应注意保证出口断面上速度的均匀分布，避免使气流受到外界的扰动。

对于燃烧能力较大的烧嘴来说，将烧嘴头进行冷却也是防止回火的重要措施之一。当烧嘴口径较小时可用空气冷却，较大时则用水冷。

在断火方面（火焰脱离和熄灭），以有焰燃烧时的火焰比较稳定。这是因为，在扩散燃烧条件下，烧嘴出口附近的煤气和空气在混合过程中能形成各种浓度的可燃混合气体，其中包括火焰传播速度最大的气体，因而有利于构成稳定的点火热源。与此相反，无焰燃烧时，从烧嘴流出的是已经按化学当量比例混合好的可燃气体，甚至是稍贫的气体（空气过剩系数大于1），这种气体由于受到大气的冲淡，其火焰传播速度显著下降，因而容易造成火焰的脱离和熄灭。

在生产条件下，为了防止断火，除了应使气体的喷出速度与火焰传播速度相适应外，还应采取某些措施来构成强有力的点火热源，常用的办法有：

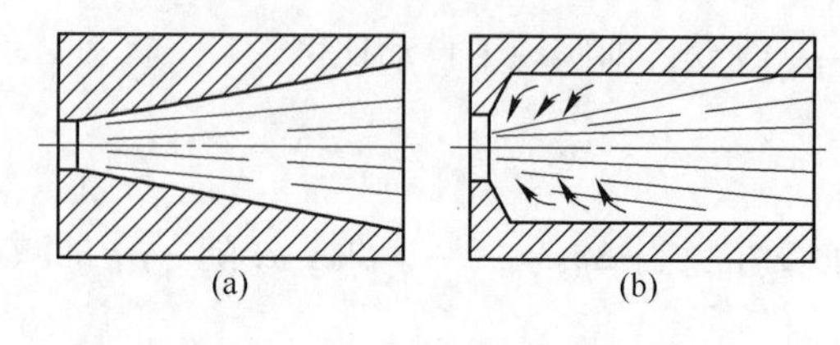

图 13－34　燃烧通道结构与气流的再循环
（a）圆锥形通道；（b）圆柱形（突扩）通道

（1）将燃烧通道做成突扩式以保证使部分高温燃烧产物回流到火焰根部（图 13－34）。

（2）采用带涡流稳定器或带点火环的烧嘴（图 13－35a、b）。

（3）在燃烧器上安装辅助性点火烧嘴或者在烧嘴前方设置起点火作用的高温砌体（图 13－36）。

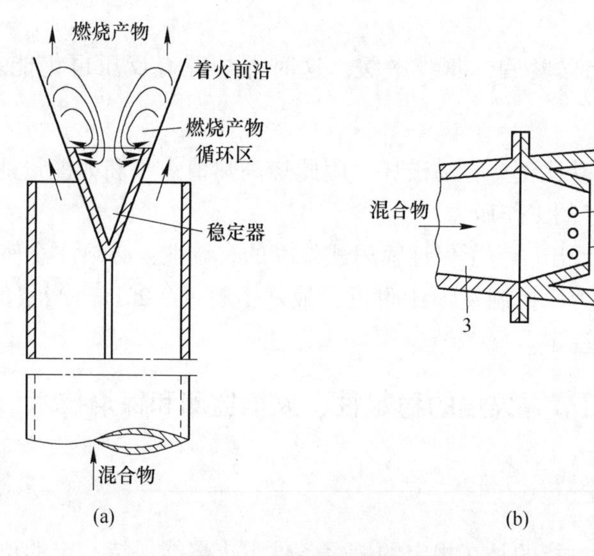

图 13－35　稳定器和点火环
（a）钝体稳定器；（b）点火环
1—环孔；2—点火环；3—烧嘴头本体

所有上述措施，都能有效地提高火焰的稳定性，防止火焰的脱离和熄灭，可根据具体条件加以采用。

二、火焰监视和保焰技术

1. 火焰监视和保焰的意义

工业炉在操作中有时会发生不同程度的爆炸事故，据文献报道，其中约有 80% 的爆炸事故是由于火焰熄灭，着火滞后或点火失败等原因所造成的。由此可见，火焰不稳是造成

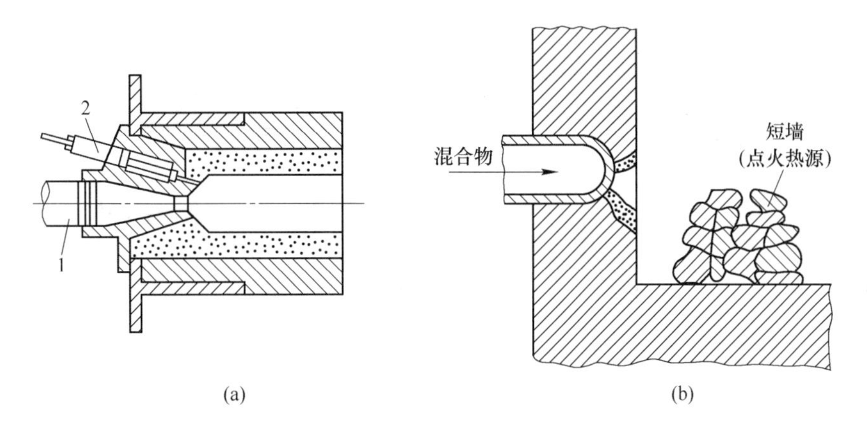

图 13－36　带辅助烧嘴的燃烧器（a）和烧嘴前设置高温砌体（短墙）（b）

1—主烧嘴；2—点火辅助烧嘴

爆炸事故的主要原因。

随着生产技术的发展，大型、快速、自动化的工业炉不断出现，并要求燃烧装置能有更大的燃烧强度。与低强度的燃烧情况相比，更增加了产生爆炸事故的倾向。此外，在某些工业加热设备中，有时要求燃烧装置能在750℃以下的低温条件下实现稳定的燃烧。所有以上情况的出现，都说明必须认真对待火焰的稳定问题。在这方面，目前采用的主要措施之一就是采用火焰监视装置和保焰措施，以便及时发现火焰的熄灭和确保燃烧的稳定。

火焰监视系统的作用主要有以下三个方面：

（1）对点火过程进行程序控制，提供切实可行的点火措施和确认点火的成功与否；

（2）核实燃烧所需的正常条件，使燃料和空气的比例及压力始终处在火焰的稳定范围内；

（3）执行经常性的火焰监视任务，当火焰熄灭时，能立即作出反应，发出警报，并切断通向该燃烧装置的燃料供应系统。

2. 火焰的监视方法

（1）直接监视法　这是最原始的火焰监视方法，它是由操作人员对燃烧情况直接进行观察，以发现火焰是否中断。这种方法显然不利于对火焰进行连续监视，而且也不能保证及时发现火焰的中断或在火焰熄灭时立即作出反应（现代化的火焰监视系统要求在火焰熄灭后2～4s内立即在监视和切断燃料供应方面作出反应）。

（2）整流棒式火焰监视装置　这是一种利用火焰导电和整流作用的监视装置。火焰的导电性早在1920年就已发现，1930年曾利用火焰的这种性质制成火焰监视器，它的工作原理如图13－37所示。由于电离作用使火焰中出现自由电荷，因而使火焰具有导电性。将面积不同的电极放到火焰中并加上50V直流电后，就会有一单向电流通过。但在使用中发现，当绝缘体的绝缘性能下降时，例如夏季湿度大而使绝缘性能变坏，由于电流泄漏，无火焰时也表现出有火焰的现象（图13－38），因而容易产生误操作。为了消除这一弊病，可改用220V的交流电，由于火焰的整流作用，产生了5μA的直流电，用检出直流电的方法进行火焰监视，这就是一般所谓整流棒式火焰监视器（图13－39）。采用这种监视装置时，如果绝缘材料的绝缘性能下降，就会出现交流电，而直流检流表是检不出交流电的。因而可以将上述导致误操作的原因消除（图 13－40）。

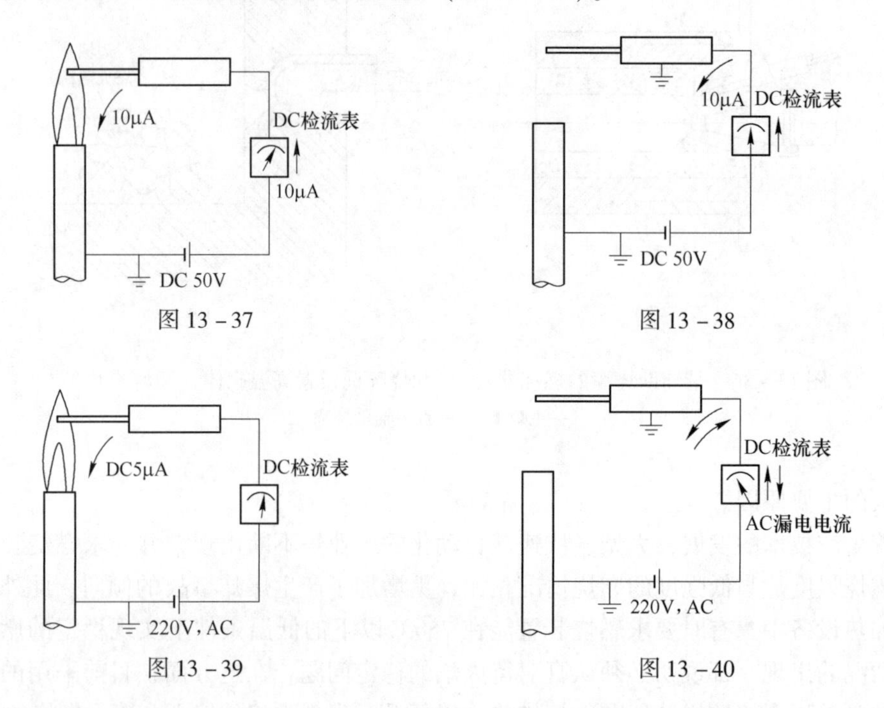

图 13－37

图 13－38

图 13－39

图 13－40

在使用整流棒式火焰监视器时，为了产生最大的火焰电流，接地电极的面积与伸向火焰中的棒状电极面积之比越大越好，最好应为 4∶1。

（3）紫外线火焰监视系统　所有的火焰几乎都能产生足够多的紫外线，根据这一性质，可以利用紫外线监测管制成火焰监视装置，叫做紫外线火焰监视器，它能检出火焰发出的 1900～2500Å 的紫外线。采用这种火焰监视装置时，应特别注意的问题是由于电火花发出的紫外线而产生的误操作。这是因为，当采用 6000V 交流电的电弧点火时，如果紫外线检测装置的安装位置不当，当电火花的紫外线射入紫外线监测装置，则指令信号也会发生打开主烧嘴阀的指示，而实际上这时点火器（副烧嘴）尚未点着，因而造成误操作。为了避免出现这种情况，必须注意使紫外线检测装置避开电火花点火器。

除了采用火焰监视装置以外，现代燃烧装置中还采用各种保焰措施，以保证燃烧的安全和稳定。各种保焰技术根据其工作原理大体上可分为以下几种类型：

1）分焰点火，即采用能够分出部分火焰担任点火，这种烧嘴的工作原理如图 13－41 所示。这种烧嘴，由于靠分焰来预热主焰的根部，因而能加快主焰的燃烧速度，得到非常稳定的火焰，主焰的燃烧强度高达 21×10^{6}kJ/($m^{3}\cdot h$)，所以在需要高温和高强度的工业炉中得到广泛的应用。

这种烧嘴的火焰导电性较好。一般情况下，煤气火焰的导电性及电的整流性较弱，而高负荷燃烧时，火焰的导电性较强，电的整流作用比较显著，再现性和稳定性也比较好。所以利用分焰点火烧嘴时，可以在炉子上设置用导电棒来监视火焰的安全装置，使火焰的监视系统的可靠性和稳定性显著提高。

2）反向气流，即在空气煤气的混合气流的出口附近人为地制造一个反向旋涡流，通过它对周围气体的卷吸作用来保持火焰的稳定，其示意图如图 13－42 所示。

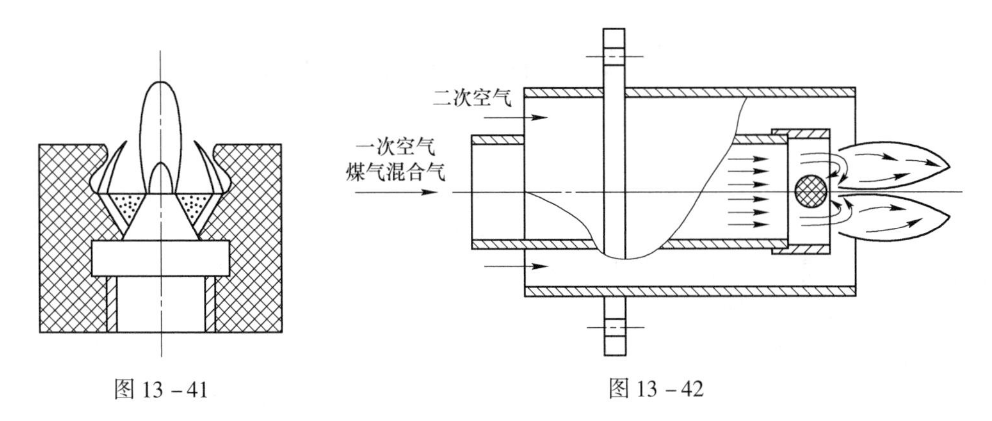

图 13－41　　　　图 13－42

3）在煤气空气混合气流的通道上设置某种靶类障碍物作为点火的高温热源（图 13－43）。

4）燃烧坑道，利用燃烧坑道壁的高温辐射作用和贴壁气流的对流作用来强化点火（图 13－44）。

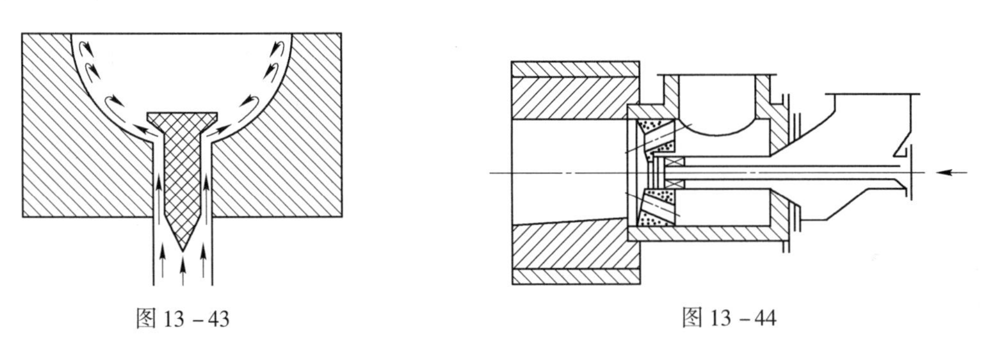

图 13－43　　　　图 13－44

以上是目前常用的几种保焰措施的基本情况。在烧嘴设计中值得注意的是，任何一种保焰方法都受到燃料性质和最高燃烧速度的限制，也就是说，燃料本身的燃烧特性决定了它的保焰范围。当烧嘴的使用条件超过它的燃烧范围时，火焰的稳定性将遭到破坏。因此使用任何一种烧嘴，从火焰稳定和安全性来考虑，必须了解该种烧嘴的稳定燃烧范围，例如空气煤气压力的使用极限，空气煤气的比例范围，烧嘴的供热强度等。此外，有的烧嘴是专门针对某种煤气设计的，如要改用其他煤气，则应另行测定其燃烧性能曲线，确定其稳定燃烧范围，根据其在新条件下的燃烧特性曲线使用，以保证燃烧过程的稳定和安全。

第十四章　液体燃料的燃烧

工业炉中燃烧的液体燃料有重油、焦油等，其中以重油为主。

工业炉以重油作燃料，在炉内直接燃烧。重油用油槽车（或用管路）运入厂内，存入储油罐中，然后靠油泵把油加压输送到油烧嘴。在油的输送管路中，需要用过滤器将油中的机械杂质除去。重油在通过油烧嘴燃烧时，需要把油喷成雾状，即进行雾化。在管路中设有加热器加热重油，降低其黏度，以保证良好的雾化效果和流动性。此外，整个油路系统还常伴随有蒸汽管加热和保温。重油通过油烧嘴后进入炉膛（或单独的燃烧室）中燃烧。上述流程可以分为两部分，由油槽车到加热器称为供油系统，油烧嘴和燃烧室称为燃烧系统，即燃烧装置。

根据本课程的要求，下面重点讨论燃烧系统的工作，主要内容是重油燃烧过程和燃油装置的工作原理和结构特点。

第一节　燃料油的燃烧过程

前面第十一章中曾讨论过单个油粒的燃烧过程及燃烧速度。理论分析表明，一个油粒燃烬所需要的时间与其直径的平方成正比，这就是说，为了加快油的燃烧速度，首先应把油雾化成为细小颗粒，然后使油颗粒与氧接触，在高温下开始蒸发，热解裂化和着火燃烧。这便是燃料油的雾化燃烧过程。

雾化燃烧过程是一个复杂的物理—化学过程。实际上，重油在炉内的燃烧是以油雾炬的形式燃烧，因此，各个油粒在同一时间并不经受同一阶段。油雾炬的燃烧过程如图 14-1 所示。重油由油喷口喷出后，首先开始雾化过程，这一过程是在比较短的距离内就结束了的，此后油的颗粒不再因雾化作用而变小。雾化以后，油粒即被加热，然后蒸发。伴随着蒸发，有些颗粒和部分油蒸汽就开始热解和裂化。当空气流股和油流股相接触时，就开始了混合过程。但是两个流股的混合是逐渐进行的，流股的边缘处先进行混合，流股中心处则要经过一段较长距离，空气才能与油雾混合。当某一处空气和油雾中的气体混合达到一定比例，并且温度达到着火温度时，则即着火。由于混合过程较长，所以是边混合边燃烧，形成了有一定长度的火焰。沿火焰长度，平均温度是逐渐升高的，而氧气的平均浓度是逐渐降低的。

由此可以看出，燃烧过程各个阶段之间是相互联系，相互制约的。在火焰中，各个阶段之间并不存在明显的界限。

这里，雾化应看作是燃烧的先决条件。只有雾化得很细，油颗粒的单位表面积才足够大，蒸发才能加快。但只有蒸发得快还不够，还必须使蒸发的气态产物与空气迅速混合，才能迅速燃烧。反过来，燃烧越快，产生的热量会将新鲜的油雾越快地加热，使之蒸发。宏观地说，油的雾化和油与空气的混合是取决于流体力学的条件；燃烧室的高温主要取决于燃烧室的热量平衡条件。这些是可以采取改变操作和结构参数的手段加以控制的。然而，油的蒸发、热解和裂化则是在燃烧室内“自发”进行的；当燃料种类、雾化颗粒度、气氛、温度等条件一定时，这些过程的速度和产物便被决定了。同时，像雾化颗粒度、气氛、温度等条件，又是被雾化和混合条件所决定的。总之，人们控制油燃烧的手段，主要是控制雾化和混合过程，而对油的蒸发、热解、裂化等，则是通过雾化和混合过程对它们施加影响，而不去直接控制。

所谓油的雾化，即指把燃料油破碎为细小的油颗粒的过程。在工业炉中，这一过程是通过油喷嘴的装置来实现的。雾化之后，油颗粒大小是不均匀的，一般最小颗粒直径只有几微米，大的颗粒要有500μm，或更大。油雾中的平均直径，各种喷嘴在不同条件下差别很大，小的在100μm以下，大的可达200～500μm。油雾的燃烧，包括油蒸汽的同相燃烧和液粒、焦粒、烟粒的异相燃烧，和气体燃料相比，其速度要慢的多。由于油雾中颗粒直径是不均匀的，其产生的焦粒和烟粒的直径也是不均匀的，大的颗粒容易产生大的烟粒和焦粒。重油油雾在燃烧室中的燃烧完全程度和火焰长度，不仅和颗粒平均直径有关，而且还决定于颗粒的最大直径和大颗粒的含量。因此，在一定的燃烧条件下，为保证燃料的完全燃烧，所允许的平均颗粒直径和最大颗粒直径都是有限度的，特别是应当限制大颗粒的直径及其含量，因为它们是不完全燃烧的主要原因。

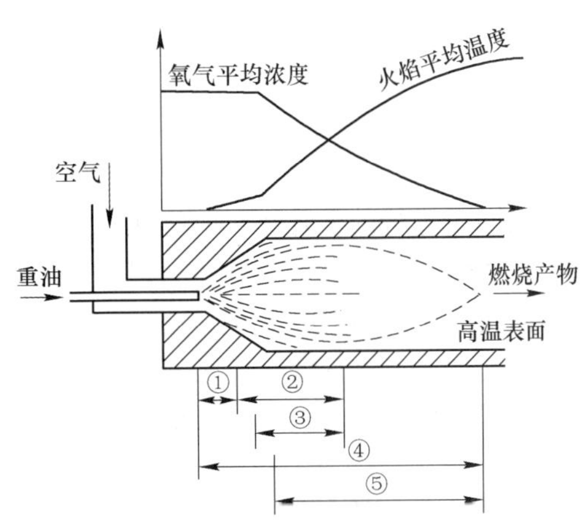

图14－1　油雾燃烧示意图

①—雾化；②—蒸发；③—热解和裂化；④—混合；⑤—着火，形成火焰

雾化是重油燃烧过程的一个特殊问题，因此将在下节进一步讨论。

雾化后的油雾与空气流的混合，在重油燃烧过程中也起着很重要的作用，这和气体燃料燃烧中的混合过程的作用是同样的。并且，每公斤重油燃烧需要大约10m³以上的空气，这个量是很大的。油被雾化成油雾之后，必须与这样大量的空气良好混合才能迅速燃烧。所以，油雾与空气的混合，不像煤气与空气的混合那样容易，重油燃烧也不像煤气燃烧那样容易得到短的火焰和达到完全燃烧。因此，对于烧油的炉子，必须要特别注意强化油雾与空气的混合过程。这一问题在实际中常常被忽视。例如在有的使用高压油烧嘴的炉子上，完全靠油喷口喷出的高速油雾从大气向燃烧室（炉膛）自然吸入空气而没有用鼓风机强制送风。这样，吸入的空气量常常严重不足，而且被吸入的空气与油雾混合十分缓慢，所以火焰拉得很长，且燃烧不完全。虽然，高压油烧嘴的雾化质量比低压油烧嘴的雾化质量为好，但是由于油雾与空气混合不好，其燃烧效果反而不好。

油雾与空气的混合，基本上仍是两个流股的混合，混合的速度决定于流体动力学因素，这与两个气体流股（如煤气与空气流股）的混合是类似的。所以可以参考气体力学的原理，凡是有利于气体流股混合的措施均可运用到油烧嘴上以强化油雾与空气的混合，例如加大空气速度；使空气与油雾呈交角相遇（图14－2a）；使空气成旋转气流与油雾相遇（图14－2b）；使空气分两次与油雾相遇（图14－2c）等。

此外，油雾中油颗粒流量密度分布及颗粒直径对混合也有影响。只有雾化得很细，且油粒在断面上分布比较均匀，才有可能与空气很好混合。雾化与混合也是互相联系的两个过程，特别是对于低压油烧嘴，由于燃烧用的空气同时又是雾化剂，所以雾化过程与混合

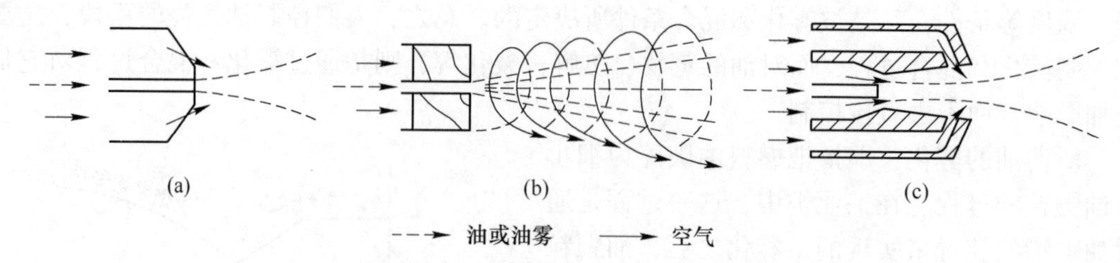

图 14-2　空气与油（或油雾）的混合

过程是同时进行的，凡是影响雾化质量的因素同时也影响混合过程。

在燃烧室中，有些液滴还可以与燃烧室壁或其他固体物（例如用来做火焰稳定器或点火器的高温耐火砖壁）碰撞，重油在固体表面上蒸发，并被气流带入而混合燃烧。这时固体表面上形成点火热源，有利于稳定燃烧和提高燃烧完全程度。但是，如果是与较冷表面碰撞，或者固体表面附近为缺氧介质，则将在固体表面形成焦壳，油蒸气也不会完全燃烧。

除了雾化与混合之外，重油燃烧过程中，由于有蒸发等吸热作用，因而其着火过程中加热阶段的时间（包括把油加热到沸点；油气化为蒸气；组成燃料—空气可燃混合物，把可燃混合物加热到着火温度的时间，以及化学感应期的时间）和气体燃料相比要长得多。因此，为了强化重油的燃烧过程，必须缩短着火过程的加热时间。这个时间主要取决于燃烧室的温度水平。例如，根据实验，在1000℃的介质中，比在600℃的介质中，颗粒的加热要快4.5~4.6倍。这就要求重油火焰的点火热源（包括初始点火和连续点火）的能力要大一些，点火热源（区域）的温度要尽量高一些。常采用的方法有，向火焰根部强化高温燃烧产物的再循环；设置火焰稳定器造成局部高温气流循环，用高温的烧嘴砖或设置高温点火砖；向火焰中分段供应空气，避免大量空气在火焰根部造成冷却效果，等等。

根据上述重油燃烧的特点，可以看出稳定和强化重油燃烧的基本途径有三，即：

（1）改善雾化质量；

（2）供给适量的空气，强化空气与油雾的混合；

（3）保证点火区域和燃烧室的高温。

重油燃烧操作及燃烧装置的设计和管理都必须遵循这些原则。

第二节　油的雾化

一、雾化原理及方法

把燃料油通过喷嘴破碎为细小颗粒的过程称为油的雾化过程。根据雾化理论的研究，雾化过程大致是按以下几个阶段进行的：

（1）液体由喷嘴流出时形成薄幕或流股；

（2）由于流体的初始紊流状态和空气对液体流股的作用，使液体表面发生弯曲波动；

（3）在空气压力的作用下，产生了流体薄膜；

（4）靠表面张力的作用，薄膜分裂成颗粒；

（5）颗粒的继续碎裂；

（6）颗粒（互相碰撞时）的聚合。

图 14－3 和图 14－4 便是对雾化过程形象的描述。

由此可以看出，雾化过程是一个复杂的物理过程。在这里，无论是液体的流出和薄膜的形成，还是克服表面张力而形成小颗粒，都是要消耗能量的。只有对体系做功，才能使油雾化。根据雾化过程所消耗的能量来源，可以把雾化方法分为以下两大类。

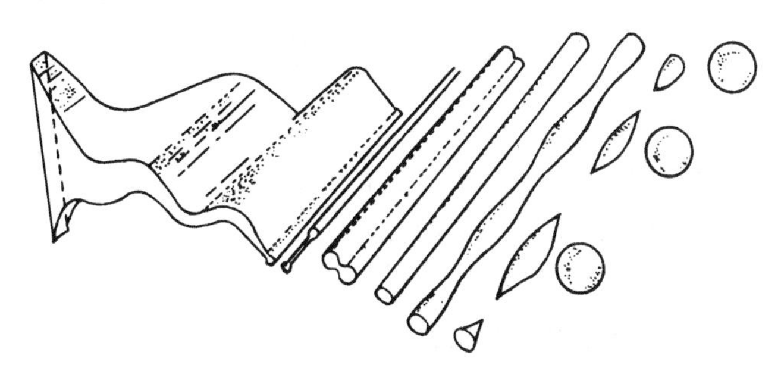

图 14－3　雾化过程示意图

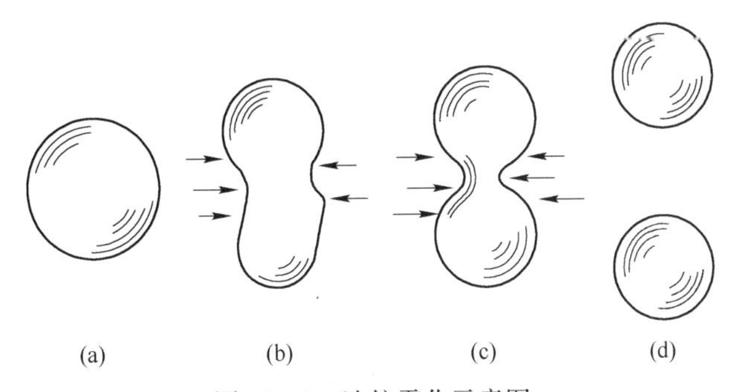

图 14－4　油粒雾化示意图

（1）主要靠附加介质的能量使油雾化。这种附加介质称为“雾化剂”。实际常用的雾化剂是空气或蒸气，个别的也有用煤气或燃烧产物的。根据气体雾化剂压力的不同，这类方法还可以分为：

1）高压雾化，雾化剂压力在 100kPa 以上；

2）中压雾化，雾化剂压力 10～100kPa；

3）低压雾化，雾化剂压力 3～10kPa。

（2）主要靠液体本身的压力能把液体以高速喷入相对静止的空气中，或以旋转方式使油流加强搅动，使油得到雾化。这种方法称为油压式（或机械式）雾化。

不同的方法中，雾化过程都会包括上述六个阶段中的全部或一部分过程，但各个阶段所占的地位在不同情况下则是不同的。在用气体介质作雾化剂的过程中，雾化剂以较大的速度和质量喷出，当和重油流股相遇时，气体便对油表面产生冲击和摩擦，使油表面受到外力的作用。这种外力大于油的内力（表面张力和黏性力）时，重油流股便会破碎成分散的油粒。只要外力还大于油的内力，油的雾化过程将继续下去，直到在油的表面上的内力与外力达到平衡，油粒就不再破碎，雾化过程便到此结束。

在油压式雾化条件下，重油以高压由小孔喷出。这时，重油流股本身将产生强烈的脉动，与此同时，在与周围介质相对运动中，也受到周围气体的摩擦作用。重油流股的强烈脉动能使它产生很大的径向分力和波浪式运动，加上周围介质对它附加的外力，从而使重油流股的连续性遭到破坏而分散成细颗粒。

根据以上原理，我们可以把雾化过程归结为油的表面上外力（如冲击力，摩擦力）和内力（黏性力，表面张力）相互作用的过程。外力大于内力时，油流即破碎成小颗粒。由于沿流股轴线上雾化剂和油流的速度都是逐渐减小的，即外力越来越小，而当油粒变小时，表面能是逐渐增加的，所以外力与内力将会达到平衡，雾化过程将不再进行。

二、油雾炬的特点

重油雾化后所形成的颗粒群，分布在气体介质中，这些颗粒的运动轨迹组成了轮廓比较规则的油雾炬。一般说来，油雾炬的特性包括以下几项。

1. 油粒直径

雾化后的油粒直径是不均匀的，因此，说明油粒直径的参数应该有三个，油粒的直径分布、平均直径和最大直径。

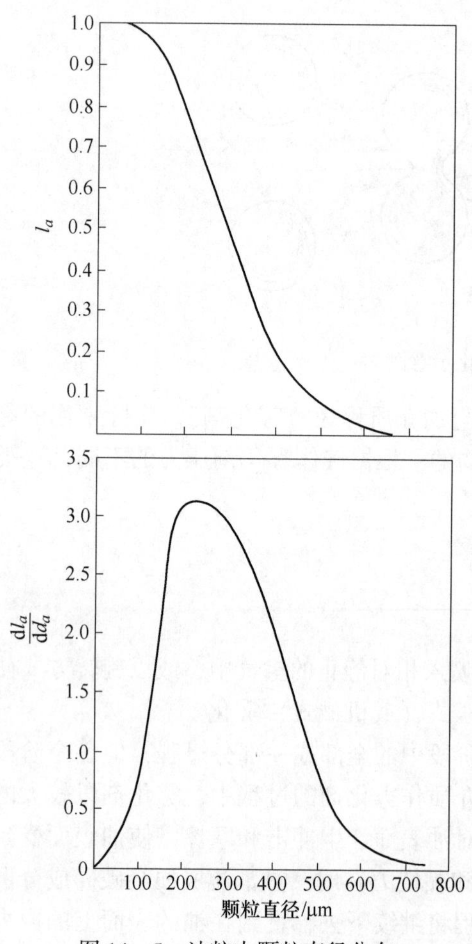

图 14－5　油粒中颗粒直径分布

油粒的直径分布说明不同大小的颗粒在总颗粒中占的百分数。由实验测得，图 14－5 便是一个典型分布的例子。图中，上图是把直径分布表示为绝对值 l_a，它表示油雾中大于 d_a 的全部颗粒重量占颗粒总重量的份数；下图表示为相对值，相当于沿颗粒直径变化的 l_a 的增量，即 dl_a/dd_a。这样，在某两个 d_a 之间下面的面积便是这两个 d_a 之间的颗粒占总油雾重量的份数。由这种曲线可以看出雾化颗粒是比较均匀还是不均匀，看出各种直径的颗粒占有多大比例。

颗粒的平均直径是一个最基本的雾化质量的参数。计算平均直径的方法有多种，其中比较通用的是所谓索太尔平均值（S·M·D），以 d_{32} 表示，公式为

$$d_{32} = \frac{\sum d_a^3 \cdot \Delta N_a}{\sum d_a^2 \cdot \Delta N_a} \quad (14-1)$$

式中，ΔN_a 为在某一直径范围内测得的颗粒的个数，这一范围为由（$d_a - \Delta d_a/2$）到（$d_a + \Delta d_a/2$）之间；Δd_a 为考虑到计算精度而选取的计算间隔。

2. 雾化角

雾化角即油雾炬的张角。雾化角大，则可形成张角较大的、短而粗的火焰；反之，则可形成细而长的火焰。各种喷嘴所形成的油雾炬的形状不同，并与工况参数有关。一般的油雾炬，都不会是一个正锥形，因此，雾化角的数值便是有规定条件的。通常以喷口为中心，以 100mm 长为半径作弧，与油雾炬边界

（边界的位置也是近似的）相交，然后将交点与喷口中心相连所得的夹角，即定为雾化角，如图 14－6 所示。

根据流体力学的原理。雾化角的大小取决于流股断面上质点的切向分速 w_t 与轴向分速 w_a 之比，即

$$\tan\left(\frac{\alpha}{2}\right)=\frac{w_t}{w_a}$$

因此，凡是有助于提高切向分速度的因素，都会使雾化角增加；凡是提高轴向分速度的因素都会使雾化角减小。例如采用带旋流装置的喷嘴，可得到大的张角，甚至可得到中空锥体的油雾炬，张角可达 60°～90°或更大。采用直流喷出的喷嘴，油雾张角较小，只有 10°～20°。

3. 油粒流量密度及其分布

油雾中的油粒流量密度指单位时间内在油粒运动的法线方向上，单位面积上所通过的油粒的流量，单位可为 $cm^3/(m^2\cdot s)$ 或 $g/(cm^2\cdot s)$。流量密度与喷嘴结构及工况参数有关，由实验测得。实验结果常表示为流量密度分布曲线，如图 14－7 所示。根据这类曲线，可以判断油雾断面上油量分布的均匀程度。如果取样位置（距喷口距离）是一定的，则曲线在 R 方向上的分散距离显然反映了油雾张角的大小。此外，曲线最高的位置是否在中心或与中心对称（如有两个最高点），可以反映喷嘴喷口的对中性。图 14－7 的上图是一般直流喷嘴的流量密度分布曲线形状，它的流量密度最大值在中心，该曲线的突起程度，可以判断油量分布的均匀性。下图是旋流喷嘴的油量密度分布曲线形状。这时曲线有两个最高点，而中心流量密度较小。这种曲线说明油量是比较散开的，火焰张角较大。

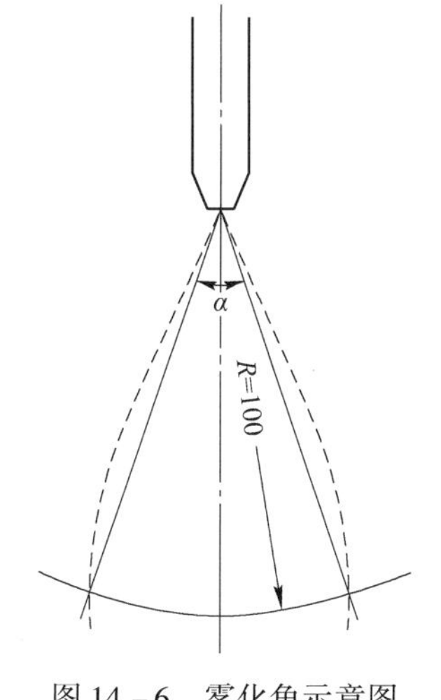

图 14－6　雾化角示意图

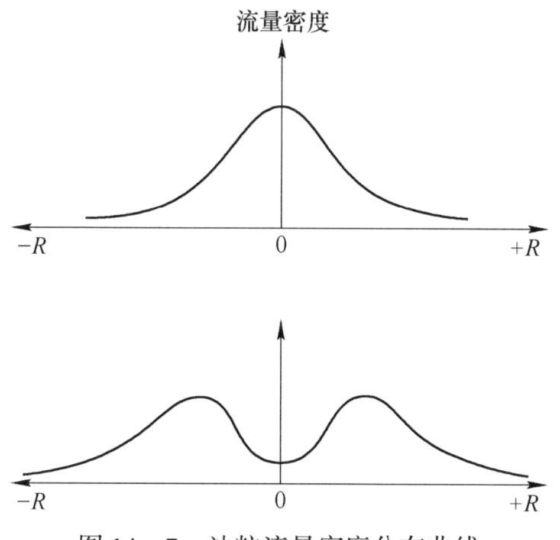

图 14－7　油粒流量密度分布曲线

4. 油雾射程

在水平喷射时，油粒降落前在轴线方向移动的距离，称为油雾的射程。显然，油雾中油粒直径是不均匀的，它们移动的距离是不相同的，甚至有极细小的颗粒会悬浮于气流之中而不降落。因此所谓油雾射程的数值是非常粗略的。射程的远近主要取决流体动力因素，一般来说，轴向速度越大，射程就越远。切向分速越大，射程就越近。射程在一定程

度上可以反映火焰长度，射程比较远的喷嘴常常形成长的火焰。但是射程与火焰长度是两个不同的概念，二者并不等同。

三、雾化颗粒的平均直径

雾化颗粒的平均直径是雾化质量的一个主要指标，因此，对雾化的研究，大量工作是研究平均直径与各因素之间的关系，以探讨改善雾化质量的途径和方法。

根据雾化理论的研究，影响颗粒平均直径的因素有喷嘴结构参数、油的性质参数及工况参数。如果用无因次方程式写出来，颗粒平均直径方程包含的变数有

$$\frac{d_{平}}{d_0}=f\left(Re,We,\frac{\rho_g}{\rho_l},\frac{\mu_g}{\mu_l},\frac{u_g}{u_{l,h}},\sigma R_1,R_2\cdots\right) \tag{14-2}$$

式中 $d_{平}$——颗粒平均直径；

d_0——喷口直径；

We——维伯数$\left(We=\dfrac{\rho_g\cdot u_{lr}^2\cdot d_a}{2\sigma}\right)$；

ρ_g，ρ_l——周围气体介质和流体的密度；

μ_g，μ_l——周围气体介质和流体的黏度；

u_g——气体介质的速度；

$u_{l,h}$——流体在喷口处的速度；

u_{lr}——流体与气体介质的相对速度；

σ——表面张力；

R_1，R_2——表征喷嘴结构特征的相对尺寸。

可见，影响颗粒平均直径的因素很多，大多数实验研究都是在一定条件下，即固定某些参数，而找出 $d_{平}$ 与另一些参数之间的关系。

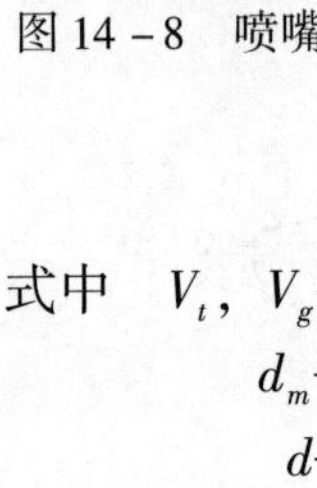

液体 空气

图 14-8 喷嘴

例如，拔山-棚泽的著名实验，对图 14-8 的喷嘴进行了测定，空气的喷出速度为 45~300m/s，温度为 25℃，在距喷口 150~200mm 处取样。得到的关系式为

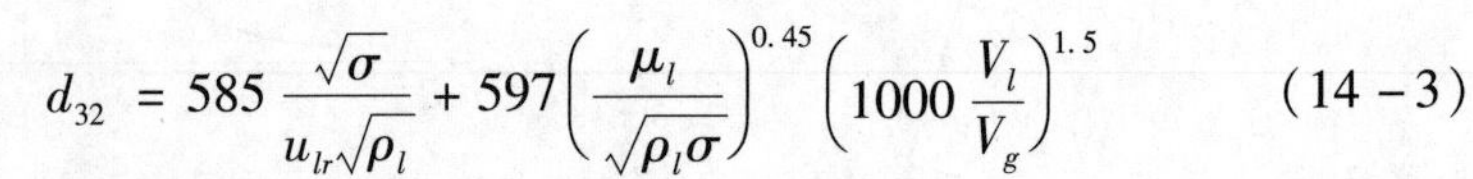

$$d_{32}=585\frac{\sqrt{\sigma}}{u_{lr}\sqrt{\rho_l}}+597\left(\frac{\mu_l}{\sqrt{\rho_l\sigma}}\right)^{0.45}\left(1000\frac{V_l}{V_g}\right)^{1.5} \tag{14-3}$$

与此相应，颗粒直径分布为

$$\frac{\mathrm{d}l_a}{\mathrm{d}\left(\dfrac{d}{d_m}\right)}=286\left(\frac{d}{d_m}\right)^5 e^{-5.7(d/d_m)} \tag{14-4}$$

式中 V_t，V_g——流体和空气的体积流量；

d_m——重量中间值平均直径，μm；

d——颗粒直径，μm；

d_{32}——S·M·D 直径，μm；

σ——表面张力，10^{-3}N/m（19~13）；

ρ_l——流体密度，g/cm^3（0.7~1.2）；

μ_l——流体黏度，Pa·s（0.03~5）；

u_{lr}——流体与空气的相对速度，m/s。

式（14-3）表明，d_{32}与V_g/V_l有关，V_g/V_l越大，d_{32}就越小。当V_g/V_l相当大时（实验时超过5000），则d_{32}受V_g/V_l的影响很小，可忽略不计，而仅与流体的表面张力、密度和相对速度有关。当V_g/V_l很小时，式中的第二项将起明显作用。此时，d_{32}将增加，并且黏度将表现出明显影响。

又如E. H. Conroy等对于文氏管式的喷嘴进行了实验研究（空气预热145℃），得到如下经验公式：

当在收缩处雾化剂速度低于音速时

$$d_{32}=687\frac{1.5+\frac{W_l}{W_a}}{W_a^{1.63}} \tag{14-5}$$

当达到音速时

$$d_{32}=29900\frac{1.5+\frac{W_l}{W_a}}{W_a^{1.63}} \tag{14-6}$$

式中　W_l和W_a——表示液体和空气的质量流量，lb/h。

由这里可以看出，d_{32}不仅与W_l/W_a有关，即不仅与雾化剂单位耗量有关，而且还与雾化剂的绝对速度有关。

再如Longwell J. P对离心油压式喷嘴进行了系统的研究，得到的结果为

$$d_m=\frac{0.72r_0\cdot 10^4}{\sin\frac{\alpha}{2}}\cdot\frac{e^{0.7\nu}}{\Delta p^{0.37}} \tag{14-7}$$

$$l_a=e^{-0.693(d/d_m)^D} \tag{14-8}$$

式中　d_m——重量中间值平均直径，μm；

r_0——喷口直径，cm（0.04~0.14）；

d——颗粒直径，μm；

α——雾化角（60°~120°）；

Δp——喷嘴压力降，lb/in^2（50~300）；

ν——运动黏度，cm^2/s（0.08~0.8）

l_a——直径大于d的颗粒质量；

D——颗粒直径分布系数。

该式表明，颗粒平均直径与$\Delta p^{0.37}$成反比，与雾化角的正弦值成反比，而与喷口直径成正比。所以，对于油压式喷嘴，可用雾化角的大小来判断雾化颗粒的大小。

类似上述的理论研究还有许多。尽管这些研究在数量上的结论并不完全一致，但是提供了各因素对颗粒平均直径影响的基本规律。通过调节各公式中反映的参数，可以得到不同直径的颗粒。

但是，在这许多影响因素中，有些因素是在生产中能够直接调节的，如流体的压力、流量等；有一些则不便直接调节，如油质一定时，油的密度、黏度等则不能直接改变，而只能通过调节油温来改变。

因此，通过以上分析，可将影响雾化颗粒直径的因素概括如下：

影响雾化质量的作用力	影响作用力的因素	直接调节的参数
内力	黏度	油温
	表面张力	油温
外力	雾化剂流出速度	雾化剂压力、喷口直径
	雾化剂单位耗量	雾化剂流量
	油的流出速度	油压，喷口直径
	雾化剂与油流股接触表面	烧嘴结构
	雾化剂与油流股的交角	烧嘴结构

下面分析各因素的影响。

（1）油温的影响。如第一章所述，改变油温可以改变油的黏度和表面张力。即提高油温可以显著地降低油的黏度；表面张力也有所减小，但变化不大。

降低油的黏度可以改善雾化质量。例如，在燃烧高黏度重油时，不容易达到好的雾化质量，只有将重油预热到较高的温度，即将其黏度降低，雾化质量则可随之得到改善，而且雾化剂的喷出速度越小，黏度的影响越显著。

因此，在生产中为了改善雾化质量，可用提高油温的办法降低重油黏度。为了达到良好的雾化，油的黏度一般不高于（35～75）$\times 10^{-6} m^2/s$ 并根据黏度和温度的关系，将油加热到一定温度。

油温也影响表面张力，油温越高，表面张力也有所减小。但是，表面张力对雾化质量的影响还不十分清楚，各研究工作的结论不完全一致。在生产中可以认为，由于各种油的表面张力相差不大，在实际工作条件下（例如油温变化时）表面张力变化很小，所以可以不去考虑表面张力对雾化质量的影响。

（2）雾化剂压力和流量的影响。提高雾化剂的压力时，雾化剂的喷出速度将增加。此时，如果保持雾化剂的喷口断面积不变，则雾化剂的流量将增加；如果要保持雾化剂消耗量不变，则应该相应地减小雾化剂喷口断面积。由于当调节油烧嘴时，油的流量或喷出速度也可以变化，所以应该讨论雾化剂和油流股的相对速度和雾化剂单位耗量（每公斤油用多少公斤或立方米的雾化剂）对雾化剂质量的影响。

雾化剂相对速度对颗粒平均直径的影响是较大的。相对速度越大，雾化后颗粒平均直径越小，而且在高速度范围内影响更明显。所以，高压油烧嘴的雾化质量一般要比低压好一些。不论哪种油烧嘴，提高雾化剂压力（例如在低压烧嘴上提高空气的压力）均可使雾化质量得到改善。

雾化剂单位耗量对颗粒直径有重要作用。在低压烧嘴中，由于雾化剂的流速不大，一般不超过100m/s，所以需用较多的雾化剂。当雾化剂耗量太小（小于燃烧空气需要量的25%～30%）时，雾化质量严重变坏。在高压油烧嘴中，由于雾化剂速度很大，雾化剂单位耗量可以小些，一般为燃烧空气需要量的10%左右，且过大的消耗，对改善雾化的效果不显著。

（3）油压的影响。油压决定着油的流出速度。当喷口断面一定时，油的流量将随着油压增加而增加，如果要保持油的流量一定，当油压增加时，应减小油喷口断面。

采用气体作雾化剂的烧嘴，油压不宜太高。特别是对于低压雾化的油烧嘴；油压过高，油流股的速度太快，油流股会穿过雾化剂流股，使油得不到良好的雾化。在有的生产的炉子上可以看到，油压高时，油火焰中会有一条“黑线”，即说明雾化不好。所以低压油烧嘴的油压一般均较低，有的低到100kPa以下，甚至用50kPa的油压。对于高压雾化的油烧嘴，除了上述原因油压不宜太高外，另一方面要考虑高压雾化剂在和油流股相遇时（主要是对于内混式烧嘴）雾化剂的反压力的大小，油压应高于该反压力，否则油会被雾化剂“封住”而喷不出来。所以高压内混式比外混式油压要高，有时要接近于雾化剂压力。

对于油压（机械）雾化烧嘴，情况与上述不同，它是靠油流股本身的脉动而实现雾化的。因此，油流股的速度越大越好。这就要求高的油压，一般都在2000kPa左右或更高。油压越高，越可能达到好的雾化质量。在生产中，油压的提高受到油泵及管路性能的限制。

（4）油烧嘴结构的影响。油烧嘴的结构对雾化质量影响很大。在烧嘴结构中，影响雾化质量的主要结构尺寸是：雾化剂的出口断面；油出口断面；雾化剂与油流股的交角；雾化剂的旋转角度；油的旋转角度；雾化剂与油相遇的位置；雾化剂或油的出口孔数；各孔的形状以及它们之间的相对位置等等，这些因素都影响着雾化剂对油流股单位表面上作用力的大小、作用面积和作用时间，因而影响颗粒平均直径，同时也影响油雾的张角和油流股断面上油粒的分布。这些因素的影响是复杂的，以致目前还不能在生产中对其进行定量计算。但是在设计和制造油烧嘴时，多是从上述因素着手来改善雾化质量。此外，烧嘴的调节方法也影响在调节范围内的雾化质量。一般说来，为了减小颗粒平均直径，改善雾化质量，可以采取减小雾化剂和油的出口断面，适当增加雾化剂与油的交角，造成流股的旋转，分级雾化，多孔流出，内部混合等措施。当然，采用这些措施要有其他条件相配合。例如，油或雾化剂喷口减小时，则为了保证一定流量，要求提高压力。油孔过小容易堵塞，雾化剂旋转度过大会与油流股分离，反而雾化不好，等等。某些措施会使油烧嘴的结构过于复杂，制造困难。总之，油烧嘴的结构，要根据具体条件参考已有的试验结果进行合理的设计。

第三节　燃油烧嘴

实现重油燃烧过程的燃油装置，包括油烧嘴和燃烧室。这里重点介绍油烧嘴。

重油烧嘴的结构及性能，应根据炉子热工过程的要求确定。一般来说对重油烧嘴的基本要求是：一定的燃烧能力；在一定的调节范围内能保证雾化质量；能造成一定的空气与油雾混合的良好条件，调节倍数能满足生产中调节油量的要求；燃烧稳定，火焰的形状和火焰长度稳定，或根据生产要求允许调节火焰长度；烧嘴便于调节，或能实现自动调节；结构坚固，工作可靠，检修方便等。

重油烧嘴的种类很多，按不同的特征，可以分类如下。

1. 按雾化方法分类

（1）气体介质雾化油烧嘴。它是靠气体介质的动量将油雾化。根据气体介质的压力不同，又分为高压油烧嘴，中压油烧嘴，低压油烧嘴。另外，还有靠燃烧产物将油雾化的“喷气式”油烧嘴等。

（2）油压式烧嘴。靠油在高压下流出而得到雾化，如离心式机械油烧嘴。

（3）转杯式油烧嘴，使油通过高速旋转的转杯，成薄膜状喷出，然后又被空气雾化。

2. 按调节或控制方法分类

（1）手动调节的油烧嘴。

（2）自动调节的油烧嘴，如风油比例调节油烧嘴。

3. 按可使用的油质分类

（1）烧轻油的烧嘴。

（2）烧重油的烧嘴。

4. 按形成的火焰形状分类

（1）小张角直火焰烧嘴。

（2）大张角火焰烧嘴。

（3）平火焰烧嘴。

（4）火焰长度可调烧嘴。

5. 按助燃空气的温度分类

（1）使用冷风的油烧嘴。

（2）使用热风的油烧嘴。

按照这样的分类，可以讨论每一个烧嘴的基本特征。目前我国对油烧嘴的命名，是按第一种分类方法命名的。

油烧嘴的具体结构型式非常繁多，本节只讨论油烧嘴的工作原理及结构特点，而关于结构细节及性能规格，可参阅有关设计手册及产品说明书。

一、气体介质雾化式油烧嘴

1. 低压油烧嘴

低压油烧嘴是用鼓风机供给的空气作雾化剂，烧嘴前风压一般为 5～10kPa，高的可达 12kPa。在这样的压力下，雾化剂与燃料相遇时的速度为 50～100m/s。

低压油烧嘴重油的雾化是靠雾化剂产生的动量。由于雾化剂的喷出速度受到风压的限制，所以为了保证雾化质量良好，就必须用较大量的空气做雾化剂。根据实验研究的一些结果，雾化剂消耗量应为燃烧空气消耗量的 25%～50%，且有许多烧嘴是将全部燃烧空气量都作为雾化剂经由烧嘴喷入。这样一来，在雾化的同时，创造了空气和油雾混合的良好条件。所以为了达到完全燃烧，低压油烧嘴可选用较小的空气消耗系数，一般，$n=1.10\sim1.15$。由于混合较好，低压油烧嘴可以产生较短的火焰。

低压油烧嘴的油压不宜太高，一般为 30～150kPa。如前所述，如果油压过高将不利于雾化。另外油压过高时，为保证油量一定（kg/h），油孔必将过小，这易使油孔堵塞。烧嘴前最好装设稳压器，将油压稳定在较低水平。

低压油烧嘴的能力不宜太大，一般不超过 150～200kg/h，这是因为在雾化剂压力和油压均较低的情况下，如果能力设计的太大，空气喷出口和油喷口的断面都将很大，这一方面使雾化质量不易保证，另一方面使烧嘴结构过于庞大。

在低压油烧嘴中，空气的预热温度受到限制。特别是对于流经油管外面的空气，如果预热温度太高，油管内的重油会被加热至过高的温度，以致在油喷出前便裂化产生焦粒，造成喷嘴堵塞。一般，当全部空气用来做雾化剂时，预热温度应控制在400℃以下。如果要求将空气预热至更高的温度，那么可将空气分为两部分：一部分流经烧嘴，为一次空气，另一部分由烧嘴之外通入燃烧室，为二次空气。二次空气的预热温度不受烧嘴的限制。

油烧嘴的结构主要包括四部分：空气导管，油导管，烧嘴喷头和调节机构。对燃烧过程起关键性作用是烧嘴喷头部分的形状和尺寸，这些决定着烧嘴的能力、雾化质量和混合速度，从而决定着火焰的特性和燃烧质量。喷头的尺寸（喷出口断面积）可以由计算确定（方法见后），喷头的形状则是根据经验设计的。

低压油烧嘴的喷头型式，通常有两种类型，即直流式与旋流式。

直流式喷头中，空气流呈一定交角与油流相遇。空气可以分为一次（如图14－11），二次（图14－2c）或三次，（图14－12）与油流相遇。一般说来，采用二次或三次雾化的喷头，可以得到较好的雾化效果。空气流与油流的交角对雾化质量，混合速度和火焰长度也都有影响。交角大一些，有利于雾化、混合，并可得到较短的火焰。但是交角不宜过大，一般不超过45°。此外，前已指出，空气流与油流相遇时的相对速度对雾化质量有很大的影响，相对速度越大，雾化颗粒越细。实际上，相对速度的数值是难以确定的。因为，不论是空气流的速度还是油流的速度，沿射流轴线方向上都是变化的。这样，相对速度与油的喷口相对空气喷口的位置有很大关系。图14－9即表示了这一概念。该图中的（a）图油喷口与空气喷口在同一断面上；（b）图则是油喷口缩回一些，相当在喷头内部有一段“雾化室”。比较起来，（b）的喷头其空气能在较大的相对速度范围内与流股相作用，因而有利于改善雾化质量。当然，这并不是说油喷口缩回的越长越好。如果“雾化室”太长，在低压条件下，油雾颗粒将会与外壁碰撞而聚积成更大的颗粒使雾化质量变坏。

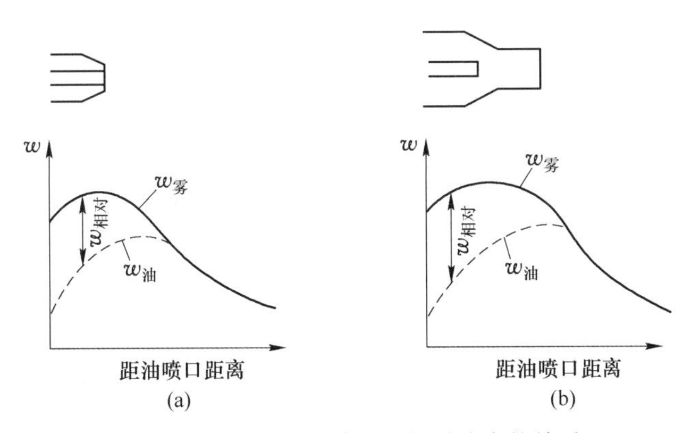

图14－9　喷口相对位置和相对速度的关系

另一种喷头是旋流式的，即空气呈旋转气流与油流相遇。图14－10所示的烧嘴便是一例。这时，气流的旋转强度和旋转角度对雾化混合都有影响。一般来说，旋转强度和角度越大，雾化质量越好，混合也越快。但是，如果过大的旋转角度，使旋转气流的最大速度区域（该区域不在轴线上）远离了油流股，则气流对油流的作用将减弱。此外，叶片的倾斜角度越大，喷头的阻力也越大，因而会更多地消耗气体的压力能。合适的旋转角度应由实验测定。图 14－10 的烧嘴（称“K 形”烧嘴）气流与油流有 70°～90°的交角。旋流式喷头，可以得到较大张角的火焰，且由于在中心可以造成负压区，增强了高温燃烧产物的回流，相当于增强了连续点火的热源，使油雾得以更快地蒸发和燃烧，有助于稳定燃烧。

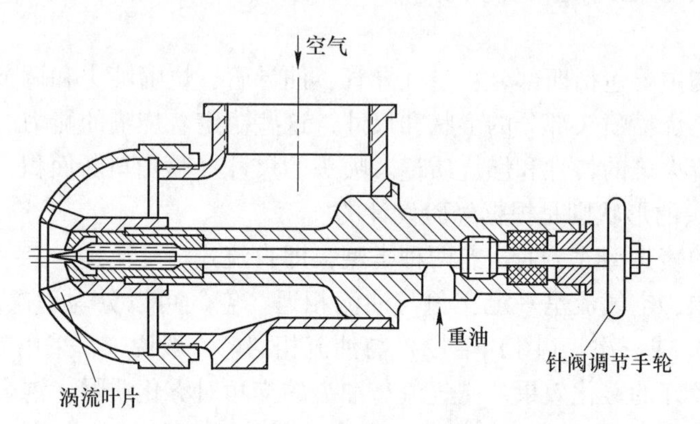

图 14－10　涡流式低压油烧嘴

油烧嘴结构的另一个重要部件是调节机构。好的调节机构应当是不仅操作方便，准确可靠，而且在允许调节比范围内不致使雾化质量变坏。

低压油烧嘴的油量调节有两种方案。一种是在烧嘴外进油导管上安装调节阀门。这实质上是调节进入油烧嘴的油压，以改变油量。这样在调节时将使油的喷出速度变化。另一种是在烧嘴内部安装调节装置，改变喷口的有效断面，以改变油的流量。图 14－10 所示的烧嘴，便是采用针阀调节，前后移动针阀的位置使油喷口的有效断面改变，从而达到调节油量的目的。图 14－12 所示的烧嘴，是采用旋塞阀来调节油量。旋塞阀由旋塞套和旋塞芯组成。旋塞套上有两个轴向流通槽，旋塞芯上有一条横向的，断面积变化的三角槽。油先通过旋塞套上的入门轴向槽流经旋塞芯上的三角槽，然后由另一个出口轴向槽流出至油喷口。转动旋塞芯时，由入口轴向槽到横向槽的有效可通断面即会变化，从而调节了油量。这种调节阀调节灵敏，恰当地设计三角槽的断面尺寸时，可以使油量随旋塞芯的转动角度成正比变化。这样，便可以标记旋转角度而核计流量，给操作带来方便。

低压油烧嘴空气量的调节必须给予更大的重视。可以在烧嘴前的空气导管上安装调节阀以调节空气流量。但是我们知道，在低压油烧嘴中，空气不仅是助燃剂，而且也是雾化剂。对于一般将全部燃烧所需空气量作为雾化剂的烧嘴，当调节油量时，例如减小油量时，则燃烧所需空气量也要相应减小。此时，如果只调节管道上的阀门，则空气喷口处的风量和风速同时将减小，这势必使雾化质量变坏。为了解决这个矛盾。大多数低压油烧嘴都在烧嘴内部设有调节装置，用改变风口有效可通断面的办法来调节风量。这样，可以在减小风量的同时，不使风速减小，因而不致造成雾化质量的恶化。有的烧嘴将空气分为一次风和二次风，雾化靠一次风，负荷调节靠调二次风，雾化质量也较稳定，但调节比受到限制。

下面举几个不同调节方式的油烧嘴的典型例子。

图 14－11 所示的套管式低压油烧嘴（有的称为“C 形”烧嘴），其特点是空气出口断面可以调节。通过转动调节手柄 5 使偏心轮 4 转动，从而可使油管外面的套管 6 前后移动。当油量减小时，使套管 6 前移，即缩小空气出口断面，以调节空气量。这类烧嘴以空

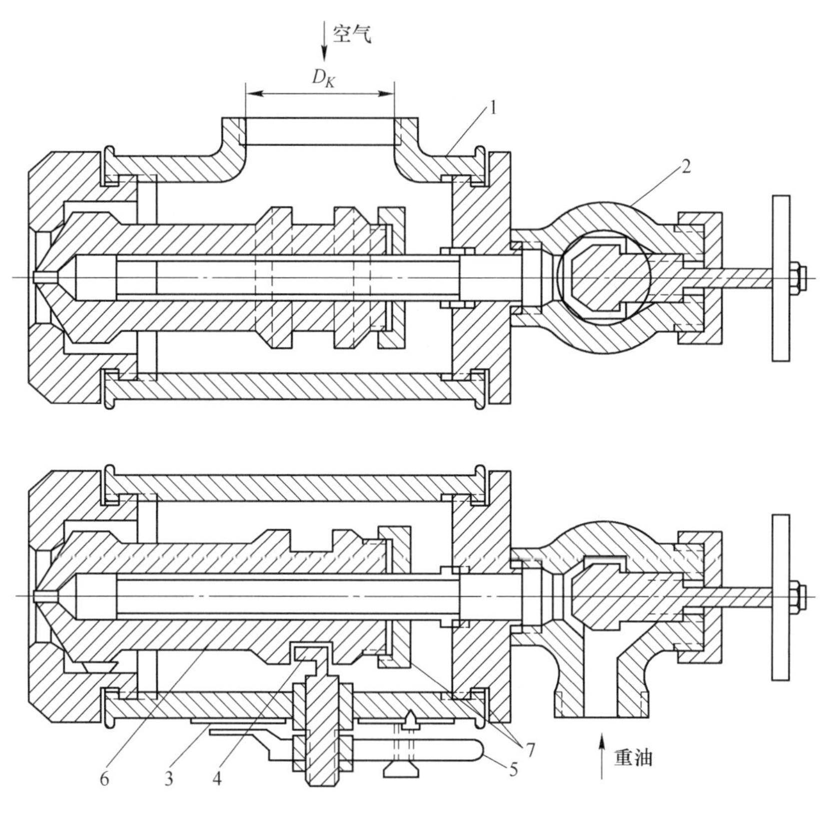

图 14－11　套管式低压油烧嘴
1—空气导管；2—油阀门；3—空气量指针；4—偏心轮；
5—调节手柄；6—套管；7—密封垫圈

气入口管的直径大小作为烧嘴型号（如4″烧嘴，即指空气入口管为4in）。烧嘴能力，最小的烧嘴为5～10kg/h，最大的可达到200～290kg/h。图14－11所示的烧嘴结构比较简单。该烧嘴调节比较方便，但油阀的调节性能不好，在较小的油量范围内，移动阀门会造成油量的急剧变化，即不容易实现微量调节。在调节倍数不超过2的范围内，雾化质量较好，火焰长度1～1.5m。

烧嘴使用中当加工不精确时，套管前后移动会造成油喷口偏移，火焰偏斜。因此，设计、制造和调整时，一定要保证油口正直，油管与空气喷口要保证同心。此外，因为空气套管是在油管上滑动，如果加工精度不够，也常发生漏油，总之，对油烧嘴来说，加工制造要有必要的精确度。

为了实现烧油炉子的热工自动调节，油烧嘴的自动调节是一个重要问题。对于低压烧嘴来说，实现自动调节就是要在调节油量的同时，保证油量和空气量的比例（即保持空气消耗系数），并同时相应地改变空气喷出口断面。

图14－12便是一个能自动保持油量和空气比例的三级雾化式烧嘴（有的称为R型，也有的称为B型）的原理图。该烧嘴中空气分三级与油流相遇，以加强雾化和混合，空气量的调节是改变二次和三次空气的喷出口断面。转动操作杆6可使空气套管上的螺旋导向槽在导向销7上呈螺旋方向前进或后退。油量的调节是改变一个特殊的旋塞上油槽3的可

通断面积。该烧嘴的设计意图是进行比例调节，即将空气调节盘 11 和油量调节盘 10 压紧后，油量变化时空气出口断面积同时变化（即空气量同时变化），且由于恰当地设计油量调节旋塞槽和空气量调节导向槽的形状及尺寸，使油量与空气量的变化成比例关系。

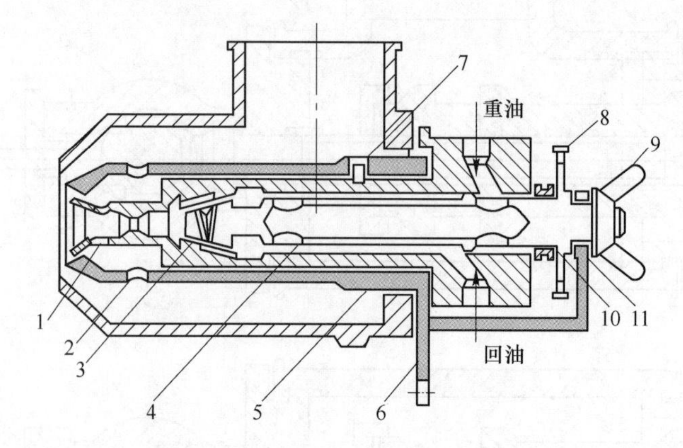

图 14－12　低压比例调节式油烧嘴

1—一次空气入口；2—二次空气入口；3—调节油量的通油槽；4—回油通路；
5—离合器联接；6—调节空气量的转动（操纵）杆；7—导向销；
8—调节油量的手柄；9—实现比例调节的拧紧旋帽；
10—油量调节盘；11—空气调节盘

操纵杆 6 可以和炉子自动调节系统的执行机构联接，根据炉温（或其他信号）调节油量，以实现炉子的温度自动调节。该烧嘴在使用中雾化较好，火焰较短。烧嘴的调节倍数较大，可达 8（设计值）。烧嘴要求油压 60kPa，空气压力 4 ~ 12kPa，烧嘴能力大者为 164L/h。但是，该烧嘴结构比较复杂。为了实现油量与风量的准确调节及风油比例调节，烧嘴前的油压与风压必须稳定。该烧嘴内部有回油路 4，是为了在负荷变化时，调节回油量，以保持旋塞阀前的油压稳定。同时，在自动调节系统中，供风和供油导管上也应有稳压装置或压力自动调节系统。

图 14－13 所示为一种油压比调油烧嘴。和上一烧嘴相比，烧嘴头部结构是相同的，因而有相近的燃烧质量，但是，调节方式不同。该烧嘴的油量调节不是靠油孔断面，而是

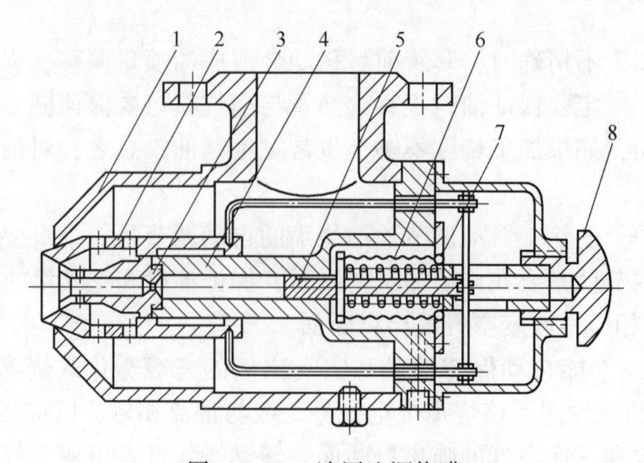

图 14－13　油压比调烧嘴

1—壳体；2—空气喷头；3—油喷头；4—油缸；5—柱塞；6—波纹管；7—弹簧；8—调节手柄

靠调节供油压力。这样一来，烧嘴前不再需要一套按炉温调节油量的调节机构，而是在油管路上安装根据炉温（或其他信号）调节油压的调节机构。同时，该烧嘴中装有一个可伸缩的波纹管，当油压变化时，将使波纹管的长度变化，并通过连杆，拉动空气喷头前后移动，从而改变空气喷口的有效断面，以调节风量。由于恰当设计，使油压变化而引起的油量变化，正好与波纹管伸缩而引起的风量变化成正比，这样，当风压一定时，在调节过程中可以保持风量与油量的比例不变。显然，与图 14－12 的烧嘴相比，该烧嘴的结构比较简单。

低压油烧嘴应用在室式和连续式金属加热炉、热处理炉及耐火材料和建筑材料的窑炉等各种工业炉上。

2. 高压油烧嘴

高压油烧嘴用高压气体介质作雾化剂，通常有压缩空气或蒸汽，也可以用氧气或高压煤气（如天然煤气）等。在这种情况下，雾化剂喷出的速度相当大，可以接近音速，或者当利用了拉瓦尔管之后，可以达到超音速。由于雾化剂速度大，所以重油的雾化一般地比低压烧嘴为好。

用压缩空气作雾化剂时，烧嘴前压缩空气的压力一般为 300～700kPa，雾化剂用量一般为 0.2～0.6kg/kg。用蒸汽作雾化剂时，会降低理论燃烧温度，且增加炉气中水蒸气含量，使炉气中的氧化能力增大。所以蒸汽量不宜太大，特别是对金属加热炉和热处理炉，蒸汽过多会有害于加热质量。但是，一般条件下，蒸汽比压缩空气成本较低，且用量适当时对一般金属加热质量损害不大，所以蒸汽仍得到广泛应用。

采用蒸汽作雾化剂时，燃烧需要的全部空气由鼓风机单独供给。

根据高压气体的流出原理，高压气体绝热膨胀后，温度降低，当它与油股相遇时，会使油的温度降低，从而油的黏度变大而使雾化质量变坏。因此，高压油烧嘴最好采用温度较高的（可为 200～300℃）过热蒸汽或压缩空气。

由于高压油烧嘴的燃烧所需空气是用鼓风机另行供给，如图 14－14 所示，和低压油烧嘴相比，空气与油雾的混合条件较差。因此高压油烧嘴空气消耗系数要求较大些，约为 $n = 1.20 \sim 1.25$，火焰较长。由于雾化剂压力较高，喷出速度大，所以火焰的动能较大。在高压烧嘴中，空气的预热温度不受重油裂化的限制。

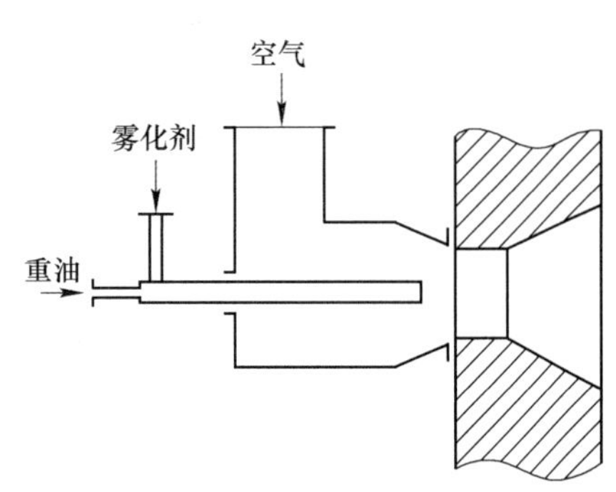

图 14－14　空气供给方式

高压烧嘴的能力，小型烧嘴为每小时几十公斤，大型烧嘴可达到每小时几千公斤，调节倍数较大，一般为 4～5，高者可达 10，且油量变化时，雾化质量影响不大。

高压油烧嘴比低压油烧嘴结构简单，体积小。有的工厂加热炉采用高压油烧嘴时，燃烧所需空气不用鼓风机强制送风，而是靠高压油烧嘴的喷射作用，由烧嘴周围的炉墙上的孔洞自然吸入。这样燃烧设备更为简单了。但是，如前所述，这种靠自然吸风的炉子，空气量常严重不足，且混合不好，燃烧不完全。所以，使用高压油烧嘴时，用鼓风机强制送风为宜。

高压油烧嘴不论用蒸汽或用压缩空气作雾化剂，烧嘴本身没有原则区别。

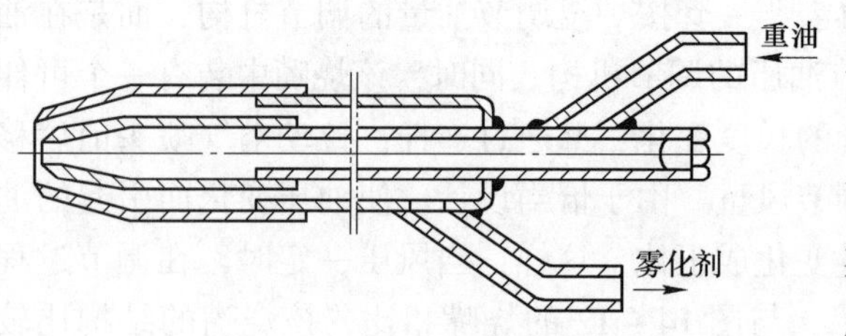

图 14－15　套管式高压油烧嘴

结构最简单的高压油烧嘴是套管式高压油烧嘴。如图 14－15 所示。该烧嘴雾化剂喷口为收缩状，使雾化剂与油流股的交角约为 25°，以加强雾化。雾化剂的喷出速度低于临界状态下的音速。当雾化剂压力较高时，这种烧嘴可以保证良好的雾化质量；当雾化剂压力较低（例如低于 300kPa）时，雾化质量变坏。该烧嘴形成的火焰外形细而长。小烧嘴的火焰可达 2～4m，大烧嘴的火焰可达 7m 左右。最小烧嘴的能力为 7～10kg/h，最大烧嘴为 350～400kg/h。

该烧嘴由于结构简单，在小型平炉、反射炉和连续式加热炉上得到了应用。雾化剂消耗量，用蒸汽时为 0.4～0.6kg/kg，用压缩空气为 0.5～0.8m^3/kg。

为了改善雾化质量并加强与空气的混合，高压油烧嘴也可以采用使雾化剂喷出时呈旋转流动的措施。图 14－16 便是一种涡流式高压烧嘴。该烧嘴在雾化剂喷头中装有涡流叶片。烧嘴前油压为 30kPa，雾化剂压力为 300kPa，烧嘴的能力最小的型号为 15kg/h，最大的型号为 180kg/h。雾化剂单位消耗量，蒸汽为 0.22kg/kg，压缩空气为 0.28m^3/kg。该烧嘴由于采用旋流雾化剂，因而雾化效果良好，可以得到较短的火焰，且调节倍数比较大，可达到 5。

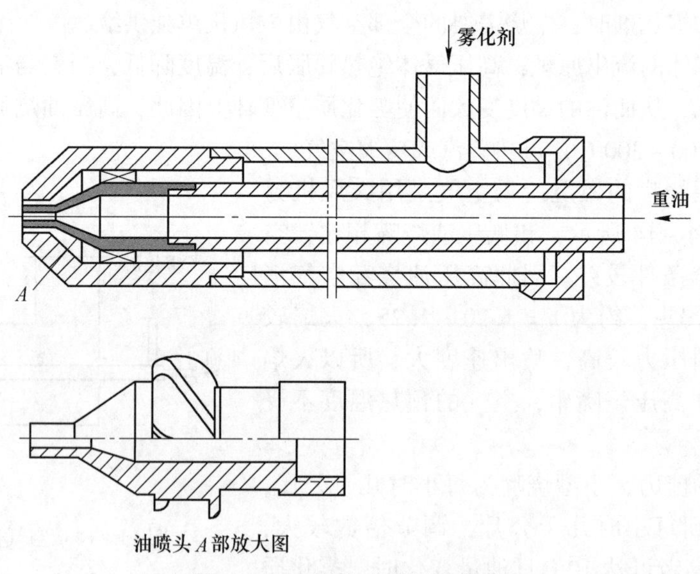

图 14－16　涡流式高压油烧嘴

上述烧嘴的油管喷口与雾化剂喷口基本上在同一截面上，雾化剂与油是在喷嘴之外才相遇，故可称为“外混式”烧嘴。与此不同的，有所谓“内混式”烧嘴，如图 14－17 所示。内混式烧嘴的油管喷口位于雾化剂管的内部。这样一来，可以防止油喷口接受燃烧室来的辐射热量，不致使油裂化而堵塞喷口。另外，更重要的是雾化剂可以在较大一段距离内以高速与油相遇，从而可以改善雾化质量，且油粒可在油雾中较均匀的分布，有利于空气的混合，因此可以得到比外混式烧嘴较短的火焰。

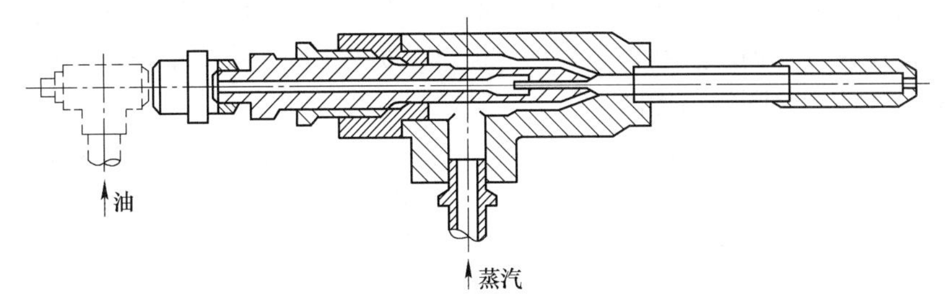

图 14－17　内混式高压油烧嘴

内混式高压油烧嘴中，雾化剂与油流是在一个“混合室”内相遇的。实际上，在这里与其说被雾化，不如说是油被乳化，即实际上在混合室中形成了油—汽乳状液。混合室中必须保持较高的压力，以使乳状液由喷口喷出时进一步雾化成细小的颗粒。混合室中的压力与油压及雾化剂的压力有关，提高油压或雾化剂的压力均可增大混合室内的压力。但是，在内混式烧嘴中，混合室压力对烧嘴能力是有影响的。根据流体力学公式，油的流量为

$$B=\mu\cdot A\cdot\sqrt{2(p_{油}-p_{混})\rho}$$

式中　B——烧嘴的质量流量；

μ——流量系数（实验测定）；

A——油嘴出口断面；

$p_{油}$——烧嘴前油压；

$p_{混}$——混合室内压力；

ρ——油密度。

即油量取决于油压 $p_{油}$ 与混合室压力 $p_{混}$ 之差。由于 $p_{混}$ 是随雾化剂压力的增加而增加，所以油量也就与雾化剂压力有关。一般雾化剂的压力高于油压，提高雾化剂压力将会使油量减小，过分地提高雾化剂压力，将会使油不能流出，而造成所谓“封油”现象。当然，如果过高地提高油压，也会使雾化剂不能流出，使油“倒流”到雾化剂管路中而造成事故。

图 14－18 是一种内混式油喷嘴的油压、雾化剂压力和喷嘴能力之间的关系曲线。当油压一定时，随着蒸汽压力的增加，喷油量将下降。为防止油压与气压相互“干扰”而造成封油及油倒流的现象，操作时可按定压差线操作，即要保持气压与油压之差为一定。图

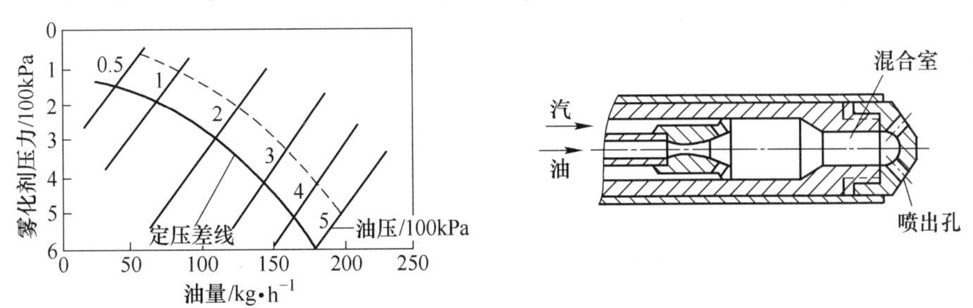

图 14－18　内混式烧嘴喷头结构及其特性曲线

中之定压差线是按 $\Delta p = p_{汽} - p_{油} = 100\text{kPa}$ 划出来的。如气压用 600kPa，则应将油压定为 500kPa，此时喷嘴能力为 177kg/h，一般，Δp 可控制为 50～200kPa。每种内混式烧嘴的结构不同，其油压和雾化剂压力互相影响、干扰的程度也不同。烧嘴的设计应尽量减轻这种干扰，并对具体使用烧嘴做出像图 14－18 那样的曲线，供操作时参考。

为了充分利用高压气体的能量，更为理想的高压油烧嘴结构是雾化剂喷头采用拉瓦尔管，即不是采用像图 14－16 中的收缩口，而是采用扩张口。这样一来，高压雾化剂在扩张管内由于绝热膨胀可使速度大大提高，从而有利于雾化和混合；或者说，采用拉瓦尔管后，可以节约雾化剂消耗量。

图 14－19 便是采用拉瓦尔管制成的油烧嘴的一个例子。该烧嘴中一级雾化采用了拉瓦尔管，即雾化剂经一段扩张管后才和重油相遇，然后又有二级雾化。所以，该烧嘴雾化可以较好，烧嘴压力较高。在拉瓦尔管之后，尚有一段扩张—收缩管，其目的是使油粒在气流断面上分布更加均匀，也使速度分布更加均匀。

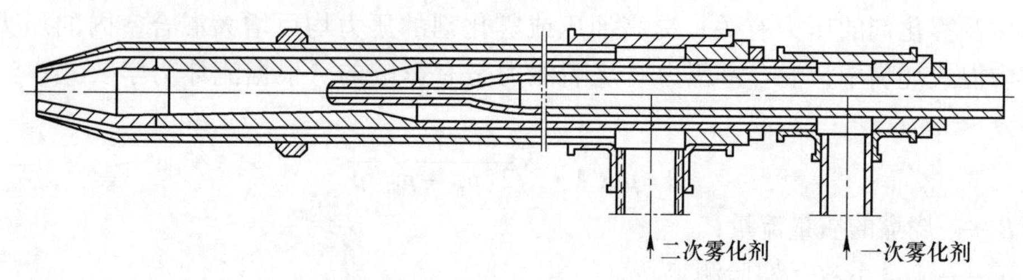

图 14－19　拉瓦尔管式二级油烧嘴

该烧嘴的能力较大，最小型的烧嘴为 100kg/h，最大型的为 600kg/h。烧嘴前油压要求 500kPa，雾化剂压力如是压缩空气为 500kPa，蒸汽为 600～650kPa。雾化剂的消耗量较大，压缩空气为 $1\text{m}^3/\text{kg}$，蒸汽为 1.0kg/kg。采用拉瓦尔管时，拉瓦尔管的尺寸按高压气体流出原理计算确定，且加工制造要精确，否则，扩张管反而会造成能量损失而达不到强化雾化过程的效果。

在油烧嘴的结构设计中，为了改善雾化质量或使油雾均匀分布，还可采用多喷口的措施。对于高压油烧嘴，由于较高的雾化剂压力便于克服较大的阻力，所以更有条件采用多喷口的结构。

图 14－20 的多喷口高压油烧嘴是内混式的（有称“Y 形”烧嘴），有多个油雾喷口，各喷口均向外倾斜一定角度。这样，可以形成一个大张角的油雾炬。这种油雾炬的油量分布曲线为双峰形（见图 14－7），并在中心形成高温燃烧产物的回流区，有利于稳定燃烧。为了形成这种回流区，喷口的倾斜角度及各喷口之间的距离应相互配合，使形成的火焰连成一个空心圆锥体。否则，如果形成多流股的小火焰，则燃烧不易稳定，甚至点火困难。

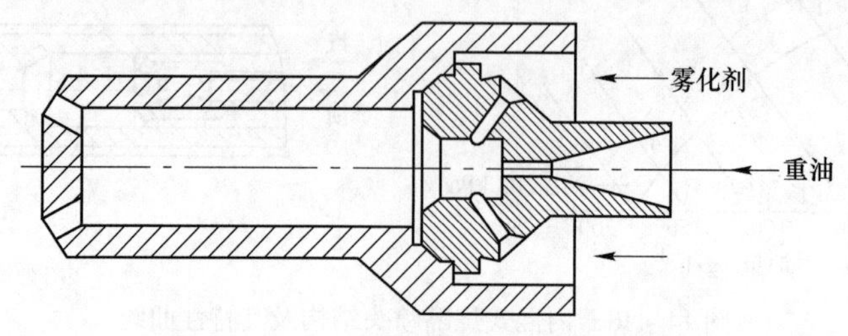

图 14－20　多喷口高压内混式烧嘴

以上讨论的高压油烧嘴，实际上只是油的雾化喷嘴。作为完整烧嘴，还应该包括空气喷射部件（风套或风道），以供入燃烧所需要的空气，并促使空气与油雾混合燃烧。它的工作也是十分重要的。其结构也必须合理设计。该部件的工作原理及设计主要是一些气体力学问题，这里不作讨论。

高压油烧嘴的应用主要受到高压雾化剂供应条件的限制。有高压蒸汽或压缩空气的工厂，在平炉、反射炉、均热炉、加热炉等工业炉上，高压油烧嘴得到了应用。其中像平炉、反射炉等，由于火焰要求有较大的动能和较高的烧嘴能力，故必须采用高压油烧嘴而不采用低压油烧嘴。

二、油压式（机械式）油烧嘴

油压式（或称机械式）油烧嘴，是靠重油在本身压力能的作用下由烧嘴喷出而雾化。此时，不需要雾化剂，而燃烧所需要的全部空气用鼓风机另行供给。

为了保证油压式烧嘴的雾化质量，要求油的喷出速度要高，因此就要求油压特别高，一般为1500～2500kPa，或更高。若油压比较低而采用油压式烧嘴，则雾化质量不易保证。

常用的离心式油压烧嘴如图14－21所示。重油经过分流片1上许多小孔进入涡流片2。在涡流片2上，油以切线方向流入，高速旋转，然后由雾化片3上的喷口喷出。由于离心力作用，产生大的切线速度，使油能得到较好的雾化，并且靠油雾流的旋转，造成与空气混合的有利条件。这种离心式烧嘴的火焰较短，但张角较大，一般可达到80°～120°。

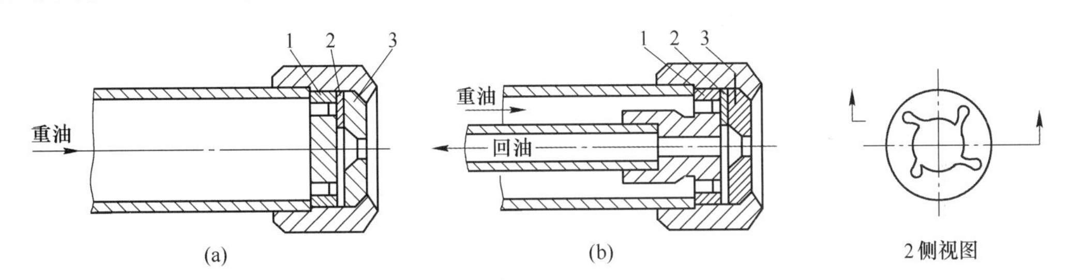

图14－21　油压式烧嘴

（a）简单型油烧嘴；（b）内回油型油烧嘴

1—分流片；2—离心涡流片；3—雾化片

图14－21是两种离心式烧嘴，表示两种不同的流量（烧嘴能力）调节方案。图14－21（a）所示为简单型油压式烧嘴，图14－21（b）所示为内回油型油压式烧嘴。简单型油压式烧嘴的油量调节是调节供油管道上的阀门，从而调节了烧嘴前的供油压力，油量即随之变化。这种烧嘴结构比较简单。但是由于油压对雾化质量的影响非常显著，油压降低将导致雾化质量变坏，所以，这种烧嘴的调节倍数很小。并且，因为流量与压力的平方根成正比，即使流量有一定的变化时，压力则要有很大的变化。例如，根据燃烧过程的要求，如果在最小热负荷时要求油压为1000kPa，那么当调节比为2时，则油压力要保证4000kPa；调节倍数为3时，供油压力就要保证9000kPa。这样高的油压在选择油泵和管道系统方面都是困难的。如果在实际中保证不了这样高的油压，则当处于最小热负荷时便不能有好的雾化质量。所以简单型油压式烧嘴仅适用于热负荷变化不大的炉子，或者允许用开、闭单个烧嘴（而不调节每个烧嘴）来调节热负荷的炉子。

为了解决上述油压和雾化质量之间的矛盾，可采用图 14－21（b）中的调节方案，即采用有回油路的烧嘴。该烧嘴中，在分流片上开一个回油孔，引入回油管路。这样在供油压力不变的条件下，可以用改变回油量的办法来调节烧嘴能力。由于供油压力不变，在涡流片中油的切线速度基本不变。当需要减小烧嘴油量时，可使回流量增加，但油仍以高速度旋转喷出，可以在低负荷时保持较好的雾化质量，油雾张角也变化不大。这种回油型的油压式烧嘴的调节倍数可达到 4 左右，可以用在热负荷有变化的炉子上。

另一种保持雾化质量的调节方案是采用带针阀的可调式离心烧嘴，如图 14－22 所示。这种烧嘴是用操作手柄使针阀前后移动，通过改变油喷口的有效流出断面来调节烧嘴的负荷。该烧嘴的调节倍数可达到 2～3。图 14－23 的测定结果表明，采用可调式离心烧嘴，可以在调节烧嘴负荷时，保证雾化质量基本不变；相反，采用简单的、不可调的离心式烧嘴，当负荷变化时，颗粒平均直径将显著增加，雾化质量变坏。因此，要求调节负荷的烧嘴，必须选用适当的调节方案，以保证良好的雾化效果。

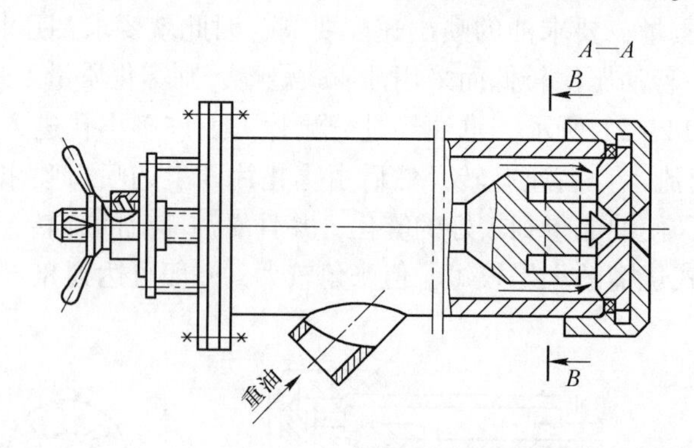

图 14－22　可调式离心烧嘴

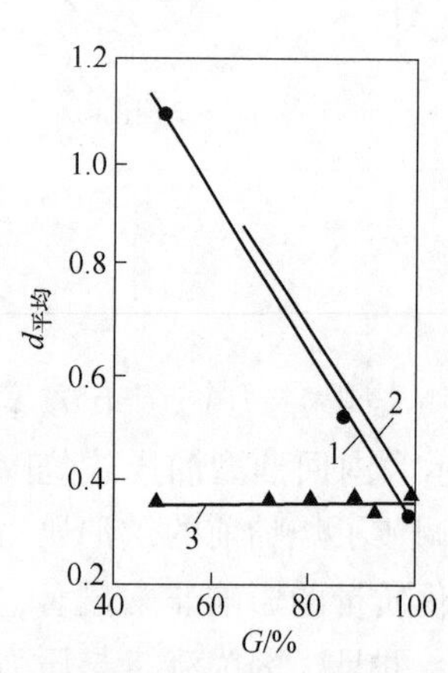

图 14－23　烧嘴雾化颗粒与负荷的关系

（油压 2000kPa，额定负荷为 0.86kg/s）

此外，烧嘴结构对雾化质量也有重要影响。涡流片的进油孔、涡流室和雾化片喷口等部位的形状和尺寸都影响雾化颗粒直径、雾化张角以及烧嘴的流量系数。

为了表征烧嘴的结构特点，对于同类型的烧嘴其几何尺寸特性用系数“A”表示。A 值的定义式为

$$A=\frac{d_{喷}\cdot D_{涡}}{n\cdot d_{进}^{2}} \tag{14-9}$$

式中　$d_{喷}$——喷油口直径；

$D_{涡}$——涡流片涡流室内径；

$d_{进}$——涡流片进油口当量直径；

n——进油孔的数量。

研究表明，烧嘴的流量系数和雾化质量均与 A 值有关，如图 14－24 所示。A 值增加时，由于油嘴的阻力系数增大，所以流量系数将随之减小。因此，为了达到相同的负荷，A 值较大的烧嘴，应采用较高的油压。但另一方面，随着 A 值的增加雾化张角增大。对于离心式烧嘴，在相同负荷下，油雾张角越大，相当于雾化过程中形成了更薄的油膜，因而将得到更小的雾化颗粒直径。所以，一般可以认为，

增加 A 值，会改善雾化质量。可见，A 值的影响是有利有弊的。从保证燃烧角度来说，通常可根据燃烧过程对 α 的要求，选定 A 值，然后确定 μ 值，再设计喷口直径和油压。图 14－24 的曲线只提供一个 A 对 α 和 μ 的影响的概念。实验表明，α 与 μ 不仅与 A 有关，还与油的黏度和烧嘴能力有关；就几何尺寸来说，不仅与各尺寸的比值 A 有关，也与各尺寸的绝对值大小有关。所以在实际工作中，应当对所有的烧嘴类型，在实际条件下，测出类似的曲线，才可能作为设计计算的依据。

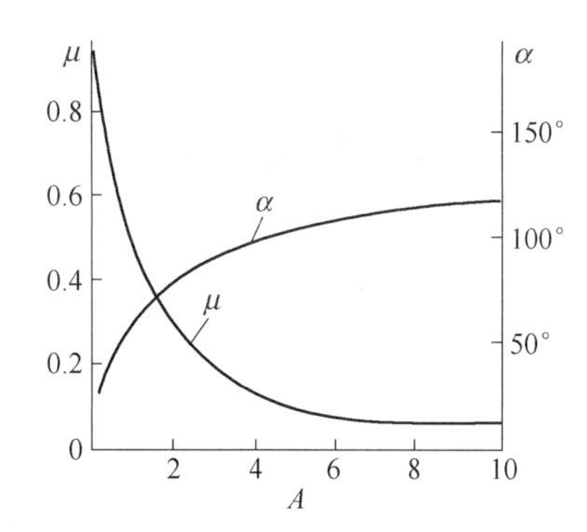

图 14－24　烧嘴几何特性系数对流量系数和雾化张角的影响

上面讨论的仅为油压式烧嘴的油喷嘴部分。此外，喷嘴外面还应当装有供给空气的风套（配风器）。风套的工作原理与煤气烧嘴的风口是相似的，这里不再详述。

油压式烧嘴不需要雾化剂，烧嘴结构简单紧凑，使用时噪声低，空气预热温度不受限制。但是，这种烧嘴一般来说雾化颗粒直径比高压和低压油烧嘴大，且要求油压很高。油压式烧嘴的烧嘴头容易堵塞。在烧嘴结构上要使之拆卸方便，能经常清扫。目前，这种烧嘴广泛地应用在锅炉上，而在冶金、机械生产的炉子应用较少。

三、转杯式油烧嘴

转杯式油烧嘴是靠一个“转杯”高速旋转产生的离心力，并加上空气流的冲击摩擦而将油进行雾化。工作原理见图 14－25。这种烧嘴是将转杯、风嘴及带动转杯的电机都安装在一起。当电机带动轴 1 旋转时，转杯 3 便旋转。同时，在转轴 1 上装的风扇也旋转，由 4 供入一次风，当油经 2 进入转杯后，就在高速旋转的转杯内表面上疏散成很薄的油膜。转杯是一个向外扩张的空心圆锥体，旋转时产生离心力和轴向力，油膜在其中一边旋转一边前进。且越前进，油膜就越薄，最后脱离杯口时已成极薄的碎片或小颗粒，再与一次风相遇，受到进一步的雾化而成更小的颗粒。油粒离开杯口时，径向速度很大，但由于一次风的作用，仍不至于飞离雾化炬，使火焰保持规整的外形。

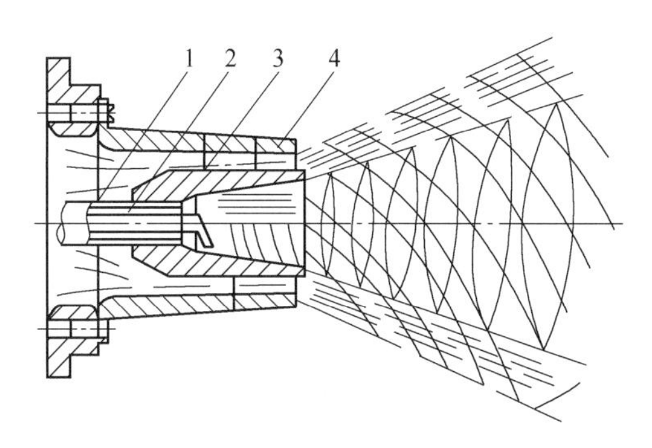

图 14－25　转杯式油烧嘴原理图

转杯式油烧嘴的雾化质量主要取决于转杯的转速。燃烧重油时，转速必须高于 4000r/min，才能保证较好的雾化质量。转速越高，雾化越好。大能量的烧嘴，要求更高的转速。一般转杯烧嘴的一次风量是不足以达到燃烧空气需要量的（因受电机功率的限制），只有燃烧空气需要量的15%~20%，最高不过50%。不足的空气（二次风）是靠自然吸风。这只是在负压操作的炉子（如负压锅炉）才易实现。不然，烧嘴的燃烧能力应适当减小。

转杯式油烧嘴由于自身带有风扇和电机，对于炉子很少或仅装一两个烧嘴的炉子，不需要再装风机和风管道，使炉前设备大为简化。实验表明，转杯烧嘴点火容易，燃烧稳定，火焰短，张角大（80°以上）。操作中油压不宜太高（30~120kPa），且油量小时雾化质量更好。所以烧嘴的调节倍数较大（5以上）。此外，因烧嘴的进油口较大，对油的过滤要求不很严，油压、油温的波动对雾化质量影响不大。但目前，这种烧嘴都比较笨重，一般噪声较大。

转杯烧嘴多用于中小型锅炉，也可用于热处理炉和某些窑炉。

四、油烧嘴的计算

当设计新的油烧嘴或对原有烧嘴进行改进时，除了根据生产实践经验和科学试验的结果，设计烧嘴的结构和类型外，还要对烧嘴的主要尺寸进行计算。这里仅介绍工业炉常用的低压和高压油烧嘴的基本计算方法。

计算需要的已知条件是：①每个烧嘴的燃烧能力；②油温、油压、油的密度；③雾化剂的种类、温度、压力和密度。

主要计算的尺寸是：①重油导管的直径 D_y；②雾化剂导管的直径 D_W；③油喷口的断面积 A_y 或直径 d_y；④雾化剂喷口的断面积 A_W 或直径 d_W。

各尺寸的计算公式如下：

(1) 重油导管的直径 D_y。

可根据烧嘴的能力确定。

已知质量流量（烧嘴能力 B）、流速 w、密度 ρ 和管道断面 A 间有下列关系

$$B = 3600 w \cdot \rho \cdot A$$

而管道断面 A 与管道直径 D 之间的关系为

$$A = \frac{\pi D^2}{4}$$

则可写出油导管直径与烧嘴能力之间的关系为

$$D_y = \sqrt{\frac{4}{\pi} \cdot \frac{1}{3600} \cdot \frac{B}{\rho_y} \cdot \frac{1}{w_y}} \times 1000 \quad (\text{mm})$$

即

$$D_y = 18.8 \sqrt{\frac{B}{\rho_y w_y}} \quad (\text{mm}) \qquad (14-10)$$

式中 B——烧嘴能力（质量流量），kg/h；

ρ_y——重油在实际温度下的密度，kg/m^3；

w_y——重油在管道内的流速，该值根据经验选取，一般为 $w_y = 0.2 \sim 0.8 m/s$。

小烧嘴取下限。重油导管的直径实际上不能太小，否则容易堵塞。一般不应小于10mm（3/8″）。因此，当计算结果小于10mm时，也应加大到10mm。

所有管道的计算结果，定值时都要采用管道的标准尺寸（参见部颁标准）。

（2）雾化剂导管直径 D_W。

原理和公式同上，即

$$D_W = 18.8\sqrt{\frac{G}{\rho_W w_W}} \quad (\text{mm}) \tag{14-11}$$

式中　G——雾化剂消耗量，kg/h；

ρ_W——雾化剂在实际条件下的密度，kg/m^3；

w_W——雾化剂的流速，m/s。

雾化剂的流速根据经验选取，一般为

饱和蒸汽　$w_W = 20 \sim 30 m/s$

过热蒸汽　$w_W = 30 \sim 60 m/s$

压缩空气　$w_W = 15 \sim 20 m/s$

鼓风空气　$w_W = 10 \sim 15 m/s$

在烧嘴风套中允许速度提高 20% ~30% 。

（3）重油喷出口的断面积 A_y 和 d_y。

根据不可压缩流体通过管口流出的原理，已知流体压力 p 和密度 ρ 时，通过断面为 A 的管口，体积流量为

$$V = 3600A \cdot \mu\sqrt{\frac{2p}{\rho}}$$

质量流量为

$$B = V \cdot \rho = 3600A\mu\sqrt{2p \cdot \rho}$$

则可写出重油喷出口的断面和烧嘴能力的关系

$$A_y = 0.625\frac{B_y}{\mu\sqrt{p_y\rho_y}} \quad (\text{mm}^2) \tag{14-12}$$

重油喷口的直径为

$$d_y = \sqrt{\frac{B_y}{1.25\mu\sqrt{p_y\rho_y}}} \quad (\text{mm}) \tag{14-13}$$

式中　B_y——烧嘴能力，kg/h；

p_y——重油在烧嘴前的压力，10^2kPa；

ρ_y——重油在实际条件下的密度，kg/m^3；

μ——油路的流量系数，根据实验确定，一般为 0.2 ~0.4。

油喷口的直径实际上不能过小，否则容易堵塞。油喷口最小直径和油的过滤程度及油温有关，一般不应小于 1.5mm。如果计算喷口直径过小，则设计制造时应适当加大，并相应改变油压以保持烧嘴能力。

（4）低压油烧嘴雾化剂喷口的断面积 A_W。

低压雾化剂的流出可近似地认为属于不可压缩性流体的流出，其计算原理与式（14 -12）相同。将单位变换后，即得到

$$A_W = 62.5\frac{V_W}{\mu\sqrt{\frac{\Delta p_W}{\rho_W}}} \tag{14-14}$$

式中　V_W——雾化剂（空气）的流量，m^3/h；

Δp_W——烧嘴前雾化剂压力（相对压力），10Pa；

ρ_W——雾化剂实际密度，kg/m^3；

μ——雾化剂流路的流量系数，实验确定，一般取为0.6～0.8。

（5）高压油烧嘴的雾化剂喷口断面。

高压雾化剂的流出属于可压缩性气体的流出，其计算原理比较复杂。有临界断面A_L和拉瓦尔管末端的雾化剂喷口面积A_W，此外，还要计算出拉瓦尔管的长度l。

$$A_L = \frac{G}{3600 \cdot \mu \cdot \psi \sqrt{p_W \rho_W}} \quad (m^2) \tag{14-15}$$

式中　G——雾化剂消耗量，kg/h；

p_W——雾化剂在烧嘴前的压力（绝对压力），10Pa；

ρ_W——雾化剂在p_W下的实际密度，kg/m^3；

ψ——常数，饱和蒸汽$\psi = 1.99$；过热蒸汽$\psi = 2.09$；压缩空气$\psi = 2.14$。

拉瓦尔管喷口断面的计算公式为

$$A_W = \frac{G}{3600 \cdot \mu \sqrt{\frac{2K}{K-1} p_W \cdot \rho_W \left[\left(\frac{p_0}{p_W} \right)^{2/K} - \left(\frac{p_0}{p_W} \right)^{(K+1)/K} \right]}} \quad (m^2) \tag{14-16}$$

式中　p_0——大气压，单位用10^6Pa；

K——绝热指数，饱和蒸汽$K = 1.135$，过热蒸汽$K = 1.3$，压缩空气$K = 1.4$。

按上述式（14－15）和式（14－16）计算出来的截面积，是指雾化剂可通有效断面。如果在拉瓦尔管中放置有油管，则拉瓦尔管的实际断面应该另外加上油管所占的断面积。

拉瓦尔管扩张管段的长度，根据扩张角决定。该扩张角的大小应适应气体的自然膨胀，一般经验取扩张角$\alpha = 5° \sim 10°$。

已知A_L和A_W，换算成直径d_L和d_W，则扩张管长度l可按下式求出

$$l = \frac{d_W - d_L}{2\tan\frac{\alpha}{2}} \tag{14-17}$$

上述理论计算只是设计烧嘴的一方面根据，另一方面要根据生产实践和科学试验的结果确定烧嘴的各部分尺寸。

［例1］　某厂板坯加热炉使用低压烧嘴，烧嘴头部结构如图所示，该烧嘴使用油压为1×10^2kPa，油温70℃，油密度$\rho_W = 0.95 t/m^3$，空气压力8000Pa，空气不预热。试核算

（1）喷嘴的燃烧能力，kg/h；

（2）供入空气量。并讨论空气量是否适当。

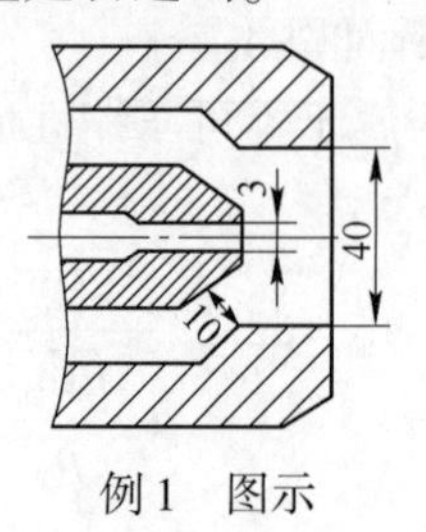

例1　图示

计算：

（1）喷嘴的供油能力。求70℃下的油的密度

$$\beta = 0.0025 - 0.002 \times 0.95 = 0.0006$$

式中　β——重油体积膨胀系数。

$$\rho_y = \frac{0.95}{1 + 0.0006 \times (70 - 20)} = 0.92 \text{t/m}^3 = 920 \quad (\text{kg/m}^3)$$

已知 $d_y = 3\text{mm}$；$\Delta p_y = 1.0 \times 10^2 \text{kPa}$，对该烧嘴 $\mu = 0.2$。将上述各值带入式（14－13），则得

$$B = d_y^2 \times 1.25\mu\sqrt{\Delta p_y \cdot \rho_y}$$

$$= 3^2 \times 1.25 \times 0.2\sqrt{1.0 \times 920} = 68.8 \quad (\text{kg/h})$$

（2）空气量。由于受重油喷头的影响，空气是从一个环缝中流出的，该环缝的外径为40mm，内径为（40－2×10）＝20mm，则环缝的断面积为

$$A = \frac{\pi(40^2 - 20^2)}{4} = 945 \quad (\text{mm}^2)$$

风压已知 $\Delta p_W = 800 \times 10\text{Pa}$；空气密度 $\rho_W = 1.29\text{kg/m}^3$；该烧嘴取 $\mu = 0.65$。

由式（14－14）则可得

$$V_W = \frac{1}{62.5} \times 945 \times 0.65\sqrt{\frac{800}{1.29}} = 245 \quad (\text{m}^3/\text{h})$$

（3）燃烧所需空气量由燃烧计算可以得出。此处，若已知 $L_0 = 10.2$，则取 $n = 1.1$，得

$$L_n = 1.1 \times 10.2 = 11.2 \quad (\text{m}^3/\text{kg})$$

为了满足该烧嘴燃烧能力68.6kg/h的需要，应供入空气量为

$$68.6 \times 11.2 = 770 \quad (\text{m}^3/\text{h})$$

现在按计算值，只能供入245m³/h的空气，所以空气量是不足的。

[**例2**]　某钢铁厂为适应钢铁生产发展的需要，新建一座重油加热炉，并决定采用套管式高压烧嘴，要求按以下条件设计烧嘴的主要尺寸：

（1）油源为残渣油，密度 $\rho_{20℃} = 940\text{kg/m}^3$；

（2）供油系统保证重油到烧嘴前的温度达90℃，压力为 2×10^2kPa；

（3）烧嘴的燃烧能力最大为100kg/h；

（4）采用压缩空气作雾化剂，烧嘴前压缩空气的压力为 5×10^2kPa，温度为40℃；

（5）压缩空气的单位耗量为0.8m³/kg。

（1）重油导管直径：

在90℃下，该重油的密度为

$$\beta = 0.0025 - 0.002 \times 0.940 = 0.0006$$

$$\rho_y = \frac{0.94}{1 + 0.0006 \times (90 - 20)} = 0.903 \text{t/m}^3 = 903 \quad (\text{kg/m}^3)$$

取油的流速为0.2m/s，则按式（14－10）得油管直径为

$$D_y = 18.8 \times \sqrt{\frac{100}{903 \times 0.2}} = 14 \quad (\text{mm})$$

可采用1/2″钢管。

（2）雾化剂（压缩空气）导管直径：

压缩空气在40℃和5×10^2kPa下的密度可根据$p\cdot 1/\rho=RT$计算，其中，p为绝对压力，单位用10Pa。

$$\rho=\frac{p}{RT}=\frac{60000}{29.3\times(273+40)}=6.5\qquad(\mathrm{kg/m^3})$$

压缩空气的流量为

$$G=0.8\times100\times1.293=104\qquad(\mathrm{kg/h})$$

取雾化剂流速$w=15$m/s，则雾化剂导管直径为

$$D_W=18.8\sqrt{\frac{104}{6.5\times15}}=19.4\qquad(\mathrm{mm})$$

可采用3/4″的钢管。

（3）重油喷出口的断面和直径：

取$\mu=0.2$，则按式（14－12）

$$A_y=0.625\times\frac{100}{0.2\sqrt{2\times903}}=7.35\qquad(\mathrm{mm^2})$$

油孔直径

$$d_y=\sqrt{\frac{4\times7.35}{3.14}}=3.26\qquad(\mathrm{mm})$$

（4）雾化剂喷出管：

由气体力学知这种情况下的临界压力为

$$p_L=0.528\times60000=31700\ (\times10\mathrm{Pa})$$

该压力远远超过一大气压，故雾化剂喷出管应做成拉瓦尔管形状。拉瓦尔管的临界截面（可通截面）按式（14－15），取$\mu=0.8$，得

$$A_L=\frac{104}{3600\times0.8\times2.14\times\sqrt{60000\times6.5}}$$
$$=0.000027\mathrm{m^2}=27\qquad(\mathrm{mm^2})$$

拉瓦尔管末端之断面积（可通截面）按式（14－16）

$$A_W=\frac{104}{3600\times0.8\sqrt{\frac{2\times9.81\times1.4}{1.4-1}\times60000\times6.5\left[\left(\frac{10000}{60000}\right)^{2/1.4}\left(\frac{10000}{60000}\right)^{\frac{1.4+1}{1.4}}\right]}}$$
$$=0.000156\mathrm{m^2}=156\qquad(\mathrm{mm^2})$$

由于在拉瓦尔管中有油管，故拉瓦尔管的实际截面应包括油管截面在内，如下图所示。

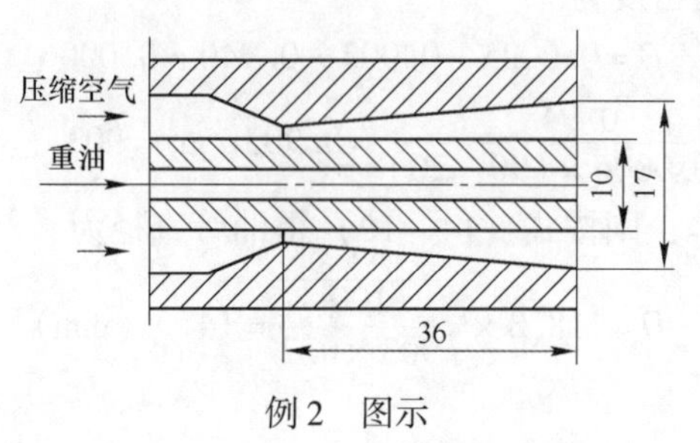

例2　图示

油管内径为 3.26mm，取油管外径为 10mm，油管占的截面积为$\frac{3.14\times10^2}{4}=78.5$（$mm^2$）。

拉瓦尔管的实际截面

$$A_L=27+78.5=105.5 \quad (mm^2)$$

$$A_W=156+78.5=234.5 \quad (mm^2)$$

直径

$$d_L=\sqrt{\frac{4\times105.5}{3.14}}=11.6\approx12 \quad (mm)$$

$$d_W=\sqrt{\frac{4\times234.5}{3.14}}=17.3\approx17 \quad (mm)$$

长度，按式（14－17），取$\alpha=8°$，得

$$l=\frac{17-12}{2\tan4°}=35.8\approx36 \quad (mm)$$

第四节　油掺水乳化燃烧技术

为了强化油的燃烧过程，节约燃料，国内和国外都采用了一种新的烧油技术，即将一部分水加入油中，或者是油中本来含有较多的水分（例如因用蒸汽直接加热油所造成），经强烈搅拌，使之成为油水乳状液，然后经过油烧嘴燃烧。

一、乳化技术

实践证明，为了使油掺水后能有良好的燃烧性能，必须使水在油中分散成细小的（几个微米的数量级）粒子，呈乳化状。一般，形成油包水型（W/O 型），其中，水分为散相，油为连续相。

制造乳化油的方法很多，主要可归纳为三类，即：

（1）机械法　最简单的是在油泵前加水，通过油泵几次循环可被乳化。为了保证乳化质量，可采用专门的搅拌机，搅拌机中的搅拌器有两叶片式、三叶片式或涡轮机式。也可用碾压原理的“均质器”。常用的还有乳化管，可使油水混合物通过细孔曲折流路而达到乳化。

（2）气动法　将高压空气或蒸汽通过水油混合物进行搅拌，也是工业中常用的办法。但是这种办法产生的水的粒度较大，且不够均匀，气体由流体中排出时可能带出一些轻质的碳氢化合物，且该法消耗的能量比机械法要大。

（3）超声波法　近代，超声波的应用越来越广泛，在乳化方法中占有较重要的地位。我国曾推广过簧片哨超声乳化器，在正确使用的条件下可得到良好效果。近年来国内研制成功的压电超声乳化装置，是一种高效率的乳化器。

乳化燃料除要求其中分散相（水）尽可能的均匀且微细外，且应有一定的稳定性。通常 W/O 型的乳化液的稳定性常用油水不分层、变形和破乳的搁置时间的长短来表征。为了提高乳化油的稳定性，广泛采用加入表面活性剂（或称乳化剂）的办法。

乳化剂一般有四种类型，即：

（1）阴离子型：如羧酸盐类，硫酸盐类，磺酸盐类，磷酸盐类。

（2）阳离子型：如简单胺盐，秀胺盐类。

（3）非离子型：包括脂类，如脂肪酸聚氧乙烯酯、脂肪酸山梨醇酯；醚类，如脂肪醇聚氧乙烯醚，烷基苯酚聚氧乙烯醚，脂肪醇山梨醇酯聚氧乙烯醚；酰胺类，如烷基醇酰胺。

（4）两性离子型：如羧酸类，硫酸类，磺酸类。

乳化剂在分子结构上存在亲油亲水两种基团，利用两种基团保持平衡的性质以达到稳定乳状液的目的。上述各类乳化剂，亲油亲水的性能强弱不同。W/O 型乳化液要求亲油性强的乳化剂。

关于乳化剂应用的研究重点是集中在汽油、煤油、柴油的乳化方面，因为对这些燃料的乳化若不加入乳化剂，其稳定性不能满足使用的要求。有的研究表明，重油中的焦油质和沥青质本身便可作为乳化剂。实际上，对稳定性的要求是相对的，它与燃烧前的搁置时间有关。乳化剂一般都是比较贵的，因此应降低乳化剂的成本，减少乳化剂的用量。一些研究对采用乳化剂的经济效益分析指出，乳化剂用量过多，其增加的成本将会抵消节油带来的经济效益，或者反言之，在乳化剂耗量一定时，必须达到一定的节油率，才能在经济上有实际收益。

二、乳化油燃烧机理

油水乳化燃料的燃烧过程可以得到强化，对其机理有多种解释，其中比较成熟的主要是以下理论。

1. “微爆”理论

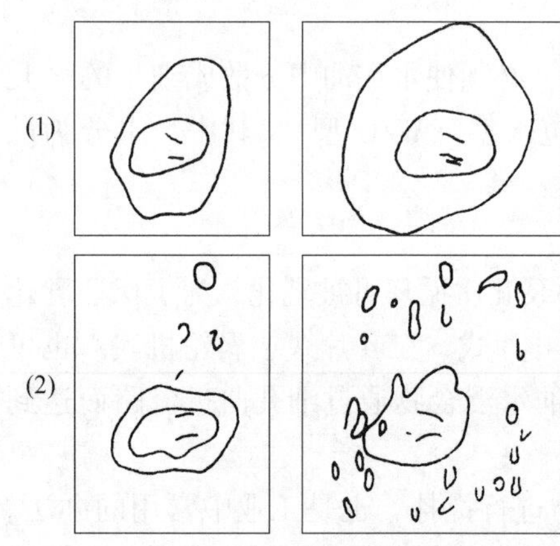

图 14－26　着火过程中液滴的变化

（1）重油；（2）重油掺水乳化液

（左右两张照片的间隔时间为 0.004s）

比较早的发现并研究乳化油燃烧“微爆”现象的是前苏联 Иванов 等人。他们通过大量系统地对单液滴燃烧的高速摄影，可以明显看出，W/O 型乳化液在燃烧时每个液滴中包含的水滴，当液滴表面的油尚未完全蒸发而温度急剧升高时，其包含的水滴温度升高到沸点以上，水蒸气压力超过油壳表面张力和环境压力之和时，水蒸气将向外突然逸出，使液滴发生“爆炸”，碎裂为更微小的微粒，如图 14－26 所示。这种“微爆”现象相当于使油的雾化改善，并有利于油雾与空气的混合，增大了油的相对蒸发面积，从而可加速油雾的燃烧过程。以某试验为例，重油加入 30% 的水，滴径为 1100μm，环境温度为 740℃，此时乳化油滴的平均寿命与纯油相比缩短了 40%。研究表明，“微爆”的强弱与乳化油中连续相及分散相的结构有关，且与环境状态有关。例如，水浓度过大，很快发生“微爆”，但水浓度过大，则“微爆”时残余油量下降，对改善雾化质量的作用显著减弱。为了“微爆”时有较多的残余油量，合适的水浓度为 10%～30%。在空气消耗系数 $n>1$ 的气氛中，火焰面靠近滴表面，对发生“微爆”有利，当 $n<1$ 时，火焰面远离滴表面，将不利于“微爆”的发生。利用高速摄影研究“微爆”现象是很方便的，因

此，许多研究者都观察到了这种现象，“微爆”理论也便获得公认。

2. “水煤气反应”理论

用化学动力学观点解释乳化中水的作用，是难度较大的，因为这种机理性的实验不是一般的实验手段所能胜任的，但是在实践中，确实发现乳化油燃烧的废气中油烟含量减少，燃烧室中积炭减少，NO_x 减少，等等，在某些条件下仅靠“微爆”理论难以解释，而可用化学反应动力学加以解释。根据化学动力学的研究结果，水可以参加碳氢燃料的燃烧反应。碳氢燃料的燃烧过程中会因热解而生成碳。于是，水蒸气将和碳在高温下发生水煤气反应

$$C + H_2O \longrightarrow CO + H_2$$

然后，H_2 将产生活性核心，继而开始一系列链锁反应，即

$$H_2 + M \longrightarrow 2H + M$$
$$H_2O + H \longrightarrow OH + H_2$$
$$H_2O + O \longrightarrow OH + OH$$
$$H_2 + O \longrightarrow OH + H$$
$$H + O_2 \longrightarrow OH + O$$
$$CO + OH \longrightarrow CO_2 + H$$

应该说,由于问题的复杂性,乳化油的燃烧反应机理尚不十分明确,有待进一步研究。

三、燃烧技术

油水乳化液中，水必须呈极小的颗粒（1 ~ 5μm）均匀分布，水的颗粒越细，分布越均匀，不但乳化液越稳定（长时间搁置水和油不分离），并且也越有利于燃烧。

油水乳化液的性质和原来油的性质已有变化，这些变化主要是：

（1）黏度增加。油掺水乳化后，黏度增加，这是因为两相之间产生了新的内摩擦力。黏度增加的程度和水含量、原来油的黏度、温度等因素有关。图 14 – 27 是一个实测的例

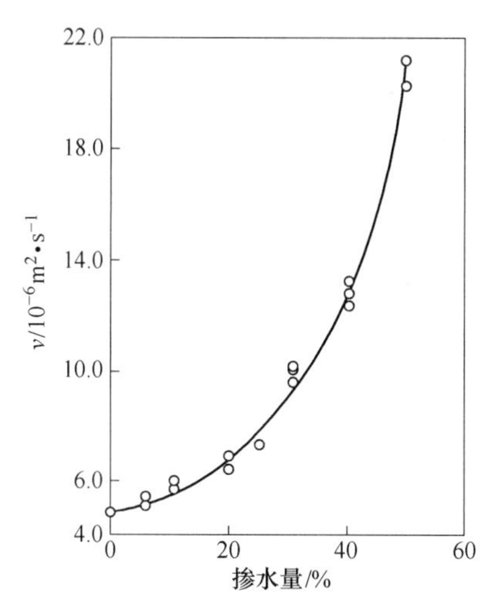

图 14 – 27　乳化柴油黏度与掺水量的关系

（0 号柴油，温度（40 ± 1）℃，乳化剂用量 1%）

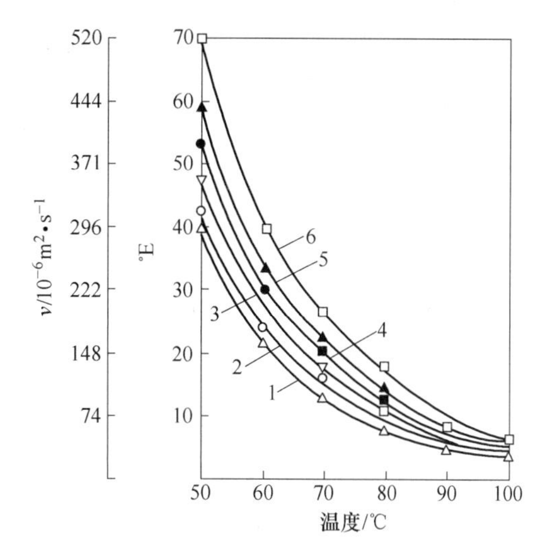

图 14 – 28　不同水分的乳化重油黏度与温度的关系

1—40 号重油；2—乳化油，水分 15%；

3—乳化油，水分 20%；4—乳化油，水分 30%；

5—乳化油，水分 40%；6—乳化油，水分 50%

子，说明黏度变化的规律。由图看出，含水越多，黏度越大；和不掺水相比，在低温区黏度相差较大，而在高温区（90～100℃）则相差较小。

（2）凝固点提高，一般可高11～25℃。

（3）比重增大。乳化液的密度相当于油、水按一定比例混合物的密度。

（4）表面张力增加。

（5）比热增加。导热系数增大。

油掺水乳化燃料的燃烧，一般均采用原有的燃烧器，但应调整操作控制参数。首先引起重视的是乳化燃料的黏度增加，因而必须适当提高油的加热温度。例如图14－27和图14－28分别表明柴油和重油乳化燃料的黏度与掺水量及温度的关系。在图14－28中为40号重油，若水分不超过20%，加热温度提高不多，不超过10℃。其他高黏度重油或渣油，黏度更增高，应具体测定。考虑到在一定温度下测定高黏度乳化油的黏度比较困难，因此可建议采用以下经验式进行估算：

$$\mu_1=\frac{\mu_2}{1-\varphi}\left(1+1.5\varphi\frac{\mu_3}{\mu_2+\mu_3}\right)$$

式中，μ_1 为乳化油的黏度；μ_2 为连续相的黏度；μ_3 为分散相的黏度；φ 为分散相的体积占总体积的分数。黏度值均为指定温度下的数值。按该式计算结果表明，对于重油掺水乳化燃料，其黏度主要取决于 $\mu_2/(1-\varphi)$，因为上式括号中的第二项数值远远小于1。这表明，乳化重油的黏度不仅与油本身的黏度有关，而且与掺水量有关。

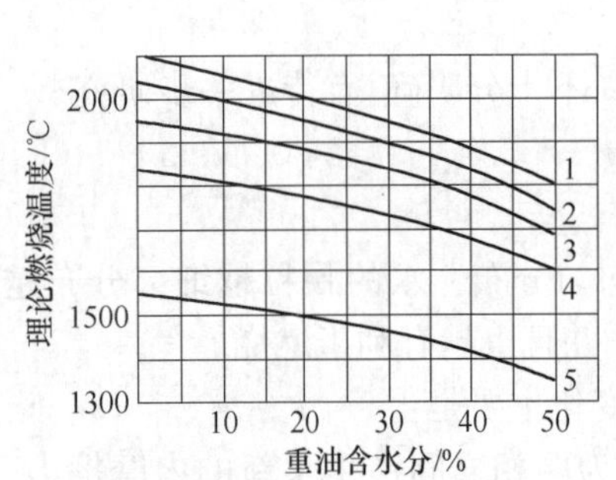

图14－29　重油理论燃烧温度与其中含水分的关系

1—$n=1.0$；2—$n=1.05$；3—$n=1.1$；4—$n=1.2$；5—$n=1.5$

其次，研究表明，由于乳化燃料在燃烧过程中雾化及油雾与空气的混合过程得以改善，因此，在燃烧控制中，应适当降低空气消耗数。这对提高油水乳化燃料燃烧技术的节能效果十分重要。因为油中水分含量增加时，理论燃烧温度将会降低，如图14－29所示。而由该图也可看出，减小空气过剩系数，可使理论燃烧温度增高，所以采用油水乳化燃料，应该通过降低空气过剩系数保持必要的理论燃烧温度和炉内温度。此外，油中水分增加时还将使燃烧产物生成量增加而有可能增加炉子废气热损失，如果降低空气消耗系数，则有可能减少废气热损失。总之，采用油水乳化燃料时，应调整燃烧操作，才能达到强化燃烧过程和节约燃料的目的。

第十五章　固体燃料的燃烧

根据固体燃料在燃烧过程中的运动方式，可将其燃烧方法分为四种，即（1）层状燃烧法；（2）粉煤喷流燃烧法；（3）旋风燃烧法；（4）沸腾燃烧法。

第一节　固体燃料的层状燃烧

层状燃烧的特征是把燃料放在炉箅上，空气通过炉箅下方炉箅孔穿过燃料层并和燃料进行燃烧反应，生成的高温燃烧产物离开燃料层而进入炉膛（图 15－1）。

采用层状燃烧法时，固体燃料在自身重力的作用下彼此堆积成致密的料层。为了保持燃料在炉箅上稳定，煤块的质量必须大于气流作用在煤块上的动压冲力，也就是要保证以下条件：

$$\frac{\pi d^3}{6}(\rho_c-\rho_a) > C\frac{\pi d^2}{4}\cdot\frac{w_a^2}{2}\rho_a$$

式中　d——煤块直径；

ρ_c 和 ρ_a——煤块和空气的密度；

w_a——空气的流速；

C——阻力系数。

对于一定直径的煤块，如果气流速度太高，当煤块的质量和气流对煤块的动压冲力相等时，煤块将失去稳定性，如果再提高空气流速，煤块将被吹走，造成不完全燃烧。

为了能在单位炉箅上燃烧更多的燃料，必须提高气流速度，因此也必须保证有一定直径的煤块。但另一方面，煤块越小，反应面积越大，燃烧反应越强烈。显然，应当同时考虑上述两个方面，确定一个合适的块度。例如，烧烟煤时，煤块最合适的尺寸约为 20～30mm，这样大小的煤块可以保证它的稳定性，同时也可以保证有足够的反应面积。

层状燃烧法的优点是燃料的点火热源比较稳定，因此燃烧过程也比较稳定。缺点是鼓风速度不能太大，而且，机械化程度较差，因此燃烧强度不能太高，只适用于中小型的炉子。

在炉箅上，煤块首先经受干燥和干馏作用而放出水分和挥发分，然后才是固体碳的燃烧。挥发分多的煤，火焰较长，反之，则火焰较短。

关于固体碳的燃烧过程，可以用图 15－2 中所给出的沿煤层厚度方向上气体成分的变化曲线来说明。从图中可以看出，在氧化带中，碳的燃烧除了产生 CO_2 以外，还产生少量的 CO。在氧化带末端（该处氧气浓度已趋于零），CO_2 的浓度达到最大，而且燃烧温度也最高。实验证明，氧化带的厚度约为煤块尺寸的 3～4 倍。

当煤层厚度大于氧化带厚度时，在氧化带之上将出现一个还原带，CO_2 被 C 还原成 CO。因为是吸热反应，所以随着 CO 浓度的增大，气体温度逐渐下降。

上述情况说明，根据煤层厚度的不同，所得到的燃烧反应及其产物也不同，因此就出现了两种不同的层状燃烧法，即“薄煤层”燃烧法和“厚煤层”燃烧法。

薄煤层燃烧法的煤层较薄，对于烟煤只有 100～150mm，在煤层中不产生还原反应。

厚煤层燃烧法也叫做半煤气燃烧法，煤层较厚，对烟煤来说大约为200～400mm，目的是为了使部分燃烧产物得到还原，使燃烧产物中含有一些CO、H_2等可燃气体，以便使火焰拉长，改善炉膛中的温度分布。

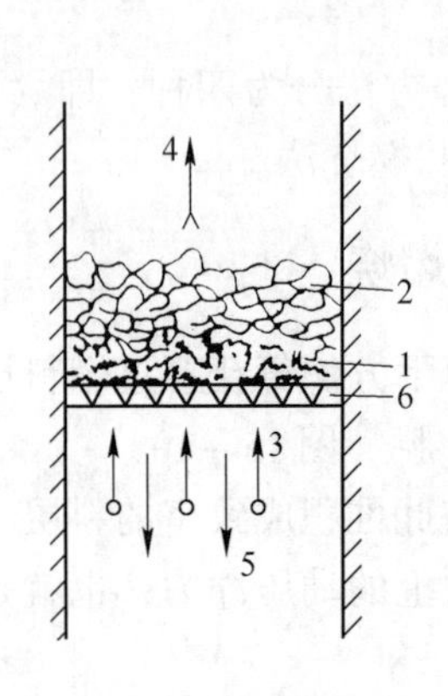

图15－1　层状燃烧示意图

1—灰渣层；2—燃料层；3—空气；

4—燃烧产物；5—灰渣；6—炉箅

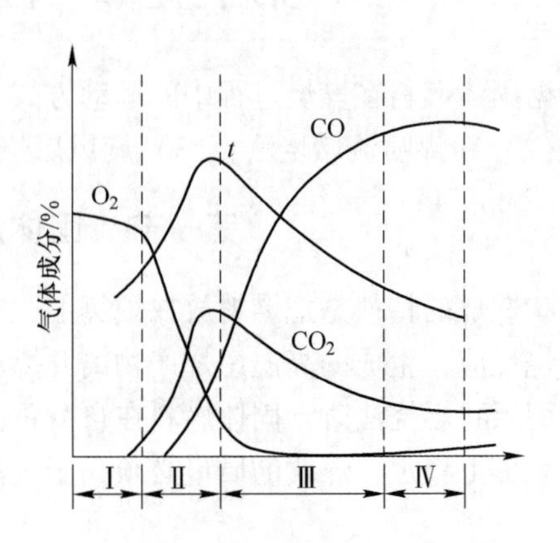

图15－2　沿煤层厚度方向上气体成分的变化

Ⅰ—灰渣带；Ⅱ—氧化带；

Ⅲ—还原带；Ⅳ—干馏带

当采用薄煤层燃烧法时，助燃空气全部由煤层下部送进燃烧室。当采用半煤气化燃烧法时，一部分空气由煤层下部送入（叫做一次空气），另一部分（叫做二次空气）则是从煤层上部空间分成很多股细流以高速送到燃烧室空间，以便和燃烧产物中的可燃气体迅速混合和燃烧。二次空气与一次空气比例应根据煤炭挥发分的含量和燃烧产物中可燃气体的多少来决定。实践证明，如果二次空气的比例不合适或者与可燃气体的混合不够好时，不仅不能保证半煤气化燃烧法的预期效果，而且还会由于送入大量冷风而降低燃烧温度，影响炉温，并增加了金属的氧化和烧损。

层状燃烧法的煤层厚度和鼓风压力与煤的种类有关，如表15－1所示。

表15－1　层状燃烧法的煤层厚度和鼓风压力

煤炭种类	煤层厚度/mm		鼓风压力/Pa	
	薄煤层	厚煤层	薄煤层	厚煤层
烟　煤	100～150	200～400	250～800	500～1600
褐　煤	200～300	400～600	250～800	500～1600
无烟煤	—	—	1000～1200	2000～2400

层状燃烧法是一种最简单的和最普通的块煤燃烧法，它的发展已有悠久的历史，从一般的人工加煤燃烧室发展到复杂的机械加煤燃烧室。根据工业炉的用途和生产工艺特点的不同，燃烧室的结构有所不同。但是从发展来看，层状燃烧法将不能满足生产需要，特别是大型工业炉的需要，而且不能完全机械化和自动化。虽然如此，在目前的中小型工业炉中，层状燃烧法仍占有一定地位。现将生产中常用的几种层状燃烧室的主要结构情况说明如下。

一、人工加煤的燃烧室

这是最早采用的一种层状燃烧室。由于过去的工业技术水平比较低，对工业炉的容量和经济性要求不高，而这种燃烧室的结构又比较简单，通用性较强，因此获得广泛应用，并在应用中不断改善，直到今天，在中小型企业中仍有相当数量。

图 15－3 是人工加煤层状燃烧室的简单结构情况，主要由以下几个部分构成：

1. 灰坑

灰坑位于炉箅下部，用来积存灰渣和使空气沿炉箅平面分布均匀，高度约为 800mm。

2. 炉箅

炉箅也叫做炉栅或炉排，用来支承煤层，并使空气通过炉箅上的缝隙进入燃烧空间，一部分灰渣也通过炉箅缝隙落到灰坑中，为了避免堵塞，炉箅缝应做成上小下大。

人工加煤燃烧室的炉箅一般是用铸铁制成的梁式炉条拼成，如图 15－4 所示。炉箅缝隙的宽度与煤块的大小及灰渣的黏结性有关。对于块度较小的和容易爆裂的煤，炉箅缝隙宽度可取 3～8mm，若块度较大或灰渣黏结性较强，则取 10～15mm。

炉箅缝隙总面积的大小也和煤的质量有关，烧烟煤和褐煤时，缝隙面积为炉箅面积的 26%～32%，烧无烟煤时，为 20%～24%。

炉箅面积的大小应根据燃烧室的燃料消耗量和 1m^2 炉箅面积在 1h 内所能烧掉煤的量（即炉箅强度）来确定，也就是说：

$$A = \frac{m}{Q_F} \quad (\mathrm{m}^2) \qquad (15-1)$$

式中 A——所求的炉箅面积，m^2；

m——煤炭消耗量，kg/h；

Q_F——炉箅强度，kg/(m^2·h)。

炉箅强度是一个经验指标，可根据煤炭种类及送风方式参照表 15－2 中的数据选取。

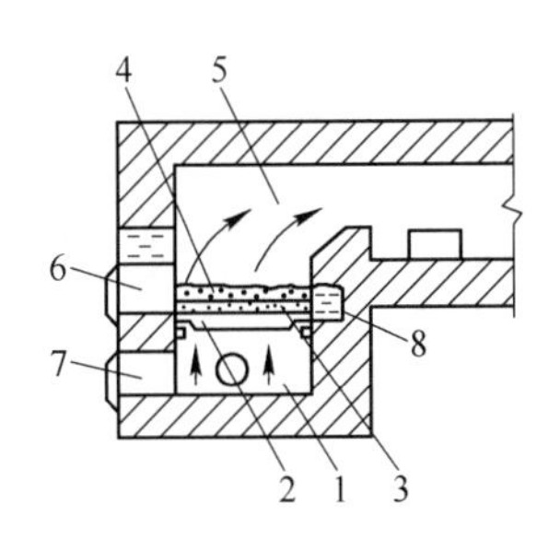

图 15－3 人工加煤燃烧室

1—灰坑；2—炉箅；3—灰层；4—煤层；
5—燃烧室空间；6—加煤口；7—清灰口；8—冷却水箱

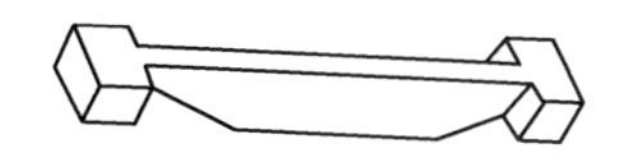

图 15－4 梁式炉条

表 15－2

煤 炭 种 类	炉箅强度/kg·(m^2·h)$^{-1}$	
	强制送风	自然吸风
烟煤	150～180	30～60
褐煤	150～200	约 75
无烟煤	60～100	30～60
焦炭	约 150	约 75

为了操作上的方便，人工加煤燃烧室长度应在2m以下，每个加煤口所负担的操作面的宽度不宜大于1.2m。

3. 灰层

在炉箅和煤层之间应保留一层厚50~60mm的灰渣（即灰层），主要目的是保护炉箅使之不和高温燃烧反应区直接接触，以免烧坏。此外，灰层也有使鼓风分布均匀和使空气得到预热的作用。

当炉子强化操作及产量提高时，燃烧室四周的灰渣往往和炉墙黏结在一起，使得炉箅有效面积越来越小，并造成清渣的困难，甚至被迫停炉。为了解决这一问题，可以在燃烧室周围靠近炉箅处安装冷却水箱。这一措施对延长炉墙寿命、保证燃烧室正常工作，以及改善劳动条件都有良好的效果。

4. 燃烧室空间

煤层上部的自由空间叫做燃烧室空间，它的作用是使燃烧产物能够比较通畅地进入炉膛，并使烟气中的可燃气体能在燃烧室内达到完全燃烧，因此应有一定的容积。

燃烧室容积太小时，会造成炉压过大，燃烧不完全。空间太大时，则容易抽进冷风，导致燃烧温度的降低。

燃烧室空间的容积应根据燃烧室的耗煤量及所允许的容积热强度 Q_V 来确定，即

$$V=\frac{Q_{低}\cdot m}{Q_V}\quad(\mathrm{m}^3)\tag{15-2}$$

式中 V——所求的燃烧室空间的容积，m^3；

$Q_{低}$——煤炭的发热量，kJ/kg；

m——燃烧室煤炭消耗量，kg/h；

Q_V——燃烧室的容积热强度，$\mathrm{W/m^3}$。

燃烧室的容积热强度也是一个经验指标，它和煤炭种类及操作方法有关。根据经验，对于烧烟煤的轧钢加热炉来说，Q_V 取 $(0.70\sim0.93)\times10^6\mathrm{W/m^3}$ 较为合适。对于干燥炉等温度较低的炉子，Q_V 可取 $(0.29\sim0.35)\times10^6\mathrm{W/m^3}$。

燃烧室空间的高度可用下式计算

$$H=\frac{V}{A}\quad(\mathrm{m})\tag{15-3}$$

式中 A——炉箅面积，m^2。

根据实践经验，轧钢加热炉炉头燃烧室空间的高度以1100~1500mm为宜，腰炉燃烧室空间高度以850~1200mm为宜。

在层状燃烧室中，燃料从上下两方面都获得热量促使着火，上面是靠炉膛内高温烟气和炉墙的辐射热，下面则是靠流经新煤层的热烟气，因此着火热力条件最为可靠，几乎可以使用各种不同性质的燃料。

人工加煤的燃烧室的主要特点是，新燃料周期性地加进炉内，因此燃烧过程也具有周期性。在两次加煤间隔时间内，燃料分别经过加热、干燥、挥发物分解、燃烧和固体碳的烧尽等阶段，形成一个燃烧周期。由于加煤操作是不连续的，所以煤的燃烧过程波动很大。这是因为，刚加煤时，由于放出大量挥发分，所以需要的空气量最多。挥发分烧完

后，只剩下固体碳的燃烧，所以需要的空气量最少。但实际上鼓风量不可能随着加煤周期进行调整，因此风量必然有时显得不足，有时又显得过剩。图 15－5 表示人工加煤燃烧室中空气进入量和空气需要量的特性曲线。在一个加煤周期中，煤层不断减薄，阻力减小，因此进入炉内的空气量（曲线 *ab*）不断增加。而燃烧所需要的空气量（曲线 *ef*）则不然，起初新燃料被加热和干燥，所需空气量较少，接着挥发物强烈析出剧烈燃烧，所需空气量迅速上升；以后由于挥发物逐渐减少，焦层也减薄，需要的空气量又减少，这样就形成了 *ef* 曲线。另一方面，由于混合不完善，以及炉内有些地方温度太低等原因，进入炉内的空气只有一部分能被利用，假设用曲线 *cd* 表示。因此，在每一加煤周期的最初阶段，虽然空气有过剩，但是还是不足以使燃料完全燃烧，而到了加煤周期的后一阶段，虽然可以达到完全燃烧，但这时的空气系数将显得过大。由于这种燃烧过程的周期性，所以人工加煤燃烧室的经济性较差。为了提高经济性，应合理地缩短加煤周期，即每次加入炉内的煤量要少，而次数多。图 15－6 表示加煤周期越短，则周期性的影响就越小。

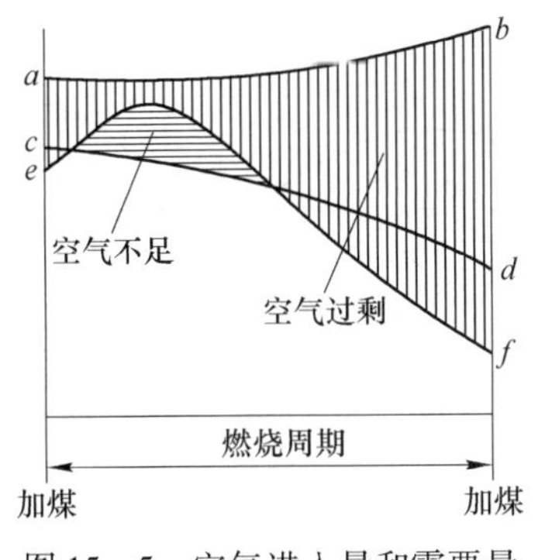

图 15－5　空气进入量和需要量

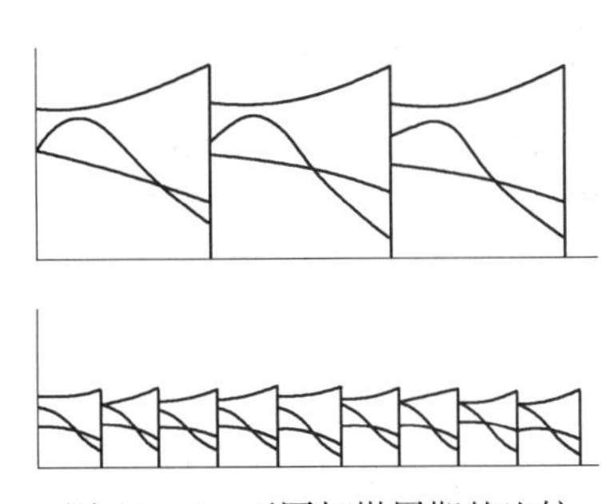

图 15－6　不同加煤周期的比较

除了上述特点以外，人工加煤的燃烧室由于加煤和清渣全靠人力，劳动强度大，劳动条件也很差。而且为了防止烧坏炉箅和出现化渣现象，一次空气的预热温度不能太高，一般不超过 250℃。

综合以上所述可以看出，为了改善人工加煤燃烧室的燃烧过程和劳动条件，必须采用连续性的机械加煤措施。

二、绞煤机

绞煤机（或称下饲加煤机）是应用较广的机械加煤设备。

绞煤机的简单结构情况如图 15－7 所示。从煤斗 1 加进来的煤，由于绞杆 3 的推挤作用而被挤压到煤槽 7 的上方，形成由下而上的连续性的加煤动作。在煤炭的上移过程中，逐渐受到从燃烧室空间传来的热量加热作用而放出水分和挥发分。助燃用的空气是由风管 4 送到风箱 5 中，并通过风眼 6 穿过煤层进入燃烧空间，在煤层上部与焦炭及挥发分进行燃烧反应。图中的搅拌器 2 是用来起松动作用，以保证煤斗中的煤能顺利地落到绞杆上。水套 8 是用来冷却灰渣，避免与燃烧室围墙粘在一起。生成的灰渣则集中在两侧的可以翻转的渣板上，可以定期用人工扒出，也可以借渣板的翻转落到下面的渣车中。

下加煤燃烧室中的燃烧过程如图 15－8 所示。新燃料区位于燃烧区之下，没有高温烟气流过新燃料层，着火热是来源于煤层上部的燃烧反应区，因此着火热力条件较差。

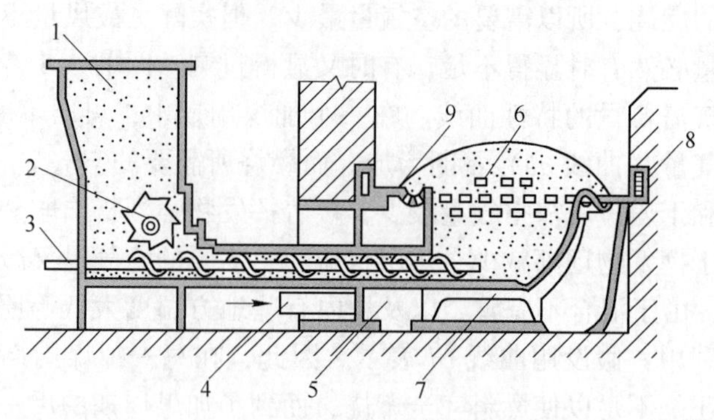

图 15－7　绞煤机结构示意图

1—加煤斗；2—搅拌器；3—绞杆；4—风管；5—风箱；
6—风眼；7—煤槽；8—水套；9—渣板

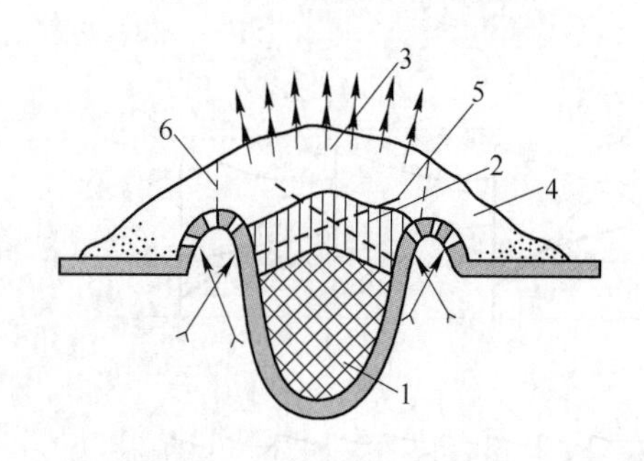

图 15－8　下加煤燃烧室中的燃烧情况

1—新燃料区；2—挥发物析出区；3—挥发物燃烧区；
4—焦炭燃烧区；5—空气流的边界线；
6—挥发物和焦炭燃烧区的分界线

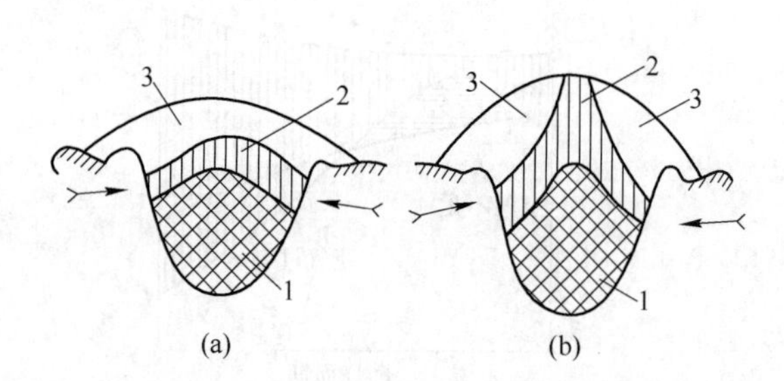

图 15－9　下加煤燃烧室的不同燃烧情况

（a）正常的燃烧情况；（b）不正常的燃烧情况
1—新燃料区；2—挥发分析出及气化区；3—燃烧区

当燃料向上运动时，它逐渐被加热、干燥，并析出挥发物，在燃料层表面的已是焦炭。挥发物和空气的混合物经过焦炭层，在焦炭层的孔隙中燃烧，燃烧很激烈，在燃料层上的火焰很短。

在挥发物燃烧区，如果挥发物较多，空气中的氧大多用于挥发物的燃烧；焦炭则由于缺乏氧气而只是局部气化。此后，在新燃料的推动下，焦炭向炉箅两侧运动，并开始与氧接触而燃烧。

在下加煤燃烧室的燃烧过程中，热量向下传递，当负荷不变时，燃料层中各个区域保持稳定。如果送入的空气不变而增大燃料加入速度，则高温区将向上移动，甚至使新燃料到达燃料层表面而还未着火（图 15－9b），由此可见，在下加煤燃烧室中，保持正确的燃料层结构是很重要的。

下加煤燃烧室对于燃料性质有严格要求。由于着火条件不好，它不宜用来燃烧水分很多的燃料，也不宜燃烧结焦性很强的燃料，否则，会出现着火不良和焦块黏结现象，需要经常用人工拨火，影响操作的机械化水平。当燃烧不结焦的燃料（如长焰煤）时，由于煤层厚薄不均，如热强度稍大，很容易出现穿孔现象，导致炉子热强度和经济性的降低。

这种燃烧室对燃料颗粒的大小也有较高要求。最大块度不超过 40mm，一般希望在

3~20mm之间。为了有利于焦炭的着火和燃烧，煤的挥发分最好不少于20%。灰分含量希望在20%以下，熔点应当在1200℃以上。

实践经验证明，只要煤质合乎上述要求和注意维护管理，绞煤机用于蒸发量小于10t/h的锅炉和小型金属加热炉上时，可以得到良好的效果。它的炉箅热强度约为（0.986~1.16）$\times 10^6 W/m^3$，容积热强度为（0.29~0.35）$\times 10^6 W/m^3$。

我国目前使用的绞煤机已有200、250、700三种规格，主要用于小型加热炉，其工作性能见表15-3。

表15-3 绞煤机主要工作性能

名称	单位	200型绞煤机	250型绞煤机	700型绞煤机
供煤量	kg/h	30~240	25~250	70~700
炉箅面积	m^2	1.45×0.7=1.02	1.27×0.91=1.14	1.62×1.71=2.77
炉箅强度	kg/(m^2·h)	235	220	260
煤炭粒度	mm	—	3~20	3~50
电机功率	kW	2.2	2.8	4.5
风压	Pa	700~1000	1500~2200	1500~2000
绞杆转速	r/min	1.38~11	0.88~8.8	0.92~9.2

三、抛煤机

利用机械或风力把煤抛在炉箅上，代替人工扬煤，19世纪末就开始在锅炉上应用。

这种燃煤技术的特点是消除了人工加煤时炉温出现周期性波动和因投煤打开炉门吸入大量冷风使炉子热效率降低的缺点，同时也大大地减轻司炉工的体力劳动。

抛煤机一般都由两个主要部分组成。一是给煤器，它的主要任务是把煤斗里的煤，按需要输送到抛煤器中；二是抛煤器，它的任务则是把煤抛撒到炉箅上。若与往复炉排配合作用，可使投煤和清灰工作实现机械化（图15-10）。

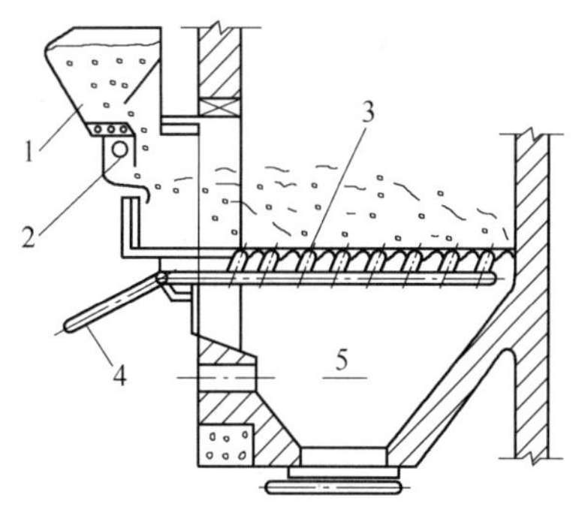

图15-10 抛煤机示意图

1—给煤器；2—抛煤器；3—往复炉排；4—手摇杆；5—灰渣斗

抛煤机加煤炉子的特点是，当燃料颗粒大小适当时，沿整个炉箅上燃烧进行得很均匀，随抛随烧，煤层很薄，对调节煤的燃烧量很敏感，升温和熄灭都很快，煤屑和挥发物在经过炉膛空间时，就能进行燃烧，因此，它能适应烧挥发分较高的烟煤和褐煤；对结焦性强的煤，在这里也能获得满意的燃烧；清炉借助于手动往复炉排就能方便地进行；送风压力只要25~50mm水柱就可以满足供风。

四、振动炉排

振动炉排在1970年代前后，开始应用到一般工业炉上，具有升温快，温度均匀的特点。如使用在加热炉上，煤耗一般稳定在1t钢100~130kg。采用这种形式炉排可使体力劳动大大减轻，除渣也完全实现了机械化。

炉排由死炉排（固定炉排）和活炉排两部分组成。活炉排支承并输送燃料外，还有能通风保证燃烧的作用，并能随时更换。死炉排主要起封闭作用。是砌在燃烧室侧墙里的金属结构件，与炉排活动部分接触，并有防渣管冷却。活动炉排安装在用型钢焊接而成的一组金属结构架上。振动靠马达带动一偏心轮，通过焊在金属结构架上的钢管和弹簧板的弹力，使炉排产生振动。煤在炉排上靠振动所产生的惯性，徐徐向后移动，并与空气相交而遇。随着炉排上煤的移动，新的煤由煤斗不断补充引入炉内。按照先后顺序，得到干燥、预热、着火燃烧和燃和尽。小颗粒炉渣落入炉排底下，由绞龙清除；大颗粒炉渣由振动炉排自动排除，落入燃烧室外边的灰桶里（图 15－11）。

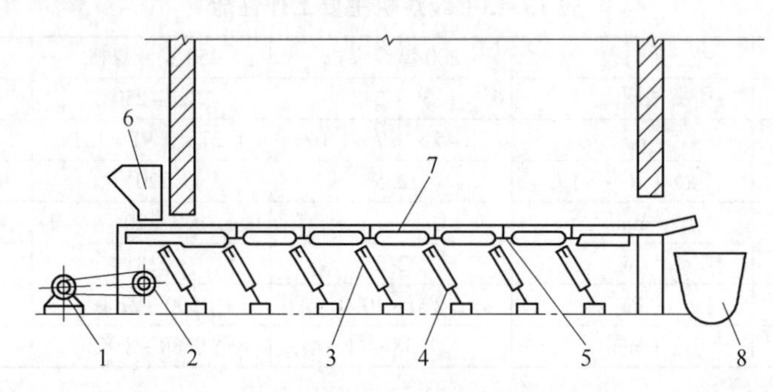

图 15－11　振动炉排示意图

1—电动机；2—偏心轮；3—压簧；4—弹簧板；
5—拉杆；6—煤斗；7—活动炉排；8—灰渣斗

煤的运行速度最快可达 0.08～0.1m/s，一般煤层厚度控制在 150～300mm。

炉排下部空间，既是风箱，空气由此穿过炉排上的风眼进入燃烧室，又是煤末及灰渣的沉积箱，并装有绞龙，随时清理积灰和炉渣。

当振动炉排工作时，煤中所含水分和灰分的多少，在一定程度上限制了煤在炉排上的移动速度。当煤中含水分较多时，会使煤的预热区占据炉排过多的工作区域，以致相应地减少了其他各燃烧区域。多灰分的燃料形成的灰渣层，阻碍灰层中尚未烧完的焦炭的燃烧。为了燃尽，又必须要求延长燃尽的行程，否则会大大增加灰渣中的不完全燃烧热损失。

振动炉排希望燃用筛分过的块煤。烟煤的粒度为 10～50mm，0～10mm 的煤屑含量不大于 15%；无烟煤的粒度为 5～35mm，0～5mm 的煤屑含量不大于 10% 为宜。

此外，燃用灰分熔点低而易结渣的煤或强结焦性的煤，或者燃用高水分、高灰分的煤时，都会限制炉子的工作强度。因此，振动炉排对煤质要求供用质水分和干燥质灰分不大于 20%；灰熔点不少于 1200℃；结焦性不宜太强。

五、往复炉排

往复炉排是由活动和固定炉排组成，煤从煤斗靠自重下落到炉排最上层固定炉排上，然后由活动炉排送到燃烧室（图 15－12）。煤在一层一层的炉排上交替前进，从而逐步实现煤的预热、干馏、着火燃烧，并最后燃尽。燃尽的灰渣由出渣炉排的退回间隙（约 150～300mm）漏进水封渣池中。燃烧着的高温火焰，通过翻火口进入炉膛，实现对工件的加热。

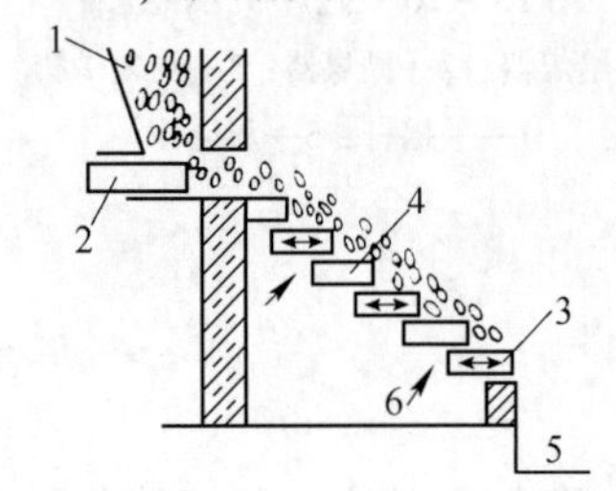

图 15－12　往复炉排示意图

1—煤斗；2—推杆；3—活动炉排；
4—固定炉排；5—灰坑；6—鼓入空气

往复炉排不同于人工加煤的燃烧室，它克服了人工加煤燃烧周期性的缺陷，煤在炉内由于高温烟气和炉顶及炉墙的辐射，能够连续不断地将煤预热、干馏、着火燃烧。进入加热室的火焰，能连续稳定，并完全燃烧，这就有利于提高炉膛温度，提高传热效率。

再一方面，往复炉排送煤是连续的，并有一定的运行时间，所以，煤的挥发物是连续稳定地析出。析出的气体主要是碳氢化合物及一氧化碳等可燃气体，当它们在500℃左右，立即与炉排下边所供空气或者二次热风中的氧混合燃烧。

往复炉排不仅克服了人工加煤的许多弊病，实现机械加煤，而且活动炉排还能起到类似人工拨煤的作用，大大改善燃烧条件和减少对环境的污染。

往复炉排对煤质要求不高，选择性宽，其发热量在21000kJ/kg以上即可，对挥发物高者更适宜，煤的灰分熔点不应过低，否则容易结渣，对煤的粒度无严格要求，但块煤和粉煤混合燃烧对往复炉排不适宜；由于燃烧速度不均，块煤不易燃尽，造成不完全燃烧。

六、链式炉排

链式炉排也是一种机械化燃煤装置。它如同皮带运输机一样在炉内缓慢移动。燃料自料斗下来落在炉排上，随炉排一起前进，空气自炉排下方自下而上引入。燃料在炉内受到辐射加热后，开始是烘干，并放出挥发物，继之着火燃烧和燃烬，灰渣则随炉排移动而被排出，以上各个阶段是沿炉长方向相继进行的，但又是同时发生的，所以炉内的燃烧过程不随时间而变，不存在燃烧过程的周期变化。

为适应燃料层沿炉排长度方向分阶段燃烧这一特点，可以把炉排下边的风室隔成几段，各段都装有调节门，分段送风。通常沿炉排长度分为4~6段。采用分段送风后，在一定程度上改善了空气供求之间的配合情况。

链式炉排上的燃料系单面引燃，着火条件比较差，燃料层本身没有自动扰动作用，拨

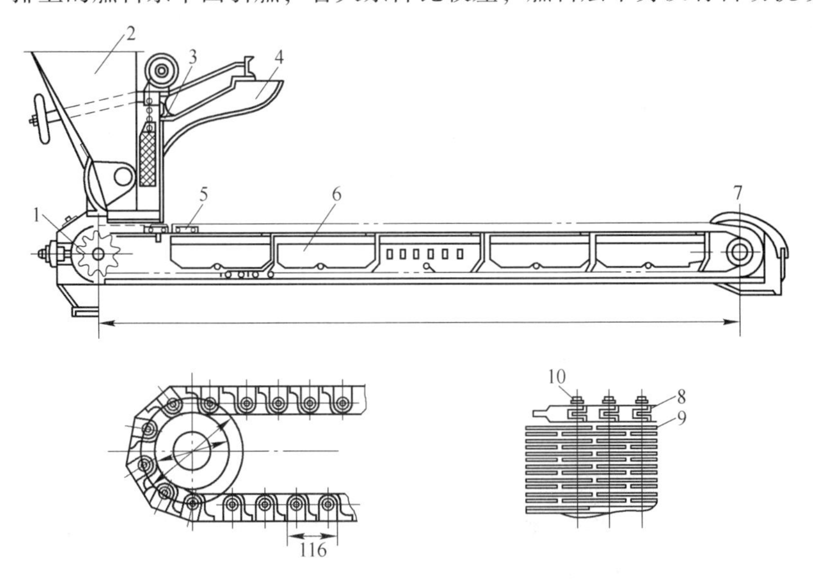

图15－13　轻型链带式炉排

1—链轮；2—煤斗；3—煤闸门；4—前拱吊砖架；5—链带式炉排；
6—隔风板；7—老鹰铁；8—主动链环；9—炉排片；10—圆钢拉杆

火工作仍需借助于人力，因此燃料性质对链式炉排工作有很大影响。一般链式炉排对燃料有严格要求，即水分不大于20%，灰分不大于30%，灰分熔点应高于1200℃，燃料应经过筛选，0~6mm的粉末不应超过55%，煤块最大尺寸不应超过40mm，以保证燃尽。链式炉排的结构型式很多，但按其运动部分结构一般可分为链带式，鳞片式和横梁式三大类。

图15-13是一种轻型链带式炉排，其结构简单，重量轻，制造安装和运行都很方便。其主要缺点是主动炉排片（链环）受拉应力较易折断，炉排通风面积大，长期运行后炉排之间相互磨损，使通风间隔更大，漏煤损失也增多，当有一片炉排折断而掉下时，会使整个炉排运行受阻而造成事故。

第二节　粉煤燃烧法

一、概述

粉煤燃烧法是将煤磨细到一定细度（一般是20~70μm），用空气喷到炉内，使其在运动过程中完成燃烧反应，形成像气体燃料那样具有明显轮廓的火炬。

粉煤燃烧法是1920年代出现的一种燃烧方法，但直到30年代（1935年）出现了较完善的制粉设备以后，才开始在动力锅炉上大量采用。

与层状燃烧法相比，粉煤燃烧法的最大优点是可以大量使用劣质煤和煤屑，甚至还可以掺用一部分无烟煤和焦炭屑。实践证明，当用层状燃烧法燃烧发热量较低和灰分含量较高的劣质煤时，炉温只能达到1100℃，而改用粉煤燃烧法时，由于粉煤燃烧速度快，完全燃烧程度高，炉温可达到1300℃。例如，用60%~70%的阳泉煤掺入30%~40%的大同烟煤制成发热量为23100kJ/kg的煤粉，就能满足轧钢加热炉的温度要求。

用来输送煤粉的空气叫一次空气，一般占全部助燃空气量的15%~20%（与粉煤的挥发分的产率有关），其余的空气叫二次空气，沿另外管道单独送至炉内。在采用粉煤燃烧法时，二次助燃空气可以允许预热到较高的温度，因而有利于回收余热和节约燃料。

此外，采用粉煤燃烧法时，炉温容易调节、可以实现炉温自动控制，并且可以减轻体力劳动强度和改善劳动条件。

我国在1960年代曾在轧钢加热炉上广泛采用粉煤燃烧法，并在高炉冶炼中喷吹煤粉以降低焦比。与层状燃烧法相比，主要困难是建立一套煤粉制造和输送系统，设备比较复杂。此外，在板坯加热炉中，当粉煤灰分熔点较低时，在钢坯表面形成湿渣，容易造成钢板表面夹杂，影响产品质量。虽然如此，由于我国燃料结构的特点，在今后相当一段时间内，煤炭仍是冶金燃料的主要来源，因此粉煤燃烧在冶金生产的某些环节中，将继续发挥重要的作用。

采用粉煤燃烧法，最好使用挥发分高一点的煤，这样可以借助于挥发分燃烧时放出的热量来促进炭粒的燃烧，有利于提高燃烧速度和完全燃烧程度，一般希望挥发分大于20%。此外，还应当注意控制原煤的含水量。煤中的水分对煤粉的磨制和输送妨碍极大，因此，原煤在磨制前应进行干燥处理，最好把水分降到1%~2%，一般不超过3%~4%。实践证明，当水分含量达到7%时，在同样粉煤细度的情况下，磨粉电力消耗将显著增加，而且还会显著降低煤粉机的粉煤产量。

二、粉煤的一般性质

煤粉的粒度是从零到20～70μm的范围内，其中20～50μm的颗粒占多数。煤粉的形状是不规则的，它主要取决于燃料的种类，其次和制粉的方法有关。煤粉能吸收大量空气，它和空气结合在一起形成混合物，具有和流体一样的输送性质，因此常用风力沿管道输送。在贮存时，煤粉容易自燃而形成火源，这一现象在挥发物多的煤粉中更为严重，这种火源就是导致煤粉空气混合物发生爆炸的主要原因。

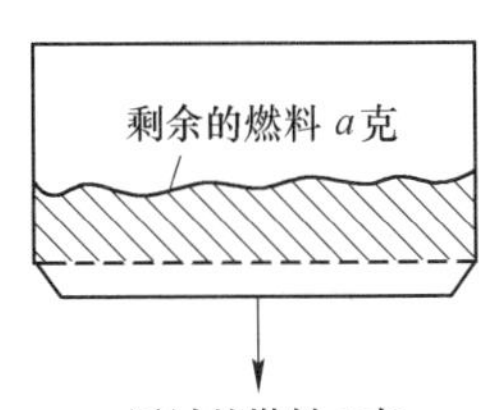

图15－14　筛分简图

煤粉的主要特性之一是它的细度，它对磨煤制粉的能量消耗和不完全燃烧热损失都具有决定性的意义，此特性一般用筛分法来求得，用筛上的剩余量（或称为筛余量）R%来表示（图15－14）。

$$R = \frac{a}{a+b} \times 100\% \tag{15-4}$$

式中　a——筛子上剩余的燃料量；

b——通过筛子的燃料重量。

在筛子上剩余的煤粉越多，煤粉就越粗。筛分时应采用一定尺寸的筛子，常用的筛子如表15－4所示。

表15－4　试验筛号规格

筛　号	每 $1cm^2$ 中的筛孔数	筛孔的内边长/μm
10	100	600
30	900	200
50	2500	120
70	4900	90
80	6400	75
100	10000	60

筛网的号数相当于每 $1cm^2$ 筛网上的格孔数。

在表示煤粉细度时，最常用的是格孔为90μm和200μm的筛子，即 R_{90} 和 R_{200}，但也有用筛号表示的，如 R_{70} 和 R_{30}。

过去70号筛孔的内边长是88μm，这时细度用 R_{88} 来表示。

利用筛分分析只能测定40μm以上的煤粉。一般在工业炉使用条件下不必测定40μm以下的煤粉数量。

三、粉煤燃烧系统

粉煤燃烧系统大体上是由粉煤制备、输送和燃烧装置三部分组成。图15－15是粉煤燃烧系统的一般组成情况。原煤经给煤器按一定速度进入煤粉机，在煤粉机中经过粉碎后送到分离器，不合格的粗粉沿回路重新回到煤粉机进行研磨，合格的细粉则沿管道送至一次风机，在一次空气的带动下，以规定的速度送往粉煤燃烧器。

根据煤粉用量的大小，煤粉制备系统一般可以分为两种类型，即（1）集中式的粉煤制备系统，规模较大，供全厂集中使用；（2）分散式的粉煤制备系统，规模较小，分散在

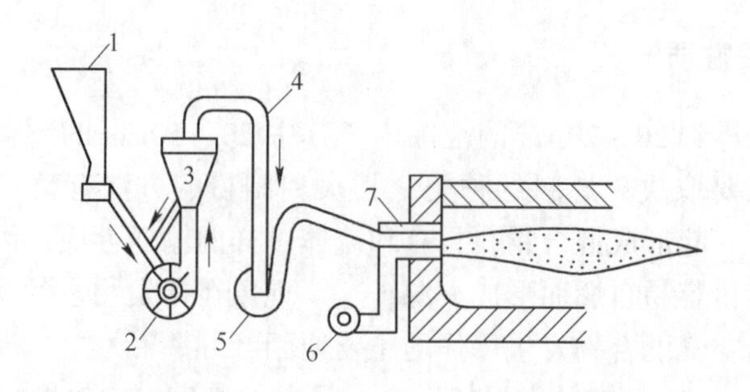

图 15-15　粉煤燃烧系统的一般组成

1—给煤器；2—煤粉机；3—分离器；4—煤粉输送管道；
5—一次空气；6—二次空气；7—粉煤燃烧器

各个车间，一套设备只供一个车间或一个炉子使用。

在冶金厂内，由于车间分散，而每个车间的煤粉用量又不很大，所以最好采用分散式的煤粉系统。

图 15-16 是轧钢加热炉常用的一种简单的粉煤制备和输送系统示意图。这种简易煤粉制备系统的主要特点是，在煤粉磨制过程中不使用干燥剂，而且从煤粉机出来的粉煤不经过分离器就直接送往炉内燃烧。

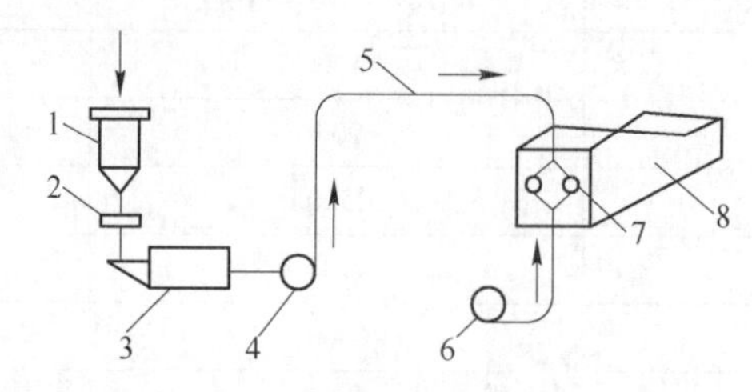

图 15-16　简易煤粉磨制和输送系统

1—煤斗；2—给煤器；3—煤粉机；4—送粉风机（一次风机）；
5—煤粉输送管道；6—二次风机；7—煤粉烧嘴；8—加热炉

煤粉机是煤粉制备系统的重要设备，它的类型很多，如钢球煤粉机（球磨机），中速煤粉机，竖井式煤粉机，锤击式煤粉机，风扇磨等。

煤粉机的选取主要取决于产量的大小和煤质情况，后者主要指煤的含水量、挥发分产率和可磨性系数。

所谓可磨性系数（$K_{磨}$）是用来表示将煤制成煤粉的难易程度的一个指标，它是在实验室条件下，将粒度相同的标准煤和被测定煤磨制成同样细度时所消耗的能量之比。可磨性系数越大，表示该种煤越容易磨细。烟煤的可磨性系数为 1.2～1.4，无烟煤为 0.8～1.1。

目前我国轧钢加热炉系统所用的煤粉机主要是锤击式煤粉机和风扇磨，它们都属于高速型煤粉机，其工作原理是在高速旋转的叶轮上装有许多锤板（锤击式煤粉机）或叶片（风扇磨），利用锤板和叶片与煤高速冲击作用而将煤磨细，达到所要求的粒度。

四、粉煤燃烧器

1. 粉煤燃烧器的设计参数

因为粉煤在输送管道中已经和一部分或全部空气达到均匀混合，在燃烧过程中，混合条件的影响已不像烧油或烧煤气那样显著，因此煤粉燃烧器一般都比较简单，在考虑它的结构尺寸时主要应掌握以下几个设计参数。

（1）粉煤燃烧时间 $\tau_{燃}$。粉煤燃烧时间的长短直接影响到火焰的长度，它们之间的关系可用下式来表示，即

$$l_{焰} = w_{混} \times \tau_{燃} \tag{15-5}$$

式中 $l_{焰}$——火焰长度，m；

$w_{混}$——粉煤空气混合物的喷出速度，m/s；

$\tau_{燃}$——粉煤燃烧时间，s。

因为粉煤的燃烧主要是小炭粒的燃烧，所以燃烧时间的长短主要取决于煤粉的细度。其次，它和挥发分的产率及炉温的高低也有关系，挥发分产率及炉温越高，越有利于小炭粒的燃烧。

由于炭粒燃烧的复杂性，以及实际燃烧条件的多样性，影响燃烧速度和燃烧时间的因素很多，尤其是气流分布及流场结构方面的因素对炭粒燃烧时间的影响更为明显和复杂，因此，关于燃烧时间的具体数据，现在主要是根据实践经验或通过实验来决定。图 15－17 中给出的是在常压条件下用空气助燃时煤粉燃烧时间与粉煤细度及挥发分含量的关系。

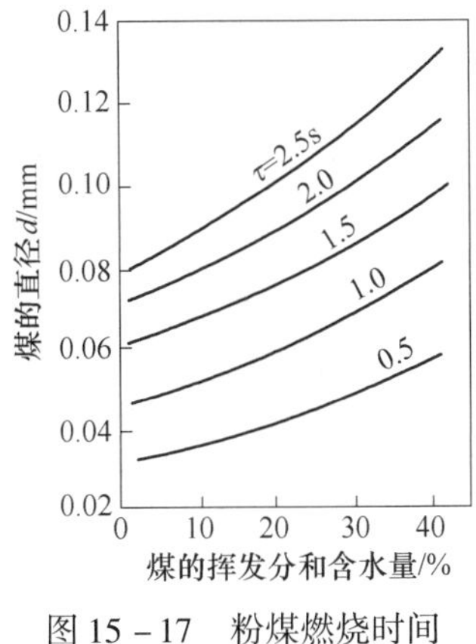

图 15－17　粉煤燃烧时间

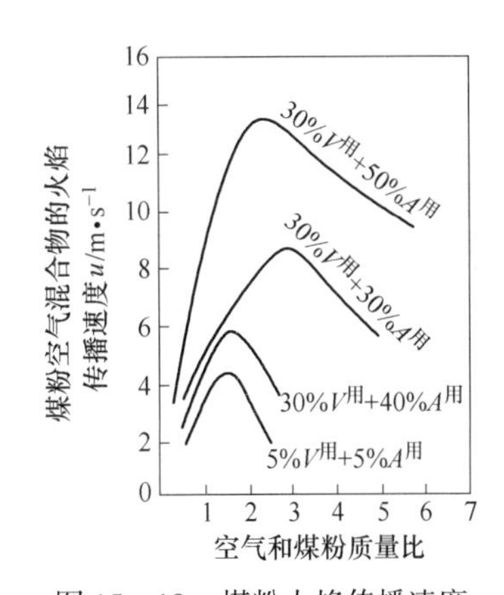

图 15－18　煤粉火焰传播速度

（2）煤粉空气混合物的喷出速度 $w_{混}$。因为煤粉在管道中已和空气混合在一起，又因粉煤是悬浮在空气流中燃烧，因此煤粉空气流的喷出速度不能太小，否则会发生回火及粗粉从焰流中坠落的现象。

根据以上情况，在确定煤粉空气流的喷出速度时，原则上按照火焰传播速度的大小，使喷出速度大于火焰传播速度，以免发生回火。在一般工业炉的燃烧条件下，煤粉火焰的传播速度主要和煤的质量以及煤粉在空气流中的浓度有关，图 15－18 给出了几种煤粉的火焰传播速度与空气煤粉质量比的关系。

知道了火焰传播速度，就可以按下式确定煤粉空气流的最小允许喷出速度

$$w_{混} = mu \quad (m/s) \tag{15-6}$$

式中　$w_{混}$——最小允许喷出速度；

m——煤粉烧嘴的调节倍数；

u——火焰传播速度。

根据实践经验，当煤粉粒度较细（$R_{90}<10\%$），挥发分含量较多（$>20\%$），以及炉子较大时，在正常负荷下，煤粉空气流的喷出速度可取为20~30m/s；而当煤粉较粗，挥发分较少，炉子比较小时，喷出速度可以小些，为10~15m/s。

（3）空气量的分配。在粉煤燃烧过程中，挥发分的燃烧对它有很大的促进作用。为了给挥发分的燃烧创造有利条件，应当使煤粉空气流中的挥发分有足够大的浓度，因此一次空气的浓度不宜太多，也就是说，最好是根据挥发分的多少来确定一次空气所占的比例。

表15-5是根据实践经验确定的一次空气量与煤炭种类的大致关系。

此外，在生产实践中，还常常改变一、二次空气比例，作为调整火焰的手段，例如，减少一次空气，在一定范围内可以起到缩短火焰的作用。又如，有的连续加热炉，为了得到较长的火焰，常采用全部是一次空气的单管式粉煤燃烧器。

表15-5　一次空气量与煤炭种类的关系

煤炭种类	一次空气比例/%	煤炭种类	一次空气比例/%
贫煤或无烟煤	10~15	褐　煤	30~35
烟　煤	20~30	泥　煤	35~40

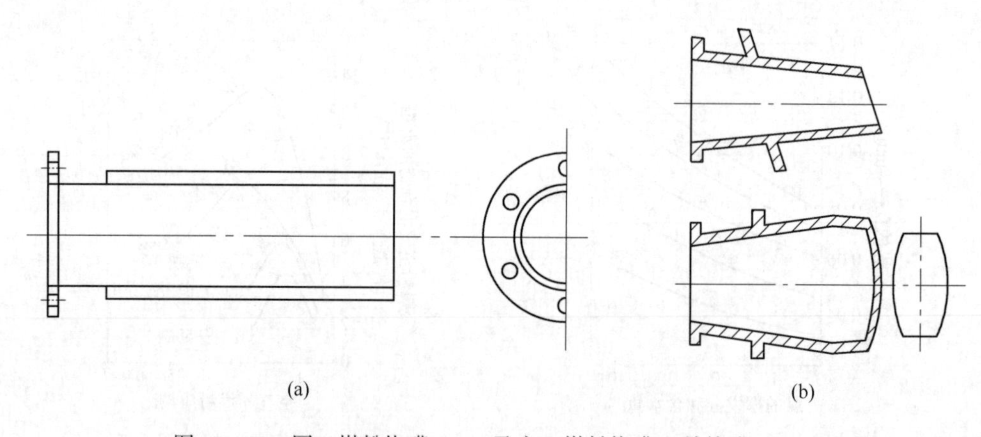

图15-19　圆口煤粉烧嘴（a）及扁口煤粉烧嘴（单管式）（b）

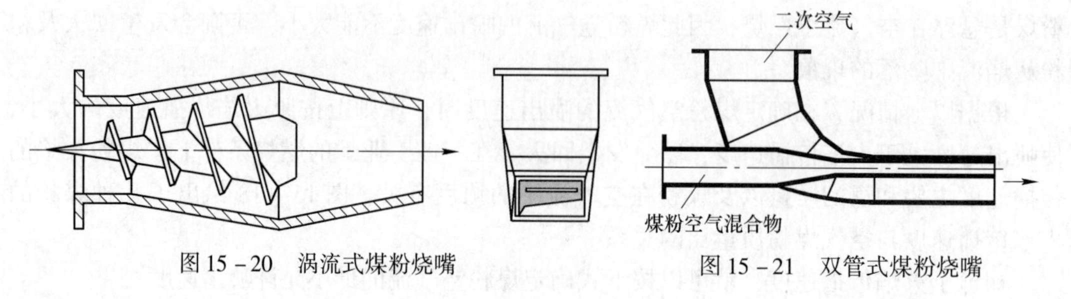

图15-20　涡流式煤粉烧嘴　　图15-21　双管式煤粉烧嘴

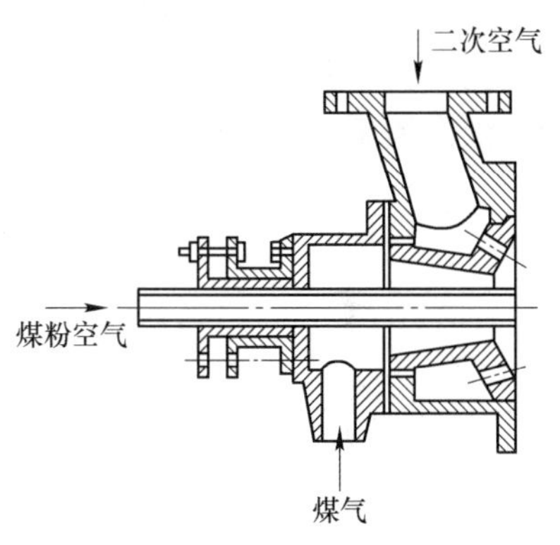

图 15－22　多孔煤粉烧嘴

2. 粉煤燃烧器的结构

首先应当指出的是，在设计粉煤燃烧器（简称粉煤烧嘴）时，重要的不是选择烧嘴的型式，而是按照煤炭的质量及炉子对火焰的要求选择合理的喷出速度。根据煤质的不同，应当选择不同的喷出速度。

煤粉燃烧器的结构比起煤气和重油燃烧器来要简单得多，大体上可以分为以下几种型式。

（1）根据喷口断面形状，有圆口烧嘴和扁口烧嘴（图 15－19）。

（2）根据气体流动情况，有直流式粉煤烧嘴和涡流式粉煤烧嘴（图 15－20）。

（3）根据送风方式，有单管式、双管式和多孔粉煤烧嘴（图 15－21，图 15－22）。

第三节　旋风燃烧法

如前所述，采用粉煤燃烧方式以后，可以使燃料品种的范围扩大，使炉子的操作实现机械化和自动化，并且可以适应炉子容量不断扩大的需要。虽然如此，但粉煤燃烧方式也有它的严重缺点。例如，因为烟气中含有大量的飞灰，占燃料全部灰分的 85% ~90%，造成换热器和引风机的磨损，而且有碍环境卫生，不得不装置复杂的除尘设备。此外，燃烧粉煤还需要复杂的制粉设备，增加设备投资。

在 1940 年代出现了一种新的燃烧方式——旋风燃烧，它是利用旋风分离器的工作原理，使燃料空气流沿燃烧室内壁的切线方向，以高达 100 ~200m/s 的速度作旋转运动（图 15－23），在离心力的作用下，燃料颗粒和空气得以紧密接触和迅速完成燃烧反应。在这种燃烧方式下，不仅改善了燃料和空气的混合条件，而且还显著地延长了燃料在燃烧室中的停留时间，因此可以将空气过剩系数降到 1.05 ~1.0，并且可以燃烧粗煤粉（$R_{90}=65\%\sim70\%$）或碎煤粒。从而可以简化甚至取消制粉设备。旋风燃烧法的突出优点是燃烧强度大，它的容积热强度可以达到（12.5 ~25.1）$\times10^6$kJ/m^3，而且由于燃烧温度高，可以使渣熔化成液体排出，从而解决了由于烟气飞灰所带来的一系列问题。由于旋风燃烧具有上述特点，所以已成为固体燃料燃烧和气化技术方面的一个发展方向，并在大型动力锅炉和某些有色冶金炉上开始使用。

旋风燃烧室有卧式和立式两种结构型式，现以卧式旋风炉为例，将旋风燃烧室的有关特性说明如下。

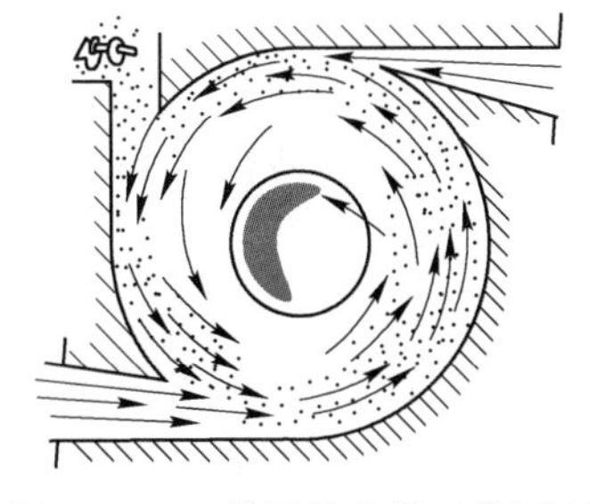
图 15－23　旋风分离器工作原理

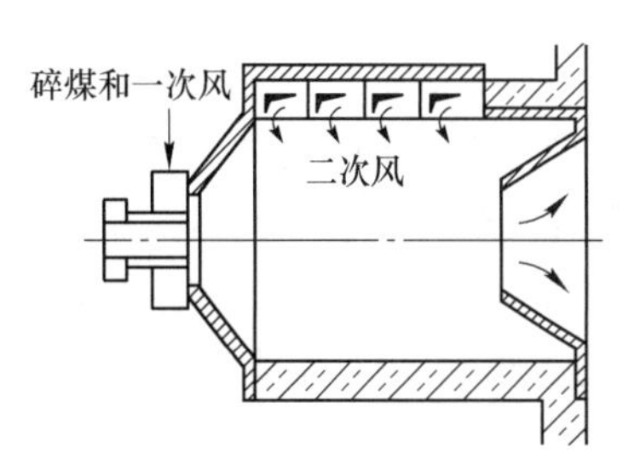

图 15－24　卧式旋风炉示意图

卧式旋风炉的简单示意图如图15－24所示。燃料由一次空气从旋风炉前的喷煤器送入炉内，所用的燃料是碎煤粒。二次空气沿切线方向送入炉内，在炉膛内和燃料强烈混合并燃烧。炉渣熔化成液态，在离心力的作用下在炉墙上形成液态渣膜。旋风炉可以水平布置，也可以向下倾斜5°～20°，使熔渣容易排出。

为了说明旋风炉中的燃烧过程，首先讨论旋风炉中的气体流动情况（一、二次风都从旋风炉的前部切线送入）。

旋风炉内的某一点的气流速度可以分为切向速度和轴向速度。

图15－25是旋风炉中切向速度 w_c 的分布情况 $w(r)$。可以将气流分为两个区域。在外层气流中，越靠近炉墙，其切向速度越低，大致符合以下规律，即

$$w_t r^n = \text{const}$$

式中，指数 $n=0\sim1.0$。在气流中心处，则相反，越靠中心，切向速度越低，即

$$\frac{w_t}{r} = \text{const}$$

旋风炉中轴向速度场的变化更为复杂。图15－26是冷态实验时所测得的轴向速度分布曲线。如图15－26所示，轴向速度有两个极大值，因此可以将气流分为外层和内层两个区域。

燃料由于离心力的作用，大部分集中在外层气流中，随着气流螺旋形前进，直到喇叭形的出口处所形成的旋风沟中。在旋风沟中，燃料浓度很高，空气消耗系数远小于1，燃料强烈气化，而且由于此处温度很高，因此化学反应速度很快。

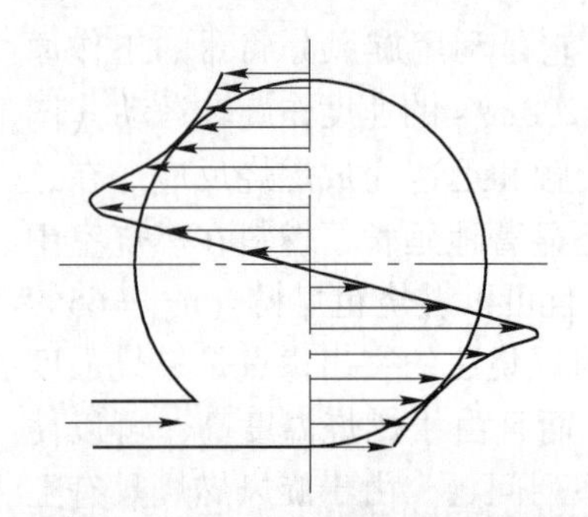

图15－25　旋风炉中的切向速度场

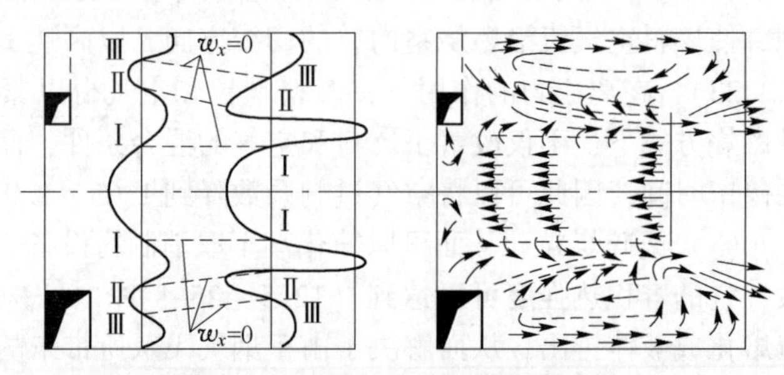

图15－26　旋风炉中的轴向速度场

在内层气流中，只含有少量细煤粉，空气大量过剩，也是螺旋形前进，在旋风炉出口处，它和从旋风沟返回来的未完全燃烧产物相遇，在Ⅱ $w_x=0$ 的面上燃烧，在这个面上，速度梯度很大，因此扩散掺混和燃烧过程很强烈。

此外，还有Ⅲ $w_x=0$ 的平面，由旋风炉出口返回的气流中如果还有未完全燃烧产物，它可以绕这个平面旋转，从而延长了燃料在炉内的停留时间，使它充分气化和燃烧。

在旋风炉中部，即Ⅰ $w_x=0$ 处，由于气流的旋转造成负压，使部分高温烟气返向流动，形成回流循环区，加热内层气流，促进燃料的着火和燃烧。

图15－27是根据以上的讨论而得出的燃烧区域分布图。

根据以上分析可知，在煤粉炉中，燃料和烟气在炉内停留的时间是相同的，而在旋风炉中，燃料在炉内的停留时间大大延长，而且扩散掺混和燃烧过程特别强烈。

工业上实际采用的旋风炉，由于二次空气送入的方式不同，气流分布和燃烧情况不尽

相同。图 15－28 给出循环区的位置与气流入口位置的关系。当气流集中在旋风炉前部送入时，如前所述，外层气流的循环区位于旋风沟附近，燃烧过程主要也在那里进行。相反，如果将气流入口移到旋风沟中，则外层气流的循环区移到旋风炉前部，燃烧区的位置也随之改变（图 15－28）。当气流由两端送入时，燃烧主要是在旋风炉中部进行。如果气流由中间送入，则前后都进行激烈的燃烧反应，由此可见，将气流集中到旋风炉前部送入是不恰当的，不能充分利用炉膛容积，只有出口部分有液体渣膜，前部的耐火材料容易磨损。将气流集中在旋风沟中送入的方式同样也是不恰当的，它将导致旋风沟中温度过分降低，影响液态渣的排出。比较合理的方式是将气流在中部送入，这时火焰充满炉膛，几乎全部炉墙都有液体渣膜包住。

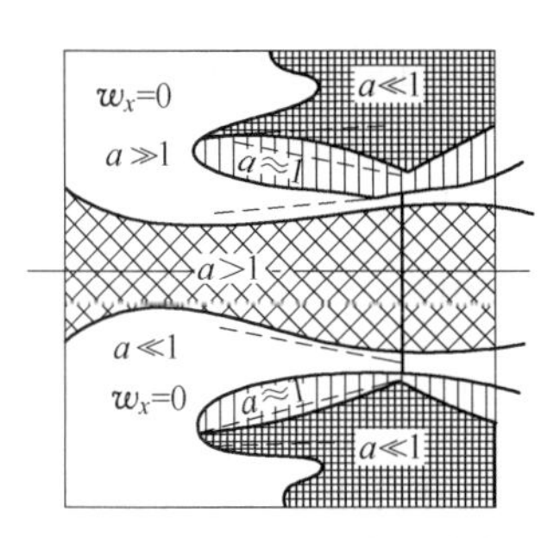

图 15－27　燃烧区域的分布图

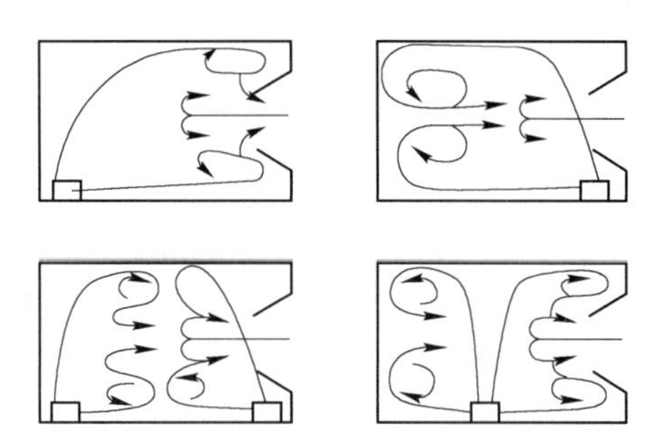

图 15－28　旋风炉循环区域的位置与气流入口位置的关系

除了送风方式以外，旋风燃烧室的工作状态还和燃料性质、灰渣成分以及燃料颗粒尺寸大小等因素有关。一般都将二次风嘴沿旋风炉宽度成组布置，并分别调节，这样具有较大的灵活性，并可获得最有利的工况。

按照一次风的送入方式，卧式旋风炉又可以分为两大类，即：一次风沿轴向送入或者沿切向送入。

图 15－24 所示就是一次风沿轴向送入的旋风炉。试验证明，虽然一次风也是沿蜗壳喷燃器送入的，但决定旋风炉内气体流动情况的主要还是沿切向送入的二次风。试验发现，如果将燃料沿轴向送入旋风炉，则将有许多细粉随着内层气流运动。虽然内层气流也是旋转的，但是它不经过旋风沟，气流也不循环，很快就流出旋风炉，使机械不完全燃烧增加，燃烧一直延续到旋风炉出口以后，捕渣率也降低。因此，当燃烧粗煤粉时，煤粉宜从切线送入，使燃料保持在外层气流中，经过循环区，延长它在炉内的停留时间，使它能强烈气化和燃烧。

图 15－29 是一次风沿切向送入的卧式旋风炉。如图所示，喷嘴分成上、下两排，下排用来送一次风，上排用来送二次风，而且它们是沿旋风炉的宽度均匀送入的，这样，在一次风和炉墙之间夹有一层空气，使燃料不能直接和炉墙接触，只有熔化的液体渣，由于比重较大，才可能从气流中分离出去。由此可知，此时在一次风和二次风的接触面上都可以着火，着火面积大大增加，沿整个炉膛长度形成管状的着火面（图 15－30）。这样，使得在这种旋风炉中不仅燃烧含挥发物多的燃料，而且也可以燃烧挥发物少的燃料，甚至贫煤。根据资料介绍，当一次风沿切线进入时，可以燃烧挥发物只有 8%、灰渣熔化温度高达 1550℃的燃料。

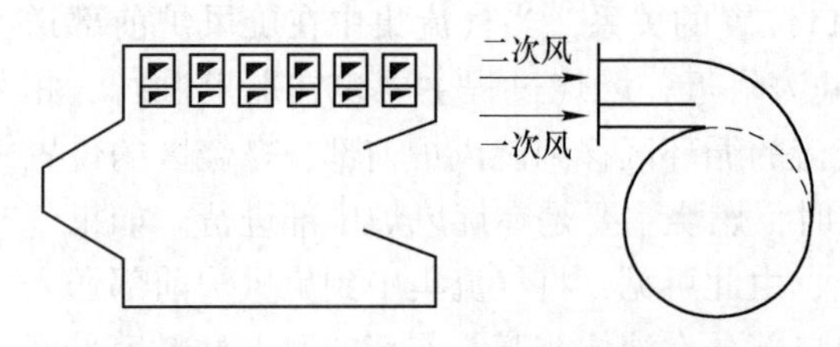

图 15－29 切向送进一次风的卧式旋风炉

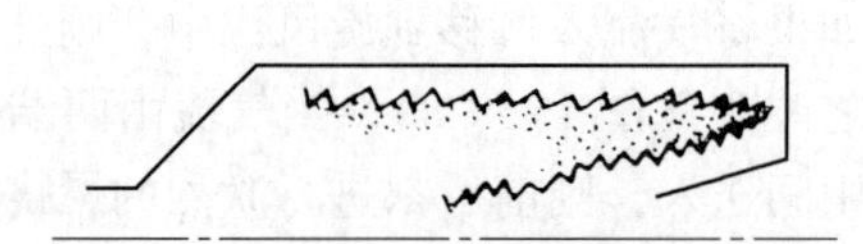

图 15－30 切向送进一次风时卧式旋风炉的着火面

在采用旋风燃烧法时，决定这种燃烧方式的经济性的一个重要因素是风机的电能消耗。旋风炉的二次风速高达 130～180m/s。旋风炉的阻力往往高达数百毫米水柱。因此，降低二次风的阻力对旋风炉的经济性有很大意义。

在不改变风速的条件下，降低旋风炉阻力的主要措施是降低设备的阻力系数 ζ。实验证明，阻力系数主要和下列结构因素有关。

（1）旋风炉的喷口直径 d_C 和它的直径 D 之比；

（2）二次风喷嘴流通截面 ΣA_C 和旋风炉截面 A 之比，亦即

$$\zeta = f\left(\frac{d_C}{D}, \frac{\Sigma A_C}{A}\right)$$

对于几何相似的旋风炉，$d_C/D = \text{const}$，为了保证它们的阻力相等，在一定的二次风速下，必须保证它们的 $\Sigma A_C/A$ 相同。一般情况下，

$$\frac{\Sigma A_C}{A} = 2.2\% \sim 6.4\%$$

因为
$$\frac{\Sigma A_C}{A} = \text{const}$$

而且二次风速
$$w_2 = \text{const}$$

因此
$$\frac{w_2 \cdot \Sigma A_C}{A} = \frac{V_2}{A} = \text{const}$$

或
$$V_2 \propto F$$

当一次风和二次风的比例不变，空气消耗系数相同时，旋风炉的热负荷正比于空气消耗量，故有

$$Q \propto V \propto V_2 \propto A$$

亦即
$$\frac{Q}{A} = \text{const}$$

由此可见，为了保证旋风炉的经济性，使它的阻力在合理的范围内，需要保证的不是它的容积热强度，而是它的截面热强度 Q/A [kJ/(m^2·h)]。

根据现有资料介绍，旋风炉的截面热强度一般为 $(42 \sim 54.6) \times 10^6$kJ/(m^2·h)。

根据截面热强度，可以决定旋风炉的直径

$$D = \sqrt{\frac{B \cdot Q_{低}}{0.785\left(\frac{Q}{A}\right)}} \quad (\text{m}) \qquad (15-7)$$

式中 B——燃料消耗量，kg/h；

$Q_{低}$——燃料发热量，kJ/kg。

在采用轴向进煤（一次风）时，一次风量约占15%。当负荷变化时，一次风量保持不变。一次风速为 $w_1=30\sim35\text{m/s}$。

对于切线进风的旋风炉，一次风速较低，一般可取为 $w_1=20\sim30\text{m/s}$。旋风炉的空气消耗系数可取为1.05～1.1。

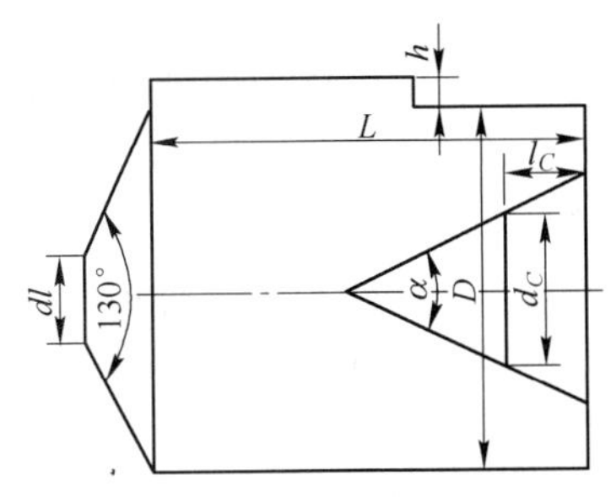

图15－31　卧式旋风炉的几何尺寸

旋风炉的出口的结构尺寸（喷口直径 d_C，长度 l_C，张角 α，参见图15－31），对它的工作有很大的影响。

减小 d_C/D，可以使外层气流加大，最大切线速度 w_t 也加快，边界上的气流切线速度几乎不变而中心的切线速度则增加，同时，还导致旋风炉中心负压和四周正压增大，因而使密封和加煤困难，而且气流阻力也增大。因此，不宜过分减小喷口直径。一般情况下，$d_C/D=0.35\sim0.50$ 为宜，对于挥发物高和化学反应能力强的燃料，d_C/D 可稍大。

喇叭口的长度 l_C 对气流运动情况的影响较小。喇叭口可以使循环气流加强，并且可以稍稍改善分离情况。喇叭口过长会使旋风沟减少，一般可取 $l_C/D=0.6\sim1.0$。

喇叭口的扩张角 α 对旋风炉的阻力略有影响，当 $\alpha=30°\sim45°$ 时，阻力最小。

当气流入口情况不变时，增加旋风炉的长度 L 导致阻力增加，使气流出口处的旋转速度降低。一般 $L/D=1\sim1.3$。

根据以上所述可以看出，旋风燃烧法由于热强度大，设备结构紧凑，而且可以液体排渣，因此近年来在蒸汽动力工业部门获得很大发展。但是，它毕竟还是一种较新的燃烧技术，所以随着它的发展也出现了一些问题，有待进一步研究解决。这些问题主要有：

（1）化渣问题　旋风炉对燃料的适应范围很广，主要受灰渣性质的限制，因此采用适当的熔剂以降低灰渣的熔点，对于扩大旋风炉的适用范围具有很大意义。根据实践经验，增加灰分中的金属氧化物可以降低灰渣的熔点。碱金属的氧化物很容易挥发，不宜采用。纯的 CaO 和 MgO 熔点很高，也不宜采用，一般常用的是平炉炉渣（含有30% CaO）、熟石灰（含 $Ca(OH)_2$ 93.6%）、白云石（$CaCO_3$、$MgCO_3$）等。有时燃烧灰分成分不同的混合燃料（例如，一种煤的灰分主要是 SiO_2 和 Al_2O_3，而另一种则含有较多的 CaO），可以显著降低灰渣熔点。

（2）积灰问题　当采用旋风燃烧时，虽然烟气中的飞灰大大减少，但锅炉受热面的积灰问题并未彻底解决，甚至由于这时烟气中只有细灰，受热面积灰现象反而有所加剧，到目前为止，对积灰问题还没有研究清楚，这是影响旋风炉广泛采用的一个重要原因。

（3）熔渣物理热的利用问题　采用旋风炉后，空气消耗系数可以减小，而燃烧却更完全，这些因素可以使锅炉的热效率提高。但是，旋风炉的捕渣率很高，而且是呈液态流出，带走大量物理热，特别是对于多灰燃料，必须考虑液态渣的物理热的利用问题。

总之，旋风炉的优点是肯定的，上述问题经过进一步研究解决之后，旋风燃烧在工业炉上定会得到广泛应用，对提高燃煤工业炉的燃烧技术水平和扩大劣质煤的利用范围会是有益的。

第四节 沸腾燃烧法

煤的沸腾燃烧法也是一种很有发展前途的新型燃烧方法，它是利用空气动力使煤在沸腾层状态下完成传热、传质和燃烧反应。沸腾燃烧法所使用煤的粒度一般在10mm以下，大部分是0.2~3mm的碎屑。运行时，刚加入的煤粒受到气流的作用迅速和灼热料层中的灰渣粒子混合，并与之一起上下翻腾运动，沸腾燃烧的名称就是由此而得来的（图15-32）。

沸腾炉的料层温度一般控制在850~1050℃，运行时，沸腾层的高度1.0~1.5m，其中新加入的燃料仅占5%，因此整个料层相当于一个大“蓄热池”，燃料进入沸腾料层后，就和几十倍以上的灼热颗粒混合，因此能很快升高温度并着火燃烧，即使对于多灰、多水、低挥发分的劣质燃料，也能维持稳定的燃烧。

由于沸腾炉能烧各种燃料，解决了劣质煤的利用问题，并给大量煤矸石的利用找到了出路，因此从1965年后沸腾燃烧法在锅炉上发展很快（图15-33），对解决我国煤炭资源的合理利用问题有重要意义。

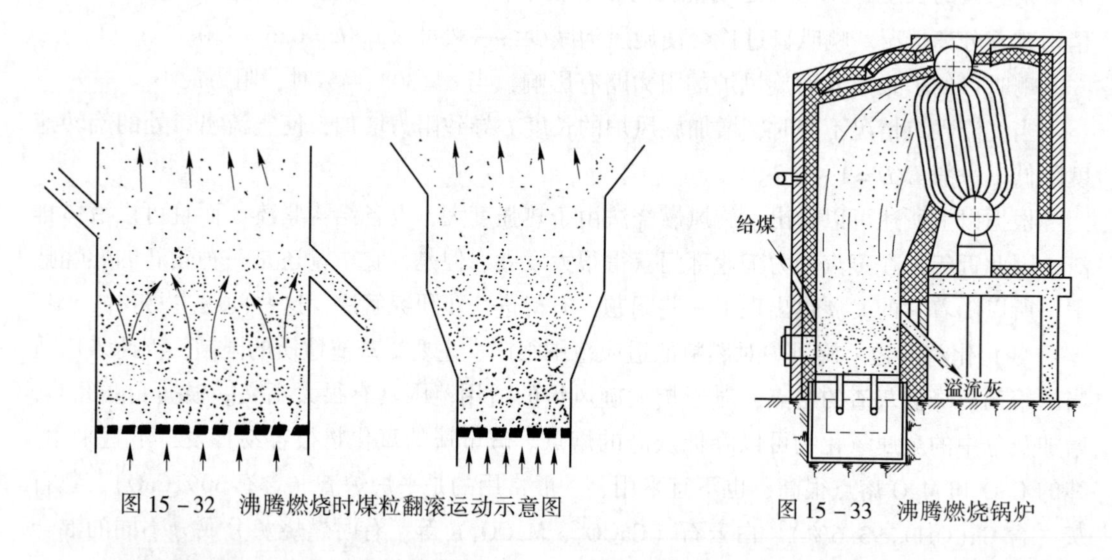

图15-32 沸腾燃烧时煤粒翻滚运动示意图

图15-33 沸腾燃烧锅炉

一、基本原理

沸腾炉在起动前要先在炉箅（布风板）上铺一层厚约为300mm的料层，然后逐渐增大送风量，直到料层转化为沸腾层。这样从固定床到流化床的转化过程，称为流态化过程（或流化过程）。

决定固定床能否转化为流化床的因素很多，在实际操作中主要的控制因素是风速，为此必须了解临界风速和压降的关系。

1. 流化过程中风速和压降的关系

图15-34是通过沸腾炉料层的风量 q 和压降（料层阻力）$\Delta p_{料}$ 的关系。料层开始沸腾之前，压降 $\Delta p_{料}$ 随风量 q 的增加而急速增大，料层开始沸腾后压降只随风量的增加而稍有增大。

料层阻力与每平方米炉箅面积上堆积料层质量的比值为压降减小系数。例如，当料层堆积高度（俗称死料柱或静止料层高度）为 $l_{堆}=0.33\text{m}$，堆积密度 $\rho_{堆}=1200\text{kg/m}^3$，风量 $q=1.2\text{kg/(m}^2\cdot\text{s)}$ 时，室温下测得料层阻力 $\Delta p_{料}=3220\text{Pa}$，每平方米炉箅面积上堆积料层质量为 $1200\times0.33=396\text{kg}$，故压降减小系数 $\varphi=322/396\approx0.8$，这样，沸腾状态下料层的风压降 $\Delta p_{料}$ 和沸腾前的料层堆积厚度 $l_{堆}$ 的关系可用下试表示

$$\Delta p_{料}=\varphi l_{堆}\rho_{堆}\times10\quad(\text{Pa})\tag{15-8}$$

在沸腾炉的一般操作风量下，压降减小系数 φ 为 0.8。

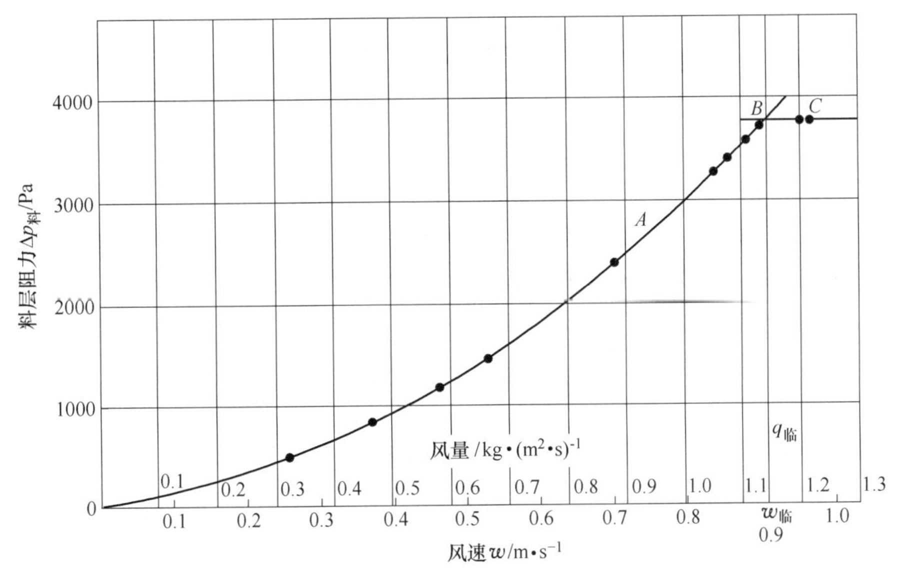

图 15－34　沸腾炉压降与风速的关系

当通过料层的风速 w 还不足以使料层沸腾时，料层的通风压降为

$$\Delta p_{料}=\zeta\frac{\rho_{流}w^2}{2g}\cdot\frac{l_{堆}}{\delta_{当}}\tag{15-9}$$

式中，ζ 是阻力系数，和 $Re_{粒}=w\delta_{当}/\nu$ 有关，层流时 $\zeta=C/Re_{粒}$，C 为常数。$\delta_{当}$ 为料块当量直径，$\delta_{当}=\varphi_C\delta$，$\varphi_C$ 称为形状系数。

2. 沸腾临界流速和临界流量

当风速增加到某一临界值 $w_{临}$ 后，颗粒之间开始相互运动。这一临界风速 $w_{临}$ 可以由压降与风速的关系曲线测定出来。例如把图 15－34 中沸腾后的压降—风速线 BC 段向左延长，再把沸腾前的线段 AB 延长，二者交点的横坐标就是临界速度 $w_{临}$，乘以流体密度 $\rho_{流}$，就得到临界风量。

临界速度 $w_{临}$ 除直接用实验方法测定外，也可由式（15－8）和式（15－9）联立求解，得出 $w_{临}$ 的普通关系式为

$$w_{临}^2=\frac{2\varphi\delta_{当}g\rho_{堆}}{\zeta\rho_{流}}=\frac{2\varphi\delta_{当}g\rho_{粒}(1-\varepsilon_{堆})}{\zeta\rho_{流}}\tag{15-10}$$

式中，$\varepsilon_{堆}$ 为料层的堆积空隙率，$\varepsilon_{堆}=(\rho_{粒}-\rho_{堆})/\rho_{粒}$，所以

$$\rho_{堆}=\rho_{粒}(1-\varepsilon_{堆})$$

为便于整理实验数据，可将上式写成特征数形式

$$Re_{临} = \left[\frac{2\varphi(1-\varepsilon_{堆})}{\zeta}\cdot Ar\right]^{1/2} \tag{15-11}$$

式中，$Re_{临} = w_{临}\,\delta_{当}/\nu$，雷诺数，表示流体惯性力和黏性力之比；$Ar = \frac{g\rho_{粒}}{\nu^2\rho_{流}}\cdot\delta_{当}^3$，阿基米德数，表示颗粒的浮力、重力和流体的惯性力、黏性力之比。

下式是根据实验得出的特征数方程式

$$Re_{临} = \frac{Ar\varepsilon_{堆}^{4.75}}{18 + 0.6\sqrt{Ar\varepsilon_{堆}^{4.75}}} \tag{15-12}$$

或

$$w_{临} = \frac{\nu}{\delta_{当}}\cdot\frac{Ar\varepsilon_{堆}^{4.75}}{18 + 0.6\sqrt{Ar\varepsilon_{堆}^{4.75}}}$$

例如，某厂用沸腾炉烧无烟煤，料层灰渣的颗粒密度 $\rho_{粒} = 2370\text{kg/m}^3$，平均粒径 $\Sigma X_i\delta_i = 2.5\text{mm}$，当量粒径 $\delta_{当} = \varphi_C\delta = 0.54\times 2.5 = 1.35\text{mm}$，在此粒径下堆积密度 $\rho_{堆} = 1370\text{kg/m}^3$，堆积空隙率

$$\varepsilon_{堆} = 1 - \frac{\rho_{堆}}{\rho_{粒}} = 1 - \frac{1370}{2370} = 0.42$$

查线算图 15－35，虚线向左得冷态下的沸腾临界风速 $w_{临} = 0.68\text{m/s}$，风量 $q_{临}$ =

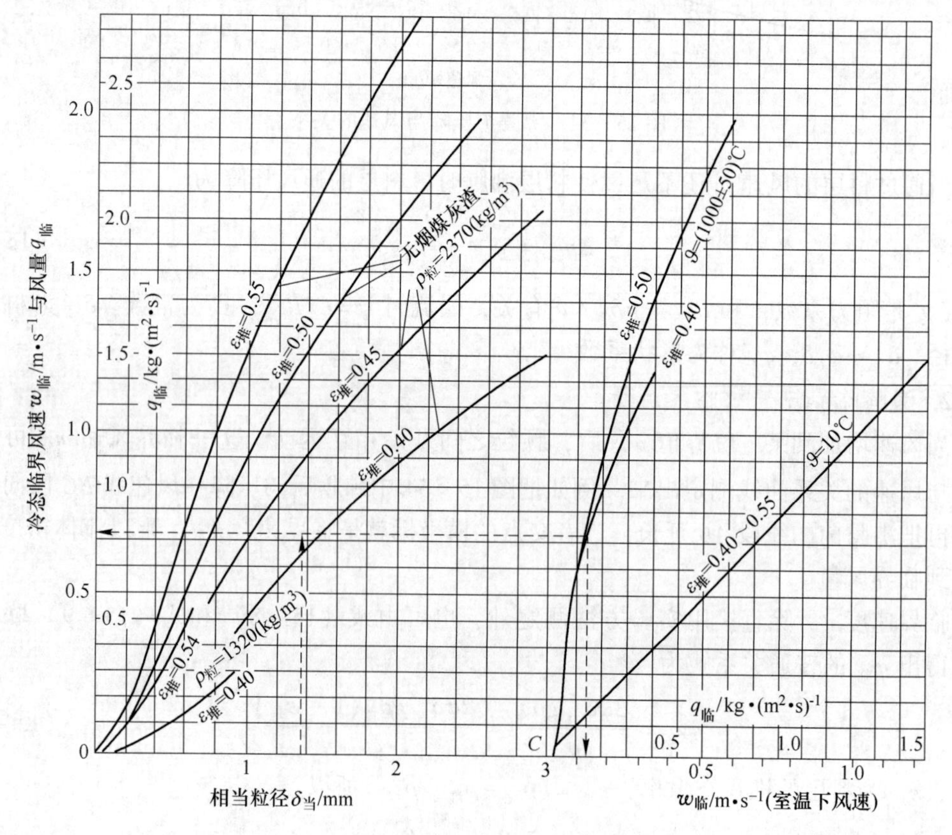

图 15－35　沸腾临界风速和临界风量的线算图

$w_{临}\rho_{流}=0.8kg/(m^2\cdot h)$，虚线向右，可查得热态（燃烧时料层温度1000℃）时的临界风量 $q_{临}=0.15kg/(m^2\cdot h)$，即为冷态时的1/5.56。

料层颗粒密度不同时，不能直接使用线算图15－35，而应按式（15－12）进行计算。

料层中各物理因素对沸腾临界风量的影响为：

（1）料层堆积高度对沸腾临界风速影响不大。图15－36为不同的 $l_{堆}$ 下，其他参数保持不变时料层的压降风速曲线，可知不同 $l_{堆}$ 下临界风速很接近。

（2）料层的平均当量粒径 $\delta_{当}$ 增大时，沸腾临界流量 $q_{临}$ 就增加。

（3）料层的颗粒密度 $\rho_{粒}$ 增大时，沸腾临界流量 $q_{临}$ 增大。

（4）料层的堆积空隙率增大时，临界流量增大。

（5）流体的运动黏度 ν 增大时 $q_{临}$ 减小。沸腾层的温度增高时，$q_{临}$ 显著减小，热态下的临界风量约为冷态下的1/5。

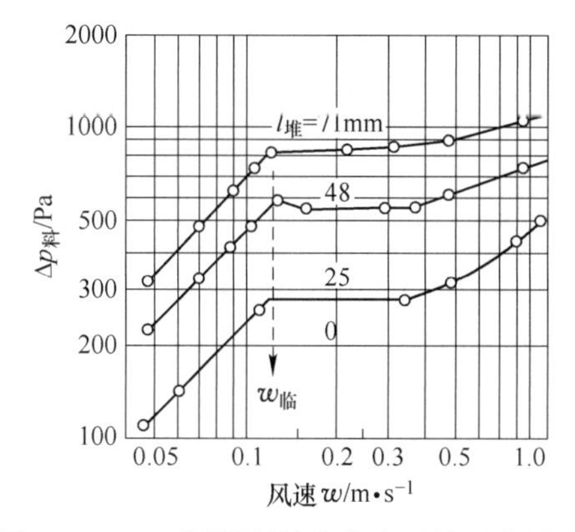

图15－36 不同料层堆积高度下的压降风速

有时因料层中所含细粒过多，颗粒大小相差很大，或布风不够均匀，实验测得压降—风速曲线不像图15－34那样典型，临界沸腾状态不那么明显，在较低风速下细粒就已开始沸腾，风速增大时，大颗粒才开始沸腾，再增加风速，压降就不再变化，此风速可作为整个料层的沸腾临界风速。

第十六章　煤的气化

第一节　概　　述

煤的气化是一个在高温条件下借气化剂的化学作用将固体碳转化为可燃气体的热化学过程。

在煤气发生炉中（图 16－1），煤从上部加进，气化剂从煤层下部通入，制得的煤气由位于上部的煤气口排出。根据炉内所进行的气化过程的特点，可将煤层自上而下地分为干燥带、干馏带、还原带、氧化带和灰层。在干燥和干馏带中，煤受到高温炉气的加热而放出水分和挥发分，剩下的焦炭在还原带和氧化带中进行气化反应。

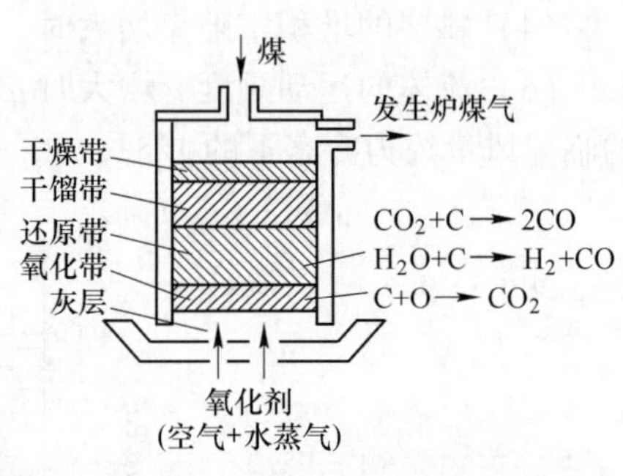

图 16－1　气化过程示意图

气化剂穿过灰层后在氧化带中与高温焦炭接触进行燃烧反应放出大量热量，在还原带中主要完成 CO_2 及水蒸气的还原反应，得到 CO 和 H_2 等可燃气体。

由此可见，干燥和干馏是气化过程的准备阶段，而焦炭的燃烧以及 CO_2 和水蒸气被 C 还原则是气化过程的主体。

在工业上，所用的气化剂主要是空气（空气发生炉煤气）、水蒸气（水煤气）、空气加水蒸气（混合发生炉煤气）。

当用空气作气化剂时，在气化区的主要气化反应有

（1）$C + O_2 = CO_2 + 408861$　kJ

（2）$2C + O_2 = 2CO_2 + 246447$　kJ

（3）$2CO + O_2 = 2CO_2 + 571275$　kJ

（4）$CO_2 + C = 2CO - 162414$　kJ

反应（1）和反应（2）是碳被自由氧氧化的反应。而反应（4）则是用空气作气化剂制取发生炉煤气时的基本还原反应，它是一种可逆反应，随着外界条件（如温度、压力、浓度）的不同，反应可以向着生成一氧化碳方向进行，也可以向着生成二氧化碳的方向进行。在一定的温度条件下，经过一定时间后，反应达到动平衡，其平衡常数可写成

$$K_p = \frac{p_{CO}^2}{p_{CO_2}} \tag{16-1}$$

这一反应平衡常数可用下式计算

$$\ln K_p = 2.14 - \frac{42000}{2T} \tag{16-2}$$

表 16－1 是式（16－2）的计算值与实验值的比较。

表 16-1　$CO_2 + C = 2CO$ 的平衡成分

温度/℃	实验值		$\ln K_p = 2.14 - \frac{42000}{2T}$	
	CO	CO_2	CO	CO_2
445	0.6	99.4	—	—
550	10.7	89.3	11	89
650	39.8	60.2	39	61
800	93.0	7.0	90	10
925	96.0	4.0	97	3

在理想情况下，上述气化反应可统一写成

$$2C + O_2 + 3.762N_2 = 2CO + 3.762N_2$$

也就是说，通过还原反应，C 全部转化为 CO，得到所谓理想煤气成分为

$$CO = \frac{2}{2 + 3.762} \times 100\% = 34.7\%$$

$$N_2 = \frac{3.762}{2 + 3.762} \times 100\% = 65.3\%$$

这时的煤气产率（每 1kg 碳产生煤气），为

$$V = \frac{(2 + 3.762) \times 22.4}{2 \times 12} = 5.37 \quad [m^3/(kg \cdot C)]$$

煤气发热量为

$$Q_{低} = 12770 \times \frac{34.7}{100} = 4438 \quad (kJ/m^3)$$

气化效率为

$$\eta = \frac{1060 \times 5.37}{8137} \times 100\% = 69.8\%$$

在生产条件下，CO_2 在还原层中停留时间一般不超过 2s，因此平衡状态难以实现，实际煤气成分可由下列方法求出。

设炉内压力为 p，已进行反应的 CO_2 的克分子数 a，则从反应（4）可知，未进行反应的 CO_2 的克分子数为 $1 - a$，所生成的 CO 的分子数为 $2a$，气体的总分子数为

$$1 - a + 3.76 + 2a = 4.76 + a$$

此时，CO 及 CO_2 的分压力分别等于

$$p_{CO} = \frac{2a}{4.76 + a}$$

$$p_{CO_2} = \frac{1 - a}{4.76 + a}$$

将上述分压值代入式（16-1）中，得

$$K_p = \frac{4a^2}{4.76 - 3.76a - a^2}$$

根据反应区的温度求出平衡常数 K_p，即可由上式算出 a 值，从而得到该反应条件下

CO、CO_2 和 N_2 的成分。

当用蒸汽－空气混合鼓风时，除了反应（1）～（4）外，还有下列基本反应。

（5）$C + H_2O \longrightarrow CO + H_2 - 118828$ kJ

（6）$C + 2H_2O \longrightarrow CO_2 + 2H_2 - 75240$ kJ

（7）$CO + H_2O \longrightarrow CO_2 + H_2 - 43587$ kJ

从上述反应式中可以看出，向红热的焦炭中通进水蒸气可以得到 H_2 和 CO，用这种方法得到的煤气叫做水煤气。

由于上述反应都是吸热反应，只有在红热的焦炭层中才能进行，因此，为了使反应进行下去，必须提供热源，以保证必要的反应温度。为解决这一问题，在工业上采用的方法是周期性地向发生炉内送进空气，使燃料进行燃烧放热反应，当达到一定温度，炉内已积蓄了足够的热量后，则关闭空气而送入水蒸气，通过气化反应而得到水煤气。因此，水煤气的生产过程是间歇的，先是燃烧加热，然后是还原造气，在工业条件下，必须有多台炉子交替操作，以保证煤气的连续供应。

在理想情况下，水煤气的成分为 H_2 50%、CO 50%，发热量为 11724～12142kJ/m^3。

在工业上，水煤气虽然可以作为工业炉的燃料，但由于生产设备及操作工艺复杂，生产成本高，所以在冶金生产中很少使用，主要用于化学工业中作为化工原料气使用。

通过以上所述可以看出，当用空气作气化剂时，在氧化层完全是放热反应，因而该处温度很高，容易使灰渣熔化，阻塞通气，影响气化过程的正常进行。此外，这种煤气的发热值太低，不能适应高温冶金炉的要求。水煤气的发热量虽然较高，但由于制造工艺和设备比较复杂，在冶金生产中也没有得到推广。

为了避免上述两种发生炉煤气的缺点，最常用的办法是在空气中加入适量的水蒸气作气化剂，生产所谓的混合发生炉煤气。

在空气中加入适量的水蒸气是为了改善煤气的质量和防止灰分结渣，水蒸气的加入量主要应视燃料条件的好坏和煤气炉气化强度的高低，根据经验来决定，一般为每 1kg 碳需水蒸气 0.4～0.6kg。图 16－2 是从实验得出的水蒸气消耗量与水蒸气分解率、煤气热值及煤气组成的关系。

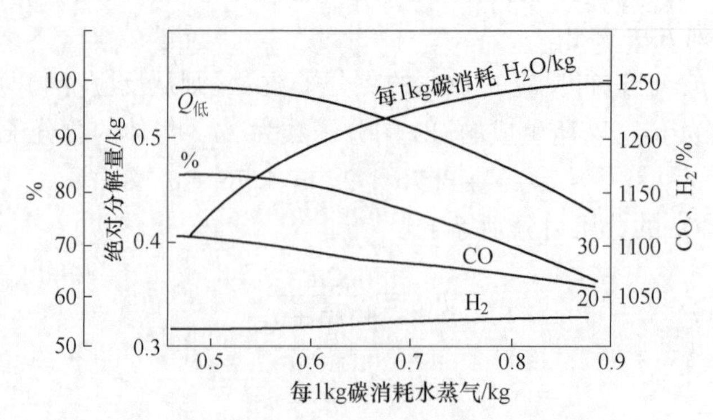

图 16－2　水蒸气消耗量与水蒸气分解率及煤气质量的关系

从图中可以看出，水蒸气的绝对分解量［每 1kg 碳消耗水蒸气（kg）］，随水蒸气的单位消耗量的增加而增加，但是它的相对分解率（%）却降低了，也就是说，水蒸气的利用率随着消耗量的增加而降低。

水蒸气消耗量的提高使气化区的温度下降，因而使CO的生成条件变坏，但煤气中H_2的含量却有所增加（当继续增加水蒸气的消耗量时，H_2的含量也会开始下降）。由于煤气中H_2的增长速度小于CO的下降速度，所以当每1kg碳水蒸气的消耗量超过0.6kg时，煤气热值开始下降。

第二节　影响气化指标的主要因素

一、燃料性质对气化过程的影响

燃料的水分、灰分的熔融性和结渣性，燃料的耐热性、反应能力以及黏结性等对气化过程都有显著影响，现分析如下。

1. 燃料的水分

燃料在发生炉上部受到上升煤气的加热而被干燥。少量的水分不致对生产有太大影响，但水分太多时，将会破坏气化过程的进行，使煤气质量下降。

煤炭水分过高时，必须增加燃料层的厚度以延长进入气化反应区前的干燥时间，否则将影响反应区内的温度和反应区的有效高度，影响还原反应的进行。但过分加厚煤层也有一定困难，它不仅增加了料层的阻力，而且还降低了煤气的温度，这将引起焦油的凝结，妨碍气体的流通，根据一般经验，对于焦油产率较高的煤来说，煤气出口温度不应低于80℃。

2. 燃料灰分的影响

一般来说，燃料灰分越多，炉渣中的含碳量越多，因而燃料的损失就越大，它们的关系可见图16－3。当灰分的熔点较低时（1400℃），在反应区内容易结渣，由此引起气流分布很不均匀和烧穿现象，影响气化质量，并增加了炉渣带走的热损失。

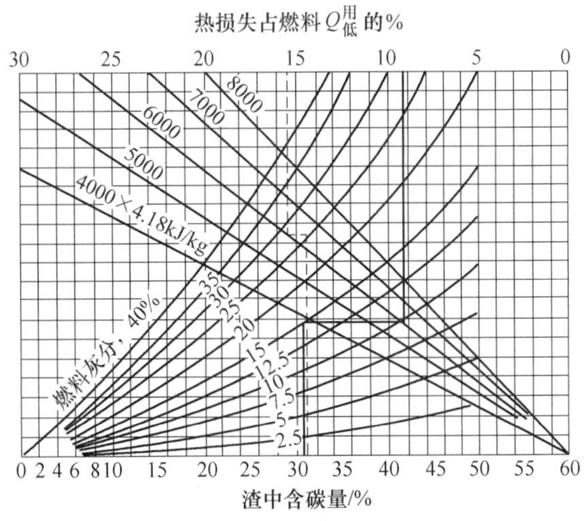

图16－3　炉渣中可燃物的热损失与灰分含量、其中的含碳量及燃料发热量的关系

为了防止由于灰分结渣而影响气化过程，首先应加强对燃料煤的管理和准备。通常原料煤的灰分不宜超过20%，在进行强化生产时，灰分含量应少一些。

在操作过程中，为了防止灰分结渣，可适当增加鼓风中水蒸气的数量以降低气化层的温度，通常气化层的温度约在1100～1300℃。

3. 煤的黏结性和抗爆性

煤的黏结性对气化工艺及设备的选择有重要影响。黏结性强的燃料，在气化过程中容易黏结成块，妨碍气体流通和料层下降，影响煤气质量，一般不能使用。抗爆性差的煤，例如无烟煤，在进入高温区后容易爆裂成碎片，因而也会影响气流的正常流通和形成烧穿现象，这种煤一般不宜采用。

二、燃料层的结构对气化过程的影响

1. 煤块粒度的均匀性

在一般层状发生炉中，如同其他散料层中的多相反应一样，空气动力学的因素对气化过程有很大影响，因此研究散料层中的气体运动规律对改善气化过程有重大意义。

理论研究和生产实践都已证明，煤气发生炉内的气体分布与燃料层的结构情况有密切关系。

当使用未经筛分的原煤进行气化时，燃料层中块度分布很不均匀，大块的燃料多偏向炉壁附近，细粒的燃料则集中在料层中心，因此沿料层截面上气体的流动阻力差别很大，料层透气性极不均匀。尤其当燃料中含有粒度小于1mm的煤末时，容易在局部地区形成不透气的死料柱（图16－4），破坏了反应区的正常分布，并且在阻力较小的部位造成烧穿现象，严重恶化了煤气质量并容易因局部温度过高而结渣。与此同时，由于大块燃料的偏析，在炉壁附近形成了所谓边缘气流，使 CO_2 来不及充分还原，影响煤气质量。图16－5中所示的就是因边缘气流的发展沿料层横截面上 CO_2 的分布情况。

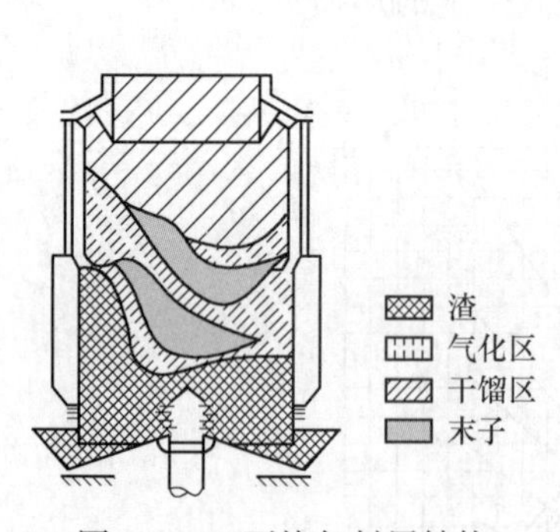

图16－4　不均匀料层结构

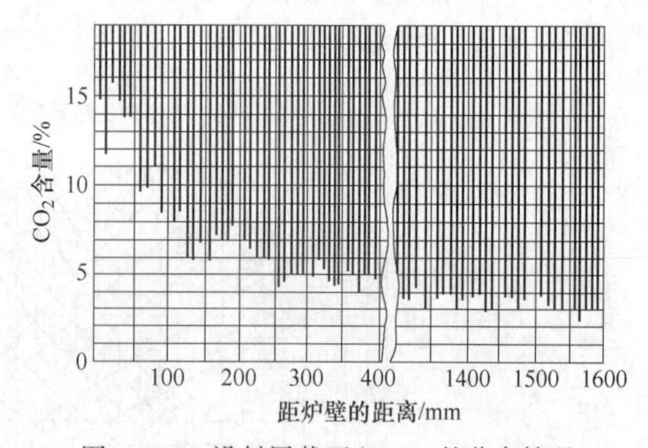

图16－5　沿料层截面上 CO_2 的分布情况

根据以上所述，料块粒度不均时，不可避免地会破坏正常的气化过程。为了提高气化效率和保证气化质量，应使用粒度均匀和大小适中的燃料，尤其要尽量减少煤末的含量。

2. 煤块的粒度

在煤的气化过程中，煤块的粒度及其总反应面的大小有很重要意义。反应表面越大，则热交换及扩散过程就越强烈，因而气化反应也越快。当块度较大时，不但降低了总反应面，而且煤块本身的温度梯度较大，因而容易由于温度应力而导致煤块爆裂。

煤块粒度的大小在热交换过程中所起的作用可用毕欧准数来说明。

$$Bi = \frac{\alpha d}{\lambda}$$

式中　α——气体对固体表面的综合给热系数；

　　d——煤块直径；

　　λ——煤块的导热系数。

从物理意义来看，毕欧准数可理解为在热交换过程中料块的内热阻 d/λ 与气体对料块的外热阻 l/α 之比，即

$$Bi = \frac{d/\lambda}{1/\alpha}$$

研究证明，当 $Bi \leqslant 0.25$ 时，料块的热阻可忽略不计。由于燃料本身的导热系数 λ 基本上可以看作是常数，而给热系数 α 则主要取决于气流速度和反应区的温度，在气化过程中变动也不大，因而毕欧准数的大小主要和燃料的块度大小有关。块度越小，燃料的稳定性（耐热性）就越好，热交换及扩散过程也越强，因而有利于气化过程的进行。

但是，对于层状气化煤气发生炉来说，料块越小，料层阻力及煤气带出物的损失就越大，并且容易出现烧穿现象。

因此，综合各方面的因素，从实用和经济角度来考虑，燃料块度以 12 ~ 75mm 为宜。但要求最大和最小块的尺寸比值最好不大于 2，因之，最好使用 13 ~ 25mm 的煤块。考虑到煤的品种和机械强度，一般来说，所用的块度是：

烟煤	13 ~ 25	25 ~ 50mm
无烟煤和焦炭	6 ~ 13	13 ~ 25mm
褐煤	25 ~ 50	50 ~ 100mm

3. 料层高度

燃料层的高度是气化工艺制度中的一个重要参数，它关系到料层中的扩散和热交换过程，对整个气化过程都有直接影响。料层高度是由以下几个部分构成①燃料准备层（干燥层和干馏层）；②燃料的气化层（氧化层和还原层）；③渣层。

对于无烟煤、焦炭、烟煤及褐煤来说，气化层的高度起主要作用，而对某些水分和挥发分较多的燃料（例如泥煤），干燥和干馏层的高度起主要作用，至于渣层的厚度则主要取决于炉栅的结构特点，一般在 50 ~ 150mm 之间。因此，料层厚度的选择与燃料种类、块度、水分、挥发分、耐热性以及煤气发生炉的结构和特点有关。

在煤的气化技术发展过程中，一度曾采用“灰层厚，煤层薄，饱和温度低”的操作制度，灰层厚达 500 ~ 700mm，煤层则不超过 300mm，鼓风饱和温度只有 30 ~ 40℃。因而煤气出口温度高达 800℃以上，煤气中的碳氢化合物大量分解，CO 含量只有 20% 左右，CO_2 的含量一般都在 5% 以上，甚至高达 9% ~ 10%，煤气热值低到 4606 ~ 5024kJ/m^3。显然，这种气化工艺制度和料层厚度都是极不合理的。实践证明，将灰层厚度降低到 250 ~ 40mm，煤层厚度增加到 600 ~ 800mm，饱和温度提高到 45 ~ 55℃后，煤气出口温度只有 450 ~ 550℃，煤气中 CO 的含量由 20% 增加到 25%，甚至达到 29% ~ 31%，发热量也增加到 6071 ~ 6490kJ/m^3，煤气质量有所提高。

理论研究和生产实践都已证明，根据煤炭种类和块度大小的不同煤层的厚度应有一合理的范围，并认为，气化层的厚度应为料块平均直径的 5 ~ 12 倍，下限适用于还原性较强

的年青的燃料（褐煤，泥煤等），上限适用于炭化程度较高的燃料（无烟煤、瘦煤、焦炭），对于长焰煤和气煤则取中间值。因此，当煤块平均直径为 20～40mm 时，在不同气化强度下，气化层的合理厚度为：无烟煤－250～500mm，烟煤－180～360mm。

关于干燥和干馏层的厚度问题，根据散料层中热交换理论的分析，也有一个合理的范围。图 16－6 所表示的是关于料层合理高度的概念。如用 h_1 代表渣层的必要厚度；h_2 代表反应层的厚度，则料层的正常厚度应为 $H=h_1+h_2+h_3$。如果料层厚度大于 H（图 16－6b），则在料层中必然有多余的一段，它的位置介于反应层和准备层之间。根据温度分布曲线可知，这一段中温度没有变化，亦即炉气和炉料之间没有进行热交换。这说明燃料的准备过程（干燥和干馏）已在 h_3 高度内完成，而固体碳与 CO_2 及 O_2 之间的气化反应则尚未进行。因此，这一段料层厚度实际上是不起作用的，叫做“空层”。

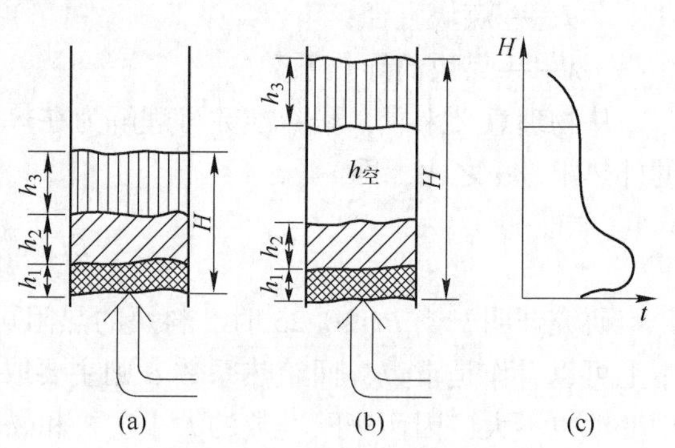

图 16－6　煤气发生炉的料层厚度

（a）料层厚度正常；（b）料层厚度偏高；（c）沿料层厚度的温度分布曲线

褐煤气化的实践经验也曾证明，当将煤层厚度由 2～3m 降低到 0.5～1.1m 时，煤气质量及煤气发生炉的生产率均有显著提高。这说明，原有料层厚度中的确有“空层”存在，消除这一空层，对改善气化过程起了有利的作用。

当然如前所述，料层的合理厚度取决于许多因素，并须通过生产实践来检验。在一般气化强度下［200～300kg/(m^2·h)］，料层厚度的大致范围是

无烟煤	0.8～1.0m
焦炭	1.0～1.2m
烟煤	0.6～0.7m

当气化强度提高时，料层厚度应相应加高。

第三节　煤气发生炉生产过程的强化

根据许多方面的研究和生产实践，证明了在固定床煤气发生炉中，炉子的气化强度可以达到 450～500kg/(m^2·h) 而不至于影响煤气的质量和炉子的操作。

根据还原层的气化反应所进行的研究证明，其反应速度存在着极大的潜力。在现有生产条件下（空气－蒸汽鼓风；固定料层，常压操作），煤气发生炉完全有可能进一步提高气化速度而不致影响煤气质量。

在工业实践和对还原反应所进行的试验研究中证明了以下情况，当气化强度在 600kg/(m^2·h) 以下，气化层最高温度在 1100～1200℃时，反应实际上是在外扩散区进行。这就是说，在增加质量交换速度的同时，气化速度也会相应增加，因而煤气成分实际上没有明显的改变。但如果超过这一范围，反应将转移到动力区，这时反应速度将跟不上鼓风速度的增加，因而一部分气体未经还原而通过还原层，使煤气质量变坏。要改善这一情况就必须提高反应层的温度，或者增加反应层的表面积（亦即增加燃料高度或减小燃料的块度）。但在普通结构的层状煤气发生炉中，气化层的最高允许温度取决于灰分的熔点，

因而不能过分提高，而燃料的块度也不能过分减小。因此可以认为，在目前这种气化条件下，合理的气化强度不宜超过600kg/(m^2·h)。

如前所述，对于碳的燃烧和气化这一多相反应来说，在高温条件下，其反应速度是很大的。因此，气化过程的速度主要取决于气体向反应表面的扩散速度，后者与煤气炉中的气体速度直接有关。因此，加大风量，提高气流速度是强化生产的主要手段。

必须指出，煤的气化是一个物理化学的综合过程，在采取上述强化生产措施的同时，必须考虑和其他技术措施相配合。例如：1）加强原料的准备，特别是燃料的粒度应严格控制；2）相应提高加料及排渣设备的工作能力；3）相应提高风机、煤气输送和清洗设备的工作能力。

表16－2是强化生产时烟煤的主要气化指标和操作参数。

为了对比起见，表16－3中给出了一般气化强度下烟煤和无烟煤气化指标及操作参数。

表16－2　强化操作条件下烟煤的主要气化指标

气化指标	单　位	一般范围	气化措施	单　位	一般范围
燃料粒度	mm	13～60	煤气出口温度	℃	400～600
<10mm的含量	%	10～15	煤气带出物	%	2～6
>50mm的含量	%	5～8	渣中可燃物含量	%	10～20
1kg煤空气消耗量	m^3	1.7～2.0	1kg煤蒸汽消耗量	kg	约0.33
1kg煤煤气产率	m^3	2.7～3.0	料层高度	mm	1000～1300
气化强度	kg/(m^2·h)	460～670	煤气发热量	kJ/m^3	6281
饱和温度	℃	55～66	空气流量	m^3/h	6000～9000
鼓风压力	Pa	2500～3400	气化效率	%	约70
煤气出口压力	Pa	700～1200			

表16－3　一般气化强度下烟煤和无烟煤的气化指标及操作参数

气化指标及操作参数	单　位	烟　煤			无烟煤
		人工操作炉	半机械化炉	机械化炉	
燃料粒度	mm	10～50	10～50	10～50	—
1kg煤空气消耗量	m^3	—	—	—	2.8
1kg煤煤气产率	m^3	—	—	—	4.1
气化强度	kg/(m^2·h)	140～220	240～300	300～350	200
饱和温度	℃	40～55	40～55	40～55	50～57
鼓风压力	Pa	1000～3000	1000～3000	1000～3000	—
煤气出口温度	℃	450～600	450～600	450～600	350～600
煤气出口压力	Pa	350～800	350～800	350～800	—
渣中可燃物含量	%	≤16	≤13	≤10	约15
蒸汽消耗量	kg/kg煤	—	—	—	0.32～0.5
料层高度	mm	500～650	450～600	450～600	
煤气发热量	kJ/m^3	5234～5652	>5652	6071～6490	5150

第四节　几种常用的煤气发生炉

一、АД 型煤气发生炉

图 16－7 是目前国内应用较为广泛的 АД 型煤气发生炉，它的特点是具有机械连续加煤装置，炉身下部有冷却水套，炉栅与渣盘一起转动。这种煤气炉可用于气化烟煤、褐煤及无烟煤。

二、威尔曼式煤气发生炉

这种煤气发生炉（图 16－8）也是一种应用比较广泛的机械化煤气炉。它的特点是炉身支承在特制的辊子上，借传动装置的带动可以旋转，而渣盘及炉栅则支持在滚子或球形支撑上，由于和料层的摩擦作用而随炉身转动。每经 60°或 120°，利用制动装置使渣盘停止转动 8～10s，这时炉渣就被挤压而落到渣盘中，并利用固定在发生炉外面的刮刀排除。除此之外，这种发生炉的特点还表现在它具有特殊结构的搅动杆，可以将上层的燃料自动扒平和搅松，对气化黏结性较强的燃料特别适合。

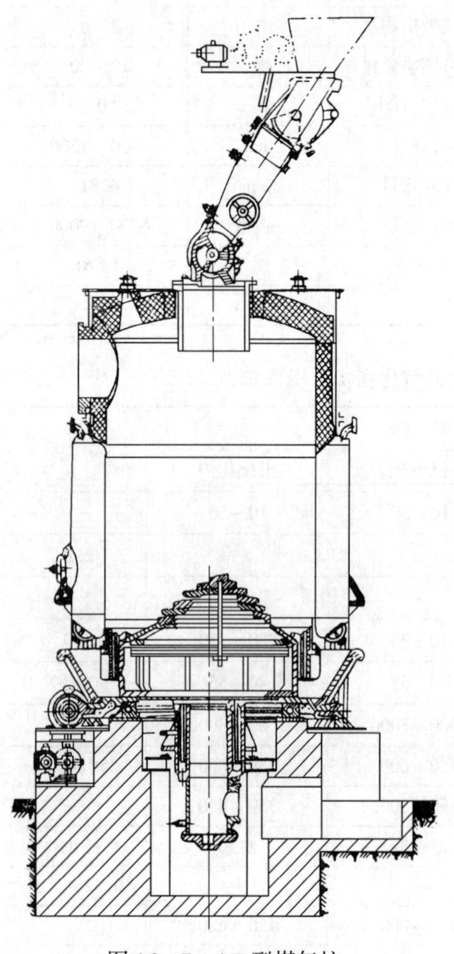

图 16－7　АД 型煤气炉

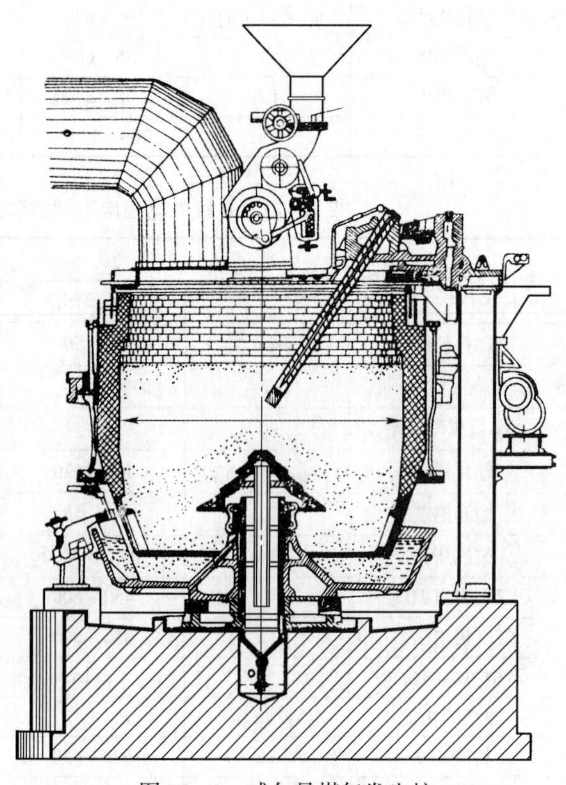

图 16－8　威尔曼煤气发生炉

第五节　煤气的净化

刚从发生炉出来的煤气含有大量煤尘、焦油和水分。根据某厂资料，发生炉煤气中各种杂质的大致含量为：

煤炭种类	杂质含量/g·m^{-3}		
	焦　油	粉　尘	水　分
烟　煤	10~33	5~20	45~85
无烟煤	—	2~12	20~80

上述杂质的存在，容易堵塞管道，破坏燃烧器和自控装置的正常工作，而且还会造成周围环境和大气的污染。因此，在将煤气输入管网送往用户之前必须对其进行净化。

煤气的净化包括冷却、除尘和干燥等过程。根据用户对煤气质量要求的不同，煤气净化的程度和方式也有所不同，现将一般煤气站常用的煤气冷却、干燥和除尘设备简单说明如下。

1. 煤气的冷却和干燥

煤气之所以需要冷却是因为：1）需要用鼓风机压入管网；2）进行除尘和捕集焦油；3）使煤气脱水干燥。

常用的煤气冷却设备主要有洗涤塔和竖管冷却器。

洗涤塔，它是由锅炉钢板焊接成圆筒形结构。被冷却的煤气由下面送入，水则从上面喷下和煤气直接接触。

根据水与煤气形成接触面的方式，洗涤塔可分为有填料和无填料两种。

在有填料的洗涤塔中，水与煤气的接触表面是由被水湿润的填料表面所形成。最常用的填料是木格板、焦炭块等。

在无填料的洗涤塔中，冷却表面是由水滴表面构成。水滴的大小直接和所形成的冷却表面有关。

从冷却效果上来看，有填料的洗涤塔效果最好。

洗涤塔除了有冷却和干燥的作用外，对除掉煤气中的粉尘和焦油也起很大作用，因此，它也是一种常用的除尘设备。

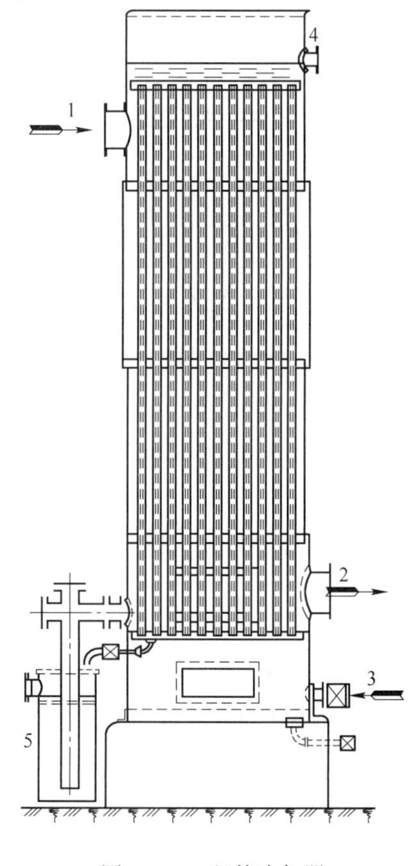

图 16-9　竖管冷却器

竖管冷却器，这是一种水管式竖管冷却器（图 16-9）。煤气从上部管 1 引入，从管 2 排出。水从管 3 进入，通过换热管组后由出口 4 排出。焦油水的冷却液则经水封槽 5 由冷却器中排出。

在冷却管中所进行的热过程包括煤气、水蒸气和液体的冷却和冷凝。在这些过程中，每一过程的温度差及传热系数都是不同的。因此，在确定所需的冷却表面时，应分别按以下三个阶段进行：1）煤气及水蒸气冷却到蒸汽的凝结温度；2）水蒸气的凝结；3）煤气和冷凝液冷却到规定的温度。整个冷却器的冷却表面根据上述各个阶段所需的冷却表面之和求得。

2. 煤气的除尘

根据工艺要求的不同，煤气的除尘程度也不同，一般可以分为三级：

（1）粗除尘，煤气含尘量达 1.5g/m^3 以下，适用于短而粗，没有支管的煤气管道；

（2）半精除尘，煤气含尘量达 0.1～1.0g/m^3，用于支管多、距离长的煤气管道；

（3）精除尘，煤气含尘量为 0.01～0.03g/m^3，这种煤气主要用于煤气发动机。

煤气除尘的方法有两类，即干法除尘和湿法除尘。

干法除尘的特点是，煤气的温度应能保证使煤气中的水蒸气和焦油蒸气不致在除尘器中冷凝下来。

在干除尘器中，一般采用的粗除尘设备是沉降室和旋风除尘器，精除尘设备则用电滤器。

沉降室的形式如图 16－10 所示，它是利用使煤气的速度急剧降低和流动方向急剧改变原理来达到除尘的目的，故又称为重力除尘器。

旋风除尘器的工作原理和结构示意图如图 16－11 所示。它主要是利用离心力的作用使煤气中的固体尘粒分离出来，其除尘效果较沉降室好，气流速度要求在 15～20m/s。

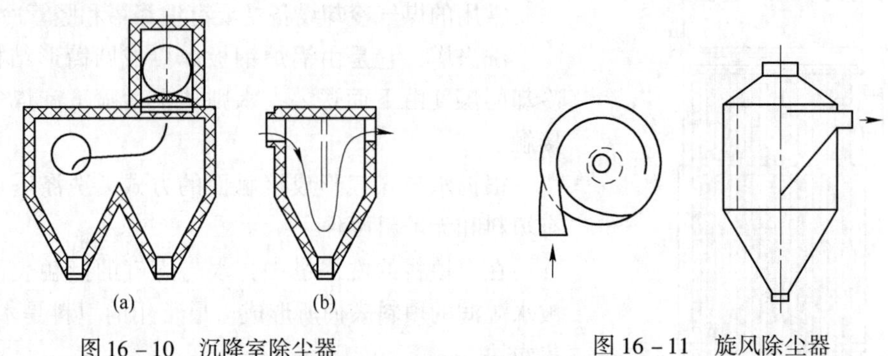

图 16－10　沉降室除尘器

（a）双室除尘器；（b）有隔板除尘器

图 16－11　旋风除尘器

电滤器又名静电除尘器，可以除掉煤气中的粉尘和焦油，是一种精除尘设备，其结构和工作原理如图 16－12 所示。

在通煤气的管子中通一导线 1，导线通入高压直流电（30000V 以上），管壁本身就作为接地电极。

导线 1 能强烈放射电子（电晕极），使从电极间通过的煤气发生电离而有导电的性质。

煤气中的粉尘、焦油和水滴进入电离区后，获得与放电电极相同的电荷，并向相反的电极 2（沉降极）移动。当其达到沉降极后即失去电荷而沉降在电极上，在这里积聚到一定数量后，即因自身重力作用而下降，并从出口 5 排出。

静电除尘器可以除掉其他方法所不能除掉的最小悬浮微粒，其除尘效率与气流速度，煤气湿度及温度有关。一般要求煤气温度应在 80～100℃，煤气速度为 2～4m/s。

静电除尘的电能消耗较小，每 1000m^3 煤气所消耗的电能为 0.4～0.8kW·h。

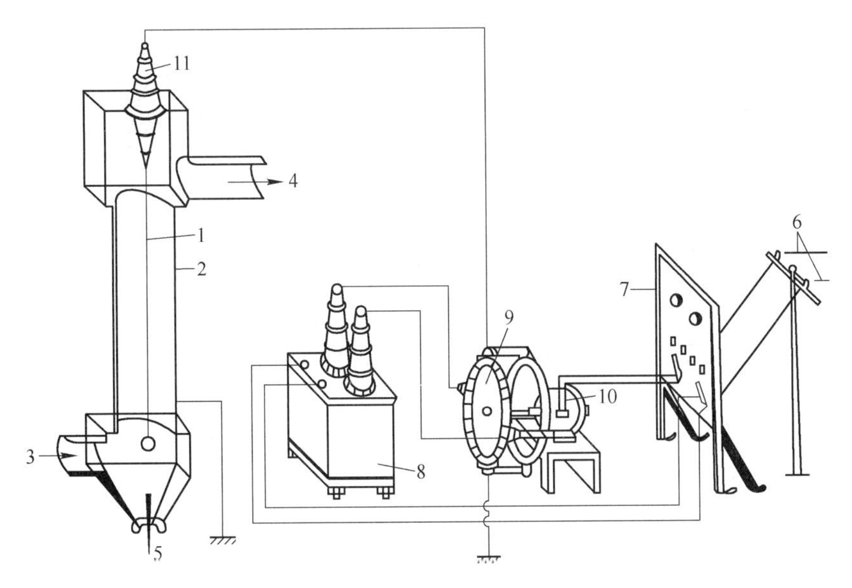

图 16－12　电滤器示意图

1—电晕极；2—沉降极；3—煤气入口；4—煤气出口；5—尘粒排出口；
6—电源线；7—配电盘；8—变压器；9—整流器；10—电机；11—接线柱

湿法除尘的特点是用水将煤气冷却和湿润，将煤气中的水分、焦油及尘粒同时清除出去。常用的湿法除尘器有洗涤塔（半精除尘），离心式洗涤机和文氏管（精除尘）。

洗涤塔的构造、形式和作用如前所述。

离心式洗涤机的结构如图 16－13 所示。其工作原理是，安装在轴 3 上的圆盘 2 在外壳 1 中旋转，圆盘上装有许多杆 4，它可以从位于外壳上的固定杆中间穿过，煤气 6 和洗涤液 7 从侧面进入洗涤机。洗涤液进入安装在轴 3 上的多孔锥体中，当圆盘以高速旋转时，洗涤液和煤气由于离心力的作用而被抛向洗涤机的边缘，当液体撞冲在运动杆 4 或固定杆 5 上，就被击碎成很细的微粒。这时，洗涤液的粒子与煤气中的焦油滴和粉尘即密切接触，并被抛向洗涤机外壳而由导管 8 排出。清洗后的煤气则由管 9 引出。在上述设备中，因为圆盘上装有叶片 10，故可以造成相当大的气体压力（约 5000Pa）。因此，这种洗涤机兼有送风机的作用。为了进一步捕集煤气所携带的小水滴，通常在洗涤机之后还设有水滴捕集器。

离心式洗涤机便于管理，工作可靠，能将煤气含尘量减少到 0.005～0.015g/m^3，并能将煤气提高压力，因而曾获得广泛应用。其缺点是结构复杂，电耗大（每 1000m^3 煤气耗电 3～5kW·h），故近来已很少采用，有被电滤器和文氏管所取代的趋势。

文氏管除尘器又名喷雾管除尘器，它的简单结构和工作原理如图 16－14 所示。煤气进入文氏管后，在喉部处形成 60～120m/s 的高速，在喉管周围有许多喷嘴（如处理半净煤气则只装一个喷嘴即可），经过喷嘴有水喷入，水流方向与煤气流动方向垂直。喷入的水受到高速煤气的冲击而被雾化。煤气中较大的尘粒即被水滴所捕集，微细尘粒则被水雾所湿润，在文氏管出口处，水雾又形成了较大的水滴，其中并含有悬浮在煤气中的细微尘粒，这些水滴在泥渣分离器中即与煤气分离，从而达到除尘的目的。由此可见，文氏管主要起着尘粒凝聚器的作用。

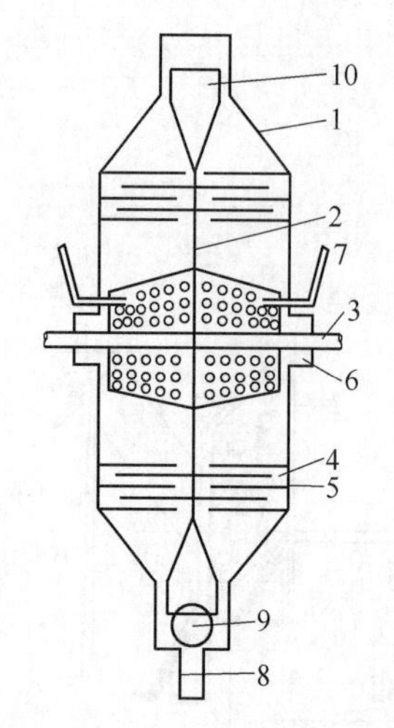

图 16－13　离心式洗涤机示意图

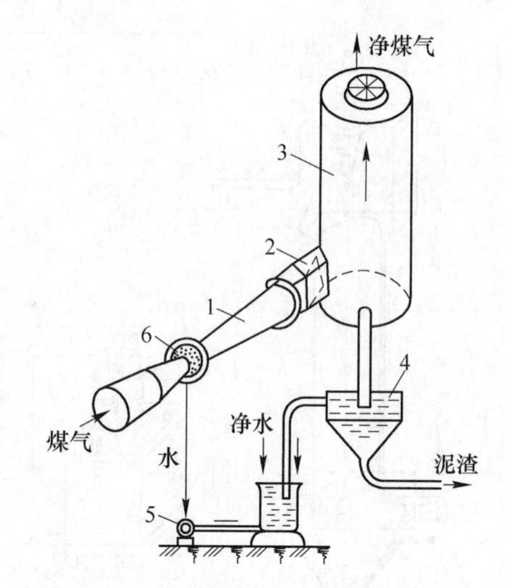

图 16－14　喷雾器除尘工作原理图

1—文氏管；2—节流阀；3—泥渣分离器；4—沉淀池；
5—循环泵；6—文氏管的喉管

文氏管除尘器可以将小于 1μm 的极细粉尘捕集下来，其除尘效率高达 99% 以上，它也可以用来处理荒煤气，以减轻洗涤塔的工作负荷。

文氏管除尘器由于构造简单，除尘效率高，动力消耗小，因此已获得广泛应用。

第六节　气化新技术

一、概　述

以上所谈的气化方法是以块煤作原料，固定料层，常压操作，固体排渣，用空气加水蒸气作气化剂。这种气化方法对煤质要求高，只适用气化弱黏结性煤；反应区的温度受灰渣熔点限制，一般不超过 1200℃；煤气热值只有 6281kJ/m^3 左右，气化强度约 500kg/(m^2·h)；煤气中含焦油、酚、氰化物等，对环境有严重污染。

针对以上情况，现代气化技术的主要着眼点是：1）扩大煤种，特别是要能适应黏结性大、强度小、灰分多，熔点低的劣质煤；2）提高煤气热值，获得城市煤气和代用天然气；3）提高反应压力和反应温度；4）加氢气化和甲烷化；5）使用催化剂以促使某些转化反应的实现。

从国外发展来看，燃料气的制造主要向着高热值煤气的方向发展，尤其是合成天然气的制造技术更是研究重点。这是因为，除了经济上的原因以外，天然气中没有 CO 等有害成分，硫在液化时已基本除掉，从燃烧技术和环境保护方面考虑都有其特殊优越性。

到目前为止，还没有直接生成甲烷的方法，都是先将煤或油气化，然后再进行甲烷化。

在气化方面，现在已经实现工业化和正在研究中的新气化工艺不下几十种，而且也有很多分类方法。例如：

(1) 根据气化剂的不同，大体可以分为四类：1）热分解法（干馏法）；2）部分燃烧法（完全气化法）；3）水蒸气分解法；4）加氢分解法。

部分燃烧法是以空气或富氧空气（加水蒸气）为气化剂，煤气热值较低，最多达到 $3000 \times 4.18kJ/m^3$，但可以实现完全气化（根据气化条件而定），主要可燃成分是 H_2 和 CO，如果进一步提高热值，应进行甲烷化，但如何从高浓度 CO 煤气中合成甲烷还是一个正在研究的重要课题。因此，部分燃烧气化法主要适用于对煤气热值要求不高的场合。此外，通过转化 CO 和脱去 CO_2 后，本法也可以作为一种制取 H_2 的方法。

加氢分解，由于用氢作气化剂来制取 CH_4、C_2H_6 等属放热反应，目前 CH_4 产率还不高，不能实现完全气化，总要产出一些固体和液体的副产品。根据反应条件，有低温加氢气化和高温加氢气化法。

（2）根据原煤粒度及其在气化炉内的运动方式，可将气化炉分为固定床、流化床和气流悬浮床三种类型。

（3）根据操作压力，可以分为常压气化和加压或高压气化。采用高压气化的主要目的是为了加快传质速度以提高反应器的气化能力，并有利于 CH_4 的生成。这是因为

$$C + 2H_2 \rightleftharpoons CH_4 + 87383 \quad kJ$$

$$CO + 3H_2 \rightleftharpoons CH_4 + H_2O + 206210 \quad kJ$$

这两个反应都伴随着体积的减小和放热，因此提高压力和降低温度有利于生成甲烷。

图 16－15 列举了在 0.1MPa 和 5MPa 时，在不同温度下，反应 $C + 2H_2 = CH_4$ 在达到平衡时气体混合物中甲烷的含量。从图中可以看到，随着压力的提高，系统的平衡移向温度较高的区域。在 0.1MPa 时，甲烷生成的温度很低，以致其他气化反应不能进行。例如，在 1 个大气压下制取发热量为 $16750 \sim 18842kJ/m^3$ 的 $CH^4 + H_2$ 的混合物，只有在550～650℃条件下才有可能，但是，在此温度下，水蒸气的分解反应和 CO_2 的还原反应都不可能进行。在 5MPa 时，制取上述热值煤气的平衡温度则为 860～950℃，这时对水蒸气分解和 CO_2 还原都是比较有利的。

（4）根据气化炉中供热方式的不同，分为：1）由煤气在空气中部分燃烧直接供热；2）由固体或液体载热体供热，载热体的热量来自煤的燃烧，例如高温灰渣或液体熔渣；3）由平行的化学反应供热，如

$$CaO + CO_2 \rightleftharpoons CaCO_3 + Q$$

$$C + 2H_2 \rightleftharpoons CH_4 + Q$$

4）间接供热（外热式反应器），由高温气流、电热或原子能通过载热体供热。

（5）根据排渣方式分为固体排渣和液体排渣。

关于甲烷化，主要反应是

$$CO + 3H_2 \rightleftharpoons CH_4 + H_2O + 38730kJ$$

在绝热条件下，每提高 1% CO，温度将上升 52℃。因此用上述反应实现甲烷化制取高热值煤气时的主要问题是：1）将反应放出的热量及时引出并加以利用；2）采用耐热抗硫的触煤。只有突破以上两个问题，甲烷化工艺才能向前发展。

下面简单介绍目前已工业化的几种气化新工艺。

二、鲁奇炉

鲁奇气化炉（因德国鲁奇公司而得名）属固定床气化炉，用氧加水蒸气作气化剂，气化不黏或弱黏结性块煤，得到含 CH_4 10%～12%，热值为 $10886 \sim 11724kJ/m^3$ 的粗煤气，

操作压力为 2 ~ 3MPa。

鲁奇炉最初用于生产城市煤气和燃料气，后来发展为生产其他用途的合成气。

鲁奇炉的结构如图 16 - 16 所示。炉内有可转动的煤分布器和灰盘，自上而下分为干燥、干馏、气化和燃烧四个区域。气化介质与煤逆向流动，在燃烧气化区生成高温煤气，经过干馏区和干燥区后，煤气温度降到 350 ~ 600℃，故煤气显热利用率高，但焦油、酚、液体烃等干馏产物混在煤气中，增加了煤气净化的困难。

由此可见，鲁奇炉的主要优点是气化剂与煤成逆向流动，煤气出口温度低，气化效率高。原煤不需要研磨加工，动力消耗小。缺点是对煤质要求高，近代鲁奇炉虽然有搅拌破粘设备，但相对其他气化法来说，鲁奇法对煤的黏结性、热稳定性及机械强度等都有较高的要求，煤气净化系统也比较复杂。

鲁奇炉所产粗煤气的大致成分是 $CO_2$29.7%；CO18.9%；$H_2$39.1%；$CH_4$11.3%；$N_2$1.0%。煤气热值约为 10886kJ/m^3。

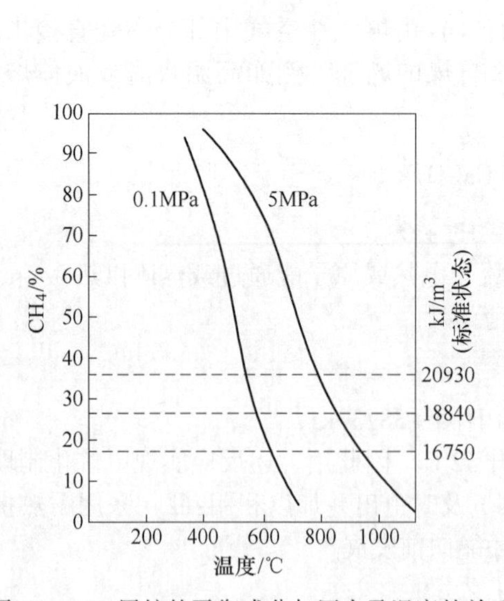

图 16 - 15　甲烷的平衡成分与压力及温度的关系

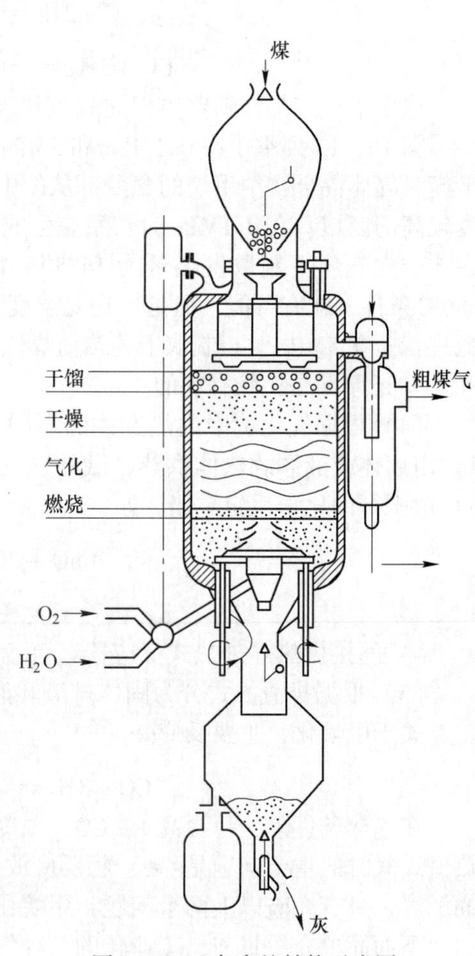

图 16 - 16　鲁奇炉结构示意图

三、K - T 炉

这是一种粉煤气化法，是由德国 F. Totzek 发明，由 K. KOPPERS 公司设计制造，于

1940 年代实现工业化，其特点是将粉煤与氧气混合后在火焰中进行气化反应，生产适合不同用途的煤气。

K－T 法是常压操作，是用氧加水蒸气将粉煤进行部分燃烧，生成以 CO、H_2 为主，CH_4 含量很少的煤气。K－T 炉的结构如图 16－17 所示。

粉煤与氧及水蒸气按一定比例从位于炉头的喷嘴喷到炉内，出口速度为 40～60m/s。炉内反应温度高达 2000℃，两股火焰在炉膛中心相遇，从喷出口到炉膛中心时间只有 0.1～0.2s。炉膛结构是由两个或四个锥体合成，中间大，两头小，所以炉膛中部气流速度最低，使反应过程产生的灰分能够沉降下来，由位于炉膛下部的渣口排出。煤气出口位于气化炉上部，送出的煤气初步冷却后先进余热锅炉进行热交换，然后通过旋风除尘器、洗涤塔及电滤器进行净化，煤气含尘量为 0.2mg/m^3。

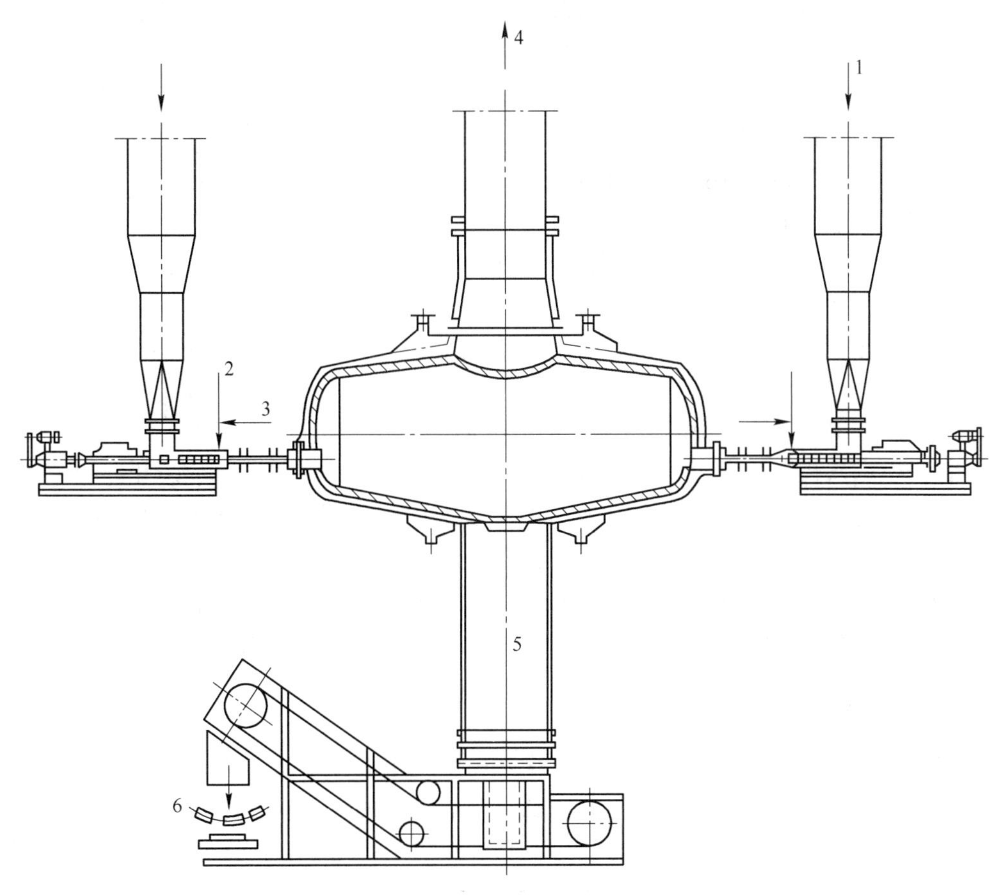

图 16－17　K－T 炉结构示意图

1—粉煤；2—氧气；3—蒸汽；4—煤气；5—灰渣；6—渣球

K－T 法的优点是对原料适应性强，对灰分熔点、煤的黏结性、热稳定性、机械强度没有任何要求，灰分含量允许达到 40%；由于炉温高，可采用液体排渣，渣中几乎不含碳。煤气质量高，$CO + H_2 > 90\%$，没有焦油、酚等有害和难以处理的物质，煤气净化和污水处理都比较方便。炉内无转动装置，而且是常压操作，设备构造简单，操作方便。K－T法的缺点是属于顺流气化，反应速度低，煤气出口温度高，与鲁奇炉相比，氧耗大，

$1000m^3$（$CO+H_2$）耗氧 350～$400m^3$，飞灰的回收和利用问题有待进一步解决，粉煤制备动力消耗也比块煤气化大。

在钢铁工业中，K－T 法除用来制造一般燃料气外，也可用来制造还原气。据认为，将 K－T 法与直接还原法相结合生产海绵铁供电炉炼钢用在经济上是合理的。

四、熔渣气化炉

继 K－T 法之后，1950 年代首先在德国又出现了粉煤空气渣池气化法，不久就转为粉煤氧气熔渣气化法。

熔渣气化法是用液体熔渣作为载热体，其目的是为了在高温条件下获得气化反应的最佳效果。此外，这种气化法有不受煤质限制的特点，原煤的允许含灰量可达 40%，粒度在 0～2mm 之间，含湿量要求不严，只要预先干燥到输送系统中不发生黏结和总含湿量不超过气化过程的蒸汽需要量即可。

粉煤熔渣气化炉（图 16－18）的主要特点是底部有一液态熔渣池，燃料和气化介质沿切线方向喷入渣池，并因此而引起熔渣旋转，这样可以防止灰分中的铁在渣池中发生沉淀。

由于气化温度高，而且是在高于灰分熔点以上的高温条件下进行气化，所以反应速度较快，气化强度较大，当生产贫煤气时，气化强度为 1500～2500kg/(m^2·h)，生产水煤气时为 3000～4000kg/(m^2·h)。碳的转化率高达 99%，这是因为气体夹带的飞灰经多级旋风除尘器回收下来后又返回气化炉，而且排出的熔渣中可以控制到不含可燃物。

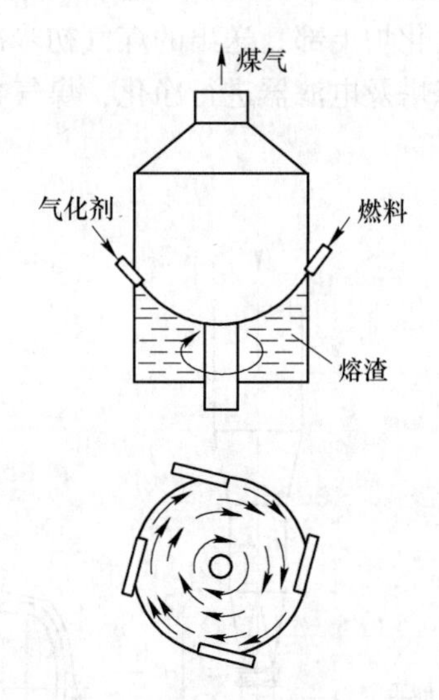

图 16－18　熔渣池气化炉工作原理

熔渣气化法除用粉煤作原料外，也可用于转化液体燃料和气体燃料制造合成气。当以煤为原料时，气体含 $CO+H_2$ 接近 85%，$CO:H_2\approx2:1$，气化效率为 72%～82%。

五、加氢气化法（HYGAS 法）

一般烟煤约含有 75% 的碳和 5% 的氢及 20% 的无用成分（灰加硫）。天然气含有 75% 的碳和 25% 的氢。因此，用煤制造天然气必须添加大量的氢，或去掉大量的碳。

加氢气化所需要的氢来源于水蒸气与碳或 CO 的高温反应，水中的氧与碳或一氧化碳化合，生成 CO_2 和 H_2，CO_2 经洗涤后被除去，以这种形式用去的碳约占原煤含碳量的 40%。

用碳分解水来制取氢需要大量的热，这些热主要是由煤的燃烧来得到，这部分消耗占煤中含碳量的 10%～20%，以 CO_2 的形式排出。用碳分解水的第二个热源是 C 与 H_2 生成 CH_4 的放热反应。因此，过程的热效率一部分也取决于如何将 CH_4 的生成热用于水的分解。

根据以上所述可以看出，这种气化工艺的碳转化效率是 40%～50%，热效率为55%～75%，总的过程热效率可以通过扩大 CH_4 的直接生成反应（$C+2H_2\rightarrow CH_4$）来改善，加氢气化法就是朝着这个方向发展的。

加氢气化法是美国芝加哥煤气工艺研究所于1945年发明的一种生产高热值煤气的气化方法，现已进入大型中间试验阶段，在芝加哥建有处理能力为75t/d的实验工厂。气化炉高40m，反应压力为6.8MPa。工艺过程包括五个阶段。1）煤的预热处理；2）低温气化；3）高温气化；4）净化及甲烷化；5）氢的制取。

加氢气化法可使用各种煤为原料制取合成天然气（SNG）。它是将粉煤与工艺副产品的轻油混合制成煤浆送入流化床反应器，在900℃和7～10MPa压力下进行气化。所用的富氢气体由气化器排出的焦炭与蒸汽反应产生。生成的煤气中含有大量的CH_4，少量的CO和H_2，热值约为37683kJ/m^3。工艺流程如图16－19所示。

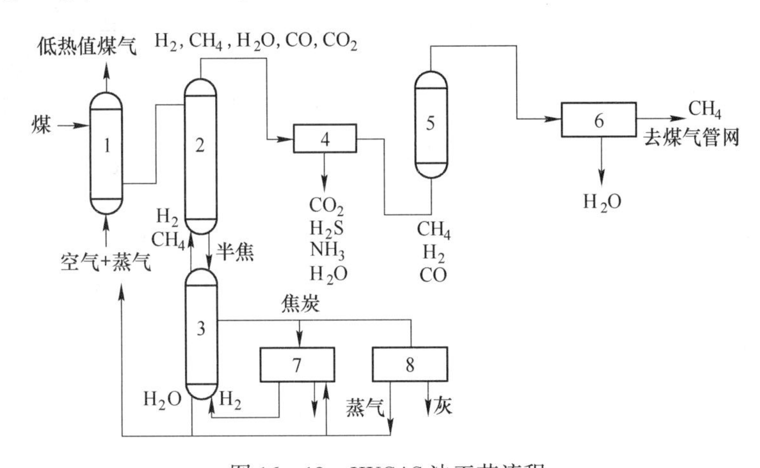

图16－19 HYGAS法工艺流程

1—预热器；2—低温气化器；3—高温气化器；4—净化装置；

5—甲烷化反应器；6—煤气干燥；7—制氢；8—产汽及发电

此法的关键是反应器的结构。煤经过干燥和粉碎后，为了防止在反应器中结块，先将粉煤与本系统自产轻油混成煤浆，在7MPa压力下送进预热器，约在300℃温度下进行加热和干燥。

在低温气化器中，煤与自下而上的约650℃的热气相接触，在H_2作用下，约有20%的碳形成甲烷。

在高温气化器中，用沸腾床气化来自低温气化器的半焦，通入H_2和水蒸气，由于下部有部分氧化层，故气体温度较高，约900℃，反应压力为7.5～13.5MPa（表压），生成的煤气中含CH_4 30%～35%。

在净化器中，用热钾盐溶液清除煤气中的H_2S及CO_2，并且用氧化铁及活性炭吸附残余的H_2S和有机硫。

加氢气化炉出来的粗煤气含有大量的CO和H_2，它们在催化甲烷化装置中，按反应$CO + 3H_2 \rightarrow CH_4 + H_2O$变为甲烷，最终获得热值达到37683kJ/m^{3}的高热值煤气。

六、沸腾气化法

沸腾气化法是1920年代出现的一种气化方法。适用于活性较强的煤，如褐煤。

沸腾气化炉的结构如图16－20所示，煤的粒度一般为0～8mm，用空气（或氧气）加水蒸气作气化剂，在常压条件下操作，由于料层的强烈“沸腾”，整个气化炉内的温度基本上是均匀的。为了保证碳的转化，设有二次风嘴，尽管如此，排出的飞灰中碳的含量仍然较高。

气化过程的温度约为1000℃，沸腾层的厚度在750mm至2m范围内，气化效率为60%～70%，按炉身截面算的气化强度为1000～1500kg/(m²·h)。

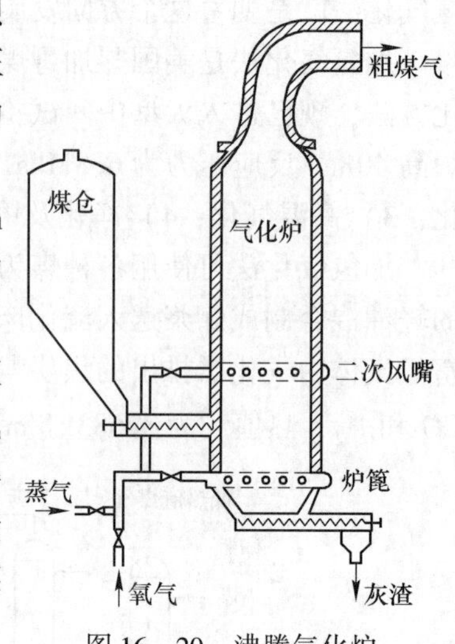

图16－20　沸腾气化炉

沸腾气化的决定因素是过程的温度以及在炉渣和飞灰中的含碳量。提高过程温度时，还原反应速度增大，碳氢化合物分解更完全。根据气化剂含氧量的不同，可以制得不同发热量的煤气。当用空气－蒸汽鼓风时，煤气发热量介于4180～4606kJ/m³范围内。用氧气－蒸汽鼓风时，煤气发热量为8793～9211kJ/m³，气化效率50%～60%。

沸腾气化法的优点是生产能力大，原料准备、工艺过程和设备条件都比其他方法简单。缺点是煤气发热量较低，煤气中的含尘量较大，约占原煤质量的20%，这种粉尘的发热量尚有1256～1675kJ/kg。因此，必须设置复杂的煤气净化系统，收回粉尘加以利用。

与其他气化新技术相比，沸腾气化法容易推广，有一定现实意义和使用价值，值得进一步研究和重视。

七、地下气化

煤的地下气化是直接在煤层中通过控制燃烧来制造煤气，其热值可达到2094～10467kJ/m³。

目前所用的常规采煤法，煤炭收得率为60%，用地下气化代替常规采煤，不仅可以免除危险而繁重的地下劳动，提高煤炭收得率，而且还可以使地质条件特殊而无法开采的煤层都可以充分利用，显著提高煤炭的可采储量。

在地下将煤气化并非是什么新概念。早在1868年，英国W. Semiens就提出将矿区开采剩下的煤用地下气化的方法加以利用的设想。1888年俄国的Мендепеев也提出实现煤的地下气化问题。英国的William Ramsay第一次进行地下气化试验，1950年代达到用地下气化煤气供两个发电站使用的规模。二次大战后，美国、法国、联邦德国、比利时等国也都开始地下气化的试验研究。在有关部门的组织领导下，我国地下气化的试验研究工作也已开展。在世界范围内，由于石油资源日益枯竭和能源供应紧张，煤的开发利用及其地下气化问题已再次受到重视。从目前所取得的研究成果来看，一般可以认为煤的地下气化技术是可行的，但在经济效果上尚需进一步改善，以提高其竞争能力。

地下气化的研究工作包括三个方面的问题，即：1）气化条件的研究，例如，为使气化过程能够进行和使气化介质能够通过煤层所需的准备工作；2）气化工艺的研究，目前应实现和提高气化过程，煤气质量和产量的可控性，以保证生产的稳定；3）地下气化煤气的合理利用问题，例如将其转换成适于远距离输送的电能、高热值煤气和管道煤气，或用作生产氢气或其他化工原料气，以提高其经济价值。

迄今所采用的地下气化方法主要可以分为竖井法和非竖井法两大类。二者的主要区别是，竖井法需要在煤层中建立大口径竖井，例如气流法。非竖井法则不需要有大型竖井，例如渗透法。现以气流法为例，将煤的地下气化的基本原理介绍如下。

图 16－21 是气流法地下气化过程示意图。这种方法的实质是从地面到煤层底板挖两个竖井 *A* 和 *B*，二者由沿煤层走向线而挖通的水平巷道 *CD* 所联通，被竖井和水平巷道所包围的煤就是要进行地下气化的煤层。图中左半部表示已做好气化准备工作但尚未点火，右半部是正处于气化过程的煤层。

图 16－21　气流法地下气化示意图

气化用的空气用管子沿一个竖井送入地下，一直送到水平巷道，生成的煤气则用管子从另一竖井引出。

当用空气作气化剂时，煤气的发热量为 3768～4187kJ/m^3，虽不适于作为高温工业炉的燃料，但如果在地下煤气站附近设有发电站而将这种煤气作为锅炉燃料或在内燃机和燃气轮机中使用，则可以显著提高其经济成效。

当用富氧空气进行气化时，煤气热值可达 8374kJ/m^3 以上，可用于化学合成工业，或者将所含的 CO_2 洗掉后作为城市煤气使用。

目前在技术上存在的问题主要还是燃烧过程的控制问题，这是保证地下气化煤气产量和质量的关键，一直未能很好解决，但从目前各主要工业国对地下气化技术的研究势头来看，地下气化工艺技术的发展前途是乐观的。据有关资料介绍，比利时和德国合作，于 1975 年在靠近法国边境的煤田进行地下气化的开发研究工作，将（20～50）$\times 10^5$Pa 的空气送入 1000m 深的煤层中使其燃烧气化，所得的煤气的热值为 3768～5234kJ/m^3，并计划通入氢气得到富甲烷煤气。如试验成功，将成为整个西欧集团的一个重要能源供应地。美国能源局所属的 LETC 研究中心从 1972 年开始在怀俄明州的 Hanna 附近进行了一系列地下气化问题的试验，预计 1980 年达到 2.12Mm^3/d 的产量，供 25～50MW 发电系统使用。

习题和思考题

第一章 习题和思考题

1. 试就成煤物质的炭化程度说明煤炭的种类及其特点。

2. 说明煤的化学组成及各种组分对煤质特性的作用。

3. 煤中的氢元素有几种存在方式?

4. 煤中的硫有几种存在方式?

5. 说明煤炭灰分的定义，怎样确定煤炭灰分的熔点和酸度?煤炭灰分的酸度与灰分的熔点有什么关系?

6. 煤中的水分有几种存在方式?

7. 煤的化学组成有几种表示方法?有什么实际意义?如何换算?

8. 说明煤的工业分析的内容、分析方法及其实际意义。

9. 什么是煤的高发热量和低发热量?如何换算?怎样确定煤的发热量?

10. 我国煤炭资源情况如何?煤炭在我国能源构成中所占比例如何?我国现行的能源政策是什么?

11. 煤炭的主要用途有哪些?在冶金工业中煤炭主要用于哪些方面?煤炭利用技术的现状如何?煤炭的合理利用途径是什么?

12. 什么是煤的黏结性和结焦性?怎样确定煤的黏结性?了解煤的黏结性有何实际意义?

13. 什么是煤的反应性和可燃性?有何实际意义?

第二章 习题和思考题

1. 天然石油的化学组成是什么?根据所含碳氢化合物的种类，天然石油主要分为哪几类?

2. 石油的主要加工方法有哪几种?

3. 什么是重油?我国商品重油有几种牌号?

4. 何谓液体燃料的闪点、燃点和着火点?有何实际意义?

5. 什么叫黏度?重油的黏度有哪些表示方法?怎样换算?

6. 重油燃烧技术对重油黏度有何要求?

7. 什么是重油的掺混性?有何实际意义?

8. 重油在冶金工业中主要用于哪些方面?在能源构成中所占比重如何?

9. 目前我国工业用液体燃料在供需方面存在哪些问题?应如何解决?

第三章 习题和思考题

1. 与煤炭和重油相比，工业炉窑使用气体燃料有哪些优越性?

2. 冶金工业中使用的气体燃料主要有哪几种？

3. 说明煤气成分的表示方法及其换算方法。

4. 高炉煤气的主要成分、发热量、在冶金生产中的用途是什么？在使用高炉煤气时应注意些什么问题？

5. 说明焦炉煤气的主要成分、发热量及其在冶金联合企业中的应用。

6. 发生炉煤气的生产原理是什么？影响气化质标的因素有哪些？现行的气化方法主要是哪一种？存在什么问题？

7. 天然气的主要成分和用途是什么？发热量是多少？

8. 重油裂化气的生产原理和主要成分是什么？发热量是多少？

9. 转炉气的主要成分、发热量及其回收利用方法，在使用中应注意哪些问题？

第四章　习题和思考题

1. 燃烧反应计算是根据什么原理进行的？需要已知哪些数据？有哪些假设条件？

2. 燃料在不同条件下燃烧，可以有四种不同情况：（1）$n=1$，完全燃烧；（2）$n>1$，完全燃烧，（3）$n>1$，不完全燃烧；（4）$n<1$，不完全燃烧。假设燃料与空气混合均匀，燃烧产物的热分解反应忽略不计，试列出四种情况下燃烧产物中可能包括的成分。

3. 已知燃料成分和空气消耗系数，什么条件下才能用计算方法求得不完全燃烧产物的成分及生成量？什么条件下不能？

4. 造成不完全燃烧的原因有哪些？各种不完全燃烧情况下的燃烧产物成分有何特点？

5. 已知某烟煤成分为（%）：C^r—83.21；H^r—5.87；O^r—5.22；N^r—1.90；S^r—4.25；A^g—8.68；W^y—4.0。试求：

（1）理论空气需要量 L_0（m^3/kg）；

（2）理论燃烧产物生成量 V_0（m^3/kg）；

（3）如某加热炉用该煤加热，热负荷为 17×10^3kW，要求空气消耗系数 $n=1.35$，求每小时供风量，烟气生成量及烟气成分。

6. 某焦炉煤气干成分为（%）：CO—9.1；H_2—57.3；CH_4—26.0；C_2H_4—2.5；CO_2—3.0；O_2—0.5；N_2—1.6。煤气温度为20℃。

用含氧量为30%的富氧空气燃烧，$n=1.15$，试求：

（1）富氧空气消耗量 L_n（m^3/m^3）；

（2）燃烧产物成分及密度。

7. 某焦炉煤气，成分同上题，燃烧时空气消耗系数 $n=0.8$，产物温度为1200℃，设产物中 $O_2'=0$，并忽略 CH_4'不计，试计算不完全燃烧产物的成分及生成量。

8. 已知某烟煤含碳量为 C^y—80（%），烟气成分经分析为（干成分）CO_2'—15.0（%）；CO'—3.33（%）。试计算其干燃烧产物生成量。

第五章　习题和思考题

1. 何谓燃烧温度？何谓理论燃烧温度？何谓燃料理论发热温度？它们各有何意义？其值决定于哪些因素？

2. 试讨论计算理论燃烧温度的各种方法的特点、计算条件和近似处理方法。

3. 采用富氧空气燃烧时，不同的燃料发热量和不同的富氧程度将产生的效果有何不同？为什么？

4. 成分见第四章习题5，试采用各种方法计算燃料理论发热温度，并比较之。

5. 已知焦炉煤气，成分见第四章习题6，$n=1.05$，空气预热温度400℃，求理论燃烧温度。

6. 如上题的焦炉煤气，采用富氧空气燃烧，富氧程度45%，富氧空气过剩系数 $n=1.10$，不预热，求理论燃烧温度。

第六章　习题和思考题

1. 燃烧过程检测控制的意义和主要内容是什么？如何检测？

2. 为什么要测定计算空气消耗系数？试分析各种计算方法的特点和应用条件。

3. 已知燃料成分，在空气中燃烧，试推导计算 β 值的公式。

4. 某烟煤，成分见第二篇例题3，燃烧产物成分分析结果为（%）：RO_2'—14.0；CO_2'—2.0；H_2'—1.0；O_2'—4.0；N_2'—79.0。试计算：

（1）该燃料的 RO'_{2max}；β；K；P。

（2）验算产物气体分析的误差。

（3）空气消耗系数 n 和化学不完全燃烧热损失 q_h。

5. 某高炉煤气，干成分为（%）：CO_2—10.66；CO—29.96；CH_4—0.27；H_2—1.65；N_2—57.46。煤气温度为20℃。燃烧产物成分经分析为（%）：RO_2'—14.0；O_2'—9.0；CO'—1.2；N_2'—75.8。试采用各种计算公式计算 n 值。并比较之。

6. 某天然气在纯氧中燃烧，烟气成分为（%）：CO_2'—25.0；CO'—24.0；O_2'—0.5；H_2—49.0；CH_4—1.5。求氧气消耗系数。

7. 在推导公式 $n=\dfrac{21}{21-O_2'}$ 时，曾认为对于含氮量及含氢量很小的燃料，取 $N_2'\approx 79$（%），试证明其正确性。

8. 给出一定条件，推导出下列公式：

$$n=\frac{N_2'}{N_2'-3.76(O_2'-0.5CO'-0.5H_2'-2CH_4')}$$

第七章　习题和思考题

1. 为什么要研究和掌握气体混合规律？研究内容、方法和要求是什么？

2. 试说明二元自由射流的流场结构和主要特点。

3. 绘图说明同向平行自由射流、交叉射流、环状射流、同心射流的流场结构及其主要特点。

4. 什么叫旋转射流？旋转射流有什么特点？对燃烧过程有什么作用？

5. 旋流程度、旋流数的概念和定义是什么？

6. 旋转射流中切向速度和静压力沿半径的分布规律是什么？

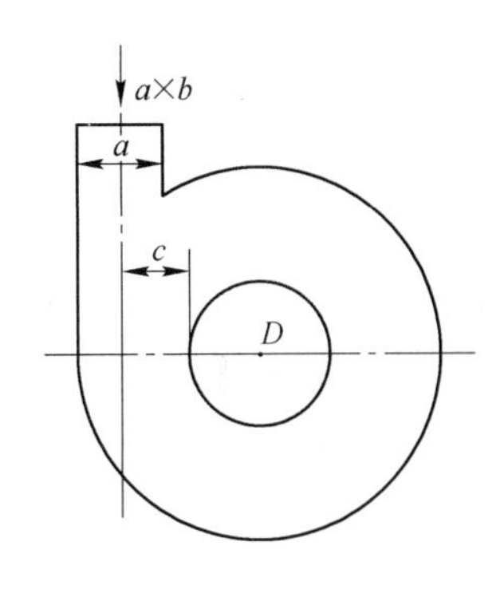

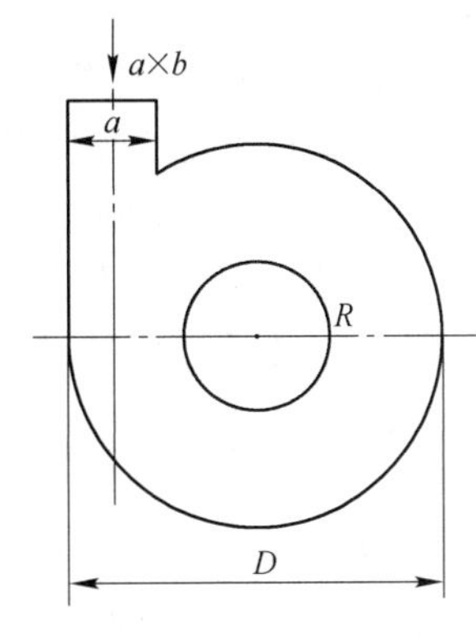

习题　7－1

7. 试计算以下两种旋流器的旋流强度（D 为出口直径；$a \times b$ 为入口断面）。

第八章　习题和思考题

1. 燃烧反应机理有何特点？其反应速度取决于哪些因素？举例说明。

2. 何谓均相燃烧？何谓非均相燃烧？其过程和燃烧速度的影响因素有何不同？举例说明。

3. 何谓动力燃烧？何谓扩散燃烧？其燃烧速度的影响因素和强化途径有何不同？举例说明。

4. 分析碳的燃烧机理，讨论实际条件下有哪些反应？

第九章　习题和思考题

1. 自燃着火与被迫着火（点火）各有何特点？试比较之。着火温度与点火温度的概念有何联系与区别？

2. 讨论着火温度表达式 $T_B = T_0 + \frac{RT_0^2}{E}$ 的物理概念和意义。为什么说着火温度不是某种可燃物质的物理常数？

3. 着火热力理论和活化中心积累理论的基本内容观点是哪些？二者有何不同？

4. 着火温度与着火浓度界限与可燃混合物的压力、成分和温度有何关系？

5. 何谓燃烧完全系数？在燃烧室（或炉膛）中何处最大？何处最小？

6. 某一可燃混合物在一绝热燃烧室中燃烧，试讨论影响燃烧完全系数和温度水平的因素。

7. 将煤气和空气通过套管式燃烧器（不预混）通入一绝热燃烧室中燃烧，试讨论影响燃烧完全系数和温度水平的因素。

8. 为了提高燃烧稳定水平，在实际燃烧技术中可以采取的措施有哪些？

第十章　习题和思考题

1. 分析火焰（燃烧）正常传播与爆震的机理，举出实际现象，说明它们的区别。

2. 比较层流燃烧前沿与紊流燃烧前沿的结构特点，画出燃烧前沿中的温度分布与成分浓度分布示意图。

3. 影响正常火焰传播速度的因素有哪些？在公式推导中估计了哪些因素？如何评价这些因素的影响？实验数据说明了些什么规律？

4. 何谓“熄灭直径”？有何实际意义？

5. 紊流火焰前沿传播理论主要有哪些？其基本内容和观点是什么？解释了哪些现象？

6. 影响紊流火焰前沿传播速度的因素有哪些？为什么要了解这些影响因素？

第十一章　习题和思考题

1. 异相燃烧反应速度取决于哪些因素？何谓异相燃烧的动力区与扩散区？以碳的燃烧为例，说明燃烧反应速度与各因素的关系。

2. 分析碳粒的燃烧速度，讨论强化煤炭燃烧过程的途径。

3. 分析油粒燃烧过程及燃烧速度，讨论强化油燃烧过程的途径。

第十二章　习题和思考题

1. 说明用本生灯测定火焰前沿正常传播速度的方法，包括本生灯设计、仪器仪表选型和测量方法、计算公式等。

2. 已知某可燃气体的回火临界条件为：流量为24.6cm^3/s，喷口管径为0.79cm。试问当流量要增大为142cm^3/s时，喷口管径应改为多大仍不致回火？

3. 某可燃混合物经半径为8mm的喷口点燃时，火焰边界速度梯度处于不回火和不脱火而稳定燃烧的流量值分别为2.05m^3/h和8.20m^3/h。试问如果将喷口半径缩小为5mm时，保持火焰稳定的流量最小值和最大值应为多少？

4. 分析由层流扩散火焰转变为紊流扩散火焰的转变过程和条件。

5. 层流扩散火焰与紊流扩散火焰的火焰结构各有何特点？并加以比较。

6. 画示意图：沿扩散火焰长度有三个不同截面：（1）喷口处；（2）轴线上燃料浓度大于零的任一截面；（3）轴线上燃料浓度等于零的截面。画出这三个截面上的燃料浓度、氧气浓度、燃烧产物浓度及温度沿径向的分布。对于层流火焰和紊流火焰应分别画出，并加以比较。

7. 影响层流扩散火焰长度的因素有哪些？影响紊流扩散火焰长度的因素有哪些？并比较讨论。

8. 根据均相火焰燃烧过程分析讨论强化煤气燃烧过程的途径。

第十三章　习题和思考题

1. 作为工业炉窑用的燃烧装置应具备哪些条件？

2. 燃料的燃烧过程主要可分为哪几个阶段？

3. 气体燃料的燃烧方法有几种？

4. 什么叫煤气有焰燃烧法？有什么特点？受哪些因素的影响？用于什么情况？

5. 什么叫煤气无焰燃烧法？有什么特点？受哪些因素影响？用于什么情况？

6. 在全面描述一种烧嘴的特性时，应从哪几方面考虑？

7. 在设计炉子时，如何为所用的烧嘴选型？

8. 平焰烧嘴的结构特点是什么？有哪些优越性？用在什么情况下？

9. 什么叫高速烧嘴？它的工作原理是什么？有什么优越性？

10. 什么叫自身预热式烧嘴？它的工作原理是什么？有什么优越性？在什么情况下才适于采用这种烧嘴？

11. 为什么要开发低氧化氮烧嘴？目前低氧化氮烧嘴有哪几种类型？其工作原理和结构特点如何？

12. 喷射式无焰烧嘴的工作原理是什么？由哪几部分组成？有什么特点？

13. 为什么要对火焰进行监视和采用保焰措施？目前所用的火焰监视和保焰技术有哪几种？

第十四章　习题和思考题

1. 为了正确组织和强化重油的燃烧过程，必须遵循哪些基本原则？为什么？

2. 有哪些指标可以表征油雾炬的特点？

3. 怎样测定雾化颗粒平均直径？如何统计和计算？

4. 分析影响雾化颗粒平均直径的因素，讨论在实际中可用来改善雾化质量的具体措施。

5. 燃油烧嘴有哪些种类？我国实际生产中常用的有哪些？

6. 试比较各种燃油烧嘴的工作原理、使用条件、工作指标和结构特点。

7. 燃油烧嘴的计算包括哪些内容？熟悉其计算方法和计算公式。

第十五章　习题和思考题

1. 固体燃料的层状燃烧有什么特点？什么是厚煤层燃烧法和薄煤层燃烧法？

2. 人工加煤燃烧室由哪几部分组成？它们的设计参数是什么？如何确定这些参数？

3. 绞煤机的工作原理和结构特点是什么？对煤炭质量有什么要求？

4. 说明抛煤机、振动炉排、往复炉、链式炉排的工作原理、结构特点及对煤炭质量的要求。

5. 粉煤燃烧法的特点和技术要求是什么？

6. 粉煤燃烧器的设计原则是什么？怎样确定粉煤燃烧器的设计参数？

7. 旋风燃烧器的工作原理和结构特点是什么？在应用中应注意什么问题？

8. 沸腾燃烧法的基本原理是什么？有哪些主要影响因素？这种燃烧法的应用情况如何？

第十六章　习题和思考题

1. 说明发生炉煤气的制造原理和主要化学反应。

2. 影响气化指标的主要因素有哪些？应如何掌握？

3. 说明几种常用的煤气发生炉的工作原理和结构特点？

4. 目前已实现工业化生产的气化新技术有哪几种？它们的特点是什么？在我国推广的前景如何？有些什么问题？

5. 煤气的净化包括什么内容？用什么方法？其工作原理和使用效果如何？

附　表

附表1　我国煤的分类中国煤炭分类简表（GB 5751—86）

类　别	符　号	包括数码	分类指标					
			V^r/%	G	Y/mm	b/%	ρ_M②/%	$Q_{GW}^{-A \cdot GN}$③ /MJ·kg^{-1}
无烟煤	WY	01，02，03	<10.0					
贫煤	PM	11	>10.0~20.0	<5				
贫瘦煤	PS	12	>10.0~20.0	>5~20				
瘦煤	SM	13，14	>10.0~20.0	>20~65				
焦煤	JM	24 15，25	>20.0~28.0 >10.0~28.0	>50~65 >65①	<25.0	（<150）		
肥煤	FM	16，26，36	>10.0~37.0	（>85）①	>25.0			
1/3 焦煤	1/3JM	35	>28.0~37.0	>65①	<25.0	（<220）		
气肥煤	QF	46	>37.0	（>85）①	>25.0	（>220）		
气煤	QM	34 43，44，45	>28.0~37.0 >37.0	>50~65 >35	<25.0	（<220）		
1/2 中粘煤	1/2ZN	23，33	>20.0~37.0	>30~50				
弱粘煤	RN	22，32	>20.0~37.0	>5~30				
不粘煤	BN	21，31	>20.0~37.0	<5				
长焰煤	CY	41，42	>37.0	<35			>50	
褐煤	HM	51 52	>37.0 >37.0				<30 >30~50	<24

①对 $G>85$ 的煤，再用 Y 值或 b 值来区分肥煤，气肥煤与其他煤类，当 $Y>25.0$mm 时，应划分为肥煤或气肥煤；如 $Y<25.0$mm，则根据其 V^r 的大小而划为相应的其他煤类；按 b 值划分类别时，$V^r<28.0\%$，暂定 $b>150\%$ 的为肥煤；$V^r>28.0\%$，暂定 $b>22.0\%$ 的为肥煤或气肥煤，如按 b 值和 Y 值划分的类别有矛盾时，以 Y 值划分的类别为准；

②对 $V^r>35.0\%$，$G<5$ 的煤、再以透光率 ρ_M 来区分其为长焰煤或褐煤；

③对 $V^r>37.0\%$，$\rho_M>30\%\sim50\%$ 的煤，再测 $Q_{GW}^{-A \cdot GN}$，如其值 >24MJ/kg（5700cal/g），应划分为长焰煤；

注：分类用的煤样，除 $A^g<10.0\%$ 的不需减灰外，对 $A^g>10.0\%$ 的煤样，应采用氯化锌重液选后的浮煤样（对易泥化的褐煤亦可采用灰分较低的原煤）详见 GB 474—83。

附表 2　常用重油黏度对照表

运动黏度		西保特黏度［s］			莱伍德黏度［s］			恩氏黏度
×10⁻⁶m²/s	［cst］	100°F	130°F	210°F	30℃	50℃	100℃	°E
2	2	32.6	32.7	32.8	30.5	30.8	31.2	1.140
3	3	36.0	36.1	36.3	33.0	33.3	33.7	1.224
4	4	39.1	30.2	39.4	35.6	35.9	36.5	1.308
5	5	42.3	42.4	42.6	38.2	38.5	39.1	1.400
6	6	45.5	45.6	45.8	40.8	41.1	41.7	1.481
7	7	48.7	48.8	49.0	43.4	43.7	44.3	1.563
8	8	52.0	52.1	52.4	46.2	46.3	47.2	1.653
9	9	55.4	55.5	55.8	49.0	49.1	50.0	1.746
10	10	58.8	58.9	59.2	51.9	52.1	52.9	1.837
11	11	62.3	62.4	62.7	55.0	55.1	56.0	1.928
12	12	65.9	66.0	66.4	58.1	58.2	59.1	2.020
13	13	69.6	69.7	70.1	61.2	61.4	62.3	2.120
14	14	73.4	73.5	73.9	64.6	64.7	65.6	2.219
15	15	77.2	77.3	77.7	67.9	68.0	69.1	2.323
16	16	81.1	81.3	81.7	71.3	71.5	72.6	2.434
17	17	81.5	85.3	85.7	74.7	75.0	76.1	2.540
18	18	89.2	89.4	89.8	78.3	79.6	78.7	2.614
19	19	93.3	93.5	94.0	81.8	82.1	83.6	2.755
20	20	97.5	97.7	98.2	85.4	85.8	87.4	2.870
21	21	101.7	101.9	102.4	89.1	89.5	91.3	2.984
22	22	106.0	106.2	106.7	92.6	93.3	95.1	3.10
23	23	110.3	110.5	111.1	96.6	97.1	98.9	3.22
24	24	114.6	114.8	115.4	100	101	103	3.34
25	25	118.9	119.1	119.7	104	105	107	3.46
26	26	123.3	123.5	124.2	108	109	111	3.58
27	27	127.7	127.9	128.6	112	112	115	3.70
28	28	132.1	132.4	133.0	116	116	119	3.82
29	29	136.5	136.8	137.5	120	120	123	3.95
30	30	140.9	141.2	141.9	124	124	127	4.07
31	31	145.3	145.6	146.3	128	128	131	4.20
32	32	149.7	150.0	150.8	132	132	135	4.32
33	33	154.2	154.5	155.3	136	136	139	4.45
34	34	158.7	159.0	159.8	140	140	143	4.57
35	35	163.3	163.5	164.3	144	144	147	4.70
36	36	167.7	168.0	168.9	148	148	151	4.83
37	37	172.2	172.5	173.4	152	153	155	4.96
38	38	176.7	177.0	177.0	156	156	159	5.08
39	39	181.2	181.5	182.5	160	160	164	5.21
40	40	185.7	186.0	187.0	164	164	168	5.34
41	41	190.2	190.6	191.5	168	168	172	5.47
42	42	194.7	195.1	196.1	172	172	176	5.59
43	43	199.2	199.6	200.6	176	176	180	5.72
44	44	203.8	204.2	205.2	180	180	185	5.85
45	45	208.4	208.8	209.9	184	184	189	5.98
46	46	213.0	213.4	214.5	188	188	193	6.11
47	47	217.6	218.0	219.2	192	193	197	6.24
48	48	222.2	222.6	223.8	196	197	202	6.37
49	49	226.8	227.2	228.4	199	201	206	6.50
50	50	231.4	231.8	233.0	24	205	210	6.63
55	55	254.4	254.9	256.2	224	225	231	7.24
60	60	277.4	277.9	279.3	244	245	252	7.90
65	65	300	301	302	264	266	273	8.55
70	70	323	324	326	285	286	294	9.21
75	75	346	347	349	305	306	315	9.89
>75	>75	×4.635	×4.644	×4.667	×4.063	×4.080	×4.203	×0.1316

附表 3　可燃气体的主要热工特性

气体名称	热　工　特　性									
	符号	分子量	密度 /kg · m^{-3}	理论空气需要量 /m^3 · m^{-3}	理论燃烧产物量 /m^3 · m^{-3}		发热量 /4.187kJ · m^{-3}		理论燃烧温度/℃	干燃烧产物中 CO_2 的最大含量/%
					湿	干	高	低		
一氧化碳	CO	28.01	1.25	2.38	2.88	2.88	3020	3020	2370	34.7
氢	H_2	2.02	0.09	2.38	2.88	1.88	3050	2570	2230	—
甲烷	CH_4	16.04	0.715	9.52	10.52	8.52	9500	8530	2030	11.8
乙烷	C_2H_6	30.07	1.341	16.66	18.16	15.16	16640	15230	2097	13.2
丙烷	C_3H_8	44.09	1.987	23.80	25.80	21.80	23680	21800	2110	13.8
丁烷	C_4H_{10}	58.12	2.70	30.94	33.44	28.44	30690	28345	2118	14.0
戊烷	C_5H_{12}	72.15	3.22	38.08	41.08	35.08	37715	34900	2119	14.2
乙烯	C_2H_4	28.05	1.26	14.28	15.28	13.28	15050	14110	2284	15.0
丙烯	C_3H_6	42.08	1.92	21.42	22.92	19.92	21940	20550	2224	15.0
丁烯	C_4H_8	57.10	2.50	28.56	30.56	26.56	29000	27120	2203	15.0
戊烯	C_5H_{10}	70.13	3.13	35.70	38.20	33.20	36000	33660	2189	15.0
甲苯	C_6H_6	78.11	3.48	35.70	37.20	34.20	34940	33530	2258	17.5
乙炔	C_2H_2	27.04	1.17	11.90	12.40	11.40	13855	13385	2620	17.5
硫化氢	H_2S	34.08	1.52	7.14	4.64	6.64	6140	5660		15.1

附表 4　干高炉煤气的主要特性

名　　称	炼钢生铁			特种生铁				
	大型高炉	小型高炉	中型高炉	铸造铁	锰铁	硅铁	钒铁	铬镍生铁
化学成分/%								
CO_2	10.3	8.4	9.7	9.0	5.4	4.5	5.6	9.1
O_2	0.1	0.2	0.1	0.1	0.1	0.1	0	0
CO	29.5	30.9	29.7	30.6	33.1	34.7	33.6	28.0
CH_4	0.3	0.1	0.5	0.3	0.5	0.3	0.6	0.4
H_2	1.6	2.6	1.9	2.0	2.0	1.6	1.5	1.1
N_2	58.2	57.8	58.1	58.0	58.9	58.8	58.7	61.4
发热量/4.187kJ · m^{-3}								
高发热量	967	1079	1000	1013	1107	1123	1115	916
低发热量	957	1057	986	1000	1092	1112	1102	907
密度/kg · m^{-3}	1.31	1.28	1.30	1.29	1.26	1.26	1.27	1.30
黏度系数/kg · m^{-3}	1.65	1.65	1.65	1.65	1.66	1.67	1.67	1.67
理论空气需要量/m^3 · m^{-3}	0.76	0.86	0.80	0.80	0.88	0.89	0.89	0.73
理论燃烧产物量/m^3 · m^{-3}	1.67	1.76	1.70	1.75	1.77	1.77	1.77	1.65
燃烧产物中 RO_2 的最大/%	25.3	23.8	24.8	24.8	23.3	23.4	23.4	24.0
燃烧产物密度/kg · m^{-3}	1.41	1.38	1.40	1.36	1.38	1.39	1.39	1.48
理论燃烧温度/℃	1450	1500	1430	1420	1510	1560	1540	1400

附表5　不同温度下饱和水蒸气含量

温度 t/℃	水蒸气分压	水蒸气含量				温度 t/℃	水蒸气分压	水蒸气含量			
		按干气体计算		按湿气体计算				按干气体计算		按湿气体计算	
	Pa	g/m³	m³/m³	g/m³	m³/m³		Pa	g/m³	m³/m³	g/m³	m³/m³
-30	38.06	0.20	0.00037	0.30	0.00037	21	2542.27	20.3	0.0252	19.8	0.0246
-25	63.9	0.50	0.00062	0.50	0.00062	22	2691.81	21.5	0.0267	20.9	0.0260
-20	104.68	0.81	0.00010	0.81	0.0010	23	2868.55	22.9	0.0284	22.3	0.0277
-15	168.58	1.3	0.00016	1.3	0.0016	24	3045.28	24.4	0.0303	23.7	0.0294
-10	265.10	2.1	0.00026	2.1	0.0026	25	3235.61	26.0	0.0323	25.2	0.0313
-5	409.20	3.2	0.00040	3.2	0.0040	26	3425.94	27.6	0.0343	26.6	0.0331
0	622.65	4.8	0.0060	4.8	0.0060	27	3629.87	29.3	0.0364	28.2	0.0351
1	666.16	5.2	0.0065	5.2	0.0065	28	3928.96	31.1	0.0386	29.9	0.0372
2	720.54	5.6	0.0070	5.6	0.0070	29	4078.5	33.0	0.0410	31.7	0.0394
3	774.92	6.1	0.0076	6.1	0.0076	30	4323.21	35.1	0.0436	33.6	0.0418
4	829.30	6.6	0.0082	6.5	0.0081	31	4581.52	37.3	0.464	35.6	0.0443
5	883.68	7.0	0.0087	6.9	0.0086	32	4853.42	39.6	0.0492	37.7	0.0469
6	951.65	7.5	0.0093	7.4	0.0092	33	5125.32	41.9	0.0520	39.9	0.0496
7	1019.63	8.1	0.0101	8.0	0.0100	34	5424.41	44.5	0.0553	42.2	0.0525
8	1087.6	8.6	0.0107	8.5	0.0106	35	5737.10	47.3	0.0587	44.6	0.0555
9	1169.17	9.2	0.0114	9.1	0.0113	36	6063.37	50.1	0.0623	47.1	0.0585
10	1250.74	9.8	0.0122	9.7	0.0121	37	6403.25	53.1	0.0660	49.8	0.0619
11	1332.31	10.5	0.0131	10.4	0.0129	38	6756.72	56.3	0.0700	52.6	0.0655
12	1427.48	11.3	0.0141	11.1	0.0138	39	7123.78	59.5	0.0740	55.4	0.0689
13	1522.64	12.1	0.0150	11.9	0.0148	40	7518.04	63.1	0.0785	58.5	0.0726
14	1631.4	12.9	0.0160	12.7	0.0158	41	7653.99	66.8	0.0830	61.6	0.0766
15	1740.16	13.7	0.0170	13.5	0.0168	42	8360.93	70.8	0.0880	65.0	0.0808
16	1848.92	14.7	0.0183	14.4	0.0179	43	8809.56	74.9	0.0931	68.6	0.0854
17	1971.28	15.7	0.0196	15.4	0.0192	44	9285.39	79.3	0.0986	72.2	0.0898
18	2107.23	16.7	0.0208	16.4	0.0204	45	9774.81	84.0	0.1043	76.0	0.0945
19	2243.18	17.9	0.0223	17.5	0.0218	46	10318.61	89.0	0.1105	80.2	0.0998
20	2379.13	18.9	0.0235	18.5	0.0230						

附表 6 化学反应平衡常数

温度/℃	$K_1=\frac{p_{CO}^2}{p_{CO_2}}$	$K_2=\frac{p_{H_2}^2}{p_{CH_4}}$	$K_3=\frac{p_{H_2}\cdot p_{CO_2}}{p_{H_2O}\cdot p_{CO}}$	$K_4=\frac{p_{CO}}{p_{CO_2}}$	$K_5=\frac{p_{H_2}}{p_{H_2O}}$	温度/℃	$K_1=\frac{p_{CO}^2}{p_{CO_2}}$	$K_2=\frac{p_{H_2}^2}{p_{CH_4}}$	$K_3=\frac{p_{H_2}\cdot p_{CO_2}}{p_{H_2O}\cdot p_{CO}}$	$K_4=\frac{p_{CO}}{p_{CO_2}}$	$K_5=\frac{p_{H_2}}{p_{H_2O}}$
400	8.1×10^{-5}	0. 071	11. 7		9. 35	900	38. 6	47. 9	0. 755	2. 20	1. 69
450	6.9×10^{-4}	0. 166	7. 32	0. 870	6. 33	950	78. 3	70. 8	0. 657	2. 38	1. 60
500	4.4×10^{-3}	0. 427	4. 98	0. 952	4. 67	1000	150	105	0. 579	2. 53	1. 50
550	0. 0225	1. 00	3. 45	1. 02	3. 53	1050	273	141	0. 510	2. 67	1. 41
600	0. 0947	2. 14	2. 55	1. 18	2. 99	1100	474	190	0. 465	2. 85	1. 35
650	0. 341	3. 98	1. 96	1. 36	2. 65	1150	791	275	0. 422	2. 99	1. 30
700	1. 07	7. 24	1. 55	1. 52	2. 35	1200	1273	342	0. 387	3. 16	1. 26
750	3. 01	12. 6	1. 26	1. 72	2. 16	1250	1982	436	0. 358	3. 28	1. 21
800	7. 65	20. 0	1. 04	1. 89	2. 00	1300	2999	550	0. 333	3. 46	1. 18
850	17. 8	31. 6	0. 880	2. 05	1. 83						

附表 7 气体平均比热

（kJ/（m^3 · ℃））

K	℃	CO_2	N_2	O_2	H_2O	干空气	CO	H_2	H_2S	CH_4	C_2H_4
273	0	1. 6204	1. 3327	1. 3076	1. 4914	1. 3009	1. 3021	1. 2777	1. 5156	1. 5558	1. 7669
373	100	1. 7200	1. 3013	1. 3193	1. 5019	0. 3051	1. 3021	1. 2896	1. 5407	1. 6539	2. 1060
473	200	1. 8079	1. 3030	1. 3369	1. 5174	1. 3097	1. 3105	1. 2979	1. 5742	1. 7669	2. 3280
573	300	1. 8808	1. 3080	1. 3583	1. 5379	0. 3181	1. 3231	1. 3021	1. 6077	1. 8925	2. 5289
673	400	1. 9436	1. 3172	1. 3796	1. 5592	1. 3302	1. 3315	1. 3021	1. 6454	2. 0223	2. 7215
773	500	2. 0453	1. 3294	1. 4005	1. 5831	1. 3440	1. 3440	1. 3063	1. 6832	2. 1437	2. 8932
873	600	2. 0592	1. 3419	1. 4152	1. 6078	1. 3583	1. 3607	1. 3105	1. 7208	2. 2693	3. 0481
973	700	2. 1077	1. 3553	1. 4370	1. 6338	1. 3725	1. 3733	1. 3147	1. 7585	2. 3824	3. 1905
1073	800	2. 1517	1. 3683	1. 4529	1. 6601	1. 3821	1. 3901	1. 3189	1. 7962	2. 4954	3. 3412
1173	900	2. 1915	1. 3817	1. 4663	1. 6865	1. 3993	1. 4026	1. 3230	1. 8297	2. 5959	3. 4500
1273	1000	2. 2266	1. 3938	1. 4801	1. 7133	1. 4118	1. 4152	1. 3273	1. 8632	2. 6964	3. 5673
1373	1100	2. 2593	1. 4056	1. 4935	1. 7397	1. 4236	1. 4278	1. 3356	1. 8925	2. 7843	
1473	1200	2. 2886	1. 4065	1. 5065	1. 7657	1. 4347	1. 4403	1. 3440	1. 9218	2. 8723	
1573	1300	2. 3158	1. 4290	1. 5123	1. 7908	1. 4453	1. 4487	1. 3524	1. 9469		
1673	1400	2. 3405	1. 4374	1. 5220	1. 8151	1. 4550	1. 4613	1. 3608	1. 9721		
1773	1500	2. 3636	1. 4470	1. 5312	1. 8389	1. 4642	1. 4696	1. 3691	1. 9972		
1873	1600	2. 3849	1. 4554	1. 5400	1. 8619	1. 4730	1. 4780	1. 3775			
1973	1700	2. 4042	1. 4625	1. 5483	1. 8841	1. 4809	1. 4864	1. 3859			
2073	1800	2. 4226	1. 4705	1. 5559	1. 9055	1. 4889	1. 4947	1. 3942			
2173	1900	2. 4393	1. 4780	1. 5638	1. 9252	1. 4960	1. 4890	1. 3983			
2273	2000	2. 4552	1. 4851	1. 5714	1. 9449	1. 5031	1. 5073	1. 4067			
2373	2100	2. 4699	1. 4914	1. 5743	1. 9633	1. 5094	1. 5115	1. 4151			
2473	2200	2. 4837	1. 4981	1. 5851	1. 9813	1. 5174	1. 5198	1. 4235			
2573	2300	2. 4971	1. 5031	1. 5923	1. 9984	1. 5220	1. 5241	1. 4318			
2673	2400	2. 5097	1. 5085	1. 5990	2. 0148	1. 5274	1. 5284	1. 4360			
2773	2500	2. 5214	1. 5144	1. 6057	2. 0307	1. 5341	1. 5366	1. 4445			

附表 7a　气体的热含量

(kJ/m^3)

K	C	CO_2	N_2	O_2	H_2O	干空气	CO	H_2	H_2S	CH_4	C_2H_4
373	100	172.00	130.13	131.93	150.18	130.51	130.21	128.96	154.08	165.39	210.61
473	200	361.67	260.60	267.38	303.47	261.94	262.10	259.59	314.86	353.38	465.59
573	300	564.24	392.41	407.48	461.36	395.42	395.67	390.65	482.34	567.75	758.68
673	400	777.44	526.89	551.58	623.60	532.08	532.58	520.86	658.19	808.93	1088.62
773	500	1001.78	664.58	700.17	791.55	672.01	672.01	653.17	841.59	984.78	1446.61
873	600	1236.76	805.06	851.64	964.68	814.96	816.46	786.41	1032.51	1071.84	1828.88
973	700	1475.41	940.36	1005.89	1143.64	960.75	961.33	920.30	1230.98	1667.68	2233.35
1073	800	1718.95	1094.65	1162.32	1328.11	1109.05	1112.06	1055.12	1436.98	1996.36	2672.98
1183	900	1972.43	1243.55	1319.67	1517.87	1259.36	1262.38	1190.78	1646.75	2336.35	3105.08
1273	1000	2226.75	1393.86	1480.11	1713.32	1411.86	1415.20	1327.28	1863.21	2696.43	3567.32
1373	1100	2485.34	1546.14	1641.02	1913.67	1565.94	1570.54	1469.22	2091.77	3062.79	
1473	1200	2746.44	1699.76	1802.76	2118.78	1721.36	1728.39	1612.83	2306.20	3446.74	
1573	1300	3010.58	1857.74	1966.05	2328.01	1879.27	1883.31	1758.12	2531.04		
1673	1400	3276.75	2012.36	2129.93	2540.25	2036.87	2045.76	1905.08	2760.91		
1773	1500	3545.34	2170.55	2296.78	2756.39	2196.19	2200.26	2011.85	2995.80		
1873	1600	3815.86	2328.65	2463.97	2979.13	2356.68	2364.82	2204.04			
1973	1700	4087.10	2486.28	2632.09	3203.05	2517.60	2526.85	2356.02			
2073	1800	4360.67	2646.74	2800.48	3429.90	2680.01	2690.56	2509.69			
2173	1900	4634.76	2808.22	2971.30	3657.85	2841.43	2848.00	2657.07			
2273	2000	4910.51	2970.25	3142.76	3889.72	3006.26	3014.64	2813.66			
2373	2100	5186.81	3131.96	3314.85	4121.79	3169.77	3174.16	2971.93			
2473	2200	5464.20	3295.84	3487.44	4358.83	3338.21	3343.73	3131.88			
2573	2300	5746.39	3457.20	3662.33	4485.34	3500.54	3505.36	3293.49			
2673	2400	6023.25	3620.58	3837.64	4724.37	3665.80	3666.82	3456.79			
2773	2500	6303.53	3786.09	4014.29	5076.74	3835.29	3840.58	3620.76			

附表 8　水蒸气的分解度

（%）

t/℃	水蒸气的分压，大气压(10^5 Pa)																							
	0.03	0.04	0.05	0.06	0.07	0.08	0.09	0.10	0.12	0.14	0.16	0.18	0.20	0.25	0.30	0.35	0.40	0.45	0.50	0.60	0.70	0.80	0.90	1.00
1600	0.90	0.85	0.80	0.75	0.70	0.65	0.63	0.60	0.58	0.56	0.54	0.52	0.50	0.48	0.46	0.44	0.42	0.40	0.38	0.35	0.32	0.30	0.29	0.28
1700	1.60	1.45	1.35	1.27	1.20	1.16	1.15	1.08	1.02	0.95	0.90	0.85	0.80	0.76	0.73	0.70	0.67	0.64	0.62	0.60	0.57	0.54	0.52	0.50
1800	2.70	2.40	2.25	2.10	2.00	1.90	1.85	1.80	1.70	1.60	1.53	1.46	1.40	1.30	1.25	1.20	1.15	1.10	1.05	1.00	0.95	0.90	0.86	0.83
1900	4.45	4.05	3.80	3.60	3.40	3.05	3.10	3.00	2.85	2.70	2.60	2.50	2.40	2.20	2.10	2.00	1.90	1.80	1.70	1.63	1.56	1.50	1.45	1.40
2000	6.30	5.55	5.35	5.05	4.80	4.60	4.45	4.30	4.00	3.80	3.55	3.50	3.40	3.15	2.95	2.80	2.65	2.57	2.50	2.40	2.30	2.20	2.10	2.00
2100	9.35	8.50	7.95	7.50	7.10	6.80	6.55	6.35	6.00	5.70	5.45	5.25	5.10	4.80	4.55	4.30	4.10	3.90	3.70	3.55	3.40	3.25	3.10	3.00
2200	13.4	12.3	11.5	10.8	10.3	9.90	9.60	9.30	8.80	8.35	7.95	7.65	7.40	6.90	6.55	6.25	5.90	5.65	5.40	5.10	4.90	4.70	4.55	4.40
2300	17.5	16.0	15.4	15.0	14.3	13.7	13.3	12.9	12.2	11.6	11.1	10.7	10.4	9.60	9.10	8.7	8.4	8.0	7.7	7.3	6.9	6.7	6.4	6.2
2400	24.4	22.5	21.0	20.0	19.1	18.4	17.7	17.2	16.3	15.6	15.0	14.4	13.9	13.0	12.2	11.7	11.2	10.8	10.4	9.9	9.4	9.0	8.7	8.4
2500	30.9	28.5	26.8	25.6	24.5	23.5	22.7	22.1	20.9	20.0	19.3	18.6	18.0	16.9	15.9	15.2	14.6	14.1	13.1	12.9	12.3	11.7	11.3	11.0
2600	39.7	37.1	35.1	33.5	32.1	31.0	30.1	29.2	27.8	26.7	25.9	24.8	24.1	22.6	21.5	20.5	19.7	19.1	18.5	17.5	16.7	16.0	15.5	15.0
2700	47.3	44.7	42.6	40.7	39.2	37.9	36.9	35.9	34.2	33.0	31.8	30.8	29.9	28.2	26.8	25.7	24.8	24.0	23.3	22.1	21.1	20.3	19.6	19.0
2800	57.6	54.5	52.2	50.3	48.7	47.3	46.1	45.0	43.2	41.6	40.4	39.3	38.3	36.2	34.6	33.3	32.2	31.1	30.2	28.8	27.6	26.6	25.8	25.0
2900	65.5	62.8	60.5	58.6	56.9	55.5	54.3	53.2	51.3	49.7	48.3	47.1	46.0	43.7	41.9	40.5	39.2	38.1	37.1	35.4	34.1	32.9	31.9	31.0
3000	72.9	70.6	68.5	66.7	65.1	63.8	62.6	61.6	59.6	58.0	56.6	55.4	54.3	51.9	50.0	48.4	47.0	45.8	44.7	42.9	41.4	40.1	39.0	38.0

附表 9　二氧化碳的分解度

(%)

t/℃	二氧化碳的分压，大气压(10^5 Pa)																						
	0.03	0.04	0.05	0.06	0.07	0.08	0.09	0.10	0.12	0.14	0.16	0.18	0.20	0.25	0.30	0.35	0.40	0.45	0.50	0.60	0.70	0.80	0.90	1.00
1500	0.6	0.5	0.5	0.5	0.5	0.5	0.5	0.5	0.5	0.5	0.4	0.4	0.4	0.4	0.4	0.4	0.4	0.4	0.4	0.4	0.4	0.4	0.4	0.4
1600	2.2	2.0	1.9	1.8	1.7	1.6	1.55	1.5	1.45	1.4	1.35	1.3	1.3	1.2	1.1	1.0	0.95	0.9	0.85	0.83	0.79	0.75	0.72	0.70
1700	4.1	3.8	3.5	3.3	3.1	3.0	2.9	2.8	2.6	2.5	2.4	2.3	2.2	2.0	1.9	1.8	1.75	1.7	1.65	1.6	1.5	1.4	1.3	1.3
1800	6.9	6.3	5.9	5.5	5.2	5.0	4.8	4.6	4.4	4.2	4.0	3.8	3.7	3.5	3.3	3.1	3.0	2.9	2.75	2.6	2.5	2.4	2.3	2.2
1900	11.1	10.1	9.5	8.9	8.5	8.1	7.8	7.6	7.2	6.8	6.5	6.3	6.1	5.6	5.3	5.1	4.9	4.7	4.5	4.3	4.1	3.9	3.7	3.6
2000	18.0	16.5	15.4	14.6	13.9	13.4	12.9	12.5	11.8	11.2	10.8	10.4	10.0	9.4	8.8	8.4	8.0	7.7	7.4	7.1	6.8	6.5	6.2	6.0
2100	25.9	23.9	22.4	21.3	20.3	19.6	18.9	18.3	17.3	16.6	15.9	15.3	14.9	13.9	13.1	12.5	12.0	11.5	11.2	10.5	10.1	9.7	9.3	9.0
2200	37.6	35.1	33.1	31.5	30.3	29.2	28.3	27.5	26.1	25.0	24.1	23.3	22.6	21.2	20.1	19.2	18.5	17.9	17.3	16.4	15.6	15.0	14.5	14.0
2300	47.6	44.7	42.5	40.7	39.2	37.9	36.9	35.9	34.3	33.9	31.8	30.9	30.0	28.2	26.9	25.7	24.8	24.0	23.2	22.1	21.1	20.3	19.6	19.0
2400	59.0	56.0	53.7	51.8	50.2	48.8	47.6	46.5	44.6	43.1	41.8	40.6	39.6	37.5	35.8	34.5	33.3	32.3	31.4	29.9	28.7	27.7	26.8	26.0
2500	69.1	66.3	64.1	62.2	60.6	59.3	58.0	56.0	55.0	53.4	52.0	50.7	49.7	47.3	45.4	43.9	42.6	41.4	40.4	38.7	37.2	36.0	34.9	34.0
2600	77.7	75.2	73.3	74.6	70.2	68.9	67.8	66.7	64.9	63.4	62.0	60.8	59.7	57.4	55.5	53.8	52.4	51.2	50.1	48.2	46.6	45.3	44.1	43.0
2700	84.4	82.5	81.1	79.8	78.6	77.6	76.5	75.7	74.1	72.8	71.6	70.5	69.4	67.3	65.5	63.9	62.6	61.3	60.3	58.4	56.8	55.4	54.1	54.0
2800	89.6	88.3	87.2	86.1	85.2	84.4	83.7	83.0	81.7	80.6	79.6	78.7	77.9	76.1	74.5	73.2	71.9	70.8	69.9	68.1	66.6	65.3	64.1	63.0
2900	93.2	92.2	91.4	90.6	90.0	89.4	88.8	88.3	87.4	86.5	85.8	85.1	84.5	83.0	81.8	80.7	79.7	78.8	78.0	76.5	75.2	74.0	73.0	72.0
3000	95.6	94.9	94.4	93.9	93.5	93.1	92.7	92.3	91.7	91.1	90.6	90.1	89.6	88.5	87.6	84.8	86.0	85.4	84.7	83.6	82.5	81.7	72.8	80.0

参考文献

[1] 东北工学院，北京钢铁学院合编，冶金炉燃料及其燃烧，中国工业出版社，1961。
[2] 宁晃，燃烧室气动力学基础，科学出版社，1980。
[3] J. M. 比埃尔、N. A. 切哈尔，陈熙译，燃烧空气动力学，科学出版社，1979。
[4] W. 特林克斯，M. H. 莫尼欣，东北工学院冶金炉教研室译，工业炉（下），冶金工业出版社，1979。
[5] 秦裕琨，蒸汽锅炉的燃料、燃烧理论及设备，中国工业出版社，1963。
[6] 清华大学电力系锅炉教研室，沸腾燃烧锅炉，科学出版社，1972。
[7] H. A. 优里斯，陈丹之译，燃烧的热力理论，电力工业出版社，1957。
[8] M. Б. Равич，Упрощенная метолика теплотехниеских расчетов，Излательство《Наука》，1964.
[9] Л. Н. Хитрин Физика горения и взрыва，Изалтельство Московского университета，1957.
[10] M. A. Глинков，Основы общей теории печей，Металлургиздат，1962.
[11] Б. Р. Канторович，Ведение в теорию горения и газификацим，Металлургиздат，1960.
[12] В. Я. Гипод，Сжига ние мазута в металлургическнх печах，Металлургиздат，1973.
[13] B. Lewis，R. H. Pease，H. S. Taylor，Combustion Processes，Princeton University Press，1956.
[14] M. W. Thring，The Science of Flames and Furnaces，Wiley，New York，1962.
[15] I. Glassman，Combustion，Academic Press，New York，1977.
[16] A. Stambuleanu，Flame，Combustion Processes in Industry，Abacus Press，England，1976.
[17] 日本燃料协会编，燃料便览（新版），1973。
[18] 水谷幸夫，燃烧工学，森北出版株式会社，1977，1989。
[19] 宁宝林，喷射器及喷射氏烧嘴气体力学，工业炉通讯，No13，1978。
[20] B. П. 古索夫斯基，张永安译，郭伯伟校，加热炉及热处理炉的燃烧装置手册，冶金工业出版社，1988。
[21] 徐旭常等，燃烧理论与燃烧设备，机械工业出版社，1990。
[22] 诺曼·奇格，韩昭沧、郭伯伟译，能源、燃烧与环境，冶金工业出版社，1991。